TURING 图灵新知

The Story of Proof

Logic and the History of Mathematics

证明的故事

从勾股定理
到现代数学

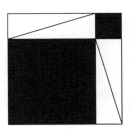

U0191631

[澳] 约翰·史迪威（John Stillwell）————著

程晓亮　张浩————译

人民邮电出版社

北　京

图书在版编目（CIP）数据

证明的故事：从勾股定理到现代数学 ／（澳）约翰
·史迪威（John Stillwell）著；程晓亮，张浩译.
北京：人民邮电出版社，2025. --（图灵新知）.
ISBN 978-7-115-65687-2

Ⅰ．O141.2

中国国家版本馆CIP数据核字第2024NL7819号

内 容 提 要

　　证明是数学思想中十分重要且极具开拓性的特征之一。没有证明，我们就无法谈论真正的数学。本书从古希腊几何学时代讲起，涵盖代数、微积分、集合、数论、拓扑、逻辑等几乎全部数学分支中的证明故事，讲述了证明的演变及其在数学中的重要作用和启发意义。我们将看到欧几里得、康托尔、哥德尔、图灵等数学大师的精彩发现和发明。本书不是教材，而是在讲数学的历史，更是在讲数学思想的演变。作者揭示了数学学习和研究的底层方法和逻辑，让读者看到在数学中什么定理可以被证明、如何证明，以及什么问题可以（或无法）被解决，为数学研究和发展提供了全新的视角。

◆ 著　　　　[澳] 约翰·史迪威（John Stillwell）
　　译　　　　程晓亮　张　浩
　　责任编辑　戴　童
　　责任印制　胡　南
◆ 人民邮电出版社出版发行　　北京市丰台区成寿寺路11号
　　邮编　100164　电子邮件　315@ptpress.com.cn
　　网址　https://www.ptpress.com.cn
　　北京九州迅驰传媒文化有限公司印刷
◆ 开本：720×960　1/16
　　印张：26.5　　　　　　　　　　2025年2月第1版
　　字数：390千字　　　　　　　　2025年4月北京第4次印刷
　　著作权合同登记号　图字：01-2022-6582号

定价：119.80元
读者服务热线：(010)84084456-6009　印装质量热线：(010)81055316
反盗版热线：(010)81055315

献给伊莱恩，你是我的必要条件。

序言

　　证明是数学的荣耀，也是其最具特色的特征。然而，许多数学家并不认为证明本身是一个有趣的话题。在美国，直到大学高年级，证明才被视为数学教育的一个重要部分，那时会开设"证明导论"课程。然而，通过保留证明的概念，我们阻止了学生了解数学实际上是如何运作的。在确定一个更谦逊但准确的书名之前，我曾考虑将本书命名为《数学是如何运作的》。它是关于证明的——不仅关于证明是什么，还关于它从哪里来，或许还有它将往何处去。

　　我们知道数学具有逻辑结构，也知道这个结构是在不断变化的，这反映了它在人类集体思维中的演变。通常，证明一个给定定理或发展一个给定理论的方法不止一种。往往最先被发现的方法并不是最简单的或最自然的，但旧方法的痕迹因为历史惯性或因为它们迎合了人类的感官或心理而留存下来。例如，几何学继续迎合人类的视觉直觉，即使它可以通过代数学或分析学的符号方法来完成。因此，由于意识到历史和逻辑问题，人类的数学经验得到了极大丰富，我们应该把数学作为一种丰富的经验呈现给学生们。我相信，即使是数学家，在看到证明在数学中的演变时也会受到启发，因为数学的进步往往是证明概念的进步。

　　本书的一个主要主题是逻辑与计算之间的关系，这里的"计算"被广泛地理解为包括经典代数。在古希腊，逻辑很强（尽管主要应用于几何），而计算很弱。在古代中国和古印度，计算占主导地位。当代数从古印度通过阿拉伯地区传入欧洲时，欧洲的情况也是一样的。接下来在 17 世纪，欧洲进一步迈向了无穷小代数，即微积分，它在接下来的两个世纪里主导了数学（和物理学）。莱布尼茨在未发表的著作中梦想将逻辑本身归约为代数演算。当布尔在 1847 年创造了我们现在所称的布尔代数时，莱布尼茨的梦想开始成形，从而将逻辑的重要部分归约为真正的计算。

但是，直到 20 世纪，数学的完整逻辑和计算的完整概念才被很好地理解。在 1879 年，弗雷格描述了适用于数学的逻辑，但逻辑和计算是数学概念而不仅仅是数学方法的观念直到 20 世纪 20 年代才出现。当这一切发生时，经过波斯特、哥德尔、图灵等人的工作，逻辑和计算成了真正的数学分支——实际上，它们本质上是同一个分支。

不幸的是，逻辑和计算的发展在很大程度上与数学的其他部分隔离开，因此它们在数学界不如应有的那样为人所知。[①] 本书试图通过呈现主流数学中发展起来的逻辑来纠正这种情况。数学史可以被视为证明的历史，因为数学对证明提出了最极端的挑战，仅举几例：毕达哥拉斯学派发现无理数、16 世纪遇到虚数、17 世纪关于无穷小的争论，以及 19 世纪与无穷大的斗争。

本书的另一个相关主题是概念的发展，因为只有当合适的抽象概念和符号可用于表达证明时，证明通常才能被清晰地表述。这在代数学的发展中表现得最为明显，许多抽象概念起源于代数学，后来传播到数学的其他部分。但是概念的发展也是几何学和分析学的关键，现在看似显而易见的概念，如"面积"和"极限"，是在与未能精确捕捉其意图的临时概念进行长期斗争后才出现的。

事实上，数学概念的网络就像定理的网络一样复杂，我试着在本书关键的地方用黑体突出定理和概念。在前几章中，新的概念足够简单且不会频繁出现，可以非正式地定义，我在后几章中进行了更形式化的定义，特别是当几个新概念一起出现并相互依赖时。

我希望本书能为一般的数学受众阐明逻辑、计算和抽象在数学中的作用，从而使读者更好地理解证明的本质。本书与其说是关于证明的介绍，不如说是基础数学中证明的全景。我们将从逻辑和历史的角度重新审视所有数学家长期关注的多个问题，例如几何学、代数学和分析学之间的关系，以及它们看似不同的证明风格。我们将看到概念的直觉起源、对捕捉直觉的公理的追寻、从公理中产生的

---

① 韦伊（Weil 1950）将逻辑描述为"数学家的卫生学，并非其食物来源"，仿佛逻辑学家是卫生工作者。

新直觉，以及公理所揭示的几何学、代数学和分析学之间的联系。例如，众所周知，希尔伯特在 19 世纪 90 年代填补了欧几里得几何公理的空白。但鲜为人知的是，希尔伯特在这样做的过程中发现了几何学、代数学甚至分析学之间的新联系。我在第 3 章和第 11 章对这些联系进行了解释。

本书部分按时间顺序编排，部分按主题编排。数学领域是按时间顺序介绍的：几何学和数论、代数学、代数几何、微积分，等等。但有时我们会在按时间顺序转向下一个主题之前，长时间不打断思路地聚焦一个特定的主题。例如，第 4 章讲述了从古代到 19 世纪的代数学的故事，因为它大部分是独立的。接下来，第 5 章、第 6 章和第 7 章讲述了代数学对其他数学领域（如几何学、微积分和数论）的影响。

按主题编排素材也有助于编排证明方法，因为上面提及的不同领域中有不同的证明方法。如今，这些方法如此不同，以至于一个领域的人们常常无法理解另一个领域的人们。除此之外，我希望本书能够通过解释不同领域特有的证明方法来促进相互理解。它应该适合高年级本科生阅读，并且他们的老师也可能会感兴趣——本书或许可作为我之前两本书《数学基础》（Stillwell 2016）和《反推数学》（Stillwell 2018）之间的桥梁。

像往常一样，我要感谢我的妻子伊莱恩（Elaine），她以鹰眼般敏锐的目光校对了原稿。我还要感谢马克·胡纳切克（Mark Hunacek）和匿名评审们提出的有益建议和更正。

约翰·史迪威（John Stillwell）

南墨尔本，2021 年

目录

第1章
欧几里得之前

数学的标志性定理无疑是**勾股定理**〔西方又称毕达哥拉斯定理（Pythagorean theorem）〕。在欧几里得（Euclid）把它作为《原本》[①]（*Elements*）中第一个主要定理（第 1 卷的命题 47）之前，几个不同的文明就独立地发现了这个定理。数学上所有的早期进展都通向勾股定理，无疑是因为它反映了基础数学的两个侧面：数与空间，或算术与几何，或离散与连续。

早在公元前 1800 年，人们就对勾股定理的算术侧面进行了深入的观察，当时古巴比伦的数学家们发现了许多自然数三元数组[②]$\langle a, b, c \rangle$ 满足 $a^2 + b^2 = c^2$。他们是否把每个三元数组 $\langle a, b, c \rangle$ 都看作一个直角三角形的三条边，这一点是受到质疑的，不过这种联系在古印度和中国并没有被忽略，古印度和中国也出现了对该定理特殊情况的几何论证。

无论如何，毕达哥拉斯学派还是恰当地将直角三角形与这个定理联系在一起，因为他们发现，具有单位直角边长的直角三角形的斜边长——$\sqrt{2}$ 是**无理数**。这一发现是古希腊数学的转折点，甚至可以说是一场动摇数学基础的"危机"，因为它迫使人们对无穷进行推测，随之而来的还有对证明的需求。在不考虑无理性的古

---

① 徐光启与利玛窦只翻译了原著前六卷，并起名为《几何原本》，一般是指汉译本。本书中均指原著，即《原本》。——译者注

② 在本书中，我们将三元数组记为 $\langle a, b, c \rangle$ 的形式。——译者注

印度和中国，就不存在"危机"，因此人们没有必要从不言自明的公理出发，以演绎的方式发展数学。

正如我们将要看到的，无理数的本质是一个困扰数学家数千年的深刻问题。其实在古代，有了欧多克斯（Eudoxus）的比例理论，古希腊人迈出了从离散走向连续的第一步。

1.1 勾股定理

对许多人来说，勾股定理是几何学的起点，也是证明的起点。图 1.1 展示了该定理的纯几何形式：对于一个直角三角形（白色），以其斜边为边长的正方形（灰色）的面积等于以其另外两条边为边长的正方形（黑色）的面积之和。

图 1.1　勾股定理

上文中"等于"与"和"的含义可以借助图 1.2 来解释。图 1.2 的左右两图各是一个大正方形，里面有四个相同的直角三角形。在左图中，大正方形减去四个直角三角形后就是以直角三角形斜边为边长的正方形。在右图中，大正方形去掉四个直角三角形后就是分别以直角三角形两条直角边为边长的两个正方形。因此，以直角三角形斜边为边长的正方形的面积等于以其另外两条边为边长的正方形的面积之和。

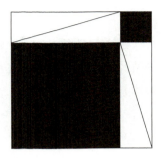

图 1.2　勾股定理的图形解释

因此，我们隐含地假设了欧几里得所说的一些"公理"：

1. 彼此能重合的图形全等；

2. 等于同量的量彼此相等；

3. 等量加等量，其和相等；

4. 等量减等量，其差相等。

这些假设听起来有点像代数，它们显然适用于数，但在这里它们被应用于几何对象。从这个意义上说，我们得到了一个几何定理的纯几何证明。毕达哥拉斯学派想要保持几何纯粹的原因将在第 1.3 节中解释。

尽管图 1.2 作为图片令人信服，但有人可能会吹毛求疵地说，我们并没有真正解释为什么灰色区域和黑色区域是正方形。毕达哥拉斯之后的古希腊人之所以确实对类似这样的细节吹毛求疵，是因为他们担心几何对象的本质，这也将在第 1.3 节出现。其结果是在公元前 300 年前后产生了欧几里得的《原本》，这是一个把几何学建立在坚实（但冗长）的逻辑基础上的证明体系。第 2 章会将图 1.2 扩充为一个欧几里得风格的证明。我们会发现"一图胜千言"这句话非常贴切。

勾股定理的起源

如上所述，勾股定理在几个古代文化中被独立发现，可能还比毕达哥拉斯本人更早。其特殊情况出现在古印度和中国，最早的特例可能出现在古巴比伦（位于今天的伊拉克一带）。因此，这个定理是数学的广泛性的一个很好的例子。正如我们将在后面的章节中看到的，它以不同的形式出现在几何学的历史中，也出现在数论的历史中。

它最初是如何被证明的，这一点尚不清楚。上述证明是希思（Heath 1925，1：354）在他编辑的《原本》版本中给出的一个建议。中国和古印度的数学家对边长为特定数值（如 3, 4, 5 或 5, 12, 13）的三角形更感兴趣。

我们将在下一节看到，古巴比伦人将直角三角形数值的理论发展到一个极高的水平。

1.2　勾股数组

使用如今的代数记号，如果一个直角三角形的三边是 a, b, c，其中 c 是斜边，那么勾股定理可以用等式

$$a^2 + b^2 = c^2$$

来表示。确实，我们称 a^2 为 " a 的平方"是为了记住 a^2 表示边长为 a 的正方形的面积。我们也知道 a^2 是由 a 乘以自身得到的，当 a 是一个自然数时，毕达哥拉斯学派会同意我们的观点。他们对勾股定理感兴趣的是满足上述方程的自然数三元数组 $\langle a, b, c \rangle$。如今，这样的三元数组被称为**勾股数组**（西方又称毕达哥拉斯三元数组）。最简单的例子当然是 $\langle 3, 4, 5 \rangle$，因为

$$3^2 + 4^2 = 9 + 16 = 25 = 5^2$$

但勾股数组有无穷多个。事实上，边长为勾股数组的直角三角形有无穷多种形状，因为斜边的斜率 b/a 可以取无穷多个值。

关于这一事实最令人印象深刻的证据出现在公元前 1800 年前后的一块古巴伦泥板上。这块泥板被称为普林顿 322（Plimpton 322，322 是它在美国哥伦比亚大学图书馆的收藏编号），它包含的几列数字被诺伊格鲍尔（Neugebauer）和萨克斯（Sachs）在 1945 年解释为勾股数组表中 b 和 c 的值。由于部分泥板断裂了，因此剩下的是二元数对 $\langle b, c \rangle$，而不是三元数组。一些人质疑古巴比伦的编辑者是否真的意

识到了直角三角形。在我看来，他们确实意识到了，因为所有的 $c^2 - b^2$ 的值都是完全平方数，而且数对 $\langle b, c \rangle$ 是按照 $\dfrac{b}{a}$ 的值排序的，$\dfrac{b}{a}$ 是相应斜边的斜率。图 1.3 是一张完整的表格，其中包括 a 和 $\dfrac{b}{a}$ 的值，以及我在下面解释的分数 x。

a	b	c	$\dfrac{b}{a}$	x
120	119	169	0.9917	12/5
3456	3367	4825	0.9742	64/27
4800	4601	6649	0.9585	75/32
13 500	12 709	18 541	0.9414	125/54
72	65	97	0.9028	9/4
360	319	481	0.8861	20/9
2700	2291	3541	0.8485	54/25
960	799	1249	0.8323	32/15
600	481	769	0.8017	25/12
6480	4961	8161	0.7656	81/40
60	45	75	0.7500	2
2400	1679	2929	0.6996	48/25
240	161	289	0.6708	15/8
2700	1771	3229	0.6559	50/27
90	56	106	0.6222	9/5

图 1.3　普林顿 322 中的勾股数组

a 值所在的列揭示了其他一些有趣的东西。这些值都只能被 2、3 和 5 的方幂整除，这使得它们在 60 进制的古巴比伦系统中特别"整"（这个进制系统的一部分保留到今天，比如 60 分钟是一小时，60 秒是一分钟）。

我们不知道古巴比伦人是如何发现这些三元数组的。然而，b 和 c 的令人惊讶的复杂数值可以由分数 x 生成，而 x 是 2, 3, 5 的幂的非常简单的组合。用 x 来表示的话，自然数 a, b, c 是分数

$$\frac{b}{a} = \frac{1}{2}(x - \frac{1}{x}) \text{ 和 } \frac{c}{a} = \frac{1}{2}(x + \frac{1}{x})$$

的分母和分子。例如，如果 $x = \frac{12}{5}$，我们得到

$$\frac{1}{2}(x - \frac{1}{x}) = \frac{1}{2}(\frac{12}{5} - \frac{5}{12}) = \frac{119}{120} \text{ 和 } \frac{1}{2}(x + \frac{1}{x}) = \frac{1}{2}(\frac{12}{5} + \frac{5}{12}) = \frac{169}{120}$$

巨大的三元数组〈13 500, 12 709, 18 541〉同样由分数 $\frac{125}{54} = \frac{5^3}{2 \times 3^3}$ 生成，其复杂度与 $13\ 500 = 2^2 \times 3^3 \times 5^3$ 大致相同。因此，古巴比伦人可能通过相对简单的算术生成了复杂的勾股数组。与此同时，当三元数组按照斜率 $\frac{b}{a}$ 的顺序排列时，很难否认其与几何的联系，因为这一顺序无法从 a、b、c 或 x 值的排列中推测出来！人们注意到这些斜率涵盖了一系列的角度，大致以相等的间隔分布在 30° 与 45° 之间（图 1.4），看起来好像古巴比伦人在收集不同形状的三角形。

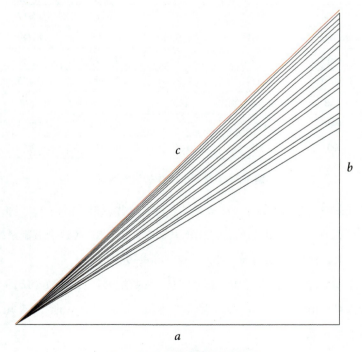

图 1.4　出自普林顿 322 的斜率

同样引人注目的是，这组三角形中缺少了一个形状，也就是边 a 和边 b 相等的三角形，见图 1.4 中的红色部分。

我们现在知道，尽管毕达哥拉斯学派发现了它，但因为这个三角形的斜边边长是无理数，所以这个图形缺席了。

1.3　无理数

无理数自然地源于勾股定理，但只有毕达哥拉斯学派发现了无理数。像这个定理的其他发现者一样，毕达哥拉斯学派知道 a, b, c 这些自然数值的特殊情况。但显然，他们是唯一会问"为什么我们找不到 $a = b$ 的三元数组？"这个问题的人，谜底就在谜面上：假设存在自然数 a 和 c 使得 $c^2 = 2a^2$ 会得到矛盾。

毕达哥拉斯学派的论证不得而知，但是这个结果在亚里士多德时代（公元前 384—前 322 年）肯定已成为常识，因为亚里士多德（Aristotle）显然认为他的读者会理解以下简短的提示：

正方形的对角线与其边是不可公度的，因为如果假设二者可公度，那么奇数就会等于偶数。

（亚里士多德，《前分析篇》第 1 卷第 23 章）

这里的"可公度"是指常用的度量单位的自然数倍数，所以我们假设 $c^2 = 2a^2$，其中正方形的边长是 a 个单位，其对角线长是 c 个单位。我们得出的矛盾"奇数 = 偶数"如下。

首先，选择一个尽可能大的度量单位，我们可以假设自然数 c 和 a 没有公因子（1 除外）。特别地，它们中最多有一个可以是偶数。

现在 $c^2 = 2a^2$ 意味着 c^2 这个数是偶数。因为奇数的平方是奇数，所以 c 也必须是偶数，比如说可以写成 $c = 2d$。用 $2d$ 替换 c，得到

$$(2d)^2 = 2a^2，因此 2d^2 = a^2$$

然而，同理这又说明 a 是一个偶数，得出矛盾。

因此，假设存在使 $c^2 = 2a^2$ 的自然数 a 和 c 是错误的。

如今，表达这一事实的通常方式是：不存在自然数 c 和 a 使得 $\sqrt{2} = \dfrac{c}{a}$，或者更简单地说，$\sqrt{2}$ 是无理数。

1.4　从无理数到无穷

使用现代代数符号体系，关于 $\sqrt{2}$ 是无理数的论证非常简短、清晰。从前面引用的亚里士多德的话来看，当等式用文字表达时，也足够容易理解，就像古希腊人所做的那样。

但对于不可公度的量，还可以用一种几何方法来处理，希腊人称之为互易相减法（anthyphaeresis）。它对 $\sqrt{2}$ 的本质给出了更深刻的不同见解，事实上，这是 $\sqrt{2}$ 是无理数的另一种证明。互易相减法是对两个量（如长度或自然数）反复用较大值减去较小值的一种方法。由于欧几里得后来应用这种方法产生了巨大的影响，因此它如今被称为**欧几里得算法**。

更规范地说，给定两个量 a_1 和 b_1，并且 $a_1 > b_1$，那么可以得到新的一对量 b_1 和 $a_1 - b_1$，并将它们中的较大值称为 a_2，较小值称为 b_2。然后对这对量 a_2, b_2 进行同样的操作，以此类推。例如，若 $a_1 = 5$, $b_1 = 3$，我们得到

$$(a_1,\ b_1) = (5,\ 3)$$
$$(a_2,\ b_2) = (3,\ 2)$$
$$(a_3,\ b_3) = (2,\ 1)$$
$$(a_4,\ b_4) = (1,\ 1)$$

此时 $a_4 = b_4$，算法终止。当 a_1 和 b_1 都是自然数时，欧几里得算法总会终止，因为使用减法会得到更小的自然数，而自然数不可能永远递减。反之，如果欧几里得算法能一直进行下去，那么两个数的比值就是无理数。

在第 2.6 节中，我们将看到欧几里得算法应用于自然数得出的结论，但对于欧几里得之前的古希腊人来说，互易相减的过程对不可公度的一对量最有意义，如 $a_1 = \sqrt{2}$ 和 $b_1 = 1$。此时，数 a_n, b_n 可以并且确实会永远递减。事实上，我们有

$$(a_1, b_1) = (\sqrt{2}, 1)$$
$$(a_2, b_2) = (1, \sqrt{2} - 1)$$
$$(a_3, b_3) = (2 - \sqrt{2}, \sqrt{2} - 1) = \left((\sqrt{2} - 1)\sqrt{2}, (\sqrt{2} - 1)1\right)$$

所以 (a_3, b_3) 就是将 (a_1, b_1) 按 $\sqrt{2} - 1$ 的比例缩小。再进行两步后将得到 (a_5, b_5)，也就是 (a_1, b_1) 按 $(\sqrt{2} - 1)^2$ 的比例缩小，以此类推。因此，数对 (a_n, b_n) 永远递减，但它们每隔一步就回到相同的比值。

由于这种情况对任何自然数对 (a, b) 都不可能发生，因此可以得出 $\sqrt{2}$ 和 1 的比值不是自然数；也就是说，$\sqrt{2}$ 是无理数。此外，我们还发现数对 $(\sqrt{2}, 1)$ 在互易相减的过程中周期性地出现，每隔一步就会得到比值相同的数对。事实证明，尽管直到代数得到更好的发展，人们才能理解这一点，但周期性是自然数的平方根中出现的一种特殊现象。

欧几里得算法的图形表示

如果 a 和 b 是长度，我们可以用相邻边为 a 和 b 的矩形来表示数对 (a, b)。比方说，若 $a > b$，则数对 $(b, a - b)$ 可以表示为将原始矩形割去边为 b 的正方形后得到的矩形，如图 1.5 中浅灰色矩形所示。那么这个算法就是不断地重复在浅灰色矩形中割去一个正方形的过程。

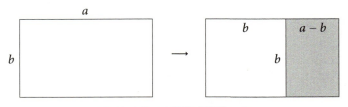

图 1.5　欧几里得算法的第一步

当 $a = \sqrt{2}$, $b = 1$ 时，算法进行两步后得到如图 1.6 所示的浅灰色矩形，它与原矩形的形状相同。这是因为它的边长之比又是 $\sqrt{2} : 1$，正如我们在上面的计算中所看到的。由于新矩形与旧矩形的形状相同，很显然割去正方形的过程将永远持续下去。

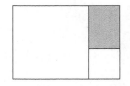

图 1.6　对于 $\sqrt{2}$ 和 1，算法进行两步之后

　　古希腊人对原始图形以缩小后的大小重现的几何结构非常着迷。最简单的例子是所谓的黄金矩形（图 1.7），在这种矩形中割去一个正方形后，矩形的形状与原始矩形相同。由此可以得出，对于黄金矩形的边 a 和 b，欧几里得算法将永远持续下去，因此这两条边的比是无理数。这个特殊的比例被称为**黄金比例**。

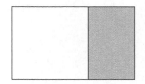

图 1.7　黄金矩形

　　黄金比例也是正五边形的对角线与其边的比，在图 1.8 中可以看到原始图形以缩小后的大小重现。

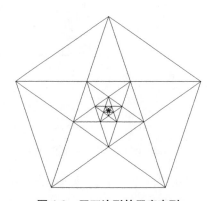

图 1.8　正五边形的无穷序列

　　人们认为，对黄金比例和正五边形的研究可以追溯到毕达哥拉斯学派，在这种情况下，他们很可能意识到黄金比例和 $\sqrt{2}$ 一样都不是有理量。

1.5　对无穷的敬畏

正如我们刚刚看到的，无理数使数学家关注到无穷过程，尽管这些过程是简单和重复的。在更本原的层面上，自然数 0, 1, 2, 3, … 本身代表了一种无穷，此时，加 1 这个简单的过程永无止境地重复。涉及无尽重复的无穷被古希腊人称为潜在的无穷（潜无穷）。他们将它与实在的无穷（实无穷，即某种程度上已经完成了的无穷整体）相对比，后者被认为是不可接受或完全矛盾的。

传说中无穷的对手是伊利亚学派的芝诺（Zeno），他生活在公元前 450 年前后。我们从亚里士多德那里了解到，芝诺提出了一些"无穷的悖论"，亚里士多德描述这些悖论只是为了反驳它们，所以我们并不真正了解芝诺说的这些悖论是什么意思，以及它们最初是如何表述的。不过，很明显的是，芝诺接受了潜无穷，却拒绝了实无穷。

一个典型的芝诺悖论是他的第一个悖论，即二分法悖论，他断言运动是不存在的，因为

> 要走完一段路程，必须先走完一半路程，然后再走完其余一半路程的一半 [余此类推]，这些一再二分的一半路程是为数无穷的，而走完为数无穷的路程是不可能的。[①]

（亚里士多德《物理学》第 8 章第 8 节，263a）

显然芝诺认为以下无穷多个事件不可能完成：

$$抵达 \frac{1}{2} 处$$

$$抵达 \frac{1}{4} 处$$

$$抵达 \frac{1}{8} 处$$

$$\cdots$$

亚里士多德在这番话的下面几行回答：

[①]　本段译文摘自亚里士多德《物理学》（张竹明译，商务印书馆，1982 年出版）。——译者注

无穷是同等地存在于长度上和时间上的。

换句话说，如果我们可以设想一个无穷的地点序列

$$\frac{1}{2}处, \quad \frac{1}{4}处, \quad \frac{1}{8}处, \quad \cdots$$

那么我们就可以设想出一个无穷的时间序列

$$抵达\frac{1}{2}处的时间, \quad 抵达\frac{1}{4}处的时间, \quad 抵达\frac{1}{8}处的时间, \quad \cdots$$

因此，如果芝诺愿意承认地点是潜无穷，他就必须承认时间是潜无穷。这不是完成一个无穷的问题，而只是将一个潜无穷与另一个潜无穷关联起来的问题。我们只断言可以在某个时间抵达每个地点，不需要考虑地点的整体或时间的整体。

无论如何，在芝诺之后，古希腊数学家们用这种论证方式来处理有关无穷的问题——逐个考虑潜无穷的个体，而不是它们的整体。不过，"对实无穷的敬畏"是有益的，因为它促进了对连续和离散之间关系的微妙理解。

1.6　欧多克斯

尼多斯（Cnidus）的欧多克斯大约生活在公元前 390 年与公元前 330 年之间，他是柏拉图（Plato）的弟子，据说还教过亚里士多德。他最重要的成就是**比例理论和穷竭法**。它们共同构成了古希腊人对无穷的理解的巅峰，主要通过欧几里得《原本》第 5 卷的阐述呈现在我们眼前。特别是在 19 世纪之前，比例理论一直是处理有理量和无理量的最佳方法。事实上，只要拒绝实无穷，这可能就是最好的方法，在 19 世纪 70 年代之前，大多数数学家是这样做的。

比例理论研究的是"量"（通常是长度）及其与"数"的关系，这里的"数"是自然数。因此，它在被毕达哥拉斯学派所分隔的两个世界之间架起了一座桥梁：一个是连续变化的度量世界，另一个是数离散地跳跃到其后继数的计数世界。

这个理论有些复杂，因为古希腊人是根据量的比和数的比来思考的，但他们

没有像分数这样的使得比例更容易处理的代数工具。我们可以把自然数 m 和 n 的比理解为分数 $\dfrac{m}{n}$，也可以把长度 a 和 b 的比写成分数 $\dfrac{a}{b}$ [①]。欧多克斯的关键想法是，长度之比 $\dfrac{a}{b}$ 和 $\dfrac{c}{d}$ 相等，当且仅当对于每一个自然数之比 $\dfrac{m}{n}$ 有

$$\frac{m}{n} < \frac{a}{b} \text{ 当且仅当 } \frac{m}{n} < \frac{c}{d}$$

与之等价的说法是（欧多克斯是这么说的）：对于每一对自然数 m 和 n，

$$mb < na \text{ 当且仅当 } md < nc$$

因此在长度之比相等的定义背后有无穷多对自然数 m, n，但它们只是潜无穷，因为相等依赖于单个（尽管是任意的）数对 m, n。在定义长度之比不相等时，可以完全避免无穷，因为一对特定的数对就可以表明不相等。也就是说，如果 $\dfrac{a}{b} < \dfrac{c}{d}$，那么存在一个特定的 $\dfrac{m}{n}$，使得

$$\frac{a}{b} < \frac{m}{n} < \frac{c}{d}$$

类似地，如果 $\dfrac{c}{d} < \dfrac{a}{b}$，那么在 $\dfrac{c}{d}$ 和 $\dfrac{a}{b}$ 之间有一个特定的 $\dfrac{m}{n}$。如今我们会说长度之比可以用自然数之比分隔。

阿基米德公理

自然数之比将长度之比分隔的假设等价于后来的阿基米德性质：如果 $\dfrac{a}{b} > 0$，那么存在自然数 m 和 n 使得 $\dfrac{a}{b} > \dfrac{m}{n} > 0$。显然，实际上 $\dfrac{a}{b} > \dfrac{1}{n}$，所以 $na > b$。这给出了**阿基米德公理**的常见表述：如果 a 和 b 是任何非零长度，那么存在一个自然数 n 使得 $na > b$。

---

① 用长度之比而不仅仅是长度来计算似乎有些不便，但事实上，长度是一个相对的概念，只有长度之比是绝对的。例如，当我们说长度 $a = 3$ 时，我们的意思实际上是 "3 是 a 与单位长度之比"。在第 9 章中，我们将看到长度的相对概念是欧几里得几何的一个特征。

阿基米德公理的另一种表述是：不存在 $\frac{a}{b}$ 使得对每一个自然数 n 有 $0 < \frac{a}{b} < \frac{1}{n}$，或者更简单地说，不存在无穷小量。这一性质由欧几里得和阿基米德（因此得名）提出，但后来的一些数学家，如莱布尼茨，认为无穷小量是存在的。我们将在第 4 章中看到，无穷小量的存在性是微积分发展中的一个大问题。

如今的数学实践已经把欧多克斯的理论转化成**实数系** $\mathbb{R}$ 的概念。长度之比是非负实数，其中包括非负**有理数**，即自然数之比 $\frac{m}{n}$。任何两个不同的实数之间都存在一个有理数，所以 $\mathbb{R}$ 中没有无穷小量。反之，每个实数都由小于它的有理数和大于它的有理数确定。这究竟是如何实现的，以及实数是什么，将在第 11 章中解释。事实证明，通过有理数的分隔是解决这个问题的关键。

穷竭法

我们在这里只简要地讨论穷竭法，因为它是比例理论的一种推广。此外，该方法的最佳例子出现在欧几里得和阿基米德的著作中，我们将在第 2 章中讨论。穷竭法的基本思想是用"已知量"（如三角形的面积或棱柱的体积）来逼近一个"未知量"（如弯曲区域的面积或体积）。这推广了用自然数之比逼近长度之比的思想。一般来说，逼近的过程存在潜无穷，但只要它们与未知量"任意接近"，就有可能得出结论，而不必诉诸实无穷。

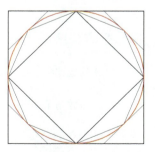

一个例子是用正多边形逼近圆，如图 1.9 所示，由此我们可以得出这样的结论：圆的面积与其半径的平方成比例。

图 1.9 展示了用内接正多边形和外切正多边形来逼近圆。这里虽然只给出了前两步逼近，但是可以想象反复将边数翻倍来延续这个步骤。显而易见的是，在这个过程中，内接正多边形和外切正多边形之间的

图 1.9   用正多边形逼近圆

面积差可以变得任意小，因此内接正多边形和外切正多边形的面积都任意逼近圆的面积。

此外，若圆的半径为 R，每个正多边形 P_n 的面积都是若干三角形的面积之和，易知其面积 $P_n(R)$ 与 R^2 成比例。接下来是应用"穷竭法"论证的典型例子：假设半径为 R 的圆的面积 $C(R)$ 与 R^2 不成比例。因此，如果我们比较半径为 R 的圆和半径为 R' 的圆，我们会得到

$$\frac{C(R)}{C(R')} < \frac{R^2}{R'^2} \text{ 或 } \frac{C(R)}{C(R')} > \frac{R^2}{R'^2}$$

如果 $\dfrac{C(R)}{C(R')} < \dfrac{R^2}{R'^2}$，那么通过选择 n 使 $P_n(R)$ 足够接近 $C(R)$ 且 $P_n(R')$ 足够接近 $C(R')$，我们将得到

$$\frac{P_n(R)}{P_n(R')} < \frac{R^2}{R'^2}$$

得到矛盾。如果 $\dfrac{C(R)}{C(R')} > \dfrac{R^2}{R'^2}$，我们可以得到类似矛盾。因此，唯一的可能只有 $\dfrac{C(R)}{C(R')} = \dfrac{R^2}{R'^2}$。

我们通过穷尽所有其他可能性得到了想要的结论。这就是穷竭法中"穷竭"的含义。还要注意的是，我们只使用了正多边形的潜无穷，只需要在足够多的步骤后否定给定的不等式即可。这是穷竭法的典型手法。

1.7　附注

在古希腊数学的发展过程中，我们已经看到了许多在今天被认为是大学数学难题的主题，例如反证法、无穷的使用，以及选择"足够近"的逼近的想法。在我看来，这恰恰说明古代数学是对证明的艺术的良好训练。

与此同时，我们也看到，古代的论证往往可以通过使用代数符号来简化，而代数的艺术在古代是不存在的。

在我们所了解的这一早期阶段，还缺少从公理中系统地演绎出定理这件事。**公理化**的艺术也始于古代，我们将在下一章中看到。

第2章
欧几里得

在证明的故事中，欧几里得几乎是最早出现的，因为他的《原本》是在公元前300年前后写成的，很少有更早的证明的例子留存下来。不幸的是，这意味着读者马上就会陷入困境，因为欧几里得做了太多的工作，使得《原本》成为证明的典范，影响直到近日。在16世纪代数符号体系出现之前，证明的技术一直没有取得重大进展，在19世纪之前，逻辑学本身也没有进步。

此外，《原本》在概念上精妙地将连续（几何）与离散（数论）分开，遵循了毕达哥拉斯学派对量与"数"的区分。难懂的《原本》第5卷借助比例理论，允许（有限地）使用无穷，开始在两者之间架起一座桥梁。无穷也被用于巧妙地确定正四面体的体积。

由于《原本》有很多难以理解之处，有些读者可能会选择略读接下来的两章，稍后再回来深入细节。尽管如此，要理解数学的后续发展，还是需要对欧几里得有所了解。《原本》不仅影响了数学，还影响了哲学〔斯宾诺莎（Spinoza）的《伦理学》〕和法律〔亚伯拉罕·林肯（Abraham Lincoln）是其拥趸〕。然而，哲学和法律都不能达到比《原本》中更高的证明水平，而数学却可以。

最终，在19世纪，数学家们开始意识到欧几里得的推理中的缺陷，以及他的公理的替代品，这引出了19世纪末数学的更严格的基础。此时，另一个"基础危机"出现了，并在许多方面转变了证明的概念，其中的一些仍处于研究之中。

2.1　定义、定理和证明

欧几里得的《原本》是看起来很"现代"的最古老的数学书。看起来很"现代"的意思是说它包含了定义、定理和证明，并按逻辑顺序安排。仔细检查的话，人们会从中发现一些缺陷——欧几里得试图定义一些本不用定义的术语，他还试图证明一些应该成为公理的命题——尽管如此，《原本》仍然是一部杰作，为两千多年来的数学证明树立了标准。也许《原本》教给我们最重要的一课是，数学可以通过对不言自明的公理的演绎被逐步构建起来。

《原本》建立在简单的对象上，如点、线和圆，相关的量（长度和角度），以及关于它们的某些公理（传统上称为公设）。在希思的经典译本（1925）中，这些公理为：

P1. 由任意一点到另外任意一点可以画直线；

P2. 一条有限直线可以继续延长；

P3. 以任意点为圆心及任意的距离可以画圆；

P4. 所有的直角都彼此相等；

P5. 同平面内一条直线和另外两条直线相交，若在某一侧的两个内角的和小于两个直角，则这两条直线经无限延长后在这一侧相交。

人们一眼就能看出欧几里得语言的独特之处，即重视**构造性**而不仅仅是**存在性**。公设 1 不是说任何两点之间存在一条直线（线段），而是说线段是可以画出来的。公设 2 不是说直线是无限的，而是（更谨慎地）说线段可以连续地产生，也就是说，无限地延长。构造性的问题是《原本》中第二重要的主题，他的许多定理都指出，某图形可以通过画直线和圆的工具（"直尺"和"圆规"）来构造。不幸的是，欧几里得的第一个构造——也是其他一些构造的基础——不能由他的公理得出。因此，我们将假设欧几里得构造的情况存在，而把额外公理的问题推迟到以后讨论。

在现代人看来，也许最奇怪的公设莫过于"所有的直角都彼此相等"。要理解这一点，我们必须认识到，对于欧几里得来说，角只是一对具有公共端点的射线——它并不带有角度或弧度的度量。人们只能说角是否相等，在图 2.1 中，直角 ABC 就是两个相等的角（ $\angle ABC$ 和 $\angle ABD$ ）之一。假设所有的直角都是相等的，那么就给出一个标准的角的度量单位，即直角。事实上，人们发现《原本》通篇中的角（或角的和）都是以直角的倍数给出的。

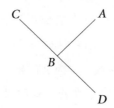

图 2.1　直角

公设 5 被称为**平行公设**，它实际上陈述了直线不平行的条件。如果直线 $\mathscr{N}$ 与直线 $\mathscr{L}$ 和 $\mathscr{M}$ 相交，形成角 α 和角 β，如图 2.2 所示，如果 $\alpha + \beta$ 小于两个直角，那么公设 5 断言 $\mathscr{L}$ 和 $\mathscr{M}$ 将在右侧的某个地方相交。

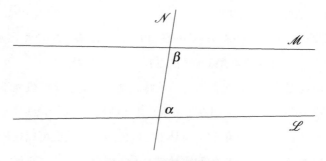

图 2.2　不平行的直线

因此，如果 $\mathscr{L}$ 和 $\mathscr{M}$ 不相交，也就是二者平行，那么 $\alpha + \beta$ 等于两个直角。这是平行公设的许多等价表述之一，它便于证明任何三角形的内角和是两个直角。也有一些与之等价的公理没有提到角的概念，例如所谓的**普莱费尔（Playfair）公理**说的是，对于任意一条直线 $\mathscr{L}$ 及其外一点 P，过点 P 有且仅有一条直线 $\mathscr{M}$ 与 $\mathscr{L}$ 不相交（第 2.3 节）。

正如我们将在后面看到的，许多数学家对平行公设不满意，并希望它可以从公设 1 ～ 公设 4 中得到证明。然而，事实证明这是不可能的，原因非常有趣，我们将在第 9 章看到。

　　演绎原则在《原本》中并没有得到明确表述，除了以下几个被欧几里得称为公理的内容。它们可以被视为等式（和不等式）、加法和减法的性质。（前四个在第 1.1 节中用作勾股定理的直观证明。）

　　公理 1. 等于同量的量彼此相等。

　　公理 2. 等量加等量，其和相等。

　　公理 3. 等量减等量，其差相等。

　　公理 4. 彼此能重合的图形全等。

　　公理 5. 整体大于部分。

当用现代符号描述这些公理时，它们看起来很像代数法则。

1. 如果 $A = B, C = B$，那么 $A = C$。

2. 如果 $A = B$，那么 $A + C = B + C$。

3. 如果 $A = B$，那么 $A - C = B - C$。

4. $A = A$。

5. 如果 $A \subset B$，那么 $A < B$。

　　然而，尽管有这样一个充满希望的开端，《原本》中却未能出现代数。我们稍后再讨论代数的问题。现在让我们来看看欧几里得的定理，或者传统上所说的"命题"。看看《原本》第 1 卷就足够了，其中已经包含了一些引人注目的演绎法。

2.2　等腰三角形定理与 SAS

　　作为欧几里得体系中一处演绎的简单例证，我们将展示他的命题 5 是如何从命题 4 推导出来的。简而言之，《原本》第 1 卷的这两个命题是：

　　命题 4. 如果两个三角形的两条边及其夹角相等，那么它们所有相应的边和角都相等；

　　命题 5. 如果一个三角形有两条边相等，那么除了这两条边的夹角外的两个底角相等。

在现代几何学中，命题 4 通常被缩写为 SAS，表示"边角边"，并被认为是一个公理。命题 5 所描述的三角形叫作等腰三角形，源自希腊语中的"相等的两边"。欧几里得证明了 SAS 蕴含等腰三角形定理，这对学习《原本》的学生来说历来是一个障碍，命题 5 被称为"驴桥"定理，因为驴无法通过桥 ①（也可能是因为欧几里得的示意图，它由五条线组成，看起来像一座桥）。

后来的希腊几何学家帕普斯（Pappus）给出了一个更简短的证明，让我们来看一下帕普斯的证明。但是读者应当注意，帕普斯的证明太巧妙了，因为它将 SAS 中的两个三角形取成相同的三角形。这是可以的，因为没有人说这两个三角形必须是不同的！

假设三角形 ABC 中，AB = AC，如图 2.3 所示。注意，我们也可以把它看成三角形 ACB 的图。

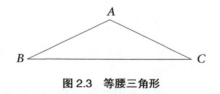

图 2.3　等腰三角形

现在，因为 AB = AC，AC = AB，角 A 是两边的夹角，所以三角形 ABC 和 ACB 的两条边及其夹角相等。因此，根据命题 4，三角形的所有相应的角都相等。特别地，（在三角形 ABC 中）角 B 等于（在三角形 ACB 中，这当然是同一个三角形）角 C。这样就证完了！

SAS 蕴含 ASA

SAS 陈述了三角形全等的一个条件，全等是指它们所有的边长和所有相应的

---

① "驴桥"也是一个比喻，指任何学科中的新手入门时遇到的第一道坎，如果能够克服它，问题就相对简单。据说新手不愿意解决这些问题就像驴过桥一样，在第一次遇到时感到害怕。——译者注

角都相等。另一个这样的条件是 ASA（"角边角"）：如果两个三角形的两个角及两角的公共边相等，那么它们全等。ASA 是欧几里得的命题 26 的一部分。它由 SAS 推导而得，使用了第 1.3 节中已经用过的逻辑方法：通过说明一个说法会导致矛盾来证明它是错误的。

假设 $A_1B_1C_1$ 和 $A_2B_2C_2$ 是两个三角形，如图 2.4 所示，它们有相等的角 α 和 β，并且 $A_1B_1 = A_2B_2$。因此 $\triangle A_1B_1C_1$ 和 $\triangle A_2B_2C_2$ 的两个角及所夹的公共边相等，ASA 成立。现在为了得到矛盾，假设 $\triangle A_1B_1C_1$ 和 $\triangle A_2B_2C_2$ 不全等。

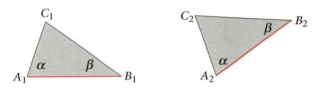

图 2.4 满足 ASA 的三角形

那么不是所有相应的边都相等，否则 SAS 成立，两个三角形是全等的，与我们的假设相悖。因此，存在相应的两条边不相等，（如果需要可进行重命名）我们可以假设 $A_1C_1 < A_2C_2$。

但是我们可以在 A_2 和 C_2 之间的线段 A_2C_2 上选择一点 C，使得 $A_2C = A_1C_1$。于是连接线段 B_2C 就会形成一个角 β'，它只是 β 的一部分（图 2.5），所以 $\beta > \beta'$，因为"整体大于部分"。

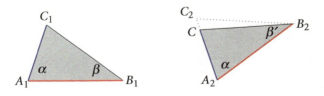

图 2.5 满足 SAS 的假想三角形

而三角形 $A_1B_1C_1$ 和 A_2B_2C 满足 SAS，因为 $A_2C = A_1C_1$，所以它们是全等的。特别地，$\triangle A_2B_2C$ 中的 β' 等于 $\triangle A_1B_1C_1$ 中相应的角 β，这又导致了矛盾。

因此，假设 $\triangle A_1B_1C_1$ 和 $\triangle A_2B_2C_2$ 不全等是错误的。

2.3 平行公设的变体

上述 ASA 的证明有一个额外的特征：即使点 C_2 不存在，它也成立。也就是说，我们只需要假设第二个"三角形"由线段 A_2B_2 和分别以 A_2、B_2 为顶点，形成的角分别为 α 和 β 的线段组成。在过 A_2 的直线上，我们仍然可以选择点 C 使得 $A_2C = A_1C_1$，并得出如上矛盾。

ASA 的这个更强的版本使我们能够证明平行公设（公设 5）的以下变体：如果一条直线 $\mathcal{N}$ 与两条直线 $\mathcal{L}$ 和 $\mathcal{M}$ 相交，使得角 α 和角 β 在同一侧，且 $\alpha + \beta =$ 两个直角，那么 $\mathcal{L}$ 和 $\mathcal{M}$ 平行。

如图 2.6 所示，假设我们有一条直线 $\mathcal{N}$ 截两条直线 $\mathcal{L}$ 和 $\mathcal{M}$，形成角 α 和角 β，使得 $\alpha + \beta =$ 两个直角。

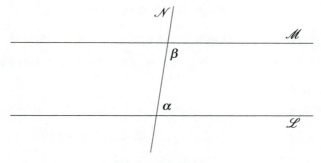

图 2.6　平行的直线

借助欧几里得《原本》第 1 卷的命题 13，我们可以找到图 2.6 中所有的角，该命题指出：如果 α 和 β 合起来构成一个平角，那么 $\alpha + \beta =$ 两个直角。考虑在点 P 处构成一个平角的两个角 α 和 β，并将它们与在点 P 处相交的两个直角 ρ 比较，可以证明这一命题（图 2.7）。因为所有的直角都是相等的，我们可以把它们都称为 ρ，通过做减法，得到图 2.7 右图所示的三个角。因为右侧的直角包含 $\alpha - \rho$ 和 β，我们得到 $\rho = \alpha - \rho + \beta$，所以

$$\alpha + \beta = 2\rho$$

图 2.7　形成平角的直线

根据命题 13，因为"等量减等量，其差相等"，图 2.6 中由 $\mathscr{L}$、$\mathscr{M}$ 和 $\mathscr{N}$ 形成的角 α 和 β 再现于图 2.8 中。

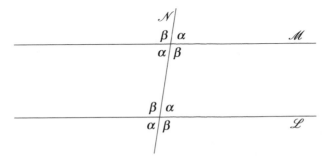

图 2.8　与平行线有关的角

然而，我们还不知道 $\mathscr{L}$ 和 $\mathscr{M}$ 是平行的。我们将在强有力的 ASA 的帮助下证明它们是平行的。如果图 2.8 中的直线 $\mathscr{L}$ 和 $\mathscr{M}$ 相交（比如，在右侧相交），那么这两条直线和 $\mathscr{N}$ 夹在它们之间的线段组成一个三角形。同样的线段和角也会出现在左侧，根据 ASA，这形成了一个与右侧全等的三角形。但是这样的话，直线 $\mathscr{L}$ 和 $\mathscr{M}$ 相交于两点——一个在右侧，一个在左侧。这与公设 P1 矛盾，尽管欧几里得没有明确地说出来，但公设 P1 给出了任意两点之间的一条唯一的直线。

这个矛盾表明 $\mathscr{L}$ 和 $\mathscr{M}$ 不相交，也就是说，它们是平行的。

由此可知，过给定直线 $\mathscr{L}$ 外一点 P 有且仅有一条直线 $\mathscr{M}$ 与 $\mathscr{L}$ 平行。这是因为对于任意这样的点 P，我们都可以选择一条直线 $\mathscr{N}$ 经过点 P 与 $\mathscr{L}$ 相交得到角 α。然后选择直线 $\mathscr{M}$ 经过点 P 与 $\mathscr{N}$ 相交得到角 β，其中 $\alpha + \beta =$ 两个直角。

上面是平行公设的另一个等价命题，通常也是最便于使用的，因为它避免了角的概念，并说明了存在平行线。它被称为**普莱费尔公理**，以苏格兰数学家约翰·普莱费尔（1748—1819）的姓氏命名。这个公理出现在他 1795 年的著作中。

平行四边形和三角形

由于平行线的存在性，我们可以得到平行四边形的存在性，即两对对边都平行的四边形。图 2.8 标出了一些相等的角。图 2.9 显示了其中一些相等的角，所有这些角都可以根据图 2.8 选择哪些直线代表 $\mathscr{L}$、$\mathscr{M}$ 和 $\mathscr{N}$ 推导出来。

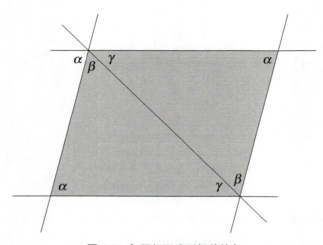

图 2.9　与平行四边形相关的角

注意，灰色平行四边形由两个三角形组成，两个三角形的公共边是平行四边形的对角线，两个三角形的相应的角 β 和 γ 分别相等。根据 ASA，这两个三角形全等，因此，平行四边形的对边相等。另外，在图 2.9 中，注意到每个三角形的内角和 $\alpha + \beta + \gamma$ 等于左上角的平角，因此任何三角形的内角和都是两个直角。后一个命题实际上是欧几里得《原本》第 1 卷的命题 32。它也是平行公设的一个等价命题。

综上所述，我们发现了欧几里得平行公设的以下推论（它们实际上也蕴含了平行公设，因此与平行公设等价）。

普莱费尔公理： 对于任何一条直线 $\mathscr{L}$，过其外一点 P 有且仅有一条直线与 $\mathscr{L}$ 平行。

三角形的内角和：任何三角形的内角和都等于两个直角。

2.4 再谈勾股定理

> 他 40 岁时才看几何学，而且事出偶然。他在一位绅士的藏书室里看见欧几里得的《原本》打开着，翻开的页面上正是第 1 卷的命题 47。他读了这个命题。"我对……发誓，"（他时常起誓，意在强调）他说，"这是不可能的！"于是他读了这一命题的证明，这一证明又引他去参考另一个命题，然后又引他去参考另一个……最后他彻底相信了它的真实性。这使他喜欢上了几何。

这段话写的是哲学家托马斯·霍布斯（Thomas Hobbes，1588—1679），引自约翰·奥布里（John Aubrey）的《名人小传》（*Brief Lives*，1898：332）。它简洁明了地体现了演绎法的有效性：通过了解一个命题如何依赖于先前的命题，最终依赖于被称为公理的不言自明的命题，任何人都可以确信它的正确性。只要每个命题都是先前命题的逻辑推论，那么不管因果关系链有多长、多复杂，都是公理的逻辑推论。给霍布斯留下深刻印象的命题是勾股定理，即《原本》第 1 卷的命题 47。

顺便提一句，奥布里的叙述描述了如何倒着阅读一个证明：首先找到定理所依赖的那些命题，然后观察它是如何从这些命题推导出来的。在这个过程中，人们可以了解到涉及哪些概念，以及它们之间有何联系。这并不是说一开始就很容易构造一个证明。事实上，霍布斯喜爱的证明在仔细分析时是非常复杂的，它涉及许多联系。然而，如果一个人知道足够多的联系，就可以把它们串在一起，得出证明。在上两节中，我们已经看到了证明勾股定理所需的大部分联系。

图 2.10 再次展示了第 1.1 节中的一幅图，这一次标记了一些边和角以引出证明的步骤。左侧的正方形每条边都是 $a+b$，里面有 4 个一样的直角三角形，两条直角边分别是 a, b，其对角是 α, β。因此，浅灰色区域的每条边都等于直角三角形的斜边 c。此外，浅灰色区域各顶点处的角 γ 与角 α 和角 β 形成一个平角，因此，

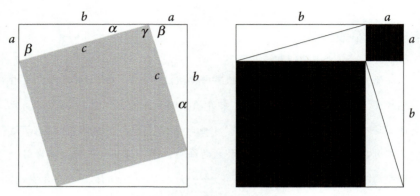

图 2.10　勾股定理的图形证明

　　另外，每个三角形的内角和也是两个直角，所以 γ 一定是直角，因此浅灰色区域是以直角三角形的斜边为边的正方形。因此，以直角三角形的斜边为边长的正方形的面积等于大正方形的面积减去三角形的面积的 4 倍。

　　现在转向图 2.10 中右侧的正方形，它的边也是 $a+b$，我们类似地发现黑色区域是边为 a 的正方形和边为 b 的正方形。黑色正方形面积之和也等于大正方形面积减去三角形面积的 4 倍，因此它等于以直角三角形的斜边为边的正方形面积。

2.5　代数概览

　　如第 2.1 节所述，欧几里得的"公理"处理等式、加法和减法的方式看起来像代数。事实上，上面的证明大量使用了"等量加等量"和"等量减等量"，以及"等于同量的量彼此相等"的原则。然而，这仍然不是我们所知道的代数，因为没有完整的**乘法**概念。不可否认，我们确实说过"三角形面积的 4 倍"，但这实际上是说

$$三角形面积 + 三角形面积 + 三角形面积 + 三角形面积$$

我们没有用一个长度（或面积）乘以另一个。

　　这是因为欧几里得和毕达哥拉斯一样，否定了诸如长度和面积等几何量的一些

数字属性。长度可以加减，并且我们可以判断两个长度是否相等。但是，定义什么是**面积**以及它与长度的乘积的关系是一个复杂的问题。然而，为了理解勾股定理中"两个正方形之和"的含义，我们需要解决这个问题。在勾股定理的证明中，我们可以通过加上和减去显然相等的面积来证明两个正方形之和等于一个正方形。

欧几里得以极大的才智解决了定义一般面积的问题，但不幸的是，这在某种程度上阻碍了代数在几何上的发展，这种情况一直持续到 17 世纪。

简单地说，欧几里得的解决方案是将线段 a 和线段 b 的乘积定义为邻边为 a 和 b 的矩形。当 a 和 b 是自然数时，这个定义与数的乘法相符——因为这样的矩形由 ab 个单位正方形组成——但当 a 或 b 是无理长度时（希腊人并不将 a 或 b 看成数字），这个定义也有意义。这个定义的直接困难是确定**相等**，例如，边长为 $\sqrt{2}$ 和 $\sqrt{3}$ 的矩形是否等于边长为 $\sqrt{6}$ 和 1 的矩形？

在回答这个问题之前，让我们考虑一些简单的多边形的例子，根据欧几里得的公理 1、公理 2 和公理 3，通过"加法"和"减法"，可以认为它们"相等"。首先，长为 a、宽为 b 的矩形等于任何底为 a、高为 b 的平行四边形，如图 2.11 所示。这是因为这个矩形是由平行四边形减去一个三角形，然后加上相等的三角形得到的。

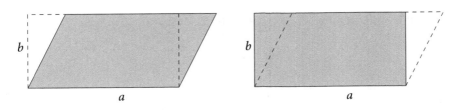

图 2.11　矩形和平行四边形相等

根据第 2.4 节得出的平行四边形的对边和对角相等的结论，这两个三角形的斜边相等。由于平行四边形的对边相等，再次通过加减，这两个三角形的宽相等，又因为夹角相等，根据 SAS，它们是全等的。

接下来，我们注意到任何一个三角形加上和它自己一样的三角形，就会形成一个平行四边形（图 2.12）。

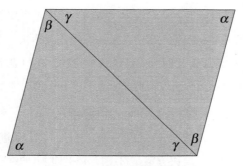

图 2.12 三角形和平行四边形

由此可知，三角形的面积是具有相同底和高的平行四边形的面积的一半，这是欧几里得在证明勾股定理时使用的一个结果。（这使得得到定理的路径比上一节所描述的要长一些。）

一般来说，欧几里得认为如果一个区域通过对有限多个相等的图形做加减法可以转化为另一个区域，那么这两个区域"相等"。值得注意的是，这个定义与多边形"面积相等"的现代概念一致。然而，"乘积"ab 具有非常有限的代数性质。一个是交换律

$$ab = ba$$

因为邻边为 a 和 b 的矩形与邻边为 b 和 a 的矩形是相同的。另一个是分配律

$$a(b+c) = ab + ac$$

也就是欧几里得《原本》第 2 卷的命题 1。然而，除此之外就没什么了。两个长度的乘积 ab 不是长度，所以如果 c 是长度，那么 $ab + c$ 就没有意义。此外，尽管 abc 被认为是有意义的（它是一个邻边各为 a、b 和 c 的盒子），但 $abcd$ 没有意义，因为古希腊人不相信长度 a、b、c 和 d 可以相互垂直。

另一个局限是有限的加减法通常不适用于弯曲区域。例如，人们不会期望用这种方法找到一个面积等于圆的正方形。更令人失望的是，该方法通常也不适用于多面体。特别地，德恩（Dehn 1900）通过对有限多个相等多面体的加减法证明了正四面体和一个相同体积的立方体不"相等"。

正是因为这样，人们开始考虑将多面体切割成无穷多块。我们将在第 2.7 节看到欧几里得本人将四面体切割成无穷多个棱柱，求出了它的体积。

2.6 数论与归纳法

在《原本》的第 7 卷至第 9 卷中，欧几里得发展了与前六卷中的几何学完全不同的内容，它就是我们现在所说的初等数论。他的发展表面上看与几何学类似——使用了诸如"量尽"而非"整除"这样的几何术语，以及细致的逐步证明——但没有陈述任何公理。这也许是因为人们对数论的基础就像对几何学的基础一样没有任何怀疑。尽管如此，我们将看到欧几里得很快就意识到了**归纳法**，而归纳法现在被认为是数论的一个基本原理——实际上是一个公理。

同样类似于《原本》前六卷，欧几里得的数论命题是定理和构造的混合体。实际上，第 7 卷的命题 1 应用了我们现在所说的**欧几里得算法**（第 1.4 节）来检验两个给定的数是否互素，即它们的最大公因子是否为 1。他的命题 2 更一般地表明该算法给出了任意两个数的**最大公因子**。在命题 1 中，欧几里得用最简单的形式表述了这个算法："设有两个不相等的数，依次从较大的数中不断减去较小的数……"这种形式也适用于长度等几何量，正如我们在第 1.3 节看到的，如果两个长度之比是无理数，这个过程将永远进行下去。

在第 7 卷的命题 1 和命题 2 中，欧几里得设想当这两个量是自然数时，算法会终止。同时设想任何公因子通过减法得以保留，最大公因子将在算法以相等的数终止时得以保留（并且是显而易见的）。这两个设想都基于归纳法。

1. 算法会终止是因为算法会产生更小的数，而自然数不可能永远递减。这就是通常被称为**无穷递降法**的归纳法形式。

2. 最大公因子得以保留，这可以用归纳法的"归纳奠基步、归纳推理步"的形式来证明。假设初始数是 a 和 b，且 $a > b$，公因子为 d，于是

$$a = da', \ b = db'$$

那么下一对数 $b = db'$ 和 $a - b = d(a' - b')$ 的公因子也是 d。这是归纳奠基步。归纳推理步是类似的。如果第 n 步的两个数 a_n 和 b_n 的公因子是 d，那么第 $n+1$ 步的两个数 a_{n+1} 和 b_{n+1} 的公因子也是 d，理由与第 1 步相同。

正如我们将在下面看到的，欧几里得有时候在使用无穷递降法时会意识到这一点，并指出来。但《原本》中并没有出现"归纳奠基步、归纳推理步"的想法，这仅仅是因为欧几里得没有表示任意长度的序列的符号（如下标）。比如他不会使用 a_1，a_2，$\cdots$，a_n，而是写成像 A, B, C 这样的短序列，并让读者自行将短序列的论证调整为适用于任意长度的序列的论证。这种情况出现在他著名的"素数有无穷多个"的证明中。

素数

欧几里得证明了关于素数的两个著名定理。

- 素数有无穷多个。欧几里得实际上证明了一个更强的结论，它避免了提到无穷：给定任何有限的素数集合，我们（原则上）可以找到另一个素数（《原本》第 9 卷的命题 20）。
- 如果素数 p 整除自然数 a 和 b 的乘积 ab，那么 p 整除 a 或 p 整除 b（《原本》第 7 卷的命题 30）。我们称它为**素因子性质**。借助它很容易证明我们现在所谓的**算术基本定理**：每个大于 1 的自然数都有一个素因子分解，并且在不计因子顺序的情况下是唯一的。

为了证明素数有无穷多个，欧几里得需要一个预备结论，即每个大于 1 的自然数 k 都有一个素因子。这是《原本》第 7 卷的命题 31，证明如下。如果 k 不是素数，那么 k 可以分解为 ab，其中 $1 < a, b < k$。如果 a 或 b 是素数，我们就证完了。如果两者都不是素数，继续将因子分解为更小的因子。由于自然数不可能永远递减（欧几里得说这"在数里是不可能的"），最终我们会找到 k 的一个素因子。

现在，素数有无穷多个的证明如下。预先给定一些素数 p_1, p_2, $\cdots$, p_n（欧几里得称它们为 A, B, C）。考虑数字

$$k = (p_1 p_2 \cdots p_n) + 1$$

那么 k 不能被 p_1，p_2，$\cdots$，p_n 中的任何一个整除。如果 p_i 整除 k，那么 p_i 也整除 $k - (p_1 p_2 \cdots p_n) = 1$，而这是不可能的。另外，正如我们刚才看到的，某个素数 p 整除 k，因此 p 是与给定素数 p_1，p_2，$\cdots$，p_n 不同的一个素数。

评注：与如今常见的欧几里得的证明的变体不同的是，他的证明不是反证法。他没有假设素数的个数是有限的，然后寻找矛盾。相反，他通过展示如何增加任何给定的有限素数集合，直接（并且尽可能有限地）证明了存在无穷多个素数。而且，严格来说，欧几里得并没有说取给定素数的乘积再加 1。他实际上说的是取给定素数的最小公倍数再加 1，但在不同的素数的情况下，最小公倍数就是它们的乘积。

第二个性质关于素数整除一个乘积，它出现在欧几里得算法的一系列推论的最后。如今，使用更佳的记号并允许负整数，我们可以将论证分解为更简短的步骤。我们把 "最大公因子" 简写为 gcd。

1. 关于一对数 a 和 b 的欧几里得算法在每一步都保留了 a 和 b 的公因子 d。因此，当算法终止时，必然有一对相等的数 a_k，b_k，我们有 gcd$(a, b)=$ gcd$(a_k, b_k) = a_k = b_k$。

2. 在欧几里得算法进行的过程中出现的 $a, b, a_1, b_1, \cdots, a_k, b_k$，其中的每个数都能写成 $ma + nb$ 的形式，其中 m 和 n 为整数（可能是负数）。根据归纳法，在开始时显然是正确的，如果在第 n 步，对于 a_n 和 b_n 是正确的，那么在第 $n+1$ 步也是正确的，因为 a_{n+1}，b_{n+1} 中的某一个是 a_n 或 b_n，另一个等于二者之差。

   于是，特别地，存在整数 m 和 n 使得 gcd$(a, b) = ma + nb$。

3. 现在假设 p 整除 ab，但 p 不能整除 a。我们想证明 p 整除 b。

   由于 p 不能整除 a，注意到存在整数 m 和 n 使得 $1 = $ gcd$(a, p) = ma + np$。等式两边同时乘以 b，我们得到

   $$b = mab + npb$$

我们看到 p 整除右边第一项，因为 p 整除 ab，而且显然 p 能整除 np。因此 p 能整除这两项的和，即 b。

如上所述，接下来可得到**唯一素因子分解**。然而，欧几里得并没有立即得出这个结论，尽管他在《原本》第 9 卷的命题 14 中证明了一个接近这个结论的结果。事实上，人们直到 19 世纪才对唯一素因子分解产生兴趣，当时数学家们试图将它推广到其他类型的数上，所以我们把对它的进一步讨论推迟到后面的章节。

2.7 几何级数

我们将几何级数写成 $a + ar + ar^2 + ar^3 + \cdots$，它在古希腊数学中很早就出现了。其特殊情况 $\frac{1}{2} + \frac{1}{4} + \frac{1}{8} + \cdots$ 隐含在芝诺的二分法悖论中，这在第 1.5 节已经讨论过，并且有穷几何级数和无穷几何级数都出现在欧几里得的《原本》中。欧几里得在两个值得注意的定理中用到了它们：《原本》第 9 卷的命题 36 中的偶完全数定理以及第 12 卷的命题 4 中关于四面体体积的定理。由于完全数只涉及有穷几何级数，我们首先讨论它们。

完全数

欧几里得在《原本》第 7 卷开头的定义中，将**完全数**定义为"等于自身所有部分的和"的数。所谓自然数 n 的"部分"，他指的是除了 n 自身之外的 n 的自然数因子。例如，6 的"部分"是 1、2 和 3。因为 $1+2+3=6$，所以 6 是完全数。下一个完全数是

$$28 = 1 + 2 + 4 + 7 + 14$$

接下来的两个完全数是 496 和 8128。这是古代已知的所有完全数，但欧几里得证明了一个定理，它涵盖了今天已知的所有完全数，很可能也涵盖了存在的所有完全数。这是《原本》第 9 卷的最后一个命题，即命题 36。我们将用现代记号来陈述和证明它，当然其大体思路与欧几里得的类似。

欧几里得的完全数定理：*如果 p 是形如 $2^n - 1$ 的素数，那么 $2^{n-1} p$ 是完全数。*

数 $2^{n-1} p$ 除了自身之外有明显的因子：

$$1,\ 2,\ 2^2,\ \cdots,\ 2^{n-1} \text{ 和 } p,\ 2p,\ 2^2 p,\ \cdots,\ p2^{n-2}$$

上一节中的素因子性质意味着这是它的全部因子。所以

$$因子之和 = 1 + 2 + 2^2 + \cdots + 2^{n-1} + p(1 + 2 + 2^2 + \cdots + 2^{n-2})$$

这涉及形如

$$S_k = 1 + 2 + 2^2 + \cdots + 2^k$$

的两个几何级数。

我们注意到

$$2S_k = 2 + 2^2 + 2^3 \cdots + 2^k + 2^{k+1} = S_k - 1 + 2^{k+1}$$

因此，两边同时减去 S_k 得到

$$S_k = 2^{k+1} - 1$$

将此式（对于 $k = n-1$ 和 $n-2$）代入因子之和的公式中，我们得到

$$\begin{aligned} 因子之和 &= 2^n - 1 + p(2^{n-1} - 1) \\ &= 2^n - 1 + 2^{n-1} p - p \\ &= 2^{n-1} p，因为 p = 2^n - 1 \end{aligned}$$

这就证明了定理。

直到 18 世纪，欧拉才在完全数的性质上取得了进一步的进展，他证明了所有的偶完全数都是欧几里得给出的形式。我们仍然不知道是否存在奇完全数。形如 $2^n - 1$ 的素数被称为**梅森（Mersenne）素数**，我们对这样的素数也了解不多。近几十年来由计算机发现的所有大的素数实际上都是梅森素数，但我们不知道是否有无穷多个这种形式的素数。

四面体的体积

在《原本》第 9 卷的命题 35 中，欧几里得实际上找到了一个求任何有穷几何级数的和的法则，而不仅仅是他的完全数定理所需要的那一个。用现代记号，这条法则是

$$a + ar + ar^2 + \cdots + ar^k = \frac{a(1-r^{k+1})}{1-r} \quad (\ r \neq 1\ )$$

它可以用一个类似于上面的论证来证明。这个公式是当 $0 < r < 1$ 时的无穷几何级数求和 $a + ar + ar^2 + \cdots$ 的垫脚石。

当 $|r| < 1$ 时，取 k 充分大，上面的公式中的项 r^{k+1} 就尽可能地小。因此，和 $a + ar + ar^2 + \cdots + ar^k$ 可以取到小于 $\frac{a}{1-r}$ 的任何数。显然，它也不能超过 $\frac{a}{1-r}$。所以，根据穷竭法，这个无穷和的值是

$$a + ar + ar^2 + \cdots = \frac{a}{1-r}$$

因为我们已经穷尽了所有的可能性。

欧几里得和阿基米德都通过将几何问题化归为无穷几何级数[1]的求和来解决。欧几里得在《原本》第 12 卷的命题 4 中解决了求四面体的体积的问题。为了做到这一点，他将四面体剖分成无穷多个三棱柱，即三角形的立体类比，而棱柱的体积可以通过加上或减去相等的图形来求得，就像我们在第 2.5 节中对面积所做的那样。（那节提到，有限多的加减法对四面体不起作用。）

如图 2.13 所示，在他的命题 3 中，第一次剖分后，在四面体中得到两个三棱柱。当去掉这两个三棱柱时，剩下的是两个四面体，与原来的四面体相似，但其长度、宽度和高度只有原来的一半。小四面体也以同样的方式被剖分（图 2.14），以此类推。无穷多个三棱柱"穷尽"了四面体，其含义是四面体内部的任何一点都在某一个三棱柱的内部。此外，第一对三棱柱的总体积是 $\frac{1}{4}$（原四面体的）底

---

[1] 我们没有充分的理由将某些级数称为"算术"级数，而将其他级数称为"几何"级数，不过以下这点可能会帮助你记住它：欧几里得和阿基米德使用的无穷级数实际上与几何学有关。

面积 ×（原四面体的）高，接下来一对三棱柱的总体积是第一对三棱柱的 $\frac{1}{4}$，以此类推。

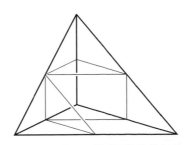

图 2.13　欧几里得对四面体的剖分

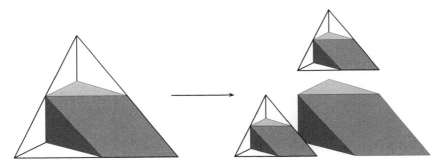

图 2.14　对四面体的反复剖分

在命题 4 中，欧几里得精确地给出了四面体内部由无穷多个三棱柱组成的构造。他并没有直接将其与一个无穷几何级数联系起来，但用现代记号很容易做到这一点。这让我们很快得到四面体的体积公式，欧几里得则通过更多的几何推理发现了这个公式。

总之，所有三棱柱的总体积，即四面体的体积等于以下无穷和

$$(1+\frac{1}{4}+\frac{1}{4^2}+\frac{1}{4^3}+\cdots)\times 底面积 \times 高$$

通过无穷几何级数的求和公式可知它等于

$$\frac{1}{3}\times 底面积 \times 高$$

2.8 附注

欧几里得的大多数定义是现代意义的定义，也就是缩写。例如，他用"线"定义了"三角形"，原则上任何出现术语"三角形"的地方都可以用这个定义代替。所有的定义，只要它们不是循环的，最终都必须基于某些未定义的术语，就像定理必须基于未经证明的命题（公理）一样。欧几里得在他的前几个定义中违背了这一原则，这些定义试图"定义"实际上未定义的术语，比如"点"和"线"。这些"定义"可能有助于确保这些术语在读者脑海中的形象也是欧几里得所想的，但它们没有在《原本》的其他部分中使用。

《原本》的另一个不足是欧几里得的推理存在漏洞，也就是一个命题无法根据前面的命题或他的公理推导而来。通常情况下，这种漏洞发生在命题从直观上看很显然的时候，所以读者就不假思索地接受了它。事实上，《原本》的前六卷中的大部分内容非常直观，伯恩（Byrne 1847）能够将它们转译成只有少量文字解释的一系列图片。例如，图 2.15 是《原本》第 1 卷的命题 1（等边三角形的构造）的伯恩转译的版本〔这张图片来自伯恩著作的一个精美的现代版本，作者是尼古拉斯·鲁热（Nicholas Rougeux）①〕。

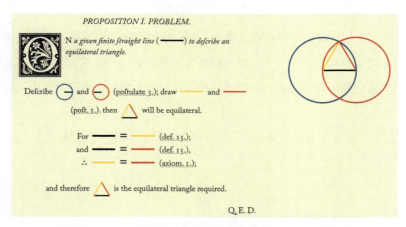

图 2.15　伯恩对《原本》第 1 卷的命题 1 的转译

---

① 为保留图片原貌，此处图字不作翻译，后同。——编者注

　　欧几里得利用相交圆的构造当然非常有说服力，但没有公理可以保证这些圆确实相交。

　　正如在第 2.5 节中提到的，在欧几里得的推理中，另一处漏洞是他试图在《原本》第 1 卷的命题 4 中证明 SAS。图 2.16 展示了伯恩的版本，其中涉及让一个三角形"落在"另一个三角形上的未定义的操作。

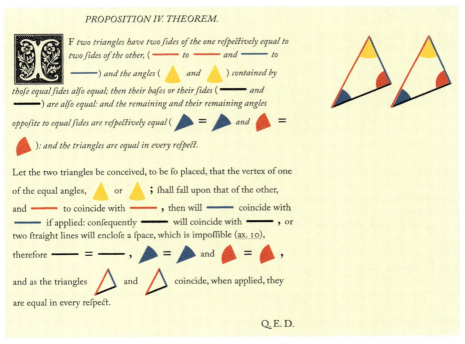

图 2.16　伯恩对《原本》第 1 卷的命题 4 的转译

第3章
欧几里得之后

正如我们在第 1 章中看到的，欧几里得几何可以被看作对发现无理数而引发的数学"基础危机"的回应。两千年以后，当非欧几里得几何被发现时，欧几里得几何出现了自己的危机。我们将在第 9 章中详细探讨非欧几里得几何。本章概述了欧几里得几何是如何在 19 世纪被重建的。

即使没有意识到非欧几里得几何，重建也可能会发生，因为欧几里得体系中存在一些严重的缺漏。本章讨论了这些缺漏以及希尔伯特（1899）是如何填补它们的。为了填补欧几里得体系的缺漏，希尔伯特澄清了几何中公理的本质。一方面，**平行公设**的作用变得清晰起来：仅仅通过改变这个公理，同时保持其余公理不变，就可以从欧几里得几何转换到非欧几里得几何。

另一方面，希尔伯特的新公理揭示了几何中更丰富的新结构（包括欧几里得几何和非欧几里得几何），其中包括实数和代数。这种结构的不同方面对应于不同的公理组。

一种特殊类型的公理，称为**关联公理**，给出了另一种重要的几何，称为**射影几何**。射影几何起源于 15 世纪对透视画的研究，但它的公理不仅为几何，而且为代数提供了新的启发。

3.1 关联

第一组希尔伯特公理是关于点和直线的关系的。当点 P 属于直线 $\mathscr{L}$ 时，表示 P 和 $\mathscr{L}$ 相关联，它们的关系称为**关联**。

下面列出的第一个**关联公理**是欧几里得公理，即两点确定一条直线。最后一个关联公理是平行公设（普莱费尔的形式见第 2.1 节）。另外两个关联公理陈述的是，有"足够"的点和直线来让事情变得有趣。欧几里得假设点和直线已经存在，所以他没有任何其他的关联公理。他的公理只试图描述点和直线的性质。对于希尔伯特来说，"点"和"直线"可以是用他的公理所陈述的方式相互关联的任何对象，所以我们不能假设存在无穷多的点和直线。

I1. 对于任意两点 A 和 B，存在唯一一条包含 A 和 B 的直线。

I2. 每一条直线至少包含两个点。

I3. 存在三点不在同一条直线上。

I4. 对于每一条直线 $\mathscr{L}$ 和不在直线 $\mathscr{L}$ 上的点 P，存在唯一一条包含 P 的直线与 $\mathscr{L}$ 没有公共点。

在希尔伯特的系统中，点和线的关联公理与其他公理相互作用，给出了直线上的点的代数结构。也就是说，可以用特殊的点 0 和 1 来定义点的"和""积""负"和"逆"，并证明以下性质，这些性质与数的和与积的性质相同：

$$A + B = B + A \qquad A \cdot B = B \cdot A$$

$$A + (B + C) = (A + B) + C \qquad A \cdot (B \cdot C) = (A \cdot B) \cdot C$$

$$A + 0 = A \qquad A \cdot 1 = A$$

$$A + (-A) = 0 \qquad A \cdot A^{-1} = 1 \ （若 A \neq 0）$$

$$A \cdot (B + C) = A \cdot B + A \cdot C$$

作为公理，这些性质定义了一个**域**，这是一个代数结构，我们将在第 4.6 节中进一步讨论。其结论之一是 $(-1)(-1) = 1$。如果添加了一些更复杂的关联公理（第 3.8 节），就可以仅从关联公理导出域结构。

3.2 顺序

下一组公理关于**中间性**或**顺序**——欧几里得忽视了这个概念，或许是因为它太"显然"了。德国数学家莫里茨·帕施（Moritz Pasch）在 19 世纪 80 年代首先关注了顺序。我们用 $A * B * C$ 表示 B 在 A 和 C 之间。

B1. 如果 $A * B * C$，那么 A, B, C 是一条直线上的三点，并且有 $C * B * A$。

B2. 对于任意两点 A 和 B，存在一点 C 使得 $A * B * C$。

B3. 对于一条直线上的三点，恰有一点在另外两点之间。

B4. 设 A, B, C 是不在同一直线上的三点，$\mathscr{L}$ 是平面 ABC 内不经过 A, B, C 中任一点的直线。如果 $\mathscr{L}$ 上有一点 D 在 A 和 B 之间，那么 $\mathscr{L}$ 上必有另一点在 A 和 C 之间或在 B 和 C 之间（**帕施公理**）。

前三个公理意味着，直线上的点如人们所期望的是"有顺序"的，就像数字一样。如果我们在直线 $\mathscr{L}$ 上取两个不同的点 A 和 B，不妨假设 $A < B$，那么点 $C \neq A, B$ 被分在三个不同的集合中：

$$\{C : C * A * B\}，称为小于 A 的点$$

$$\{C : A * C * B\}，称为在 A 和 B 之间的点$$

$$\{C : A * B * C\}，称为大于 B 的点$$

根据公理 B3，若 $C \neq A, B$，则 C 必须属于上述三个集合之一。那么对任何一点 $D \neq C$，我们可以定义 $C < D$ 或 $D < C$，这取决于 C 和 D 所属的集合。例如，如果 C 是小于 A 的点且 D 在 A 和 B 之间，或者如果 C, D 都在 A 和 B 之间且 $C * D * B$，那么 $C < D$。

最后，对可能的情况进行类似的考虑，我们可以证明 $<$ 这个关系是一个**线性顺序**，就像数字的顺序一样：

1. 对于任意两个不同的点 C, D，或者 $C < D$，或者 $D < C$（不能同时成立）；

2. 没有一个点满足 $C < C$；

3. 如果 $C < D$，$D < E$，那么 $C < E$。

结合顺序公理与关联公理，我们可以证明直线上的点组成的域是一个**有序域**。也就是说，和前一节中列举的域的性质一样，存在一个线性顺序 $<$ 使得

- 如果 $A < B$，那么对于任意 C 都有 $A + C < B + C$；
- 如果 $0 < A$ 且 $0 < B$，那么 $0 < A \cdot B$。

因此，顺序公理让我们更接近于在几何中创建实数，但我们还没有完全确定它们。在确定这个域是 $\mathbb{R}$ 而不是有理数域（有理数也能组成一个有序域）之前，我们还需要更多的公理。

最后一个顺序公理，即 B4 或帕施公理如图 3.1 所示。另一种说法是，一条穿过三角形一边到达内部的直线不可避免地从另一边穿出。这个公理在欧几里得许多依赖于三角形图的证明中都是无意识地假定的。帕施公理也用于证明平面的一些看似显然的性质，比如每一条直线 $\mathscr{L}$ 都将平面分离。这是指将平面内不在 $\mathscr{L}$ 上的点分成两个集合 $\mathscr{A}$ 和 $\mathscr{B}$，连接 $\mathscr{A}$ 中的一点和 $\mathscr{B}$ 中的一点的任何直线都与 $\mathscr{L}$ 相交。这个结论的证明（非常烦琐）可以在哈茨霍恩（Hartshorne）的书（2000：75-76）中找到。

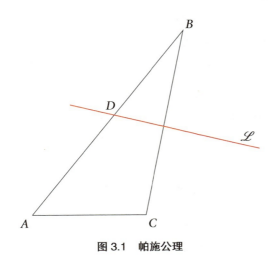

图 3.1　帕施公理

有序域的性质

连同第 3.1 节中所述的域的性质，以下定义性质是对有序域的一个非常简洁的描述。

性质 1. 如果 $A < B$，那么 $A + C < B + C$。

性质 2. 如果 $A, B > 0$，那么 $A \cdot B > 0$。

然而，这两个性质有一连串更有启发性的推论，因为它们显示出一个有序域与普通数系有多么相似。

性质 3. 如果 $A > 0$，那么 $-A < 0$，反之亦然。

性质 4. $0 < 1$。

性质 5. 如果 $A < 0 < B$，那么 $A \cdot B < 0$。

性质 6. 如果 $A < B$ 且 $C > 0$，那么 $AC < BC$。

性质 7. 如果 $C > 0$，那么 $C^{-1} > 0$。

性质 8. 如果 $A < B$ 且 $C > 0$，那么 $A / C < B / C$。

例如，由 $A > 0$ 推出 $-A < 0$，因为若假设 $-A > 0$，则在不等式的两边都加上 A 会得到 $0 > A$（由性质 1），这与 $A > 0$ 矛盾，所以假设 $-A > 0$ 是错误的。性质 4 由此得到，因为若 $1 < 0$，则我们得到 $-1 > 0$，于是由性质 2 得出 $0 < (-1)(-1) = 1$，与 $1 < 0$ 矛盾，所以假设也是错误的。

列出的其他性质也可以用类似的推理来证明。

我们现在使用这些性质来证明一个有序域 $\mathbb{F}$ 不仅包含 0 和 1，而且包含所有自然数、整数和有理数。我们得出 $\mathbb{F}$ 中剩余的自然数有

$$2 = 1 + 1 , \quad 3 = 1 + 1 + 1 , \quad 4 = 1 + 1 + 1 + 1 , \quad \cdots$$

我们发现，通过在不等式 $0 < 1$ 的两边反复加上 1，可以得到

$$0 < 1 < 2 < 3 < 4 < \cdots$$

对每一个自然数 N，负整数 $-N$ 同样可以以正确的顺序呈现。最后，将 $\mathbb{F}$ 中的有理数作为整数的商 M / N（其中 $N \neq 0$）。

和普通分数一样，我们可以证明（因为 $\mathbb{F}$ 是一个域），对于整数 $A, B, C, D > 0$，

$$A / B < C / D \text{ 当且仅当 } AD < BC$$

因此，$\mathbb{F}$ 中（正）有理数的顺序是由 $\mathbb{F}$ 中正整数的顺序决定的，所以它与普通正有理数的顺序一致。

最后，可以验证 $\mathbb{F}$ 中负有理数也有正确的顺序。由于 $\mathbb{F}$ 是一个域，加法与乘法对应于普通有理数的加法和乘法，这也是正确的。因此，$\mathbb{F}$ 中的有理数就等同于普通有理数。

3.3　合同

下一组公理关于**线段的相等**和**角的相等**，两者都用 $\cong$ 表示。角的定义为具有公共起点的一对射线。射线和线段的定义如下：

- 每一对不同的点 A, B 定义了一条**线段** AB，它包含点 A, B 以及在它们之间的点；

- 每一对不同的点 C, D 定义了一条起点为 C 的**射线** $\overrightarrow{CD}$，它包含 C, D 与在它们之间的点，以及满足 $C * D * E$ 的点 E。

于是，$AB \cong CD$ 意味着 AB 和 CD 的长度相等，$\angle ABC \cong \angle DEF$ 意味着 $\angle ABC$ 和 $\angle DEF$ 的角度相等。长度相等和角度相等的概念称为合同（congruence），满足以下公理 C1～C6。注意 C2 和 C5 是欧几里得的公理 1（"等于同量的量彼此相等"）的特殊情况。

C1. 对于任意线段 AB，以及起点为 C 的任意射线 $\mathscr{R}$，在 $\mathscr{R}$ 上存在唯一一点 D 使得 $AB \cong CD$。

C2. 如果 $AB \cong CD$ 且 $AB \cong EF$，那么 $CD \cong EF$。对于任意 AB，有 $AB \cong AB$。

C3. 假设 $A * B * C$ 且 $D * E * F$。如果 $AB \cong DE$ 且 $BC \cong EF$，那么 $AC \cong DF$。（长度相加是明确的。）

C4. 对任意角 $\angle BAC$ 和任意射线 $\overline{DF}$，存在唯一一条射线 $\overline{DE}$ 使得 $\angle BAC \cong \angle EDF$。

C5. 对于任意角 α, β, γ，如果 $\alpha \cong \beta$ 且 $\alpha \cong \gamma$，那么 $\beta \cong \gamma$。另外有 $\alpha \cong \alpha$。

C6. 假设三角形 ABC 和三角形 DEF 满足 $AB \cong DE, AC \cong DF$ 且 $\angle BAC \cong \angle EDF$，那么这两个三角形是合同的，即 $BC \cong EF, \angle ABC \cong \angle DEF$ 且 $\angle ACB \cong \angle DFE$。

在这些公理中，公理 C6 是著名的边角边合同公理（SAS）。正如第 2.5 节所述，欧几里得并没有将 SAS 作为一个公理，但他试图在《原本》第 1 卷的命题 4 中证明这一点，他使用了一个未定义的操作——将一个三角形"落在"另一个三角形上。希尔伯特的公理 C1 和 C4 也取代了欧几里得在他的尺规构造中使用但未定义的操作：移动一段长度和移动一个角。

合同公理通过给出两条线段具有相同长度且一对射线具有相同角度的条件，获得了距离（或长度）和角度的概念。当 $AB \cong CE$，且 E 的位置满足 $C*D*E$ 时，它们还允许我们说 AB 的长度大于 CD（整体大于部分）。

既然有了距离的概念，我们就可以陈述一个关于圆的关联公理。这是第 2.8 节中提到的欧几里得对《原本》第 1 卷的命题 1 的证明中一个众所周知有纰漏的未说明的假设。

CI. 已知两个圆，如果一个圆既包含另一个圆内部的点，也包含其外部的点，那么这两个圆相交。

公理 CI 不是一个纯粹的关联公理，因为它涉及了一个圆的**内部**和**外部**的概念。这些是由距离的概念定义的：圆 $\mathscr{C}$ 内部的点是到圆心的距离小于半径的点；圆 $\mathscr{C}$ 外部的点是到圆心的距离大于半径的点。

3.4 完备

希尔伯特的最后两个公理对于欧几里得几何来说并不是绝对需要的，欧几里得几何只需要能用直尺和圆规构造的点。这两个公理描述了直线的大、小尺度结构，以确保直线能成为数轴。尽管欧几里得没有陈述这个性质的任何公理，但在某种程度上，它们被《原本》第 5 卷中的比例理论所预示。

　　第一个公理是所谓的**阿基米德公理**，它称没有任何长度相对于另一个长度而言可以"无穷大"。

　　Ar. 对任意两条线段 AB 和 CD，存在一个自然数 n，使得 AB 的 n 倍的长度大于 CD。

　　这个公理的另一种说法是不存在无穷小量。如第 1.6 节所述，无穷小量是一个非零长度，其 n 倍不超过任意自然数 n 的单位长度。我们将在第 6 章中看到，有时某些数学家认为无穷小量存在，尽管它们在 $\mathbb{R}$ 中不存在。

　　最后，还有所谓的**戴德金公理**，它称直线是完备的，并蕴含着其上的点对应于实数之意。希尔伯特希望有一个像这样的公理来使欧几里得几何中的直线与实数轴 $\mathbb{R}$ 相同。

　　De. 假设直线 $\mathscr{L}$ 上的点被划分为两个非空子集 $\mathscr{A}$ 和 $\mathscr{B}$，使得 $\mathscr{A}$ 中没有点在 $\mathscr{B}$ 的两点之间，$\mathscr{B}$ 中也没有点在 $\mathscr{A}$ 的两点之间。那么存在唯一一点 P，或者在 $\mathscr{A}$ 中或者在 $\mathscr{B}$ 中，它位于其他两个点之间，其中一个点在 $\mathscr{A}$ 中，另一个点在 $\mathscr{B}$ 中。

　　这个公理是根据戴德金（Dedekind）对实数的定义（所谓的有理数的**戴德金分割**）建立起来的，这反过来又受到了《原本》第 5 卷（第 1.6 节）中欧多克斯"比例论"的启发。我们会在第 11 章详细讨论戴德金分割。

　　根据希尔伯特的公理 Ar 和 De，可以得出直线上的点构成的有序域具有阿基米德性质且是完备的。这足以刻画实数，因为任何具有这些性质的域都与 $\mathbb{R}$ **同构**。也就是说，如果 $\mathbb{F}$ 是一个满足阿基米德性质的完备的有序域，那么我们可以找到 $\mathbb{F}$ 中的元素和 $\mathbb{R}$ 中的元素之间的一一对应，并且满足 $\mathbb{F}$ 的加法对应 $\mathbb{R}$ 的加法，$\mathbb{F}$ 的乘法对应 $\mathbb{R}$ 的乘法。

　　$\mathbb{R}$ 的刻画：任何满足阿基米德性质的完备的有序域 $\mathbb{F}$ 都与 $\mathbb{R}$ 同构。

　　证明梗概：我们通过在 $\mathbb{F}$ 中建立自然数、有理数和实数，从而找到 $\mathbb{F}$ 和 $\mathbb{R}$ 之间的对应关系，然后证明这些数就是 $\mathbb{F}$ 中的所有元素。

　　第 3.2 节解释了如何在 $\mathbb{F}$ 中建立有理数，以及为什么它们的顺序与普通有理数的顺序相同。现在我们证明 $\mathbb{F}$ 中的每个元素 X 都是由 $\mathbb{F}$ 中小于 X 的有理数和 $\mathbb{F}$ 中大于 X 的有理数所确定的。

如果不是这样，那么相同的有理数集合中存在两个元素 X，$X' \in \mathbb{F}$，使得其差 $X' - X > 0$，但 $X' - X$ 小于任何正有理数。这与阿基米德公理矛盾，所以实际上 X 是由一对有理数集（分别是小于 X 的有理数组成的集合和大于 X 的有理数组成的集合）决定的。但同样的集合确定了唯一一个实数 x（如 1.6 节所述），因此 $\mathbb{F}$ 中的元素和 $\mathbb{R}$ 中的元素之间有一个一一对应：$X \leftrightarrow x$。

加法与乘法也对应，因为在第 3.2 节中，$\mathbb{F}$ 和 $\mathbb{R}$ 中的有理数已经对应好了，并且这种对应延拓到有理数集上。（更多细节请参阅第 11 章中戴德金分割的处理方法。） □

有点儿令人惊讶的是，希尔伯特似乎没有注意到完备公理 De 蕴含阿基米德公理 Ar。这个证明很简单。假设 $\mathbb{F}$ 是一个完备的有序域，并且 $\mathbb{F}$ 中有无穷小元素。根据完备公理 De，这些无穷小量有上确界 b（我们将在第 11 章看到），并且很容易看出 b 不可能存在。如果 b 是无穷小量，那么 $2b$ 也是无穷小量，这与上界性质矛盾；如果 b 不是无穷小量，那么 $b/2$ 也不是无穷小量，这与上确界性质矛盾。因此就不存无穷小量。由此可见 $\mathbb{R}$ 的刻画定理可以加强为：任何完备的有序域都与 $\mathbb{R}$ 同构。

由于这个刻画定理，我们可以从域的代数概念出发，通过添加顺序和完备性来定义**实数系** $\mathbb{R}$。巧合的是，这几乎使用了与希尔伯特通过几何途径得到 $\mathbb{R}$ 同样数量的公理。代数途径使用 15 条公理

9 条（用于域）

+3 条（用于线性顺序）

+2 条（用于有序域）

+1 条（用于完备性）

代替上述的 17 条希尔伯特公理（或 16 条，因为 Ar 公理是多余的）。然而如今，代数途径通常是首选，因为域公理和线性顺序公理在数学中更著名。

3.5　欧几里得平面

这本书中经常出现的一个问题是**相容性**问题，即公理系统是否没有矛盾。我们通常通过构造公理系统 Σ 的一个**模型**来证明其相容性：在这个模型结构 $\mathscr{M}$ 中，Σ 的公理在解释为 $\mathscr{M}$ 的命题时是正确的。一个模型可以保证相容性，因为相互矛盾的命题在实际存在的结构中不可能成立。

希尔伯特通过从实数系 $\mathbb{R}$ 建立他的公理系统的一个模型来证明几何公理系统的相容性。我们这里只简要地描述这个模型，因为大多数读者会发现它就是高中的坐标几何，我们将在第 5 章详细讲述。

这个模型是**有序实数对**[①] $\langle a, b \rangle$ 组成的集合 $\mathbb{R}^2$，记作

$$\mathbb{R}^2 = \{\langle a, b \rangle : a, b \in \mathbb{R}\}$$

这个集合是这个模型中的平面，有序对 $P = \langle a, b \rangle$ 是平面内的点。在图 3.2 中，我们将 P 置于 x 轴和 y 轴形成的坐标系中。数字 a 和数字 b 是 P 到**原点** O 的水平距离和垂直距离，称为 P 的**坐标**（图 3.2）。

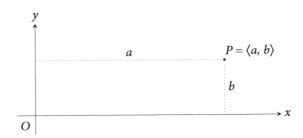

图 3.2　一个点的坐标

距离的定义受到了勾股定理的启发。我们将 $P_1 \langle a_1, b_1 \rangle$ 和 $P_2 \langle a_2, b_2 \rangle$ 之间的距离定义为：$\mathrm{dist}(P_1, P_2) = \sqrt{(a_2 - a_1)^2 + (b_2 - b_1)^2}$，它就是如图 3.3 所示的直角三角形 $P_1 Q P_2$ 的斜边长度。最后，**角度**的定义受到三角学的启发。特别地，图 3.3 中的角 θ 由 $\tan\theta = \dfrac{b_2 - b_1}{a_2 - a_1}$ 给出。

[①]　在本书中，我们将 a 和 b 组成的有序对记为 $\langle a, b \rangle$，而不是 (a, b)，这是由于我们用后者表示开区间 $(a, b) = \{x \in \mathbb{R} : a < x < b\}$。

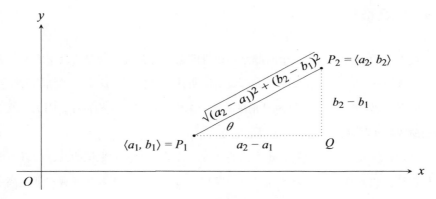

图 3.3　距离和角度

实际上并没有必要使用三角函数 tan——它的定义需要微积分，我们将在第 6 章看到。为了满足合同公理，我们只需要定义角**相等**，这可归结为比值 $(b_2 - b_1) / (a_2 - a_1)$ 相等。（同样，我们可以将距离相等定义为平方和相等，而不需要平方根函数。）

读者一定知道**直线**和**圆**是由关于 x 和 y 的方程定义的：直线由形如 $ax + by + c = 0$ 的方程（这类方程因而被称为"线性"方程）定义，圆由形如

$$(x - a)^2 + (y - b)^2 = r^2$$

的方程定义。在圆的方程中，$\langle a, b \rangle$ 是圆的圆心，r 是其半径。事实上，这个方程就是说圆上的点 $\langle x, y \rangle$ 到圆心 $\langle a, b \rangle$ 的距离等于 r。有了这些定义，我们可以通过得到两个圆的方程的公共解找到两个圆的交点，来证明希尔伯特公理 CI。

事实上，所有的希尔伯特公理都可以通过代数计算来验证，所以 $\mathbb{R}^2$ 是它们的一个模型。更有趣的是，$\mathbb{R}^2$ 本质上是欧几里得平面的唯一模型，因为 $\mathbb{R}$ 本质上是直线的唯一模型，因为 $\mathbb{R}$ 本质上是唯一的完备有序域。（就像我们如今说的，任何完备的有序域都同**构**于 $\mathbb{R}$。）

通常的数学家认为 $\mathbb{R}$ 是已知的，这令人非常满意。然而，正如希尔伯特所意识到的那样，$\mathbb{R}$ 本身的相容性或可受到质疑。在后面的章节中，我们将更深入地探讨这个问题。

3.6 三角形不等式

三角形有一个非常简单的性质，以至于人们可能会认为它是公理。

三角形不等式：在任何三角形中，任意两边之和都大于第三边。

然而，对于欧几里得和希尔伯特，这个命题不是一个公理，而是一个定理。（在《原本》中，它是第 1 卷的命题 20。）有了坐标，我们可以用一些简单但不是特别优雅的代数来证明三角形不等式。

通过适当地选择坐标轴和单位长度，我们可以假设三角形的三个顶点分别是 $\langle 0, 0 \rangle$, $\langle 1, 0 \rangle$ 和 $\langle a, b \rangle$。我们想要证明：

$$1 + \sqrt{(a-1)^2 + b^2} > \sqrt{a^2 + b^2}$$

或者将两边平方

$$1 + (a-1)^2 + b^2 + 2\sqrt{(a-1)^2 + b^2} > a^2 + b^2$$

将上式展开再移项，要证的不等式变为

$$2\sqrt{(a-1)^2 + b^2} > 2a - 2$$

两边约去 2，再平方，不等式变为

$$(a-1)^2 + b^2 > (a-1)^2, \text{ 也就是 } b^2 > 0$$

由于 $b \neq 0$（因为这三点不共线），因此上式显然成立。

反射的最短路径性质

大约在公元 100 年，古希腊数学家海伦（Heron）发现了三角形不等式的一个优雅的结论，它孕育了物理学中的一个关键观念：当光从点 A 经直线 $\mathscr{L}$ 反射到达点 B 时，它遵循最短路径。这个观念后来在力学中发展为一个极具影响力的观念，也就是最小作用量原理。

图 3.4 展示了这种情况：一束光离开点 A，在 P 处经直线 $\mathscr{L}$ 反射到达点 B。我们知道，根据反射的性质，AP 与 $\mathscr{L}$ 形成的角和 PB 与 $\mathscr{L}$ 形成的角相等，但为什么 APB 是从 A 出发经直线 $\mathscr{L}$ 到 B 的最短路径呢？

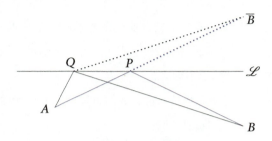

图 3.4　反射的最短路径性质

要知道为什么，可以考虑 B 关于直线 $\mathscr{L}$ 的镜像 $\overline{B}$。由前面的等角关系可知 $A, P, \overline{B}$ 在同一条线段 $A\overline{B}$ 上，$A\overline{B}$ 的长度等于光线路径 APB 的长度。从 A 出发经直线 $\mathscr{L}$ 到 B 的任何其他路径 AQB 都会更长，因为 AQB 与 $AQ\overline{B}$ 的长度相同，由三角形不等式可知，它比 $A\overline{B}$ 更长。

3.7　射影几何

射影几何学是几何学的一个分支，它源于意大利文艺复兴时期艺术家对透视画法的发现。一个典型的问题是画地砖，这经常被错误地解决。图 3.5 是一个例子，取自萨佛纳罗拉（Savonarola）1496 年的作品《关于善终的布道》（*The Art of Dying Well*）。

图 3.5　不正确的透视画法

图里的地板看起来是波浪形的，因为艺术家画了一组等距的斜线和一组水平线来绘制一排排地砖。每块砖都是一个平行四边形，其对角线将它分割成两个三角形。但是，由于水平线的间距欠佳，对角线没有连成直线。这位艺术家使用的绘画技术显然没有跟上时代，因为在莱昂·巴蒂斯塔·阿尔伯蒂（Leon Battista Alberti）1436 年的著作《论绘画》中，已经发表了一种正确绘制地砖的办法。图 3.6 出自阿尔伯蒂的著作，它展示了如何用对角线控制水平线的间距。

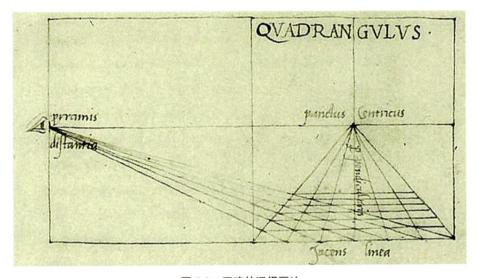

图 3.6　正确的透视画法

下面我们逐步了解这个办法，假设有一排地砖位于图的底部边缘，用等间距的点标记出它们。阿尔伯蒂任选一条水平线作为地平线，并从底部边缘的标记点出发，画出该点到地平线上某个点的连线。这画出了垂直于底部边缘的地砖的平行线（图 3.7），因为平行线相交于地平线。靠近底部边缘画出另一条水平线，就得到了第一排地砖。

要找到第二排地砖、第三排地砖、第四排地砖……的水平线，画出最下面一排中任意一块地砖的对角线（图 3.8 中的红色所示），它与连续的平行线相交，交点就是第二排地砖、第三排地砖、第四排地砖……的一角，所以过这些交点画水平线就可以得到一排排地砖，如图 3.8 所示。

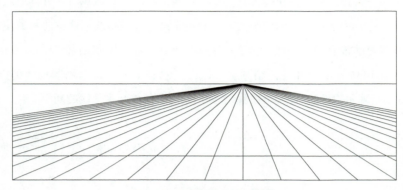

图 3.7　阿尔伯蒂构造的起始

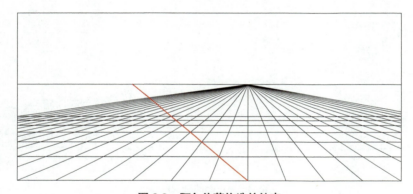

图 3.8　阿尔伯蒂构造的结束

这个构造可行的原因在于，某些东西从平面的任何视图来看都是保持不变的：

- 直线仍保持直线；
- 相交仍保持相交；
- 平行线保持平行或相交于地平线。

不进行测量的透视画法

透视的性质不包含长度和角度，因为在透视图中，相等的长度或相等的角度不再保持相等。不过，阿尔伯蒂的构造中涉及长度测量：在基线上标记出等间距的点，并让直线与基线平行。艺术家们当然不介意这一点，但数学家可能想知道是否可以在不进行测量的情况下画出透视图。

为了做到这一点，我们放弃使用真正的平行线，而是接受"平行线"是在任意选择的一条线（称之为**地平线**）上相交的直线。那么我们就可以从一块"地砖"（其对边是"平行的"，所以它们相交于我们选择的地平线上）开始一个接一个地构建其他"地砖"。图 3.9 展示了前几步。我们用到了地砖的对角线也是平行的这一事实，所以每条对角线交于地平线上的同一点。

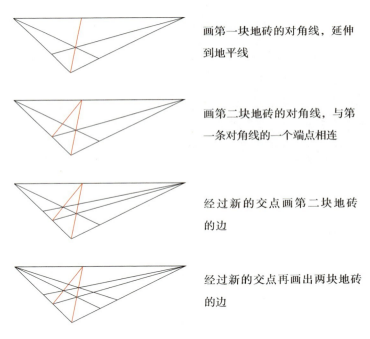

画第一块地砖的对角线，延伸到地平线

画第二块地砖的对角线，与第一条对角线的一个端点相连

经过新的交点画第二块地砖的边

经过新的交点再画出两块地砖的边

图 3.9　构造地砖

我希望这里说清楚了，每一条新的直线都会产生新的交点，经过这些交点我们可以画出新的直线，从而产生新的地砖，这个过程可以一直持续下去。

这个构造说明了仅用一个绘制直线的工具（这个工具通常被称为"尺子"，也被称为**无刻度直尺**，因为其上没有任何标记）就可以构建出复杂而有趣的几何图形。这也让我们相信只涉及平面上的点和线的几何学是一个复杂而有趣的领域。透视画法涉及将一个平面投射到另一个平面〔图 3.10，取自亚伯拉罕·博斯（Abraham Bosse）1653〕，由于这种几何与透视画法的历史联系，它被称为**射影几何**。

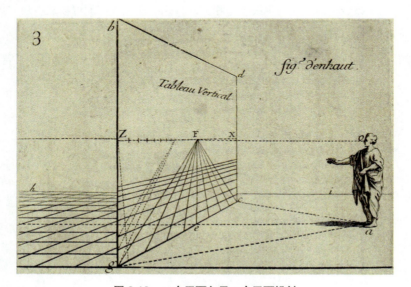

图 3.10　一个平面向另一个平面投射

3.8　帕普斯定理和德萨格定理

射影几何的基本思想是任何两条直线都相交。为了使这一点成为可能，我们在欧几里得平面上添加一条"地平线"来形成所谓的**实射影平面**。地平线与其他任何直线没有什么不同，所以实际上我们可以选择扩充平面上的任何一条直线作为"地平线"，如果两条直线相交于"地平线"或"在无穷远处"相交，那么就称它们"平行"。地平线的正式名称是无穷远直线。

由于射影几何的对象是"点"和"直线"，因此其定理只涉及点和直线。这样的定理的一个有趣的例子自古以来就为人所知。

帕普斯定理：如果 A, B, C, D, E, F 是交替位于两条直线上的点，则 AB 和 DE 的交点、BC 和 EF 的交点，以及 CD 和 FA 的交点在同一条直线上。

这个定理如图 3.11 所示。

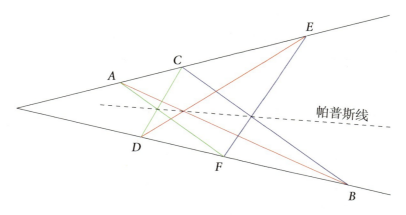

图 3.11 帕普斯定理

这个定理的经典证明涉及长度的概念，因此有人可能会想知道是否存在一个仅使用点和直线的公理的"射影"证明。在回答这个问题之前，让我们考虑另一个古老的定理，由射影几何的创始人吉拉德·德萨格在 1640 年前后提出。

德萨格定理：*如果三角形 ABC 和三角形 A'B'C' 从点 P 透视（也就是说，点对 A, A'、B, B' 和 C, C' 在经过 P 的直线上），那么相应的边 AB 和 A'B' 的交点、BC 和 B'C' 的交点，以及 CA 和 C'A' 的交点在同一条直线上（图 3.12）。*

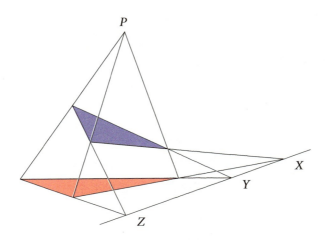

图 3.12 德萨格定理

这个定理如图 3.12 所示，其中三角形 ABC 和三角形 $A'B'C'$ 分别涂成红色和蓝色。X, Y 和 Z 是它们的相应的边的交点。以这种方式给三角形着色，是希望表明它们位于空间中，在这种情况下，包含两个三角形的平面相交于一条直线。这两个平面的交线当然是包含 X, Y 和 Z 的直线。这是德萨格定理的一个"射影"证明，因为它只涉及平面和直线的交点。

其关键在于证明涉及平面的交线和直线的交点，所以它是关于射影空间的，而不仅仅是射影平面。它需要一个关于平面相交的公理，而平面射影几何应该只有关于点和直线的公理。令人惊讶的是，就像帕普斯定理一样，德萨格定理在平面上的证明也涉及长度的概念。在某些射影平面中，德萨格定理不成立。但是，究竟什么是射影平面呢？

射影平面的公理和模型

回顾射影几何的启发性例子——用透视法画地砖，可以看到我们对点和直线做出了以下假设：

1. 任何两点都在唯一一条直线上；
2. 任何两条直线都在唯一一点处相交；
3. 存在四个点，其中没有三个点共线。

第一个假设已经在欧几里得几何学中提到，第二个假设保证了即使是"平行"的直线也相交，第三个假设保证了平面性，具体来说，存在具有不同的四条边的"地砖"。这三个陈述被称为**射影平面的公理**。

它们看起来反映了透视的世界，所以我们期望它们是一致的，但是为了确定这一点，我们构造一个**模型**。这个模型实际上是前面提到过的以精确的数学方式定义的实射影平面。我们现在将将其简称为 $\mathbb{RP}^2$。

$\mathbb{RP}^2$ 中的"点"是普通三维空间 $\mathbb{R}^3$ 中经过原点的直线，$\mathbb{RP}^2$ 中的"直线"是 $\mathbb{R}^3$ 中经过原点的平面。就这些！特别地，每一条**射影直线**（模型是经过原点的平面）都有一个**无穷远点**，也就是这个平面上的地平线。

这个模型捕捉了"智者之眼"在原点所看到的景象，如图 3.13 所示。很容易直接验证这三条公理。前两条公理简单地重述了这样一个事实：经过 O 的两条直线确定了一个经过 O 的平面，并且经过 O 的两个平面相交于一条经过 O 的直线。满足第三条公理的四个"点"是经过 O 和点 $\langle 1, 0, 0 \rangle$，$\langle 0, 1, 0 \rangle$，$\langle 0, 0, 1 \rangle$ 以及 $\langle 1, 1, 1 \rangle$ 的直线。

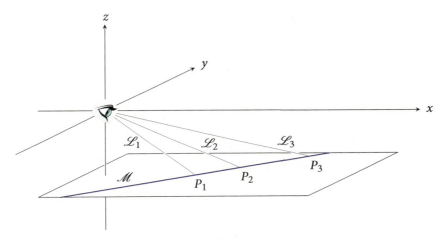

图 3.13　射影地看待平面

在图 3.13 中，普通平面 $z = -1$ 上的点 P_1，P_2，P_3 对应于经过 O 的直线 $\mathscr{L}_1$，$\mathscr{L}_2$，$\mathscr{L}_3$；平面 $z = -1$ 上的直线 $\mathscr{M}$ 对应于一个经过 O（包含 $\mathscr{L}_1$，$\mathscr{L}_2$，$\mathscr{L}_3$）的平面，但原点处的眼睛也能看到 $\mathscr{M}$ 的"无穷远点"，它是后一平面的地平线。

附加公理

上述公理 1、公理 2 和公理 3 被当作定义射影平面的公理，大概是因为点和直线的其他性质看起来不够简单明显。然而，这些公理并没有产生很多有趣的结果。它们不仅无法证明帕普斯定理和德萨格定理，甚至无法得出有无穷多个点。

由于这些公理有一个恰好包含 7 个点的模型，所以它们无法证明存在超过 7 个点。这个模型被称为**法诺平面（Fano 平面）**，如图 3.14 所示。其上的"点"是 7 个点，其上的"线"是连接 3 个点的 7 条曲线（包括圆）。很容易验证前两条公理对于法诺平面成立，第三条公理可以通过 3 个角点和中心点来验证。

图 3.14　法诺平面

　　这就引出了一个问题：添加到射影平面的公理中的最佳公理是什么？希尔伯特（1899）建议将帕普斯定理和德萨格定理作为公理，因为这允许我们为直线上的点定义加法和乘法运算，这些运算满足域的性质，类似于我们根据欧几里得几何中的关联公理和合同公理所做的那样。射影公理的美妙之处在于它们全部是关联公理，因此它们为域的概念提供了一个更简单的基础。

　　事实上，黑森贝格（Hessenberg 1905）证明了帕普斯定理蕴含德萨格定理，所以我们实际上可以从关于点和线的四个陈述（三条射影平面公理和帕普斯定理）中推导出域的 9 条性质。诚然，这一发现并没有让许多代数学家努力寻找几何书籍来了解它，但它确实表明，一种共同的数学结构可以以非常不同的方式出现，从而可能提供新的见解。我们将在第 4.9 节中讨论更多关于射影平面公理的代数结论和模型。

3.9　附注

　　我们在本章看到了近几个世纪以来几何学变得更为代数化的多种方式。为了实现这一点，代数必须发展，它首先作为一种有效的计算方法和证明方法，后来作为模拟数学结构的来源。我们还没有深入探讨许多代数细节，因为我们还不想假设大家对代数很熟悉。在下一章中，当我们描述代数的发展及其证明方法时，细节将会变得更清楚。

　　然而，值得一提的是，欧几里得无意识使用的公理和早期代数学家无意识使用的公理之间存在一种奇妙的对应关系。欧几里得默认使用了关联公理，后来人们才发现它控制了加法和乘法的域性质。这些性质在 19 世纪被明确承认之前已经被代数学家使用了好几个世纪。正如我们将在第 4.6 节中看到的那样，尽管已经有 +, −, ×, ÷ 运算，但只有在发现不是域的代数结构之后，域的性质才被揭示。同样，欧几里得书中缺失的公理只有在发现非欧几里得几何之后才能显露。我们将在第 9 章中看到这是如何发生的。

第4章
代数

如今的代数学是一门独立的学科，涉及对抽象对象的计算等多个方面。我们可以从 6 世纪以后的印度数学家和阿拉伯数学家的工作中认识到代数，但直到 16 世纪，欧几里得几何一直都是代数的基础和证明方法。一个典型的例子是二次方程的求解。但到了 16 世纪，三次方程的求解又产生了一个几何学无法解释的问题。

邦贝利（Bombelli）借助 $\sqrt{-1}$ 的符号计算解决了这个问题，而符号计算〔在韦达（Viète）和笛卡儿（Descartes）的帮助下〕成为一种新的证明方法。就像在欧几里得几何中一样，符号计算中有一些隐含的假设直到 19 世纪才被明确地表述出来。不过，代数中的隐含假设（例如 $a+b=b+a$）比欧几里得几何中的隐含假设更容易表达清楚。

在 19 世纪，当符号计算的过程本身受到数学审查时，代数进入了更高的抽象层次。伽罗瓦（Galois 1831）第一个发现了多项式方程的可解性是一个关于对称的问题，他发展了关于对称的理论——**群论**来解决这个问题。群论就像传统代数本身一样，涉及使用符号进行计算，但更加困难。特别地，"乘法"不再需要是可交换的。

传统代数还涉及**代数数**的问题，代数数是指那些满足有理系数多项式方程的数。这些问题推动了**环论**和**域论**的发展。最终，代数学家在最古老的线性方程组中发掘出新的深度，创造出如今几乎渗透到所有数学领域的**线性代数**。

4.1　二次方程

在第 3 章中，我们了解了代数是如何在 19 世纪的几何中变得越来越引人注目的，当时，代数在数学中发挥着越来越大的作用。事后看来，我们可以说代数自古代起就是几何的一部分。的确，古人解决的一些几何问题在如今会被归为"代数"。二次方程的求解就是一个很好的例子。

也许最古老的例子来自 3500 至 4000 年前的古美索不达米亚。卡茨（Katz）和帕歇尔（Parshall）（2014：24）给出过其中一个例子，它本质上通过几何中的"补成正方形"[①]求解了方程 $x^2 + 2x = 120$。如图 4.1，左边是一个正方形，右边加上一个矩形，其中矩形的一条边长等于正方形的边长，另一条边长等于 2。

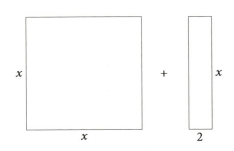

图 4.1　正方形加上矩形

将矩形从中间分开，并将两半分别拼接到正方形上，如图 4.2 所示，已知其面积为 120，问题是求出原正方形的边长 x。

如图 4.3 所示，用边长为 1 的正方形补上图 4.2 右上角的空白，得到一个完整的正方形，其面积为 121。

因为 $121 = 11 \times 11$，所以完整的正方形的边长 $x+1$ 是 11，因此 $x = 10$。（为简单起见，我们将未知的边记为 x，当然它可以被记为任何东西。这个论证的本质是

① 即解二次方程中常说的"配方"。——译者注

对正方形和矩形的操作。）

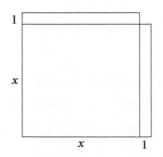

图 4.2　正方形与分成两半的矩形拼接

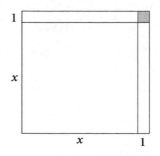

图 4.3　完整的正方形

　　像这样的关于正方形和矩形面积的问题在古希腊文化、古印度文化和其他亚洲文化中反复出现。一个著名的例子是波斯数学家穆罕默德·本·穆萨·阿尔·花拉子密（Muḥammad ibn Mūsā al-Khwārizmī）对二次方程的处理，因为它标志着向代数的转变。公元 825 年前后，花拉子密在他的名为《还原与对消计算概要》（al-jabr）的书中通过重新排列、加减面积来求解二次方程。他的想法与上述美索不达米亚的例子相同，但增加了对"还原"（al-jabr）和"对消"（al-muqābala）的强调。

　　由于花拉子密强调操作（尽管他操作的是面积而不是符号），他因此被视为"代数之父"，英文中的"algebra"（代数）一词就源于他的"al-jabr"。事实上，在很长一段时间里，这个单词在欧洲具有更广泛的含义，其中包括断骨的重接。〔顺便说一句,"阿拉伯数字系统"(algorism)和后来的"算法"(algorithm)一词就由花拉子密的名字演化而来。〕

补成正方形的例子通常被设计成得到一个完全平方数,比如 121,但是求解二次方程的一般算法在花拉子密的时代之前就已经为人所知了。我们知道公式

$$x = \frac{\sqrt{b^2 - 4ac} - b}{2a}$$

给出了 $ax^2 + bx + c = 0$ 的一个解,古印度数学家婆罗摩笈多(Brahmagupta)在公元 628 年给出了这个公式的一个等价表达。和他那个时代的其他人一样,婆罗摩笈多没有写出任何像公式那样简洁的东西,而是写了一个用文字表达的算法。一直到 16 世纪才出现二次方程的概念,到那时才有可能把它们写得足够简洁、一目了然。

4.2 三次方程

代数成为一种用方程进行符号计算的形式,以及它在现代数学中的所有成果归功于两个突破。第一个突破是斐波那契(Fibonacci 1202)的《计算之书》(*Liber abaci*)一书将算术中的符号计算方法带到了欧洲,第二个突破是 16 世纪初的意大利数学家对三次方程的求解。

算术中的书面计算将印度数字

$$0, 1, 2, 3, 4, 5, 6, 7, 8, 9$$

带到了欧洲,但这并不是真正的数学创新,因为书面数字的计算在形式上与欧洲人几个世纪以来一直使用的算盘计算是相同的。它也并没有更高效,因为使用算盘计算要比书面计算更快。由于斐波那契始终遵循欧几里得《原本》的风格,因此《计算之书》在证明方法上也没有创新。

从斐波那契 1225 年的《平方数书》(*Book of Squares*)中可以看出,他没有想到用符号进行书面代数计算。在这本书中,斐波那契将一个等式左右两端展开进行比较,证明了一个关于平方和的重要结论,我们可以将其写成

$$(a^2 + b^2)(c^2 + d^2) = (ac - bd)^2 + (ad + bc)^2$$

但是他的展开是用文字描述的，占据了 5 页篇幅（见 Fibonacci 1225: 23-28）！也许是因为没有与这种计算相对应的算盘，斐波那契没有看到符号计算在代数中比在算术中具有更为优越的速度和简洁性。为了将符号引入代数，还必须借助其他事件。这具有划时代意义的事件就是三次方程的解。

三次方程的解

在了解三次方程如何求解之前，让我们先引用一位"当事人"的反应：

在我们这个时代，博洛尼亚的希皮奥内·德尔·费罗（Scipione del Ferro）已经解决了三次幂加一次幂等于常数的情形，这是非常巧妙且令人赞叹的成就。因为这门艺术的精妙与明晰超越了人类的一切能力，它真是天赐的礼物，能够清楚地测定人的智力。任何人只要专注于它，就会相信世间没有事情是不可理解的。

卡尔达诺（Cardano 1545: 8）

卡尔达诺的兴奋之情是可以理解的，但很可惜，他于 1545 年出版的《大术》（*Ars magna*）一书现在读起来会让人很痛苦，因为它没有使用符号计算。它甚至不使用负数，所以我们写的 $x^3 - px - q = 0$ 被视为 $x^3 = px + q$，并写成"三次幂等于一次幂加常数"。因此，对于卡尔达诺来说，三次方程有多少种给系数赋"+"和"−"的方法，就有多少种不同的类型。每一种类型在他的书中都有各自的章节，其证明很长，采用古希腊风格，参考了欧几里得甚至是柏拉图的证明方式。

冒着让求解看起来比当时更容易的风险，这里用现代符号表示，我们只考虑 $x^3 = px + q$ 的情形，任何三次方程都可以通过简单的变量替换轻易地化归到这种情形。这个情形从符号上看非常简单，最能清楚地展示解法的巧妙性。

如果我们令 $x = u + v$，那么方程 $x^3 = px + q$ 就变成

$$(u + v)^3 = p(u + v) + q \qquad (*)$$

因为

$$(u+v)^3 = u^3 + 3u^2v + 3uv^2 + v^3 = 3uv(u+v) + u^3 + v^3$$

所以如果

$$p = 3uv \text{ 且 } q = u^3 + v^3$$

则（＊）成立。

由这两个式子可得

$$v = \frac{p}{3u} \text{ , 从而 } q = u^3 + (\frac{p}{3u})^3 = u^3 + \frac{p^3}{(3u)^3} \qquad\qquad (**)$$

第二个式子是关于 u^3 的二次方程，即

$$qu^3 = (u^3)^2 + (\frac{p}{3})^3 \text{ 或 } (u^3)^2 - qu^3 - (\frac{p}{3})^3 = 0$$

根据二次方程的求根公式，它有两个解：

$$u^3 = \frac{q}{2} \pm \sqrt{(\frac{q}{2})^2 - (\frac{p}{3})^3}$$

回到方程（**），我们可以看到对于 v^3 可以得出相同的二次方程。所以，在刚刚得到的两个解中，一个是 u^3，另一个是 v^3：

$$u^3,\ v^3 = \frac{q}{2} + \sqrt{(\frac{q}{2})^2 - (\frac{p}{3})^3},\ \frac{q}{2} - \sqrt{(\frac{q}{2})^2 - (\frac{p}{3})^3}$$

取立方根，我们得到

$$u,\ v = \sqrt[3]{\frac{q}{2} + \sqrt{(\frac{q}{2})^2 - (\frac{p}{3})^3}},\ \sqrt[3]{\frac{q}{2} - \sqrt{(\frac{q}{2})^2 - (\frac{p}{3})^3}}$$

所以最后得到

$$x = u + v = \sqrt[3]{\frac{q}{2} + \sqrt{(\frac{q}{2})^2 - (\frac{p}{3})^3}} + \sqrt[3]{\frac{q}{2} - \sqrt{(\frac{q}{2})^2 - (\frac{p}{3})^3}}$$

方程 $x^3 = px + q$ 的解的这种写法被称为卡尔达诺公式，尽管它实际上应该归功于费罗，卡尔达诺自己也承认这一点。[①]

推导过程展示了用现代记号可以将"大术"简化。它也巧妙地处理了平方根的两个可能值（正的和负的）。然而，它忽略了立方根有三个可能值的事实。考虑立方根的三个可能值需要使用复数，卡尔达诺将其视为"精神折磨"。第一个认真对待复数的是卡尔达诺的同胞——拉斐尔·邦贝利。

邦贝利与方程 $x^3 = 15x + 4$

邦贝利（1572）注意到卡尔达诺公式

$$x = \sqrt[3]{\frac{q}{2} + \sqrt{(\frac{q}{2})^2 - (\frac{p}{3})^3}} + \sqrt[3]{\frac{q}{2} - \sqrt{(\frac{q}{2})^2 - (\frac{p}{3})^3}}$$

的一个问题：平方根符号下的项 $(\frac{q}{2})^2 - (\frac{p}{3})^3$ 不仅可以是负的，而且有明显解的方程也会出现这种情况。例如 $x^3 = 15x + 4$，它有明显的解 $x = 4$，但是卡达诺公式给出 $x = u + v$，其中

$$u = \sqrt[3]{2 + \sqrt{-121}}, \quad v = \sqrt[3]{2 - \sqrt{-121}}$$

邦贝利猜测事实上有

$$u = 2 + \sqrt{-1}, \quad v = 2 - \sqrt{-1}$$

于是 $x = u + v = 4$ 为所求。

他隐藏了得出这一结论的计算方法，但只要我们假设符号 $\sqrt{-1}$ 遵循普通的运算法则，就很容易验证

$$u^3 = 2 + \sqrt{-121}, v^3 = 2 - \sqrt{-121}$$

---

① 这个解法是由尼科洛·丰塔纳（Niccolò Fontana）独立发现的，他也叫作塔尔塔利亚。在得知费罗的先前发现之后，塔尔塔利亚向卡尔达诺透露了他的解法，卡尔达诺后来在《大术》中使用了它。

我们可以用 $(a+b)^3 = a^3 + 3a^2b + 3ab^2 + b^3$ 来得到

$$
\begin{aligned}
u^3 &= (2+\sqrt{-1})^3 = 2^3 + 3\times 2^2\sqrt{-1} + 3\times 2(\sqrt{-1})^2 + (\sqrt{-1})^3 \\
&= 8 + 12\sqrt{-1} - 6 - \sqrt{-1} \\
&= 2 + 11\sqrt{-1} \\
&= 2 + \sqrt{-121}
\end{aligned}
$$

$v^3 = 2 - \sqrt{-121}$ 是类似的。所以实际上,

$$
x = u + v = \sqrt[3]{(2+\mathrm{i})^3} + \sqrt[3]{(2-\mathrm{i})^2} = 2 + \mathrm{i} + 2 - \mathrm{i} = 4
$$

邦贝利使用未定义的符号 $\mathrm{i} = \sqrt{-1}$ 进行计算（这在当时是没有几何解释的），开拓了新的领域。代数即将摆脱对几何的依赖，成为一个独立的计算体系，就像算术一样。

4.3 作为"普遍算术"的代数

在邦贝利（1572）和笛卡儿（1637）之间，代数记号迅速发展，出现了表示未知量的记号，加、减、乘、除的记号，平方根记号和等号，以及表示变量的幂的上标记号。除了邦贝利和笛卡儿之外，斯泰芬（Stevin 1585b）、韦达（1591）和哈里奥特（Harriot 1631）也做出了重要贡献。笛卡儿（1637）使用的记号和现在几乎一样，除了将 x^2 写成 xx（但 x^3 和更高次幂与现在的写法一样）[①]，以及使用了不同的等号。

有了新的记号，数学家们可以流畅地处理方程，这在以前是无法想象的。例如，阿德里安·范·罗门（Adrien van Roomen）在 1593 年向韦达提出了一个 45 次方程，韦达可以解出来。到 18 世纪早期，代数计算已经非常强大，可以作为一种证明方法，其结果就是定理。以下是牛顿（Newton）在《普遍算术》（1728 年英文版第二版）中的描述：

---

① 布雷苏（Bressoud 2019: 72）指出，从排字员的角度来看，xx 比 x^2 更简单——尽管两者都需要两个符号，但 xx 更容易排。（《微积分溯源：伟大思想的历程》，人民邮电出版社，2023）

计算要么由数执行，如普通算术中的数，要么由类执行，如代数学家通常所做的那样。它们都建立在同一个基础上，目的也相同，即算术表示确定性和特殊性，代数表示不确定性和普遍性。因此，几乎所有通过计算得到的表达式，尤其是结论，都可以称为**定理**。但代数在这方面尤为突出，因为在算术问题中，只有通过从已知量到未知量才能解决问题，而代数则是逆着进行的，从未知量（好比它是已知）到已知量（好比它是所求），最后我们可能会以某种方式或其他方式得出结论或等式，从中我们可以求出未知量。通过这种方法，最困难的问题就可以解决，仅从普通算术中寻求解法是徒劳的。然而算术在其所有的运算中都是服从于代数的，以至于它们似乎要构成一门完美的计算科学，因此，我将同时解释它们两个。

（牛顿 1728：1）

但如果等式是定理，那么公理是什么呢？我们会在第 4.6 节回答这个问题，但首先我们应该认识到代数与算术相差不远的限制。通过用符号表示变量，代数比普通算术具有更广的普遍性。但是符号算术仍然是算术，因为字母和普通数字遵循相同的法则。符号体系更加有力、有效，但仍然不足以超越三次方程。

在解出了三次方程之后，卡尔达诺的学生洛多维科·费拉里（Lodovico Ferrari）很快就解出了四次方程，也发表在了卡尔达诺 1545 年的著作中。但是，所有求解五次方程的尝试都失败了。直到 1800 年，人们在对代数本身的数学分析（对方程、根及求解过程之间的关系的分析）中找到了这些失败的解释。

4.4　多项式与对称函数

1600 年前后，韦达通过研究根与系数之间的关系，探索出研究方程理论的一种新途径。如果我们考虑三次方程

$$x^3 + e_1 x^2 + e_2 x + e_3 = 0$$

并且假设它的根是 x_1, x_2, x_3，那么

$$
\begin{aligned}
x^3 + e_1 x^2 + e_2 x + e_3 &= (x - x_1)(x - x_2)(x - x_3) \\
&= x^3 - (x_1 + x_2 + x_3)x^2 + (x_1 x_2 + x_2 x_3 + x_3 x_1)x - x_1 x_2 x_3
\end{aligned}
\qquad (*)
$$

所以方程的系数可以用根表示：

$$
\begin{aligned}
e_1 &= -(x_1 + x_2 + x_3), \\
e_2 &= x_1 x_2 + x_2 x_3 + x_3 x_1, \\
e_3 &= -x_1 x_2 x_3
\end{aligned}
$$

这些等式右边的函数称为变量 x_1, x_2, x_3 的**对称函数**，因为无论 x_1, x_2, x_3 如何排列，它们都保持不变。这可以从它们的定义方程（*）中看出来，因为无论因子 $x - x_1$, $x - x_2$, $x - x_3$ 如何排列，它们的乘积 $(x - x_1)(x - x_2)(x - x_3)$ 都保持不变。这三个特殊的函数 e_1, e_2, e_3 被称为 x_1, x_2, x_3 的**初等对称（多项式）函数**。

因子定理

韦达的想法是假设根对应于因子，这是正确的，但首个将其作为定理的是笛卡儿（1637）。因此，在研究一般对称函数之前，我们先陈述并证明因子定理。

因子定理：如果 $p(x)$ 是一个多项式，且 $p(a) = 0$，那么 $(x - a)$ 是 $p(x)$ 的一个因子，也就是说，存在某个多项式 $q(x)$ 使得 $p(x) = (x - a)q(x)$。

证明：设 $p(x) = a_n x^n + a_{n-1} x^{n-1} + \cdots + a_1 x + a_0$。那么对任意数 a 有

$$
p(x) - p(a) = a_n(x^n - a^n) + a_{n-1}(x^{n-1} - a^{n-1}) + \cdots + a_1(x - a)
$$

等式右边的每一项都有因子 $(x - a)$，这是因为

$$
x^m - a^m = (x - a)(x^{m-1} + ax^{m-2} + \cdots + a^{m-2}x + a^{m-1})
$$

所以 $(x - a)$ 整除 $p(x) - p(a)$。

特别是，如果 $p(a) = 0$，那么 $(x - a)$ 整除 $p(x)$。 □

由这个定理可以得出以下结论。

1. 对于方程 $p(x) = 0$ 的每一个根 $x = a$，$p(x)$ 都有因子 $x - a$。

2. n 次多项式方程 $p(x) = 0$ 至多有 n 个根。

3. 如果每个实系数多项式方程都有一个复数根（所谓的**代数基本定理**），且 $p(x)$ 是 n 次多项式，那么

$$p(x) = (x - x_1)(x - x_2) \cdots (x - x_n) \times 常数$$

其中 x_1，x_2，$\cdots$，x_n 是 $p(x) = 0$ 的根（不一定是不同的）。

4. 上述因子定理的证明对系数本身就是（关于其他变量的）多项式的多项式也成立，因为我们只假设系数遵循通常的加法、减法和乘法法则。下面我们将用这个事实得出以下结论：当 $p(0) = 0$ 时，多项式 $p(x)$ 具有因子 x，即使 $p(x)$ 的系数包含其他变量。

现在，我们准备回到任意次的多项式的根与系数之间的关系。不失一般性，我们可以考虑多项式方程是

$$x^n + e_1 x^{n-1} + \cdots + e_{n-1} x + e_n = 0$$

的情况，其根为 x_1，x_2，$\cdots$，x_n。应用因子定理对这个多项式进行因子分解，我们类似地发现

$$e_1 = -(x_1 + x_2 + \cdots + x_n),$$
$$\vdots$$
$$e_n = (-1)^n x_1 x_2 \cdots x_n$$

并且 e_1，e_2，$\cdots$，e_n 被称为 x_1，x_2，$\cdots$，x_n 的**初等对称（多项式）函数** [1]。多项式 e_k 是 $(-1)^k$ 乘以 k 个不同变量 x_i 的所有乘积之和，因此它的次数为 k（这就是 e_k 的下标取 k 的理由）。

初等对称多项式并不是唯一的对称多项式，例如，$x_1^2 + x_2^2 + x_3^2$ 是 x_1，x_2，x_3 的对称多项式。吉拉德（Girard 1629）以及后来的牛顿注意到根的方幂之和 $x_1^p + x_2^p + \cdots + x_n^p$ 可以表示为初等对称函数的多项式，因此也可以表示为原方程系

---

[1] 我们有时会考虑对称有理函数，但在这里我们只关注对称多项式。

数的多项式。例如，我们注意到

$$e_1^2 = (x_1 + x_2 + x_3)^2 = x_1^2 + x_2^2 + x_3^2 + 2x_1 x_2 + 2x_2 x_3 + 2x_3 x_1$$
$$= x_1^2 + x_2^2 + x_3^2 + 2e_2$$

所以

$$x_1^2 + x_2^2 + x_3^2 = e_1^2 - 2e_2$$

对称多项式基本定理

方幂之和的结果是关于对称多项式的一般定理的一个特例，而这个一般定理更加精妙。[①] 牛顿可能知晓这个定理，但我没有找到 19 世纪之前发表的该定理的证明。

对称多项式基本定理：关于 x_1, x_2, $\cdots$, x_n 的任意对称多项式都是初等对称多项式 e_1, e_2, $\cdots$, e_n 的多项式。

证明：通过对变量个数 n 和多项式次数 d 的双重归纳进行证明。当二者都为 1 时，唯一的初等对称函数是 $e_1 = -x_1$，关于 x_1 的每个一次多项式都是 e_1 的多项式。

现在假设这个定理对 $n-1$ 个变量的多项式成立，并且对 n 个变量且次数至多为 $d-1$ 的多项式也成立。给定一个 d 次对称多项式 $f(x_1, \cdots, x_{n-1}, x_n)$，我们首先将 $f(x_1, \cdots, x_{n-1}, 0)$ 与多项式

$$e_i^0(x_1, \cdots, x_{n-1}) = e_i(x_1, \cdots, x_{n-1}, 0)$$

联系起来。这些多项式在不计 ± 号的意义下是 x_1, $\cdots$, x_{n-1} 的初等对称多项式。因此，根据我们对变量个数的归纳假设，存在多项式 g 使得

$$f(x_1, \cdots, x_{n-1}, 0) = g(e_1^0, \cdots, e_{n-1}^0)$$

这是因为 $f(x_1, \cdots, x_{n-1}, 0)$ 是 x_1, $\cdots$, x_{n-1} 的对称函数。

---

① 我认为方幂之和的这一结果并不难得出，因为我在高中时就自己发现了它。

现在考虑多项式

$$h(x_1, \cdots, x_{n-1}, x_n) = f(x_1, \cdots, x_{n-1}, x_n) - g(e_1, \cdots, e_{n-1}) \qquad (*)$$

因为 f 和 e_i 是对称函数，所以这个多项式是对称多项式。当我们用 0 替换 x_n 时，根据 g 的定义，（*）的右边变成了 0。因此，根据上一节的因子定理，x_n 整除 $h(x_1, \cdots, x_{n-1}, x_n)$。因为 h 是对称多项式，所以它能被每个 x_i 整除，因此能被 $x_1 \cdots x_n = \pm e_n$ 整除。因为 e_i 和 e_i^0 都是 i 次的，所以 $g(e_1, \cdots, e_{n-1})$ 和 $g(e_1^0, \cdots, e_{n-1}^0)$ 的次数相同，因此 h 的次数不超过 f 的次数。

因此，存在某个次数小于 h 的次数（因而小于 f 的次数）的多项式 k 使得

$$h(x_1, \cdots, x_{n-1}, x_n) = x_1 \cdots x_n k(x_1, \cdots, x_{n-1}, x_n) = \pm e_n k(x_1, \cdots, x_{n-1}, x_n)$$

接着根据我们关于次数的归纳假设，k 是关于 $e_1, e_2, \cdots, e_n$ 的多项式，因此 h 也是关于 $e_1, e_2, \cdots, e_n$ 的多项式，由（*）可知 f 也是关于 $e_1, e_2, \cdots, e_n$ 的多项式。这就完成了归纳。 $\qquad \square$

考虑到对称多项式基本定理中涉及精妙的归纳论证，牛顿应该没有给出一般性的证明。即使没有经过严格的证明，但这个定理似乎在 18 世纪就已经为人所知了。我们将在第 8.5 节代数基本定理的证明中发现这个定理的一个有趣应用。

4.5　近世代数：群

为了了解群的起源，以及为什么它们的发现如此引人注目，我们应该从 1800 年前后的方程理论开始谈起。

方程的经典理论

在上一节中，我们注意到笛卡儿（1637）的因子定理蕴含着每个多项式 $p(x)$ 可以分解成 n 个形如 $x - x_i$ 的因子，其中 x_i 是方程 $p(x) = 0$ 的根，并且假设这些根存在。这相当于假设了我们将在第 8 章讨论的代数基本定理。为了专注于讨论 $p(x)$

的分解的意义，现在我们假设代数基本定理成立。将方程 $p(x)=0$ 除以它的最高次项的系数，我们可以假设

$$p(x) = x^n + a_{n-1}x^{n-1} + \cdots + a_1 x + a_0 = (x - x_1)(x - x_2)\cdots(x - x_n)$$

这给出了我们在前一节中看到的根与系数之间的关系。例如，对于二次方程，我们有

$$x^2 + bx + c = (x - x_1)(x - x_2) = x^2 - (x_1 + x_2)x + x_1 x_2$$

所以

$$b = -(x_1 + x_2)$$
$$c = x_1 x_2$$

现在，如果以二次方程、三次方程和四次方程的解为鉴，我们期望通过对 $p(x)$ 的系数进行 $+, -, \times, \div, \sqrt{\ }, \sqrt[3]{\ }$ （可能还有求其他 n 次方根）运算来求解 $p(x)=0$。这些运算针对的是对称函数（系数），得到的是完全不对称的函数（根）。这是怎么得到的？

我们可以在二次方程 $x^2 - (x_1 + x_2)x + x_1 x_2 = 0$ 的情况下看出这一点。根据二次求根公式，其根为

$$
\begin{aligned}
x &= \frac{x_1 + x_2 \pm \sqrt{(x_1 + x_2)^2 - 4x_1 x_2}}{2} \\
&= \frac{x_1 + x_2 \pm \sqrt{x_1^2 - 2x_1 x_2 + x_2^2}}{2} \\
&= \frac{x_1 + x_2 \pm \sqrt{(x_1 - x_2)^2}}{2} \\
&= \frac{x_1 + x_2 \pm (x_1 - x_2)}{2} \\
&= x_1, x_2
\end{aligned}
$$

这里的 $\sqrt{\ }$ 是打破对称性的运算，其他情况尽管更复杂，但也是类似的。由于**开方** $\sqrt{\ }, \sqrt[3]{\ }, \cdots$ 会产生多个值（在本例中为正负算术平方根），因此这可能会打破对称性。

上述分析揭示了**根式求解**遇到的问题，但还没有深入探讨如何解决它。这里缺乏的是一种"对称理论"以及对开方在打破对称性中的作用的理解。这样的理论在抽象层次上是一个巨大的飞跃，也是数学史上最伟大的理论之一。它是由 20 岁的埃瓦里斯特·伽罗瓦（Evariste Galois）在 1831 年提出的。

伽罗瓦理论

正如我们在上一小节所看到的，方程理论提出了两个数学上的新问题：什么是对称性？对称性是如何被打破的？简短的回答是：对称性由群的概念所捕捉，并且（就方程而言）对称性的打破对应于商群的形成。正如我们将在本书其他地方看到的那样，群的概念是极其普遍的，却奇迹般地适用于许多数学目的。

然而，对于方程理论中所涉及的对称性，我们可以把回答稍微具体化一些：对称性由有限置换群所捕捉，而对称性的打破对应于一个商群，这个商群是循环群。为了进一步简化，我们将讨论局限于五次方程中涉及的置换，即它的五个根 x_1, x_2, x_3, x_4, x_5 的置换。但首先，让我们尽可能简单地定义一般的群概念。

定义：**置换**是某定义域上的双射函数，置换 f 和置换 g 的**乘积**是它们的复合 $f \circ g$，定义为 $f \circ g(x) = f(g(x))$。**置换群**是某定义域上的双射函数组成的集合，它包括恒等置换、每个置换的逆以及任意两个置换的复合。特别是，n 元集的 $n!$ 个置换形成的**对称群**用 S_n 表示。

任何定义域上的置换显然都包含恒等置换 $1(x) = x$，并且由于置换都是双射函数，因此每个置换 f 都有一个逆 f^{-1} 使得 $f \circ f^{-1} = f^{-1} \circ f = 1$。最后，置换的乘积满足结合律（对于所有函数都满足）：

$$f \circ (g \circ h) = (f \circ g) \circ h$$

因为对于定义域中的任意 x，等号两边都等于 $f(g(h(x)))$。我们现在认识到单位元、逆元和结合律是一个**群**的定义性质（见下述群公理），但在最初，所有群都是置换群。事实上，假设所有群都是置换群，并不失一般性。所以，从现在开始，我们将不再说"置换群"，而是简单地说"群"。

当定义域由五个元素组成时，就像五次方程的情况，其置换在复合运算下构成对称群 S_5。我们在二次方程的情况中已经看到了一个比较简单的例子，即两个元素的置换构成的对称群 S_2。S_2 只由两个置换组成：恒等置换 **1** 以及交换 x_1 和 x_2 的置换 f：$f(x_1)=x_2$，$f(x_2)=x_1$。由于 $f\circ f=1$，因此 S_2 由单个元素 f 的方幂构成。

定义：由单个元素的方幂构成的群称为**循环群**。如果存在群 G 到一个循环群 C 的满射 φ 使得 $\varphi(xy)=\varphi(x)\circ\varphi(y)$，则称群 G 具有一个**循环商** C。

伽罗瓦发现，本质上（尽管用不同的语言），通过开 m 次方根运算来打破对称性，相当于把对称群映上到具有 m 个元素的循环群上。这个映射将群中的一些元素映为 **1**，这些被映为 1 的元素组成一个更小的群，我们试图进一步打破其对称性，以此类推，直到只剩下恒等对称（表明我们已经达到了完全不对称函数，即根）。

碰巧的是，S_5 不能按照这种方式分解，这就是一般的五次方程不能通过根式求解的原因。显然，我们忽略了伽罗瓦的发现背后的诸多细节，特别是开 m 次方根和循环群之间的关系，以及使 S_5 "牢不可破"的原因。伽罗瓦能够找到自己的方法，解决这些细节并将它们组织成一个新的概念体系，这是数学史上的一项伟大成就。

群公理

因为伽罗瓦考虑的群 G 是由双射函数组成的，在复合运算 $\circ$ 下，其元素 $f, g, h, \cdots$ 的一些性质是显然的（通常不加解释地使用）：

1. 群运算满足结合律，即 $f\circ(g\circ h)=(f\circ g)\circ h$；
2. G 包含一个单位元 **1**，使得对于任何 g 都有 $1\circ g=g\circ 1=g$；
3. 每一个 $g\in G$ 都有一个逆 g^{-1}，使得 $g\circ g^{-1}=g^{-1}\circ g=1$。

后来，在发现越来越多的例子后，这三个性质成为群的定义性质或**群公理**。韦伯（Weber）1896 年首次以这样的方式陈述这些公理。在这些公理中，元素不必是函数，运算 $\circ$ 不必是函数的复合，可以是任何二元运算（不过通常称之为"乘法"）。

人们可以自由地将群中的元素视作函数，将群的运算视作函数的复合，这是由于凯莱（Cayley）1878年注意到群 G 中的元素对应于 G 上的双射函数。换句话说，任意 $g \in G$ 都对应于 G 的一个置换 g。，这个置换表示将 G 中的每一个元素左乘 g。

4.6 近世代数：域与环

第 4.3 节提出了一个问题：如果等式是定理，那么什么是公理？有一些这样的公理（但不是全部）在古代就已经被发现了，特别是第 1.1 节中提到的欧几里得的"相等公理"：

1. 彼此能重合的图形全等；

2. 等于同量的量彼此相等；

3. 等量加等量，其和相等；

4. 等量减等量，其差相等。

到了 17 世纪，"图形"可以被理解为"代数表达式"，那时人们一定认为：

5. 等量乘以等量，其积相等；

6. 等量除以（非零）等量，其商相等。

但是当进行加法或乘法运算时，等式的一边内部发生了什么呢？虽然欧几里得对其几何等价形式进行了一些思考，但这一点并未被完全阐明。《原本》第 2 卷的命题 1 是一般的**分配律**

$$a(b + c + d + \cdots) = ab + ac + ad + \cdots$$

的几何等价形式。这里的 $b, c, d, \cdots$ 表示欧几里得所说的"任意数量的部分"，理解为一个有限数字。因此欧几里得的分配律其实是我们的分配律

$$a(b + c) = ab + ac$$

加上**加法结合律**（也就是说，表达式 $b + c + d$ 的以下两种理解是相同的）

$$b+(c+d)=(b+c)+d$$

的推论。

在乘法结合律

$$b(cd)=(bc)d$$

被发现在一种怪异的乘法运算中失效前，结合律似乎被忽视了。"结合"这个词是由威廉·罗恩·哈密顿（William Rowan Hamilton）在 1843 年 11 月 13 日的一篇论文中提出的，当时他和他的朋友约翰·格雷夫斯（John Graves）正在研究被称为**四元数**和**八元数**的复数的推广。哈密顿发现他的四元数系有结合乘法，而格雷夫斯的八元数系却没有。然而，这两个数系都不满足**乘法交换律**

$$bc=cb$$

因此交换乘法（对复数当然成立）引起了他们的注意，而且众所周知，交换乘法可能会失效。

复数与超复数

从实数到复数，再到四元数和八元数的旅程本身是一个有趣的故事，而且对于揭示代数的公理也很重要。故事起源于 1834 年哈密顿将复数定义为有序实数对 $\langle a, b \rangle$。

如果 $z_1 = \langle a_1, b_1 \rangle$，$z_2 = \langle a_2, b_2 \rangle$ 是复数，哈密顿将它们的和与积用实数的和与积定义如下：

$$z_1 + z_2 = \langle a_1 + a_2, b_1 + b_2 \rangle, \quad z_1 \cdot z_2 = \langle a_1 a_2 - b_1 b_2, a_1 b_2 + a_2 b_1 \rangle$$

使用法则 $i^2 = -1$ 可以很容易地验证这样的和与积同 $a_1 + b_1 i$ 和 $a_2 + b_2 i$ 的和与积一致。哈密顿的定义的意义在于，它将任何关于复数的和与积的命题化归为关于实数的和与积的命题，因此在复数理论中不会出现矛盾（除非在实数理论中就有矛盾）。正如哈密顿自己所说：

　　即使这些定义完全是任意的，它们至少不会相互矛盾，也不会与以前的代数原理相矛盾，并且可以通过严格的数学推理得出合理的结论。

（哈密顿 1837：403）

哈密顿从他的定义中得出的结论就包括加法和乘法的交换律和分配律。

　　哈密顿的下一步计划是试图定义有序三元实数组的和与积。与实数对的定义相同，和的定义很自然：

$$\langle a_1,\ b_1,\ c_1 \rangle + \langle a_2,\ b_2,\ c_2 \rangle = \langle a_1 + a_2,\ b_1 + b_2,\ c_1 + c_2 \rangle$$

但哈密顿即使在放弃交换乘法之后也无法找到具有良好代数性质的乘积的定义。最后，在 1843 年 10 月，他突然发现了一个四元数组系统，它具有除交换乘法之外的实数的所有代数性质。它们是**四元数**，他把它们简洁地描述为形如

$$q = a + b\mathbf{i} + c\mathbf{j} + d\mathbf{k}$$

的对象，用显然的方式做加法，用分配律和以下法则做乘法

$$\mathbf{i}^2 = \mathbf{j}^2 = \mathbf{k}^2 = \mathbf{ijk} = -1$$

　　与复数一样，我们可以将四元数的和与积的命题化归为关于实数的和与积的命题，并严格证明四元数的性质，例如加法结合律和乘法结合律（哈密顿就是这样做的）。因为 $\mathbf{ij} = \mathbf{k} = -\mathbf{ji}$，所以乘法交换律不成立。

　　最后，在 1843 年 12 月，哈密顿的朋友约翰·格雷夫斯设计出他的八元实数组系统，也就是现在所说的**八元数**。这些"超复数"像四元数一样，具有实数的大部分代数性质，但不是全部。它们只缺少乘法的交换性和结合性。如上所述，哈密顿提出结合性的概念似乎是为了突出八元数的这个"缺陷"。

　　无论如何，实数和复数的交换律和结合律似乎是最先被认识到的——而不是被忽视或被认为是理所当然的——因为它们在四元数和八元数中不成立。

域和环的公理

另一位认识到交换律和结合律的重要性的数学家是赫尔曼·格拉斯曼（Hermann Grassmann 1861）。在他的《算术教材》（一本高中教科书！）中，他证明了自然数系 $\mathbb{N}$ 的加法和乘法的交换律、结合律和分配律，然后通过适当定义负整数和分数，将其推广到整数 $\mathbb{Z}$ 和有理数 $\mathbb{Q}$ 上。这些合起来，格拉斯曼证明了我们在第 3.1 节中看到的所有的域的性质：

$$A + B = B + A \qquad A \cdot B = B \cdot A$$
$$A + (B + C) = (A + B) + C \qquad A \cdot (B \cdot C) = (A \cdot B) \cdot C$$
$$A + 0 = A \qquad A \cdot 1 = A$$
$$A + (-A) = 0 \qquad A \cdot A^{-1} = 1 \;(\text{若 } A \neq 0)$$
$$A \cdot (B + C) = A \cdot B + A \cdot C$$

在证明 $\mathbb{N}$ 的性质（不涉及 $-A$ 和 A^{-1} 的那些性质）时，格拉斯曼对算术证明史的贡献甚至超过了他对代数证明史的贡献，因为他证明 $\mathbb{N}$ 的所有性质都遵循**归纳法**原理。正如我们在第 2.6 节中看到的，归纳法可以在欧几里得的《原本》中找到，但在很长一段时间里，它在数学中只是偶尔出现。通过对 $\mathbb{Q}$ 证明归纳法比域的性质更基本，格拉斯曼确保了归纳法在 $\mathbb{N}$ 或 $\mathbb{Q}$ 的任何未来的公理系统中的地位。我们将在第 13 章再次讨论这个故事。

遗憾的是，格拉斯曼的《算术教材》几乎被忽视了，但格拉斯曼的一些定理最终成了公理——这在近世代数中很常见。如上所述，以上性质是**域**的定义性质。因此，域是其上的加法运算和乘法运算满足域的性质的对象组成的系统。典型的例子是 $\mathbb{Q}, \mathbb{R}, \mathbb{C}$，但也存在有限域，我们稍后会看到。

如果我们忽略公理 $AA^{-1} = 1$，会得到**环**公理：

$$A + B = B + A \qquad A \cdot B = B \cdot A$$
$$A + (B + C) = (A + B) + C \qquad A \cdot (B \cdot C) = (A \cdot B) \cdot C$$
$$A + 0 = A \qquad A \cdot 1 = A$$

$$A + (-A) = 0$$

$$A \cdot (B + C) = A \cdot B + A \cdot C$$

环的典型例子是 $\mathbb{Z}$，但也存在有限环，我们将在讨论有限域时讨论。域论和环论是在**代数数**理论和**代数整数**理论的基础上发展起来的，戴德金和克罗内克（Kronecker）在 19 世纪 70 年代及以后做出了主要贡献。由于代数数和代数整数属于 $\mathbb{C}$，它们的和与积从 $\mathbb{C}$ 中"继承"了一些性质，因此最初人们认为没有必要说明它们。

域公理最先由韦伯（1893）提出，环公理最先由弗伦克尔（Fraenkel 1914）提出。在埃米·诺特（Emmy Noether）的影响下，代数的公理化方法在 20 世纪 20 年代才得到普遍认可。

4.7　线性代数

线性代数在数学的发展中出现的时间既早又晚。它在古代的线性方程中就出现了，彼时"代数"还没成为一门公认的学科。在很长一段时间里，与多项式方程和由此产生的抽象概念的"高等"代数相比，线性代数相形见绌，它被认为过于简单，不能成为独立的数学分支。如今，线性代数已经重新确立了自己的地位，并且被所有的本科生所熟知，我们可以确定其历史发展的不同阶段。

线性代数的早期阶段是求解线性方程组，在大约 2000 年前的中国就解决了，基本上就是现在的所谓"高斯消元法"。用我们的符号表示，下面是一个包含 n 个未知数 x_1, x_2, $\cdots$, x_n 的 n 个方程组成的方程组：

$$a_{11}x_1 + a_{12}x_2 + \cdots + a_{1n}x_n = b_1$$
$$a_{21}x_1 + a_{22}x_2 + \cdots + a_{2n}x_n = b_2$$
$$\vdots$$
$$a_{n1}x_1 + a_{n2}x_2 + \cdots + a_{nn}x_n = b_n$$

将第二个方程减去第一个方程的适当倍数，第三个方程也减去第一个方程的适当倍数，以此类推，除了第一个方程外，其余方程都消去了 x_1 项。接着，类似地，可以将第三个方程减去第二个方程的适当倍数，以此类推，除了前两个方程外，其余方程都消去了 x_2 项。重复这个过程，会得到一个"三角形式"的方程组：

$$a'_{11}x_1 + a'_{12}x_2 + \cdots + a'_{1n}x_n = b'_1$$
$$a'_{22}x_2 + \cdots + a'_{2n}x_n = b'_2$$
$$\vdots$$
$$a'_{nn}x_n = b'_n$$

由此可依次解出 $x_n, x_{n-1}, \cdots, x_1$：从最后一个方程开始，依次将结果代入上一个方程。

　　就像我们现在处理矩阵一样，中国人只对由系数 a_{ij} 组成的数阵进行操作，他们使用了名为算筹的工具。这个运算过程的基础是第 4.6 节列出的六个"相等公理"，它们允许将某一行减去另一行的倍数。借助这种非常简单的逻辑，线性方程的求解可以化归为基本算术。[①]

　　线性代数的中间阶段开始于引入**行列式**，将线性方程组的解表示为系数的函数。在 1680 年前后，莱布尼茨（Leibniz）与关孝和独立发现了行列式。用行列式表达的显式公式（"克莱姆法则"）是克莱姆（Cramer）1750 年给出的，从此开始了行列式理论的时代，直到 20 世纪，行列式理论在线性代数中一直占据主导地位。缪尔（Thomas Muir）在四卷本《行列式的历史》（1890，1960 年再版）中赞颂了这个时代。行列式函数是一个非常强大的函数，我们稍后会看到它的一些重要应用。然而，很多线性代数都可以在不使用它的情况下得到，如今我们更喜欢把这门学科建立在更简单的基础上。

　　线性代数的后期阶段，基于向量空间的概念，始于格拉斯曼（1844）。

4.8　近世代数：向量空间

　　在第 4.6 节，我们看到哈密顿知道如何将有序 n 元数组相加，但他发现很难将

---

① 在后来的几个世纪里，中国人用同样的逻辑从多项式方程组中消去未知数。通过消去 x 之外的所有未知数，一个多项式方程组可以化归为关于 x 的一个多项式方程。

它们相乘。将 n 元数组相乘得到另一个 n 元数组确实是很困难的，但是格拉斯曼（1844）意识到关于 n 元数组的加法和标量乘法有很多可说的。他本质上已经得到了（实）**向量空间**的概念。在这种情况下，有序 n 元数组被称为**向量**：

$$u = \langle u_1, u_2, \cdots, u_n \rangle, \ v = \langle v_1, v_2, \cdots, v_n \rangle$$

它们的**和**定义为

$$u + v = \langle u_1 + v_1, u_2 + v_2, \cdots, u_n + v_n \rangle$$

对任意的 $r \in \mathbb{R}$，乘以 r 的**标量乘法**定义为

$$ru = \langle ru_1, ru_2, \cdots, ru_n \rangle$$

格拉斯曼的创造（这里只是最基本的部分）旨在成为几何学的一种新方法——它如今的确如此。但遗憾的是，即使在 1847 年和 1862 年格拉斯曼再次尝试普及它之后，它仍然没有被同时代的数学家们注意到。直到皮亚诺在 1888 年写下了向量加法和标量乘法运算的以下公理化描述之后，它才得以复兴：

$$u + v = v + u$$
$$u + (v + w) = (u + v) + w$$
$$u + \mathbf{0} = u$$
$$u + (-u) = \mathbf{0}$$
$$r(u + v) = ru + rv$$
$$(r + s)u = ru + su$$
$$r(su) = (rs)u$$

其中 r, s 是任意实数，$\mathbf{0} = \langle 0, 0, \cdots, 0 \rangle$，$-u = \langle -u_1, -u_2, \cdots, -u_n \rangle$。在格拉斯曼（1862）证明的基本结果中，**基的存在性和维数的不变性**是现在的线性代数课程的主要内容。也就是说，任何有限维实向量空间 V 中有向量 $e_1, e_2, \cdots, e_m$，满足

- 如果对每一个 $v \in V$，存在 $r_1, r_2, \cdots, r_m \in \mathbb{R}$ 使得

$$v = r_1 e_1 + \cdots + r_m e_m$$

（这说明 e_1, e_2, $\cdots$, e_m 张成 V。）

- 如果 $r_1 e_1 + \cdots + r_m e_m = \mathbf{0}$，那么 $r_1 = \cdots = r_m = 0$。（这说明 e_1, e_2, $\cdots$, e_m 是**线性无关**的。）

则称 e_1, e_2, $\cdots$, e_m 为 V 的一组**基**。此外，m（V 在 $\mathbb{R}$ 上的**维数**）在任何基下都是相同的。

根据基和维数的存在性，在 m 维实向量空间中，任意向量 $v = r_1 e_1 + \cdots + r_m e_m$ 都是由 m 元数组 $\langle r_1, r_2, \cdots, r_m \rangle$ 唯一确定的，所以这个空间本质上就是 $\mathbb{R}^m$，即有序 m 元实数组组成的空间。

与此同时，在 19 世纪 70 年代，戴德金和克罗内克在代数数论中隐含地使用了向量空间概念的推广。实际上，他们是在处理其他域 $\mathbb{F}$ 上的向量空间，除了 $\mathbb{R}$ 被域 $\mathbb{F}$ 取代之外，其公理完全与皮亚诺的公理相同。这样做之后，我们可以讨论 V 在 $\mathbb{F}$ 上的一组基、$\mathbb{F}$ 上的线性无关性和 $\mathbb{F}$ 上的维数。戴德金和克罗内克并未有意识地依赖公理，尽管他们确实经常使用线性无关性和不同域上的维数。同时，允许 $\mathbb{F}$ 变化也是很重要的。

代数数论中的向量空间

戴德金和克罗内克从有理数域 $\mathbb{Q}$ 开始，将 $\mathbb{Q}$ 扩张为包含无理数（如 $\sqrt{2}$）的更大的域。我们发现包含 $\mathbb{Q}$ 和 $\sqrt{2}$ 的最小的域是

$$\mathbb{Q}(\sqrt{2}) = \{a + b\sqrt{2} : a, b \in \mathbb{Q}\}$$

显然，包含 $\mathbb{Q}$ 和 $\sqrt{2}$ 的域必须包含所有形如 $a + b\sqrt{2}$（其中 $a, b \in \mathbb{Q}$）的数。反之，可以验证这种形式的数的和、差、积、商也是这种形式，因此 $\mathbb{Q}(\sqrt{2})$ 是一个域。很明显，数字 1 和 $\sqrt{2}$ 是 $\mathbb{Q}(\sqrt{2})$ 在 $\mathbb{Q}$ 上的一组基，所以这个域是 $\mathbb{Q}$ 上的向量空间，（在 $\mathbb{Q}$ 上的）维数为 2。

维数 2 也是 $\sqrt{2}$ 在 $\mathbb{Q}$ 上的**次数**，即 $\sqrt{2}$ 满足的有理系数多项式方程 $x^2 - 2 = 0$ 的次数。由于 $\sqrt{2}$ 是无理数，2 是 $\sqrt{2}$ 满足的有理系数多项式方程的最小次数。更一般地说，如果一个数 α 满足一个有理系数多项式方程，则存在一个次数最小的方

程，而这个最小次数等于包含 $\mathbb{Q}$ 和 α 的最小的域的维数。这种次数和维数之间的一致性解释了向量空间适用于研究代数数。

事实上，维数的概念使一些看似困难的问题变得简单。例如，$\sqrt[3]{2}$ 能用有理数和平方根表示吗？这是古希腊"倍立方体"问题的现代表述，它试图寻找一个体积为 2 的立方体（的边长）的尺规构造。由于戴德金（1894）的以下定理，维数概念使这个问题的难度大大降低。

戴德金维数定理：如果 $\mathbb{E} \supseteq \mathbb{F} \supseteq \mathbb{G}$ 是域，$\mathbb{E}$ 在 $\mathbb{F}$ 上的维数是 e，$\mathbb{F}$ 在 $\mathbb{G}$ 上的维数是 f，那么 $\mathbb{E}$ 在 $\mathbb{G}$ 上的维数是 ef。

定理的证明仅仅是验证如果元素 e_i 构成 $\mathbb{E}$ 在 $\mathbb{F}$ 上的一组基，元素 f_j 构成 $\mathbb{F}$ 在 $\mathbb{G}$ 上的一组基，那么元素 $e_i f_j$ 构成 $\mathbb{E}$ 在 $\mathbb{G}$ 上的一组基。

我们把这个维数定理应用到倍立方体问题上，假设 α 是由有理数通过平方根得到的数。这意味着 α 属于域

$$\mathbb{F}_n \supseteq \mathbb{F}_{n-1} \supseteq \cdots \supseteq \mathbb{F}_1 \supseteq \mathbb{Q}$$

其中每个域包含前一个域中某个元素的平方根。例如，如果 $\alpha = \sqrt{5 + \sqrt{3}}$，那么我们有

$$3 \in \mathbb{Q}$$
$$则 \sqrt{3} \in \mathbb{Q}(\sqrt{3}) = \mathbb{F}_1$$
$$所以 5 + \sqrt{3} \in \mathbb{F}_1$$
$$则 \sqrt{5 + \sqrt{3}} \in \mathbb{F}_1(\sqrt{5 + \sqrt{3}}) = \mathbb{F}_2$$

因为每个扩张都是通过平方根得到的，所以它是 2 次的，因此它是二维的。由此，根据戴德金维数定理，$\mathbb{F}_n$ 在 $\mathbb{Q}$ 上的维数是 2^n。所以 α 的次数是 2^n。但是 $\sqrt[3]{2}$ 的次数是 3（正如我们所期望的，这也很容易证明），因此 $\sqrt[3]{2}$ 不能由有理数通过平方根得到。

4.9   附注

在我们谈论代数在几何中最著名和最广泛的应用——费马和笛卡儿的代数几何——之前，值得一提的还有代数在几何中的两次"客串"。

几何中的有限置换群

第 4.4 节中讨论了对称函数和表达其对称性的置换群，但没有提及对称的最古老的形式：几何对象的对称，特别是**正多面体**的对称。图 4.4 展示了全部五个正多面体：正四面体、立方体、正八面体、正十二面体和正二十面体。这些图形从远古时代就已经为人所知，它们是欧几里得《原本》的高潮，它们的存在性在其中得以证明，并且它们是三维空间中仅有的正多面体。每一个正多面体都是"规则的"，其意义是它的面都是相同的正多边形，它的顶点是相同数量个面的交点。此外，每一个正多面体都是**对称**的，可以通过旋转，将任何顶点、棱或面映到任何其他顶点、棱或面。

图 4.4   正四面体、立方体、正八面体、正十二面体、正二十面体

例如，如果我们将正四面体固定在一个位置，那么四个面中的任何一个都可以旋转到"前"面的位置；此外，该面的三条棱中的任何一条都可以旋转到"顶部"棱的位置。这就得到了 4×3 = 12 个旋转，这些旋转使得正四面体看起来完全相同。这 12 个旋转就是正四面体的**对称群**，因为任意两个旋转的乘积是另一个旋转，任意一个旋转的逆是另一个旋转，它们给出了正四面体"看起来相同"的所有位置。有 12 个位置看起来是相同的，因为正四面体的位置完全取决于四个面中的哪一个在前面（记为 F），以及 F 的三条棱中的哪一条在顶部。

通过类似的论证，用面数乘以每个面的棱数，我们可以看到：

- 立方体的对称群有 $6 \times 4 = 24$ 个元素；
- 正八面体的对称群有 $8 \times 3 = 24$ 个元素；
- 正十二面体的对称群有 $12 \times 5 = 60$ 个元素；
- 正二十面体的对称群有 $20 \times 3 = 60$ 个元素。

现在 24 是 S_4 的大小，因为四个对象有 $4 \times 3 \times 2 \times 1$ 个置换，事实上，立方体的对称群与 S_4 同构。也就是说，这些置换和旋转之间存在一个双射，在这个双射下，乘积也互相对应。这并非巧合，事实上，这个立方体有四个部分是通过旋转置换的，24 个旋转给出了 24 种不同的置换。立方体的这四个部分是它的对角线，在图 4.5 中用四种不同的颜色表示。

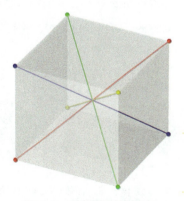

图 4.5　立方体及其对角线

12 这个数，是正四面体对称群的大小，也是 24 的一半，事实上，正四面体的旋转对应于立方体的旋转的一半。这是因为可以将正四面体放入如图 4.6 所示的立方体中，那么正四面体的所有旋转都来自立方体的旋转。但是只有一半的旋转能将正四面体旋转到看起来相同的位置，另一半旋转将正四面体的顶点移动到立方体的另外四个顶点上。

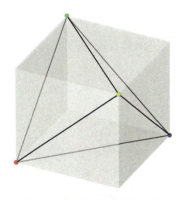

图 4.6　立方体中的正四面体

这些旋转对应于所谓的四个顶点的**偶置换**。n 个对象 1, 2, ⋯, n 的置换称为**偶置换**，如果它有偶数个逆序对；否则就称之为**奇置换**。例如，1234 的置换 2134 是奇置换，因为只有一个数对〈2, 1〉是逆序的。此外，置换 2143 是偶置换，因为两个数对〈2, 1〉和〈4, 3〉是逆序的。群 S_n 中有一半的置换是偶置换，它们形成了一个子群，称为**交错群** A_n。

正四面体的对称群与 A_4 同构。正八面体的对称群与 S_4 同构，因为正八面体的所有旋转都可以被看作立方体的旋转，反之亦然。这是由于图 4.7 中左边所示的正八面体和立方体具有"对偶"关系，我们看到右边所示的正十二面体和正二十面体也具有对偶关系，所以它们的对称群也是同构的。

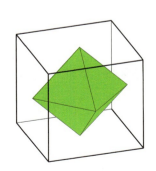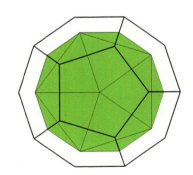

图 4.7　对偶的正多面体

最后，也是最著名的，正十二面体和正二十面体的对称群都与 A_5 同构。

我们甚至可以看到正十二面体的五个部分，它们的置换可以表示正十二面体的对称性。它们是图 4.8 所示的五个正四面体，每个正四面体与正十二面体有四个共同顶点。

图 4.8　正十二面体中的五个正四面体

射影平面公理与代数

第 3.8 节提到了射影几何的帕普斯定理和德萨格定理，以及希尔伯特如何使用它们来定义直线上的点的加法与乘法满足域性质：

$$A + B = B + A \qquad A \cdot B = B \cdot A$$
$$A + (B + C) = (A + B) + C \qquad A \cdot (B \cdot C) = (A \cdot B) \cdot C$$
$$A + 0 = A \qquad A \cdot 1 = A$$
$$A + (-A) = 0 \qquad A \cdot A^{-1} = 1 \text{（若 } A \neq 0\text{）}$$
$$A \cdot (B + C) = A \cdot B + A \cdot C$$

后来，如第 4.6 节所述，1843 年哈密顿发现四元数，格雷夫斯发现八元数，这使得乘法的交换律和结合律

$$A \cdot B = B \cdot A \text{（交换律）}$$
$$A \cdot (B \cdot C) = (A \cdot B) \cdot C \text{（结合律）}$$

成为人们关注的焦点——因为四元数不满足交换律，八元数不满足交换律和结合律。

但是，尽管不能成为域，但四元数 $\mathbb{H}$ 和八元数 $\mathbb{O}$ 可以作为射影平面的坐标，

并且它们在代数中的"缺点"精确地对应于相应平面的几何中的"缺点"。通过类比我们在第 3.8 节中构造的实射影平面 $\mathbb{RP}^2$，构造**四元数射影平面** $\mathbb{HP}^2$ 是相对简单的。其中的"点"是经过空间 $\mathbb{H}^3$ 中的原点的四元数直线（由参数方程给出）或有序三元数组（每个分量是四元数），其中的"直线"是经过原点的四元数平面（由齐次线性方程给出）。露特·穆方（Ruth Moufang）指出了这一点，她在 1933年也得到了更困难的**八元数射影平面** $\mathbb{OP}^2$ 的构造。构造一个八元数射影平面的障碍之一是八元数射影空间不存在，而所有的 n 维四元数射影空间 $\mathbb{HP}^n$ 都存在。

四元数射影平面和八元数射影平面的几何"缺点"是什么？现将这些平面以及其他满足相同的几何公理的平面的优点概括如下。

1. $\mathbb{HP}^2$ 满足德萨格定理，但不满足帕普斯定理（如果它满足帕普斯定理，那么四元数就会有交换乘法，而四元数的乘法是非交换的）。

2. 反之，希尔伯特（1899）证明了德萨格定理成立的任意射影平面都有一个加法与乘法满足除了乘法交换律以外的所有域性质。

3. 任意射影空间都满足德萨格定理，这是由于图 4.9 显示了德萨格定理的"空间"证明，其中直线 $\mathscr{L}$ 是两个三角形所在平面的交线。

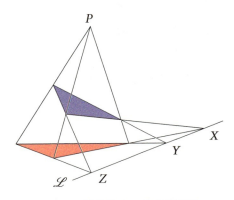

图 4.9　德萨格定理的空间视图

4. 如果存在八元数射影空间，那么八元数就会有结合乘法，而八元数的乘法是非结合的。

5. $\mathbb{OP}^2$ 不满足德萨格定理，否则八元数就会有结合乘法，而八元数的乘法是非结合的。

6. 然而，$\mathbb{O}\mathbb{P}^2$ 满足**小德萨格定理**：这是德萨格定理的特例，其中两个三角形的两对相应的边在经过透视中心 P 的一条直线 $\mathscr{L}$ 上相交（图 4.10），在这种情况下，该定理的结论是第三对相应的边也在 $\mathscr{L}$ 上相交。

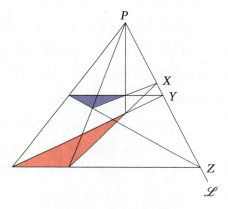

图 4.10 小德萨格定理

7. 反之，穆方（1933）证明了小德萨格定理成立的任意射影平面都有一个加法与乘法满足除了乘法交换律和乘法结合律以外的所有域性质。

满足除了交换律和结合律以外的域公理的结构是有名称的，尽管选择得不是很好。像 $\mathbb{H}$ 这样满足除了乘法交换律以外的所有性质的结构称为**斜域**（skew field）①。像 $\mathbb{O}$ 这样满足除了乘法交换律和乘法结合律以外的所有性质的结构称为**交错域**（alternative field）。

---

① 也常译为体、斜体或除环。——译者注

第**5**章
代数几何

16 世纪晚期，符号代数的发展带来了证明的历史的一个转折点。这是代数运算变得比几何推理更加高效的时期，于是代数和几何可以交换角色：人们可以用代数证明几何结果来代替用几何证明代数结果。因此，自欧几里得以来，证明的概念首次得到显著的推广。

实际上，人们不再将"点""线""长度"和"角度"等概念视为原始术语，而是可以用数和方程来定义它们。这样，人们就不必诉诸关于点、线等的公理，而是可以简单地用方程进行运算。现在看来，这种方法显然更高效，但是在当时，欧几里得的理论过于权威，以至于代数方法最初仅仅被谨慎地使用。笛卡儿等采用代数方法研究几何的早期实践者，依然将欧几里得几何视为"真正的几何"，仅将代数视为通往欧几里得几何对象的结论的一种捷径。沃利斯第一个将其视为一种可以真正取代欧几里得几何的几何学（"代数几何"）。我们现在认为，坐标为欧几里得几何学提供了一个**模型**，不过这种说法直到希尔伯特（1899）才变得明确。

从某种程度上说，谨慎是有道理的，因为"数"这个基本概念尚未给出定义，因此代数几何学家不得不依赖欧几里得几何学中点和线的概念。但在实际中，代数很快就超越了几何推理，因为它能够应用于古希腊几何学几乎没有涉猎的**代数曲线**。

后来，线性代数提供了一种研究几何的方法，它虽不及整个代数几何，但更适用于欧几里得几何。在线性代数中，**内积**扮演着与勾股定理相同的角色。

5.1　圆锥曲线

圆锥曲线又叫圆锥截线，顾名思义，圆锥曲线是用平面截圆锥得到的曲线。图 5.1 中从左到右展示的依次为**椭圆**、**抛物线**和**双曲线**。严格地说，它们都是非退化的圆锥曲线；若截面处于特殊位置，也会出现退化的截线，如单点或一对直线。

图 5.1　圆锥曲线

人们的兴趣主要在于椭圆、抛物线和双曲线，并且它们的许多性质自古以来就为人所知。我们可以在阿波罗尼奥斯（Apollonius of Perga）所著的《圆锥曲线论》一书中找到数百条关于它们的定理。阿波罗尼奥斯是在欧几里得和阿基米德之间时期的古希腊数学家。《圆锥曲线论》一书中的证明都是欧几里得风格的几何证明。我们经常用方程表示长度或面积之间的关系，而阿波罗尼奥斯总是用文字叙述，并用文字来推理。

例如，如图 5.1 中的中间的图所示，用平行于母线的平面截圆锥，阿波罗尼奥斯在他的命题 11 中推导出被我们称为抛物线的方程 $y = x^2$。但他的 x 和 y 是线，用它们在圆锥中的位置费力地描述，他声明以 x 为边的"正方形"与以 y 和单位长度为边的"矩形"相等。

在断言代数使证明圆锥曲线的性质变得更加容易（通常情况确实如此）之前，我必须承认，涉及圆锥的证明可以非常精巧。法国数学家热米纳尔·皮埃尔·当德兰（Germinal Pierre Dandelin）在 1822 年发现了这样一个证明：它表明椭圆内部有两个点，称为**焦点**，使得椭圆上任意一点到两个焦点的距离之和是常数。

从图 5.2 中很容易看出：两个球内切于圆锥，且都与一个平面相切，这个平面截圆锥形成椭圆，两个球与截面的切点是焦点，常数就是两个球与圆锥的交圆（图中的两个黑色圆）在圆锥上的距离。为了证明这个常数等于椭圆上任意一点到两个焦点的距离之和，可以在椭圆上选一点，连接该点与两个焦点，我们会发现该点到两个焦点的线段是该点到两个球面的切线，而球面外任意一点到球面的切线长相等。

图 5.2　椭圆的当德兰球

5.2 费马和笛卡儿

皮埃尔·德·费马（Pierre de Fermat）和勒内·笛卡儿在17世纪20年代分别独立发现了几何学的坐标方法。因为该方法是由笛卡儿（1637）首先发表的，所以他得到了大部分的赞誉，并且坐标系以他的姓氏被命名为"笛卡儿坐标系"。作为用实数表示的欧几里得平面的模型，第3.5节已经展示过坐标系的现代版本（在图5.3中再次出现）。

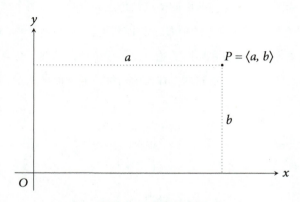

图5.3　一个点的坐标

笛卡儿也有类似的想法，但它更接近欧几里得的想法。他不承认负坐标，因为他将坐标视为长度，并且他没有独立的实数概念。事实上，笛卡儿认为"实"量是几何量，坐标仅仅是一种得到它们的方便手段。当然，坐标之所以变得方便，是因为代数在过去几十年中取得了巨大进步，这使得用多项式方程可以描述许多曲线，并且可以通过代数运算来发现它们的性质。

费马和笛卡儿都认识到，多项式方程 $p(x, y) = 0$ 给出了按次数分类的曲线。一次方程 $ax + by + c = 0$ 代表直线，这就是我们现在称这样的方程为"线性"方程的原因。更有趣的是，他们俩都发现二次方程代表圆锥曲线。每个学数学的人都知道，抛物线、椭圆和双曲线是用特殊类型的二次方程表示的：

$$y = x^2 \quad （抛物线）$$

$$\frac{x^2}{a^2} + \frac{y^2}{b^2} = 1 \text{（椭圆）}$$

$$\frac{x^2}{a^2} - \frac{y^2}{b^2} = 1 \text{（双曲线）}$$

一般的二次方程

$$ax^2 + bxy + cy^2 + dx + ey + f = 0$$

通过变量替换可以转化成上述形式之一，除非它是"退化"形式，如

$$x^2 + y^2 = 0 \text{，表示单点} \langle 0, 0 \rangle$$

$$x^2 - y^2 = 0 \text{，表示一对直线} y = \pm x$$

$$(x - y)^2 = 0 \text{，表示直线} y = x \text{，"计两次"}$$

退化形式实际上对应于"退化"的圆锥曲线，此时的截面处于特殊位置。在非退化的情况下，其证明从几何上可以被看作坐标轴的平移和旋转：dx 项和 ey 项可以通过平移去掉，bxy 项可以通过旋转去掉。

去掉 xy 项的一个简单例子是双曲线 $xy = 1$，当 x 轴和 y 轴旋转 45° 时（图 5.4），它变成 $X^2 - Y^2 = 2$。这是因为新的坐标是 $X = \dfrac{x}{\sqrt{2}} + \dfrac{y}{\sqrt{2}}$，$Y = \dfrac{x}{\sqrt{2}} - \dfrac{y}{\sqrt{2}}$。

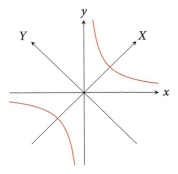

图 5.4 将轴旋转（双曲线的情况）

5.3 代数曲线

当知道处理方程的方法是代数时，将坐标几何限制在用多项式方程表示的曲线上是很自然的。随着微积分的出现，这种情况在几十年后发生了改变，但笛卡儿怀疑非代数曲线或**超越**曲线（他称之为"机械的"曲线，与"几何的"曲线相对立）能否被很好地理解。他的疑虑源于弧长问题，即使对于代数曲线，这个问题似乎也是难以解决的：

几何学不应该包括像弦一样的线，它们有时是直的，有时是弯的，因为直线和曲线的比例是未知的，我认为人类的头脑无法发现。

（笛卡儿 1637: 91）

具有讽刺意味的是，第一条被确定弧长的曲线是一条"机械的"曲线，即所谓的**等角螺线**（图 5.5），它的弧长是托马斯·哈里奥特在 1590 年前后发现的〔洛纳（Lohne）1979〕。他的成果未发表，但由托里拆利（Torricelli）在 1645 年重新发现。这条螺线被称为"等角"螺线，因为它与从中心出发的直线相交形成的角度恒定。哈里奥特的发现将在第 6.1 节阐述。

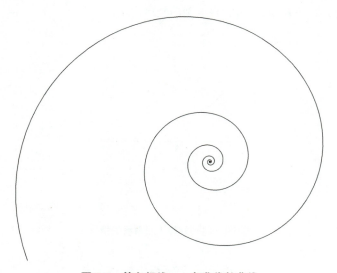

图 5.5　等角螺线，一条非代数曲线

这里值得解释一下为什么螺线不是代数曲线。这个结果是由牛顿（1687：第 1 卷第 6 节引理 28）得到的，因为螺线与某些直线相交无穷多次。另外，一条 n 次代数曲线 $p(x, y) = 0$ 与直线 $y = mx + c$ 只能相交有限多次：只在 $p(x, mx + c) = 0$ 的点处相交。这是一个 n 次多项式方程，所以正如我们在第 4.5 节中看到的，它最多有 n 个解。

切线

因为非代数曲线的弧长难以确定，所以笛卡儿缺乏预见地忽略了它们。但是，还有另一个问题，即求曲线的切线的问题，如今通常用微积分来解决，而笛卡儿和费马能够用纯代数来解决代数曲线的切线问题。

一个简单的例子是抛物线 $y = x^2$ 和直线 $y = 2x - 1$。当 x 满足方程 $x^2 = 2x - 1$ 或 $(x - 1)^2 = 0$ 时，二者相交。这个方程有一个"重根" $x = 1$，因为它有重因子 $(x - 1)^2$。这就是切线的代数表示。直观地说，直线 $\mathscr{L}$ 经过抛物线上的点 $P(1, 1)$，并"靠近"切线 $y = 2x - 1$，$\mathscr{L}$ 与抛物线相交于两点 P, P'，当 $\mathscr{L}$ 接近切线 $\mathscr{T}$ 时，这两点"重合"（图 5.6）。

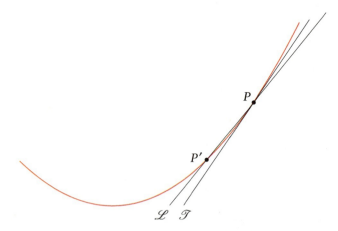

图 5.6　切线及附近的一条割线

一般来说，如果因子 $(x - a)$ 在多项式 $p(x, mx + c)$ 中至少出现两次，则直线

$y = mx + c$ 是曲线 $p(x, y) = 0$ 在 $x = a$ 处的切线。

一条更有趣的曲线是 $x^3 + y^3 = 3xy$，实际上是由笛卡儿向费马提出并试图难倒他的。它被称为**笛卡儿叶形线** [①]，如图 5.7 所示。

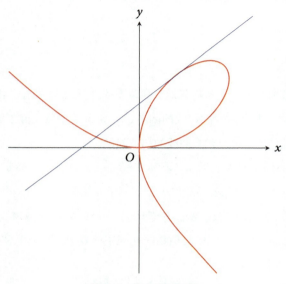

图 5.7 笛卡儿叶形线

考虑蓝色直线 $y = \dfrac{4}{5}(x + 1)$，它经过叶形线上的点 $(\dfrac{2}{3}, \dfrac{4}{3})$。这是一条切线，因为替换 y 得到方程

$$x^3 + (\frac{4}{5})^3 (x+1)^3 = 3x \cdot \frac{4}{5}(x+1)$$

这可化简为

$$189x^3 - 108x^2 - 108x + 64 = 0 \text{ 或 } (3x - 2)^2(21x + 16) = 0$$

重根 $x = \dfrac{2}{3}$ 表明，这条直线在 $x = \dfrac{2}{3}$ 处与叶形线有双重交点，因此它是一条切线。

---

① 叶形线的英文 "folium" 是拉丁语中的 "叶子"，如果你想知道原因，这片 "叶子" 指的是曲线在第一象限的部分，其中 $x, y \geq 0$。笛卡儿只关注这部分，因为他不承认负数坐标。

当然，这样的多项式计算并不是人们愿意做的，显然微积分更容易！但它们表明，求代数曲线的切线本质上是一个代数问题。

无穷远点

我们在第 3.8 节中看到，通过在平面上添加一条无穷远直线，形成**实射影平面**，平面上的直线的特性可以得到简化。在这个扩充平面上，任何两条直线都恰有一个公共点。一对普通直线和一对平行线之间的唯一区别是后者在无穷远处相交。

代数曲线的特性也因纳入无穷远点而得到简化。例如，椭圆、抛物线和双曲线的唯一区别在于它们的无穷远点的个数：椭圆没有无穷远点，抛物线有一个无穷远点，双曲线有两个无穷远点。德萨格于 1639 年在第一部关于射影几何的书中指出了这种区别。例如，图 5.8 展示了抛物线是如何在射影几何中变成椭圆的：它与无穷远直线交于一点。

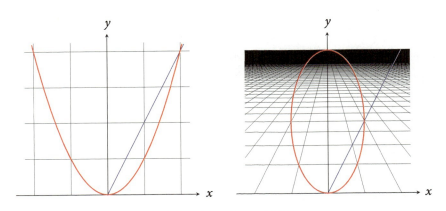

图 5.8 抛物线及其射影视图

实际上，如果我们使用第 3.8 节描述的实射影平面的模型，它的"点"是 $\mathbb{R}^3$ 中经过原点的直线，那么"圆锥曲线"就是一个圆锥！在图 5.9 中，眼睛从圆锥的尖端可以"看到"椭圆。因此，在射影几何里观察时，所有（非退化的）圆锥曲线都是相同的。

图 5.9　圆锥曲线的射影模型

5.4　三次曲线

从代数视角研究圆锥曲线虽然便于计算，但并不是每个人都认为有启发性。在第 2.4 节介绍的托马斯·霍布斯将对圆锥曲线的代数处理称为"符号的结痂"（霍布斯 1656：316），并谴责"所用把代数应用到几何上的那帮人"（霍布斯 1672：447）。毕竟，很难找到一个没有被阿波罗尼奥斯证明的关于圆锥曲线的定理。

代数的真正考验来自三次曲线，其一般方程为

$$ax^3 + bx^2y + cxy^2 + dy^3 + ex^2 + fxy + gy^2 + hx + jy + k = 0$$

古希腊人考虑了一两种特殊的三次曲线，当然不是用方程来考虑的，所以古希腊人没有三次曲线的一般概念。第一个解决这个问题的人是牛顿（1667），他通过坐标轴的平移和旋转成功地将一般方程化归为以下特殊类型：

$$Exy^2 + Fy = Ax^3 + Bx^2 + Cx + D$$
$$xy = Ax^3 + Bx^2 + Cx + D$$
$$y^2 = Ax^3 + Bx^2 + Cx + D$$
$$y = Ax^3 + Bx^2 + Cx + D$$

接着，牛顿根据方程右边的根的特征将曲线分成不同的类型。他给出了 72 类，但遗漏了 6 类。斯特林（Stirling 1717）补上了更多的细节，但仍然遗漏了两类，所以情况远不如二次曲线的分类令人满意。然而，牛顿在"投影生成的曲线"的评注中极大地简化了讨论。根据曲线的射影性质对曲线进行分类，可以将三次曲线的类型简化为 5 种。它们都是具有以下形式的方程：

$$y^2 = Ax^3 + Bx^2 + Cx + D \qquad (*)$$

三次曲线的多样性可以归因于二次曲线所没有的**奇点**。三次曲线的奇点见图 5.10，曲线 $y^2 = x^3$ 在原点有一个**尖点**（cusp），曲线 $y^2 = x^2(x+1)$ 在原点有一个**自交点**（crossing），而曲线 $y^2 = x^2(x-1)$ 在原点有一个**孤立点**（isolated point）。

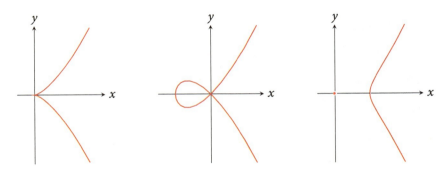

图 5.10　$y^2 = x^3$, $y^2 = x^2(x+1)$, $y^2 = x^2(x-1)$ 的奇点

非奇异的三次曲线有两种类型，取决于方程（*）的等号右边 $Ax^3 + Bx^2 + Cx + D$ 的实根。如果只有一个实根，那么曲线只有一部分，是一条无限的曲线。如果有三个不同的实根，那么曲线由两部分组成：一条无限分支和一条卵形线。图 5.11 中分别用蓝色和红色画出了这两种曲线

$$y^2 = (x^2 + 1)(x + 1.5) \qquad （实根 x = -1.5）$$
$$y^2 = x^2(x - 1) \qquad （实根 x = -1, 0, 1）$$

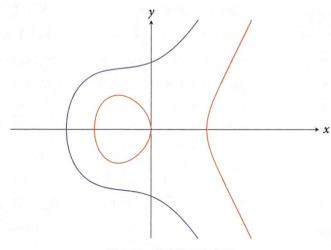

图 5.11　非奇异三次曲线

如果我们允许 x 和 y 取复值，那么这两种非奇异类型就变成了一种，因为在本例中，$Ax^3 + Bx^2 + Cx + D = 0$ 有三个不同的根，它们是否是实根并不重要。接受复坐标的另一个原因将在下一节中解释。

5.5　贝祖定理

贝祖（Bézout）定理的故事始于 1665 年牛顿的一个注记：

> 两条线相交的点数永远不能大于其维数的矩形。而且，仅除了它们是虚的情况外，它们总能交于那么多个点。

（牛顿 1665：498）

如果用现代的语言来表述，牛顿说的是，在平面内，一条 m 次曲线和一条 n 次曲线有 mn 个交点[①]。乍一看，这个命题似乎存在许多反例，即使我们算上虚点。例如，平行的直线都是一次的，但没有交点；二次曲线与其切线可以有一个交点，三次

---

① 注意，牛顿将 mn 称作 m 和 n 的"矩形"，这是欧几里得的长度的乘积概念留下的有趣痕迹。他还将多项式的次数称作"维数"，无意间预言了我们曾在第 4.8 节中见过的代数数论中"次数"和"维数"的融合。

曲线与其切线可以有一个或两个交点。尽管如此，**数学家认为该定理应当是正确的，为了使之正确，应该改造"平面""曲线"和"相交"的概念**。这有以下含义。

1. 允许复坐标，以便 d 次多项式方程可以有 d 个解。此外，必须证明**代数基本定理**，以保证每个多项式方程在复数中都有一个解。代数基本定理本身就是一个故事，我们将在第 8 章讲述。

2. 解的个数要计**重数**，从而交点也有重数；也就是说，多项式方程 $p(x) = 0$ 的解 $x = a$ 的个数要计为 $x - a$ 作为多项式 $p(x)$ 的因子出现的次数。我们在第 5.3 节中看到，重数对发现切线很有用。

3. 将曲线放在射影平面中，这样就可以包括"无穷远处的交点"。

当采纳这些步骤之后，可以证明曲线的交集是由 mn 次多项式方程 $p(x) = 0$ 确定的。根据代数基本定理，多项式 $p(x)$ 分解为 mn 个因子，当根据重数计数时，mn 个因子给出 mn 个交点。

虽然牛顿（1665）预见了这个定理，贝祖（1779）及其他许多人也讨论过，但代数基本定理直到 19 世纪才被完全证明。到那时，其意义主要在于它对改造代数几何的贡献。

对复坐标和无穷远点的需求迫使数学家以不同的方式将曲线看成曲面。最简单的例子是**复射影直线 $\mathbb{CP}^1$**，它是复平面 $\mathbb{C}$ 通过添加一个无穷远点扩充得到的。$\mathbb{CP}^1$ 是一个球面，原因很简单，$\mathbb{C}$ 对应于一个球面去掉一个点，缺失的点非常自然地对应于 $\mathbb{C}$ 的"无穷远点"（图 5.12）。

一般的代数曲线也是曲面，我们将在第 10 章研究一些有趣的复杂情况。

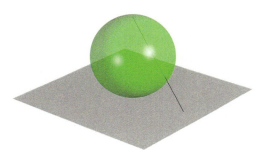

图 5.12　复射影直线

5.6 线性代数和几何

代数几何的线性部分通常不被视为代数几何的一部分，因为线性代数与一般多项式的代数的风格不同。不过，其线性部分更适合欧几里得几何，因此它被独立地研究。

线性代数基于实向量空间理论，起源于格拉斯曼（1844），这在第 4.8 节中讨论过。事实上，几何中的一些重要定理只依赖于平面 $\mathbb{R}^2$ 的实向量空间结构。向量的差给出了相对位置或方向的概念，而实数标量乘法给出了给定方向下的相对距离的概念。

定义：如果 $u, v \in \mathbb{R}^2$，那么 $u-v$ 是 u 相对于 v 的位置，或从 v 到 u 的方向。对于两个非零向量 s 和 t，如果存在某个实数 a 使得 $t = as$，那么 s 和 t 共线或平行，此时我们还称 t 的长度是 s 的长度的 a 倍。

有了这些定义，我们现在可以给出一个经典定理的简单证明，这是《原本》第 6 卷的命题 2，并且据信其出现时间比那还要早得多。它归功于半传奇人物泰勒斯（Thales），他生活在公元前 600 年前后，比欧几里得早约 300 年。向量空间的证明依赖于这样一个事实：如果向量不共线，那么它们就是线性无关的。

泰勒斯定理：与三角形的一条边平行的一条直线等比例地分割其他两条边。

证明：令 **0** 是三角形的一个顶点，其他两个顶点设为 t 和 v。作与 **0** 的对边平行的直线，在 $s = at$ 和 $u = bv$ 处与另外两条边相交（图 5.13）。

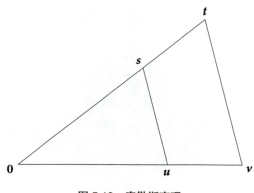

图 5.13　泰勒斯定理

由于 $s-u$ 与 $t-v$ 平行，我们有

$$
\begin{aligned}
t-v &= c(s-u) & &（存在某个 c）\\
&= c(at-bv) & &（根据假设）\\
&= cat-cbv & &（由标量乘法公理）
\end{aligned}
$$

由于 t 和 v 是线性无关的，因此它们的系数分别相等，得到

$$
1=ca=cb，因此 a=b
$$

所以三角形的两边被 s 和 u 等比例地分割。　　　　　　　　　□

欧几里得空间

尽管有平行线的概念，但向量空间的几何本身并不能作为欧几里得几何的模型，因为它没有一个独立于方向的长度的概念，也没有角的概念。为了给实向量空间提供这些性质，格拉斯曼引入了向量 u 和 v 的**内积** $u\cdot v$。如第 4.8 节所示，为了说明内积的定义，我们可以假设空间为 $\mathbb{R}^m$。

定义：如果 $u=\langle u_1,\ u_2,\ \cdots,\ u_m\rangle$，$v=\langle v_1,\ v_2,\ \cdots,\ v_m\rangle$，那么

$$
u\cdot v = u_1 v_1 + u_2 v_2 + \cdots + u_m v_m
$$

由此定义，

$$
u\cdot u = u_1^2 + u_2^2 + \cdots + u_m^2 = |u|^2
$$

根据勾股定理，$|u|$ 为 u 的长度。格拉斯曼（1847）强调，内积在他的几何学中扮演着勾股定理的角色。

角的概念隐含在长度的概念中，因为一个角是由包含它的三角形的边决定的，实际上有一个巧妙的公式

$$
u\cdot v = |u|\,|v|\cos\theta
$$

其中 θ 是 u 和 v 之间的夹角。除此之外，这个公式蕴含了一个重要的**正交条件**：向量 u 和 v 正交（或垂直）当且仅当 $u\cdot v=0$。

作为一个应用内积的例子，我们要证明一个在古希腊数学中找不到的定理。它的第一个已知的证明是由 10 世纪的波斯数学家库西（Abū Sahl Wayjan ibn Rustam al-Qūhī）给出的。内积的证明高效地利用了正交的内积准则。

三条高共点：在任意三角形中，过每个顶点作对边的垂线（"高"）交于一点。

证明：设 u, v, w 是三角形的顶点，并设 0 是 u 和 v 的对边上的高的交点（图 5.14）。

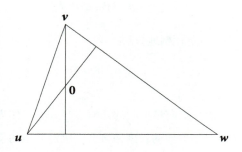

图 5.14 三角形的高

由于 u 的对边的方向是 $v - w$，而经过 u 和 0 的线段的方向是 u，正交条件给出

$$u \cdot (v - w) = 0 \text{ 或 } u \cdot v - u \cdot w = 0 \tag{*}$$

类似地，另一对垂直的线段给出

$$v \cdot (w - u) = 0 \text{ 或 } v \cdot w - v \cdot u = 0 \tag{**}$$

将（*）和（**）相加，并考虑到 $u \cdot v = v \cdot u$ 等，我们得到

$$w \cdot (u - v) = 0$$

这表明经过 w 和 0 的线段与连接 u 和 v 的边正交，换句话说，0 在所有三条高上。 □

5.7 附注

将代数曲线放在复射影空间中，以便得到贝祖定理的决定是数学中一个常见现象的一个例子：选择适当的语境和定义，以简化定理的陈述。我们已经看到或稍后将看到的其他例子有：

1. 在实数中包含 $\sqrt{2}$，以便将几何算术化；

2. 素数不包括 1，以确保自然数有唯一素因子分解；

3. 引入"理想数"，以便将唯一素因子分解推广到代数数域上；

4. 将实数完备化，以确保连续函数的表现符合预期，并且使多项式方程有解；

5. 假定不存在无穷小量，使实数理论尽可能简单；

6. 将选择公理纳入集合论，以简化基数理论以及代数和分析的部分内容。

经典代数几何假设实坐标，然后引入复坐标以确保多项式方程存在解。线性代数最初也基于实数域 $\mathbb{R}$。这种情况在 19 世纪下半叶开始发生变化，当时人们发现其他域上的向量空间在数论中很有用。我们将在第 7 章中看到这是如何发生的。它最终推动了代数几何的繁荣发展，其中来自代数、数论、几何和拓扑学的思想相互交织。

即使是几何的线性部分（前文提到过，这通常不被认为是代数几何的一部分），也有多方面的发展。特别是，实数域 $\mathbb{R}$ 可以被替换为其他域（如 $\mathbb{C}$），内积可以被其他二次型替换。一个著名的例子是 $\mathbb{R}^4$ 上的**闵可夫斯基（Minkowski）内积**，它将在第 13.2 节再次出现：

$$\langle x_1, y_1, z_1, t_1 \rangle \langle x_2, y_2, z_2, t_2 \rangle = x_1 x_2 + y_1 y_2 + z_1 z_2 - t_1 t_2$$

这个内积给出的平方后的"距离"可以是负的，这正好符合爱因斯坦的狭义相对论。在爱因斯坦的理论中，"时间"坐标 t 需要与"空间"坐标 x、y 和 z 有不同的表现，这样才能解释光速对所有观测者都是不变的。

给定向量空间 V 上的一个内积和相应的距离概念，我们可以研究 V 上保持距离的线性变换，它们被称为**等距变换**。这种欧几里得几何的推广有时也被称为**几何代数**，以阿廷（Artin）1957 年的书命名。关于几何代数，更详细的论述可参阅斯纳珀（Snapper）和特罗耶（Troyer）的书（1971）。

第6章
微积分

　　微积分是一个演算系统。它计算几何中的量，如斜率、长度和面积，以及力学中的量，如速度、加速度和能量。它的计算类似于 17 世纪初蓬勃发展的代数符号计算（符号计算也使得这些微积分演算成为可能），并且已经成功地解决了几何中的经典问题。

　　事实上，早期的微积分在很大程度上是代数几何的推广，包括笛卡儿所谓的机械的曲线——非代数曲线。就像在代数几何中一样，新的演算方法有了自己的生命力。代数从三个具体方面推动了微积分的发展：

- 提供了用于研究几何对象的坐标系和方程组；
- 将代数推广到"无穷多项式"（牛顿的**幂级数**微积分，据他说，灵感来自无限小数的计算）；
- 提出**无穷小量**的代数和几何（莱布尼茨）。

　　无穷小量遭到了哲学家霍布斯和贝克莱（Berkeley）的批评，事实上，他们的批评直到**极限**概念在 19 世纪形成之后才得到合适的回应。但在 17 世纪，也许和现在一样，大多数数学家认为基础是可靠的（当时这多亏了穷竭法），所以他们不愿花时间检查它们。这引发了一场缓慢发展的"基础危机"，直到 19 世纪末，这场危机才爆发。

6.1 从列奥纳多到哈里奥特

本节是微积分的前奏，涉及无穷几何过程及其极限。它不是微积分，因为它不涉及一般的演算方法，但它展示了两个现在被认为是微积分问题的精巧解法。第一个是圆的面积和周长，解法是列奥纳多·达·芬奇（Leonardo da Vinci）在 1500 年前后给出的；第二个是第 5.3 节提到过的等角螺线的弧长，解法是托马斯·哈里奥特在 1590 年前后给出的。

圆的面积和周长

现在大家都知道，半径为 r 的圆的周长是 $2\pi r$，面积是 πr^2。达·芬奇使用了一个简单的论证，展示了两者之间的关系，如图 6.1 所示（达·芬奇关于这个想法的草图可以在 Codex Atlanticus 网站的第 518 页右页找到）。

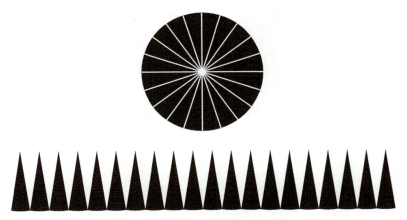

图 6.1 将周长与面积联系起来

达·芬奇想象把圆切成相同的小三角形。当这些三角形如图并排放置时，它们的高度接近 r，而它们的总宽度接近圆的周长 $2\pi r$。不可否认，这些"三角形"并不是真正的三角形，因为它们的底是一段圆弧。然而，当这些三角形越来越瘦时，近似值就变得越来越接近真实值。因此，在"极限情况"下，三角形的总面积，即圆的面积变成

$$\frac{1}{2} \times 总底 \times 高 = \frac{1}{2} \times 2\pi r \times r = \pi r^2$$

等角螺线的弧长

等角螺线是在第 5.3 节中作为一个非代数曲线的例子介绍的。然而，它有一个非常简单的几何描述——半径向量与曲线形成的角为定值——并且由这个描述导出了一个同样简单的确定其弧长的方法。哈里奥特在 1590 年前后得到这个发现，但没有发表。洛纳在 1979 年的一本书里揭示了这个发现。图 6.2 展示了哈里奥特的想法。

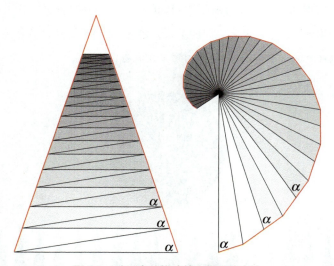

图 6.2　哈里奥特构造等角螺线的方法

哈里奥特从一个底角为 α 的等腰三角形开始，如图 6.2 左侧所示，将其切片得到相似的梯形。由于这些梯形是相似的，当每个梯形被它的对角线再切成两部分时，我们得到两个相似的三角形。然后将得到的三角形重新组合成图 6.2 右侧所示的多边形螺线。

这条螺线的边界涂成了红色，它包含这个等腰三角形的两条相等的边。从以下意义上讲，这条红色螺线是等角的：从三角形的公共顶点出发的线，每隔一条线与螺线形成的角都是 α，螺线的长度等于等腰三角形两条红色边的长度之和。这个事实与梯形的高度无关。

现在，如果我们让梯形高度趋近于零，那么多边形螺线趋近一条光滑的等角螺线，其弧长等于等腰三角形两条红色边的长度之和。

6.2 无穷求和

我们在第 2.7 节中看到，欧几里得对有穷和无穷几何级数都有清晰的理解，并且发现四面体的体积是一个无穷几何级数的和。直到中世纪，人们才开始研究一个全新的无穷级数——调和级数，并且直到 17 世纪，无穷级数（和其他无穷过程）才真正开始剧增。

本章我们主要关注 17 世纪的证明方法，即便这些方法按照后来的标准来看并不严格，但它们可以严格化，就像希尔伯特将欧几里得的几何公理严格化。但是，使 17 世纪的微积分严格化不仅仅是关于新公理的问题，更是关于新概念的问题，这些概念最好留到后面的章节介绍。与此同时，我们应该认识到 17 世纪的方法是多么地卓有成效。那些数学家知道他们正在做正确的事情，尽管他们无法确切地解释在做什么。

首先，我们回顾一下 17 世纪之前取得的一些领先于时代的发现，当它们被置于微积分的背景下时会显得很清楚。这些发现是调和级数和圆函数的幂级数。

调和级数

级数

$$1+\frac{1}{2}+\frac{1}{3}+\frac{1}{4}+\frac{1}{5}+\cdots$$

被称为**调和级数**，因为它与拉紧的弦的振型有关（图 6.3）。振型反过来又与弦在振动时发出的音调有关，最初的几次振动——当弦以一半、三分之一、四分之一和五分之一的长度振动时——与基音是调和的。

图 6.3 振型

如同级数 $1+\dfrac{1}{2}+\dfrac{1}{4}+\dfrac{1}{8}+\cdots$ 一样，调和级数的项会变得任意小，所以人们可能会期望无穷和 $1+\dfrac{1}{2}+\dfrac{1}{3}+\dfrac{1}{4}+\dfrac{1}{5}+\cdots$ 存在。事实上，计算表明，这个和的增长速度非常缓慢；需要 12 367 项，这个和才超过 10。然而，这个和能超过所有的界限！

奥雷姆（Oresme）在 1350 年用我们今天仍然使用的一个精辟的初等论证证明了这一点，这个方法就是分组收集级数的项，使每组的和大于 $\dfrac{1}{2}$。我们可以让第一个组是

$$1+\frac{1}{2}>\frac{1}{2}$$

接着取

$$\frac{1}{3}+\frac{1}{4}>\frac{1}{4}+\frac{1}{4}=\frac{1}{2}$$

$$\frac{1}{5}+\frac{1}{6}+\frac{1}{7}+\frac{1}{8}>\frac{1}{8}+\frac{1}{8}+\frac{1}{8}+\frac{1}{8}=\frac{1}{2}$$

$$\frac{1}{9}+\frac{1}{10}+\frac{1}{11}+\frac{1}{12}+\cdots+\frac{1}{16}>\frac{1}{16}+\frac{1}{16}+\frac{1}{16}+\frac{1}{16}+\cdots+\frac{1}{16}=\frac{1}{2}$$

以此类推，每组的项数是前一组项数的两倍。

于是调和级数的部分和可以超过 $\dfrac{1}{2}$ 的任意倍数。它超过了所有的界限，因此"所有项之和"并不存在。奥雷姆的证明是无可挑剔的，它也提醒我们无穷和的存在性不应该被视为理所当然的。尽管如此，直到 19 世纪，数学家们普遍愿意相信他们对无穷和的直觉，把它们当作有穷和来对待。

圆函数的幂级数

在 17 世纪微积分大爆发之前，最引人注目的发现是在 15 世纪印度南部的喀拉拉邦做出的。它们是正弦、余弦和反正切函数的无穷级数

$$\sin x = x - \frac{x^3}{3!} + \frac{x^5}{5!} - \frac{x^7}{7!} + \cdots$$

$$\cos x = 1 - \frac{x^2}{2!} + \frac{x^4}{4!} - \frac{x^6}{6!} + \cdots$$

$$\arctan x = x - \frac{x^3}{3} + \frac{x^5}{5} - \frac{x^7}{7} + \cdots \quad 当 -1 < x \leqslant 1 时$$

其中 $n! = n(n-1)(n-2)\cdots 3 \times 2 \times 1$。$\arctan x$ 的公式有一种特殊情况（$x=1$ 时）：

$$\frac{\pi}{4} = 1 - \frac{1}{3} + \frac{1}{5} - \frac{1}{7} + \cdots$$

这首次给出了 π 的一个精确而简单的表达式。

这些结果直到 17 世纪才在印度以外的地方被人所知，彼时许多欧洲数学家用微积分重新发现了这些结果。现在看来，微积分似乎是证明它们的最有效、最自然的方式——以至于我们惊讶于人们在没有微积分时就发现了它们。这里我们简要探讨得到正弦函数表达式的印度方法，这归功于生活在大约 1350 年与 1425 年之间的数学家马德哈瓦（Mādhava）。更多详情见普洛夫克的著作（Plofker 2009: 235-246）。

为简短起见，我们将使用代数的现代表示法，并使用我们现在熟知的三角学公式。我们将看到马德哈瓦的方法为什么奏效，而不是它具体是如何奏效的。这个方法奏效是因为马德哈瓦知晓以下两个基本事实。

- 从基础几何／三角学出发，他知道正弦函数的**加法公式**：

$$\sin(\theta + \varphi) = \sin\theta\cos\varphi + \cos\theta\sin\varphi$$

根据这一公式，连同 $\cos^2\theta = 1 - \sin^2\theta$，我们可以在 n 为奇数时得到用 $\sin\theta$ 表示的 $\sin n\theta$ 的公式。例如：

$$\sin 3\theta = 3\sin\theta - 4\sin^3\theta$$
$$\sin 5\theta = 5\sin\theta - 20\sin^3\theta + 16\sin^5\theta$$

- 当 θ 趋于 0 时，$\sin\theta／\theta$ 趋于 1。如图 6.4 所示，当我们将 θ 看作单位圆上的弧长时，这一点很清楚。

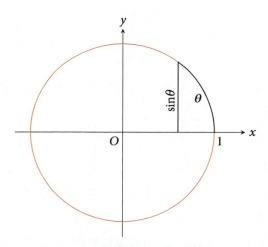

图 6.4　正弦函数作为弧长的函数

　　第二个事实当然是一个极限说法，但它不是微积分，因为它只适用于正弦函数——它不是计算极限的一般方法。为了使用它，马德哈瓦将角 x 分成 n 个小部分，即 θ。

　　第一个事实用 $\sin\theta$ 给出了 $\sin n\theta$ 的一个公式，马德哈瓦知道这一公式的某种形式。一种方便的表达形式〔归功于牛顿（1676a）〕如下，当 n 为奇数时，这种形式以 $\sin^n\theta$ 项结尾：

$$\sin n\theta = n\sin\theta - \frac{n(n^2-1^2)}{3!}\sin^3\theta + \frac{n(n^2-1^2)(n^2-3^2)}{5!}\sin^5\theta - \cdots$$

现在，我们从系数中提出关于 n 的因子，用 $n\sin\theta$ 的幂来重写等式右边：

$$\sin n\theta = n\sin\theta - \frac{(1-\frac{1^2}{n^2})}{3!}(n\sin\theta)^3 + \frac{(1-\frac{1^2}{n^2})(1-\frac{3^2}{n^2})}{5!}(n\sin\theta)^5 - \cdots$$

接下来，对于一个给定的 x，我们令 $x = n\theta$，并让 n 变得任意大。那么 $\frac{1}{n^2}$ 趋于 0 而等式右边趋于

$$n\sin\theta - \frac{(n\sin\theta)^3}{3!} + \frac{(n\sin\theta)^5}{5!} - \cdots$$

同时，$\frac{\sin\theta}{\theta}$ 趋于 1，所以每一个 $n\sin\theta$ 趋于 $n\theta = x$，这最终得到

$$\sin x = x - \frac{x^3}{3!} + \frac{x^5}{5!} - \cdots \qquad \square$$

6.3　牛顿的二项式级数

二项式定理在中世纪已经被中国和印度的数学家所熟知，但首先用严格的方式处理（通过归纳法证明）它的是帕斯卡（Pascal 1654）。为简单起见，我们将这个定理表示成二项式 $1+x$ 的形式，于是**二项式定理**将 $(1+x)^n$ 展开为 x 的方幂之和。对于 n 的前几个值，我们有

$$
\begin{aligned}
(1+x)^1 &= 1+x\\
(1+x)^2 &= 1+2x+x^2\\
(1+x)^3 &= 1+3x+3x^2+x^3\\
(1+x)^4 &= 1+4x+6x^2+4x^3+x^4\\
(1+x)^5 &= 1+5x+10x^2+10x^3+5x^4+x^5\\
(1+x)^6 &= 1+6x+15x^2+20x^3+15x^4+6x^5+x^6\\
(1+x)^7 &= 1+7x+21x^2+35x^3+35x^4+21x^5+7x^6+x^7
\end{aligned}
$$

$$\cdots$$

等等。将二项式系数排列成下表时（在最上面加上一个平凡的行 1，对应于 $1+x$ 的 0 次幂），我们得到所谓的**帕斯卡三角**，其中每个不等于 1 的项都是其肩上两项之和：

$$
\begin{array}{c}
1 \\
1 \quad 1 \\
1 \quad 2 \quad 1 \\
1 \quad 3 \quad 3 \quad 1 \\
1 \quad 4 \quad 6 \quad 4 \quad 1 \\
1 \quad 5 \quad 10 \quad 10 \quad 5 \quad 1 \\
1 \quad 6 \quad 15 \quad 20 \quad 15 \quad 6 \quad 1 \\
1 \quad 7 \quad 21 \quad 35 \quad 35 \quad 21 \quad 7 \quad 1
\end{array}
$$

这个三角便于计算 $(1+x)^n$ 的系数，早在帕斯卡之前的几个世纪，中国数学家就已将其用于此目的。此外，还有一个公式也很有用，其中的系数是 n 的显函数。这个公式是帕斯卡的贡献之一，如今可以写成

$$
(1+x)^n = \binom{n}{0} + \binom{n}{1}x + \binom{n}{2}x^2 + \cdots + \binom{n}{n-1}x^{n-1} + \binom{n}{n}x^n
$$

其中**二项式系数** $\binom{n}{k}$ 称为 "n 选 k" 且

$$
\binom{n}{k} = \frac{n(n-1)(n-2)\cdots(n-k+1)}{k(k-1)\cdots 3 \times 2 \times 1}
$$

之所以叫这个名字，是因为 x^k 项是在乘积 $(1+x)^n$ 中从 k 个因子中选 x，从其余因子中选 1 产生的。因此，x^k 的系数 $\binom{n}{k}$ 是从 n 个元素中取出 k 个元素的方法个数。这个公式[①]可以解释如下。

---

① 从它作为"方法个数"的含义可以清楚地看出 $\binom{n}{k}$ 是一个正整数。由此可见，其分母 $k(k-1)\cdots 3 \times 2 \times 1$ 一定整除其分子 $n(n-1)(n-2)\cdots(n-k+1)$。高斯（1801：文章 41）对这种推理感到不满，他利用乘积和除数的基本事实寻求关于整除性的证明。他成功了，但是费了很大的劲。

- 首先设我们从 n 个元素中按顺序选择 k 个元素排列——"第一个元素""第二个元素"，以此类推。那么选择第一个元素有 n 种方法，接着剩下 $n-1$ 个元素，所以选择第二个元素有 $n-1$ 种方法，以此类推。最后，有 $n-k+1$ 种选择第 k 个元素的方法，因此排列的个数是 $n(n-1)(n-2)\cdots(n-k+1)$。

- 然而，我们并不关心从 n 个因子 $1+x$ 中选 x 的顺序，所以我们需要除以排列 k 个元素的方法个数。这个排列个数是 $k(k-1)\cdots3\times2\times1$，因为排列的第一个位置有 k 种选法，第二个位置有 $k-1$ 种选法，以此类推。

这个公式的特殊情况是 $\binom{n}{1}=n$ 和 $\binom{n}{n}=1$。按照惯例，我们取 $\binom{n}{0}=1$。

1670 年前后，牛顿大胆地在二项式定理中允许 n 为分数和负数，在这种情况下，$(1+x)^n$ 不是多项式，而是一个无穷幂级数。例如，如果 $n=-1$，当 k 是正整数时，我们得到"二项式系数"

$$\binom{-1}{k}=\frac{(-1)(-2)\cdots(-k)}{k(k-1)\cdots3\times2\times1}=(-1)^k$$

这就给出了

$$(1+x)^{-1}=1-x+x^2-x^3+\cdots$$

这与已知的几何级数 $1-x+x^2-x^3+\cdots$ 的和一致。然而，我们知道这个和只对 $|x|<1$ 有意义，所以使用二项式级数时要小心。事实上，直到 1800 年前后，二项式级数才被正确地理解。但这并没有阻止牛顿使用它得到一些惊人的发现，我们将在第 6.8 节中看到。他使用的二项式级数的一个例子是

$$
\begin{aligned}
(1+x)^{-\frac{1}{2}} &= 1+\frac{-\frac{1}{2}}{1}x+\frac{-\frac{1}{2}(-\frac{1}{2}-1)}{1\times2}x^2+\frac{-\frac{1}{2}(-\frac{1}{2}-1)(-\frac{1}{2}-2)}{1\times2\times3}x^3+\cdots \\
&= 1-\frac{1}{2}x+\frac{(\frac{1}{2})(\frac{3}{2})}{1\times2}x^2-\frac{(\frac{1}{2})(\frac{3}{2})(\frac{5}{2})}{1\times2\times3}x^3+\cdots \\
&= 1-\frac{1}{2}x+\frac{1\times3}{2\times4}x^2-\frac{1\times3\times5}{2\times4\times6}x^3+\cdots
\end{aligned}
$$

6.4 巴塞尔问题的欧拉解法

形如 $a_0 + a_1 x + a_2 x^2 + \cdots$ 的级数被称为**幂级数**，因为它们是 x 的方幂的组合。正如我们刚刚看到的，牛顿发现诸如函数 $(1+x)^{\frac{1}{2}}$ 的幂级数与 $1+x$ 的正整数次幂的二项式定理相似，其中后者是一个有穷幂级数，即多项式。幂级数的表现类似于多项式的观点（尽管没有得到严格证明）得到了许多成果。或许这个观点最引人注目的成功是欧拉（1734）对正整数平方的倒数级数的求和：

$$\frac{1}{1^2} + \frac{1}{2^2} + \frac{1}{3^2} + \frac{1}{4^2} + \frac{1}{5^2} + \cdots$$

这个问题被称为巴塞尔问题，因为雅各布·伯努利（Jakob Bernoulli）和约翰·伯努利（Johann Bernoulli）兄弟在巴塞尔（Basel，这也是欧拉的家乡）最早对这个问题进行了研究，但没有成功解决它。

欧拉通过假设具有无穷多个根的函数的"因子定理"（类似于第 4.5 节中出现的多项式的笛卡儿因子定理）间接地得到了解法。在这个假设下，他发现了正弦函数的无穷乘积公式。论证的起点是 $\sin\theta$ 被定义为单位圆上弧长 θ 的函数（图 6.4），我们将在第 6.7 节中详细讨论这个定义。现在，只需要知道：$\sin\theta$ 是单位圆上距离点 $\langle 1, 0 \rangle$ 的弧长为 θ 的点的纵坐标。因为 2π 是绕圆一周的长度，所以可以推出

当且仅当 $\theta = 0, \pm\pi, \pm2\pi, \pm3\pi, \cdots$ 时，$\sin\theta = 0$

同样清楚的是，当 θ 趋于 0 时，$\dfrac{\sin\theta}{\theta}$ 趋于 1，所以当 $\theta = 0$ 时，我们可以将函数 $\dfrac{\sin\theta}{\theta}$ 赋值为 1。从而函数 $f(\theta) = \dfrac{\sin\theta}{\theta}$ 满足 $f(0) = 1$，且当 $\theta = \pm\pi, \pm2\pi, \pm3\pi, \cdots$ 时，$f(\theta) = 0$。

现在如果 $f(x)$ 是满足 $f(0) = 1$ 且对于 $x = x_1, x_2, \cdots, x_n$（均非零）有 $f(x) = 0$ 的多项式函数，那么我们可以根据笛卡儿的因子定理得出：

$$f(x) = \left(1 - \frac{x}{x_1}\right)\left(1 - \frac{x}{x_2}\right)\cdots\left(1 - \frac{x}{x_n}\right)$$

对于函数 $f(\theta) = \dfrac{\sin\theta}{\theta}$ 而言，如果假设其满足类似的"因子定理"，我们可以得到

$$\frac{\sin\theta}{\theta} = \left(1 - \frac{\theta}{\pi}\right)\left(1 + \frac{\theta}{\pi}\right)\left(1 - \frac{\theta}{2\pi}\right)\left(1 + \frac{\theta}{2\pi}\right)\left(1 - \frac{\theta}{3\pi}\right)\left(1 + \frac{\theta}{3\pi}\right)\cdots$$

$$= \left(1 - \frac{\theta^2}{\pi^2}\right)\left(1 - \frac{\theta^2}{2^2\pi^2}\right)\left(1 - \frac{\theta^2}{3^2\pi^2}\right)\cdots$$

此时，我们还需要用 $\dfrac{\sin\theta}{\theta}$ 的无穷求和公式来比较 θ^2 项。我们假设第 6.2 节中给出的 $\sin\theta$ 的幂级数成立，此外也可参见第 6.8 节牛顿给出的另一种方法。

因为 $\sin\theta = \theta - \dfrac{\theta^3}{3!} + \dfrac{\theta^5}{5!} - \cdots$，所以 $\dfrac{\sin\theta}{\theta} = 1 - \dfrac{\theta^2}{3!} + \dfrac{\theta^4}{5!} - \cdots$，因此 θ^2 的系数是 $-\dfrac{1}{3!} = -\dfrac{1}{6}$。另外，

$$\frac{\sin\theta}{\theta} = \left(1 - \frac{\theta^2}{\pi^2}\right)\left(1 - \frac{\theta^2}{2^2\pi^2}\right)\left(1 - \frac{\theta^2}{3^2\pi^2}\right)\cdots$$

蕴含了 θ^2 的系数是

$$-\left(\frac{1}{\pi^2} + \frac{1}{2^2\pi^2} + \frac{1}{3^2\pi^2} + \cdots\right)$$

因为通过从一个因子中取 $-\dfrac{\theta^2}{n^2\pi^2}$，从所有其他因子中取 1，可以得到一个 θ^2 项。令这个系数等于 $-\dfrac{1}{6}$ 得到

$$\frac{1}{6} = \frac{1}{\pi^2}\left(\frac{1}{1^2} + \frac{1}{2^2} + \frac{1}{3^2} + \cdots\right)$$

因此

$$\frac{1}{1^2} + \frac{1}{2^2} + \frac{1}{3^2} + \cdots = \frac{\pi^2}{6}$$

这令人印象深刻，是吧？

虽然我们有无穷乘积公式

$$\frac{\sin\theta}{\theta} = \left(1 - \frac{\theta^2}{\pi^2}\right)\left(1 - \frac{\theta^2}{2^2\pi^2}\right)\left(1 - \frac{\theta^2}{3^2\pi^2}\right)\cdots$$

但值得指出的是 $\theta = \frac{\pi}{2}$ 的特殊情况。由于 $\sin\frac{\pi}{2} = 1$，我们得到

$$
\begin{aligned}
\frac{2}{\pi} &= \left(1 - \frac{1}{2^2}\right)\left(1 - \frac{1}{4^2}\right)\left(1 - \frac{1}{6^2}\right)\cdots \\
&= \frac{2^2 - 1}{2 \times 2} \cdot \frac{4^2 - 1}{4 \times 4} \cdot \frac{6^2 - 1}{6 \times 6} \cdots \\
&= \frac{1 \times 3}{2 \times 2} \cdot \frac{3 \times 5}{4 \times 4} \cdot \frac{5 \times 7}{6 \times 6} \cdots
\end{aligned}
$$

这就是 π 的**沃利斯乘积**公式。它是由沃利斯（Wallis 1655）在微积分的黎明时代发现的。

6.5 变化率

正如所有学习微积分的学生所学的，我们经常想知道一个量 y 相对于它所依赖的一个量 x 的变化率。例如，如果一辆车沿着一条直线行驶，在 x 时刻到达 y 位置，那么 y 相对于 x 的变化率就是车的速度。

关于变化率的第一个有趣的计算可能是函数 $\sin\theta$ 相对于 θ 的变化率，这是由印度数学家阿耶波多（Aryabhata）在公元 499 年给出的。有关此问题的背景（与计算正弦函数值有关）的详细说明可参阅《微积分溯源：伟大思想的历程》（布雷苏 2019：50-56）。

阿耶波多的计算基于第 6.2 节中列出的正弦函数的两个性质：加法公式和极限性质。他考虑了 θ 的微小变化 $\Delta\theta$ 所引起的正弦函数中 $\sin(\theta + \Delta\theta) - \sin\theta$ 的变化。借助加法公式，这给出了平均变化率：

$$
\begin{aligned}
\frac{\sin(\theta + \Delta\theta) - \sin\theta}{\Delta\theta} &= \frac{\sin\theta\cos\Delta\theta + \cos\theta\sin\Delta\theta - \sin\theta}{\Delta\theta} \\
&= \cos\theta\frac{\sin\Delta\theta}{\Delta\theta} - \sin\theta\frac{1 - \cos\Delta\theta}{\Delta\theta}
\end{aligned}
$$

现在，图 6.5 不仅展示了当 $\Delta\theta$ 趋于 0 时为什么 $\dfrac{\sin\Delta\theta}{\Delta\theta}=\dfrac{PR}{QR}$ 趋于 1，而且这也表明当 $\Delta\theta$ 趋于 0 时，$\dfrac{1-\cos\Delta\theta}{\Delta\theta}=\dfrac{PQ}{QR}$ 趋于 0。

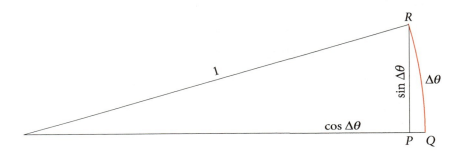

图 6.5　一个小角 $\Delta\theta$ 的正弦和余弦

因此，当 $\Delta\theta$ 趋于 0 时，平均变化率 $\dfrac{\sin(\theta+\Delta\theta)-\sin\theta}{\Delta\theta}$ 趋于 $\cos\theta$。换句话说，$\sin\theta$ 的变化率等于 $\cos\theta$。我们刚刚看到的证明诉诸我们对圆的几何直觉，但更妙的是诉诸我们对圆周运动的物理直觉。我的意思解释如下。

设一个点以恒定的速度 1 绕着单位圆运动。那么它在 t 时刻的位置是 $\langle\cos t,\ \sin t\rangle$，其速度显然与圆相切，因此与半径垂直，即方向 $\langle-\sin t,\ \cos t\rangle$，所以该点的水平速度和垂直速度分别与 $-\sin t$ 和 $\cos t$ 成比例。事实上，这些速度必须恰好是 $-\sin t$ 和 $\cos t$，因为它们共同给出速度 1。而水平速度 $-\sin t$ 是水平距离 $\cos t$ 的变化率，并且垂直速度 $\cos t$ 是垂直距离 $\sin t$ 的变化率。

这个例子表明，物理直觉有时可能比几何直觉提供更多的东西——就像我们将在第 6.10 节中讨论的牛顿和其他人所做的一样——但它也强调了微积分中切线这个几何概念的重要性。

切线

在古代，人们就知道关于曲线的切线的一些例子。例如，欧几里得在《原本》第 3 卷的命题 18 中证明了圆的切线与半径垂直。更令人惊讶的是，公元前 100 年前后，海伦证明：椭圆上一点 P 处的切线 $\mathscr{T}$ 与连接焦点 F_1、F_2 到 P 的两条直线所

成的角 $\angle F_1PQ$ 与 $\angle F_2PS$ 相等（图 6.6）。也就是说，从 F_1 出发到 P 的直线"反射回来"经过 F_2。

为了得到矛盾，假设连接焦点和切点的两条直线与切线所成的角不相等，那么 F_2PF_1 不是从 F_1 经过 $\mathscr{T}$ 到 F_2 的反射路径。根据反射的最短路径原理（第 3.6节），从 F_1 经过 $\mathscr{T}$ 到 F_2 的反射路径 F_1QF_2 比 F_1PF_2 更短。（当然，这条假设的反射路径看起来不像反射，因为它只是假设的。）但是，由于 $\mathscr{T}$ 与椭圆只在点 P 相切，Q 在椭圆之外，所以根据三角形不等式（第 3.6 节），路径 F_1RF_2 将比 F_1QF_2 更短。这与第 5.1 节中提到的椭圆的"和为定值"的性质矛盾。因此，事实上 F_1PF_2 是反射路径，并且它与切线所成的角确实相等。

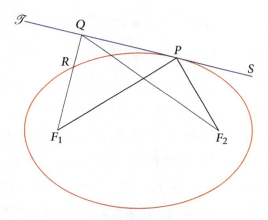

图 6.6　椭圆的切线和焦点

这个例子和前一个例子依赖于圆和椭圆的特殊性质。曲线的切线的大量计算只有到了 16 世纪末随着代数的发展才成为可能。为了说明这一点，我们看看抛物线的例子，它在任意一点处的切线是由费马在 1629 年计算出来的，本质上使用的就是如今的方法。

用现代符号来写，我们考虑抛物线 $y = x^2$，求它在点 P（$x = X$）处的切线。主要问题是找到它的斜率，我们用割线 PQ 的斜率来逼近切线的斜率，其中点 Q（$x = X + E$）是 P 附近的一点（图 6.7）。

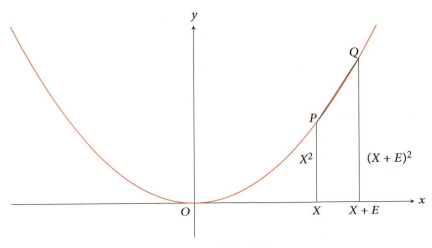

图 6.7　用割线逼近切线

我们从图中看到，当 x 从 X 运动到 $X + E$ 时，曲线的高度从 X^2 上升到 $(X + E)^2$，因此，

$$
\begin{aligned}
PQ\text{的斜率} &= \frac{(X + E)^2 - X^2}{E} \\
&= \frac{2XE + E^2}{E} \\
&= 2X + E
\end{aligned}
$$

此刻我们想让 E 趋于 0，因为这就相当于 Q 趋于 P。然而，正如费马所认识到的，我们不能诚实地说

$$切线的斜率 = 当 E = 0 时 PQ 的斜率$$

因为我们假定 E 不等于零，以便在上述计算中除以它。作为替代，费马引入了一个新概念，他称之为 adequality，意思是"近乎相等"，或我们现在可以称之为"极限相等"，只是他并没有触及极限概念本身。他还说切线的斜率是 $2X$，因为 $2X$ 与 $2X + E$ 近乎相等。

费马认为 E 是一个无穷小量，这个量比任何正有理数都小，但不是零。他意识到不能说 $2X + E$ 和 $2X$ 是相等的，但他可以说它们近乎相等。后来在 17 世纪，数学家们把逻辑抛诸脑后，甚至坚称：

一个量增加或减少与它相比无穷小的另一个量，可以被当作保持不变。

这正是洛必达（l'Hôpital）于 1696 年在第一本微积分教科书[①]《理解曲线的无穷小量分析》的第 2 页和第 3 页上所说的。我们将会看到，17 世纪的大部分微积分是在这个奇怪却出奇地有效的无穷小世界中运作的。

6.6 面积和体积

欧几里得和阿基米德发现了一些值得注意的面积和体积的精确公式：

- 四面体的体积 $= \dfrac{1}{3} \times$ 底面积 $\times$ 高，如第 2.7 节所示，这是由欧几里得使用无穷几何级数发现的；

- 阿基米德发现抛物线围成的面积 $= \dfrac{4}{3} \times$ 内接三角形的面积；

- 阿基米德还发现球的体积 $= \dfrac{2}{3} \times$ 外接圆柱的体积。

阿基米德将抛物线弓形切割成无穷多个三角形，并将它们的面积分组，奇迹般地得到一个几何级数，然后求出了抛物线弓形围成的面积。图 6.8 展示了前三组三角形，分别涂成了黑色（内接三角形）、深灰色和浅灰色。

---

① 现收藏于波士顿公共图书馆的 1768 年版的这本书，曾是美国第六任总统约翰·昆西·亚当斯（John Quincy Adams）的私有藏书。在父亲约翰·亚当斯（美国第二任总统）的激励下，小亚当斯学习了数学。老亚当斯亲自教小亚当斯算术、代数和几何的基础知识。在 1785 年 4 月 23 日给本杰明·沃特豪斯（Benjamin Waterhouse）的一封信中，约翰·亚当斯写道："我尝试进行崇高的追寻，并努力给他讲解洛必达的微分法以及牛顿爵士的流数法和无穷级数方法，但是可惜，我已经三十年没有接触数学了，我发现自己已经忘记曾经学到的一点知识，尤其是几何的这些更高级分支，所以他至今仍然是个半吊子，就像他的父亲我一样。"

图 6.8　用三角形填充抛物线弓形

这三组三角形的面积是下述级数的前三项：

$$1+\frac{1}{4}+\frac{1}{4^2}+\cdots$$

随后的几组三角形（每个三角形都被填充在前一组三角形和曲线之间的空隙中）对应于后续的项，所以它们的面积之和是 $\frac{4}{3}$。

　　如图 6.9 所示，为了求得球的体积，阿基米德将它与一个外接圆柱比较。阿基米德通过考虑无穷小切片来计算球的体积，这个想法在 17 世纪 30 年代意大利数学家博纳文图拉·卡瓦列里（Bonaventura Cavalieri）的证明中再次出现。事实上，卡瓦列里的证明更加优雅：他将球与一个圆锥比较，二者都嵌于一个圆柱内，并注意到球内的每一个水平切片的面积都与圆柱中圆锥外的相应水平切片的面积相同（图 6.10）。假设体积是无穷小切片之和，卡瓦列里的结论是球的体积等于圆锥外的体积，也就是圆柱体积的 $\frac{2}{3}$（可以将圆锥切割成无穷小的四面体，得到圆锥的体积等于 $\frac{1}{3}$ × 底面积 × 高）。

图 6.9　球与外接圆柱

图 6.10　卡瓦列里的证明

用矩形逼近面积

在引入代数几何后，用方程来描述曲线变得很常见，此时可以通过代数计算弯曲区域的面积。这里我们专注于一个简单但典型的情况：由 x 轴和曲线 $y = f(x)$ 围成的区域。

估计曲线 $y = f(x)$ 下方区域的面积的一种自然而统一的方法是矩形逼近法，如图 6.11 所示，在 $x = 0$ 和 $x = 1$ 之间，有三种情况，分别是 $f(x) = x$, $f(x) = x^2$, $f(x) = x^3$。从 $x = 0$ 到 $x = 1$ 的区间被分成 $n = 20$ 个相等的部分，每个部分是一个矩形的底，矩形的高度刚好可以触及曲线。很明显，随着 n 增大，矩形的总面积与曲线下方区域的面积越来越接近。

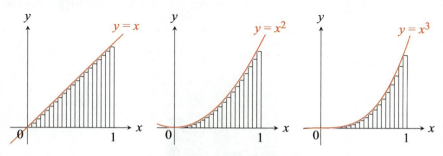

图 6.11　用矩形逼近弯曲区域

为了求出曲线下方区域的面积，我们寻求一个公式来表示 n 个矩形面积之和，我们希望它足够清晰，能够显示出当 n 无限增大时它趋于什么值。

最简单的情况是 $f(x)=x$，在这种情况下，区间被以下 $n-1$ 个点平分：

$$x=\frac{1}{n},\ \frac{2}{n},\ \frac{3}{n},\ \cdots,\ \frac{n-1}{n}$$

我们有 n 个矩形，其高度分别为 $0,\ \dfrac{1}{n},\ \dfrac{2}{n},\ \cdots,\ \dfrac{n-1}{n}$，宽度都为 $\dfrac{1}{n}$，所以总面积是

$$\frac{1}{n^2}\big(0+1+2+3+\cdots+(n-1)\big)$$

因此，寻求矩形面积之和的公式可以约化为求和 $1+2+3+\cdots+(n-1)$，这是很容易用倒序相加技巧得到的：

$$
\begin{array}{ccccccccc}
1 & + & 2 & + & 3 & + & \cdots & + & (n-1) \\
(n-1) & + & (n-2) & + & (n-3) & + & \cdots & + & 1 \\
 & & & & = & & & & \\
n & + & n & + & n & + & \cdots & + & n
\end{array}
$$

因此 $2\big(1+2+3+\cdots+(n-1)\big)=n(n-1)$，所以

$$1+2+3+\cdots+(n-1)=\frac{n(n-1)}{2}=\frac{n^2-n}{2}$$

为了求出这些矩形的总面积，我们将其除以 n^2，得到 $\dfrac{1}{2}-\dfrac{1}{2n}$，当 n 无限增大时，它显然趋于 $\dfrac{1}{2}$。这是我们所期望的，因为 $y=x$ 下方的区域是一个底和高都等于 1 的三角形。

当 $f(x)=x^2$ 时，我们可以类似地得到这些矩形的总面积为

$$\frac{1}{n^3}\big(0^2+1^2+2^2+3^2+\cdots+(n-1)^2\big)$$

所以最主要的问题是求 $1^2+2^2+3^2+\cdots+(n-1)^2$。答案是

$$\frac{n(n-1)(2n-1)}{6}=\frac{n\left(n-\dfrac{1}{2}\right)(n-1)}{3}=\frac{n^3}{3}-\frac{n^2}{2}+\frac{n}{6}$$

这个答案不那么容易得到，一旦得到，就很容易通过归纳法来证明。所以这些矩形的总面积是 $\frac{1}{3} - \frac{1}{2n} + \frac{1}{6n^2}$。当 n 增大时，它显然趋于 $\frac{1}{3}$。这给出了求抛物线弓形围成区域的面积的另一种方法。事实上，阿基米德就是这样做的，他也用到了本节开头提到的方法。

当次数 p 越来越大时，越来越复杂的论证给出了 $1^p + 2^p + 3^p + \cdots + (n-1)^p$ 的公式。约公元 1000 年前后，海赛姆（al-Haytham）发现了 $p = 1, 2, 3, 4$ 时的公式，并用 $p = 4$ 的结果求出抛物线 $y = x^2$ 绕 x 轴旋转形成的立体图形的体积。

从关于 p 的公式出发，有一种方法可以得到 $p+1$ 时的公式，所以从原则上讲，可以得到任何 p 值的公式。不过，这需要大量的工作，公式并不以明显的方式依赖于 p。幸运的是，可以证明关于 n 的最高次项总是 $\frac{n^{p+1}}{p+1}$，只需要知道这一点，就能证明曲线 $y = x^p$ 下方夹在 $x = 0$ 和 $x = 1$ 之间的面积是 $\frac{1}{p+1}$。本质上讲，马德哈瓦在证明下式时（在第 6.2 节中提到）也用到了这一事实：

$$\frac{\pi}{4} = 1 - \frac{1}{3} + \frac{1}{5} - \frac{1}{7} + \cdots$$

我们马上就能看到微积分如何解释这个美妙的结果。但首先，我们需要一种更简单的方法来求曲线 $y = x^p$ 下方区域的面积。

6.7 无穷小代数和几何

费马所做的关于抛物线的切线的计算（第 6.5 节）在 17 世纪 80 年代被莱布尼茨系统化，发展成为成熟的**无穷小量演算**。莱布尼茨假定存在无穷小量，并对它们施以代数运算。

特别地，当 y 是 x 的函数时，他令 dy 表示由 x 的无穷小变化 dx 产生的 y 的无穷小变化，所以商 $\frac{dy}{dx}$ 表示 y 的变化率。与普通代数一样，我们需要 $dx \neq 0$ 来作分母，在计算结束时，这往往会留下像 dx, $(dx)^2$ 这样的项。莱布尼茨认为这些项可以忽略，因为它们 "无比地小"（斯特罗伊克 1969：280）。

例如，如果 $y = x^2$，那么

$$dy = (x + dx)^2 - x^2 = 2x\,dx + (dx)^2$$

因此

$$\frac{dy}{dx} = 2x + dx$$

莱布尼茨得出结论：$\frac{dy}{dx} = 2x$。他和他的追随者意识到，$2x + dx$ 趋于 $2x$，但不等于它（这正是我们真正想知道的），但他们没有明确说明这一点，结果遭到了哲学家的批评和嘲笑。贝克莱（1734：59）令人难忘又贴切地称无穷小量为 "消逝的量的幽灵"。

尽管如此，使用无穷小量进行计算是得到正确结果的简单捷径。例如，要求 $y = x^p$ 的切线，我们令

$$dy = (x + dx)^p - x^p$$
$$= \left(x^p + px^{p-1}dx + \frac{p(p-1)}{2}x^{p-2}(dx)^2 + \cdots + (dx)^p \right) - x^p（由第6.3节的二项式定理）$$
$$= px^{p-1}dx + \frac{p(p-1)}{2}x^{p-2}(dx)^2 + \cdots + (dx)^p$$

忽略 dx, $(dx)^2$ 等项，得到 $\frac{dy}{dx} = px^{p-1}$。

微分法则

莱布尼茨（1684）引入了记号 dx，他意图用 d 代表 "差"（difference）。因此，dx 是两个 "无限接近" 的 x 值的差。这个想法在我们的术语**微分**运算 $\frac{d}{dx}$ 中得到了回应，$\frac{d}{dx}$ 作用于 y 得出 $\frac{dy}{dx}$。然而，虽然 dx 和 dy 对我们来说都只是符号 $\frac{dy}{dx}$ 的一部分，但假装它们是分数的一部分仍然是有帮助的，因为某些微分法则看起来很像分数的法则（这就是它们的来源）。

反函数法则：设 $y = f(x)$，并且 f 有一个反函数，即 $x = f^{-1}(y)$，则

$$\frac{dx}{dy} = \frac{1}{dy/dx}$$

链式法则：若 z 是 y 的函数，y 是 x 的函数，则

$$\frac{dz}{dx} = \frac{dz}{dy}\frac{dy}{dx}$$

其他微分法则也来自简单的计算，最后省略了无穷小项，举例如下。

乘法法则：若 $y = uv$，则 $\dfrac{dy}{dx} = u\dfrac{dv}{dx} + v\dfrac{du}{dx}$。

这是因为

$$dy = (u + du)(v + dv) - uv$$
$$= u\,dv + v\,du + du\,dv$$

所以忽略了无穷小项 $du\dfrac{dv}{dx}$ 后，$\dfrac{dy}{dx} = u\dfrac{dv}{dx} + v\dfrac{du}{dx}$。

微积分基本定理

莱布尼茨还引入了相应的"和"的概念，表示为长的 S 符号 $\int$，它不是别的，正是我们如今使用的**积分符号**。[①]

对于莱布尼茨来说，$\int$ 实际上是一些无穷小值的和，通常是形式为 $f(x)dx$ 的值的和，每个值代表高度为 $f(x)$、宽度为无穷小量 dx 的矩形的面积。当从 a 到 b 对这些值求和时，我们就得到了

$$\int_a^b f(x)dx$$

我们称之为 f 关于 x 在 $[a, b]$ 上的**定积分**。它表示曲线 $y = f(x)$ 下方在 $x = a$ 和 $x = b$ 之间的面积，这与第 6.6 节中的矩形逼近的想法的密切关系是显而易见的。从某

[①] "differentiation"（微分）与"difference"（差）很接近，但不幸的是，"integral"（积分）一词不像"differentiation"，它与"sum"（和）没那么接近。英语中似乎没有一个恰当的词来表示和的类比，而不会引起与普通求和的混淆。

种意义上说，无穷小矩形之和代表矩形逼近的**极限**，但是莱布尼茨跳过了将区间 $[a, b]$ 分成宽为 dx 的无穷小部分来得到极限的步骤。

通过将微分与差分联系起来，将积分与求和联系起来，莱布尼茨明确指出积分和微分互为逆运算。这本质上是因为求和与差分是互逆的。更形式化的解释如下。考虑 $y = f(x)$ 的图像下方在 $x = a$ 和 $x = u$ 之间的面积 $A = \int_a^u f(x)dx$，将它看成 u 的函数。令 dA 是 A 随着 x 从 u 增加到 $u + du$ 的增量（图 6.12）。

接下来，在相差关于 $f(u)$ 的一个无穷小误差的情况下，我们有

$$dA = f(u)du$$

因为 dA 是高度为 $f(u)$、宽度为无穷小量 du 的矩形的面积，于是可得

$$\frac{dA}{du} = f(u)$$

因此，微分运算反转了从函数 f 产生函数 A 的积分运算。

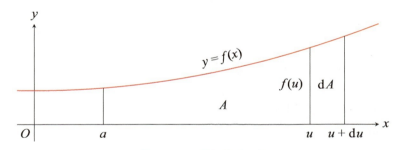

图 6.12 微积分基本定理

这就是**微积分基本定理**，原则上，它将所有积分的问题化归为微分的问题。例如，要得到 $\int_0^1 x^p dx$，只需要找到 x^p 的**反导数**（不定积分），也就是通过微分得到 x^p 的函数。我们从第 6.3 节知道：

$$\frac{d}{dx}x^{p+1} = (p+1)x^p$$

由此可以很容易地推出：

$$\frac{\mathrm{d}}{\mathrm{d}x}\frac{x^{p+1}}{p+1}=x^{p}$$

因此，

$$\int_{0}^{u}x^{p}\mathrm{d}x=\frac{u^{p+1}}{p+1}, \quad \text{特别地，} \quad \int_{0}^{1}x^{p}\mathrm{d}x=\frac{1}{p+1}$$

这是一个在第 6.6 节中更难得到的结果。

弧长

另一个可以通过积分解决的几何问题是求曲线的长度。这个问题同样很容易用无穷小几何来解决。如图 6.13 所示，对于平面内的一条曲线，我们观察两个无限接近的点 $P = \langle x, y \rangle$ 和 $Q = \langle x + \mathrm{d}x, y + \mathrm{d}y \rangle$。

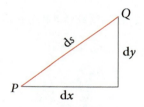

图 6.13　曲线的无穷小弧

由于 $\mathrm{d}x$ 和 $\mathrm{d}y$ 是无穷小量，我们可以认为 P 和 Q 之间的弧是直的[①]，所以它的长度 $\mathrm{d}s$ 由勾股定理给出：

$$|PQ| = \mathrm{d}s = \sqrt{(\mathrm{d}x)^{2} + (\mathrm{d}y)^{2}}$$

现在，根据定义曲线的 x 和 y 之间的关系，我们把 $\mathrm{d}s$ 的表达式转换成一个函数，它的积分就是曲线的长度。

情形 1：假设 y 是 x 的函数，记

---

① 事实上，莱布尼茨（1684）甚至假设切线可以被看作"具有无穷多个角的多边形的连续边，对我们来说，它代替了曲线"。参见斯特勒伊克（Struik 1969: 276）。

$$ds = \sqrt{1 + (\frac{dy}{dx})^2}\, dx$$

则 $x = a$ 和 $x = b$ 之间的弧长 s 由

$$s = \int_a^b \sqrt{1 + (\frac{dy}{dx})^2}\, dx$$

给出。这个公式本质上是由格雷戈里（Gregory 1668）发现的。

情形 2：如果 x 和 y 都是参数 t 的函数，记

$$ds = \sqrt{(\frac{dx}{dt})^2 + (\frac{dy}{dt})^2}\, dt$$

那么 t 在 c 和 d 之间的弧长 s 由

$$s = \int_c^d \sqrt{(\frac{dx}{dt})^2 + (\frac{dy}{dt})^2}\, dt$$

给出。

在这两种情形下，被积函数都涉及平方根，这常常使求不定积分变得困难。也许这就是为什么笛卡儿（1637：91）认为"直线和曲线之间的比例……是人类的头脑无法发现的"。另一个原因可能是最简单的曲线——圆锥曲线——没有简单的弧长函数。特别地，圆的弧长取决于难以捉摸的数 π。因此，人们可能会对处理高次曲线感到绝望。

然而，对于某些三次曲线，$(\frac{dx}{dt})^2 + (\frac{dy}{dt})^2$ 是一个完全平方，我们从而得到一个简单的积分。例如，我们如果从下述方程开始：

$$\frac{dx}{dt} = 2t, \quad \frac{dy}{dt} = t^2 - 1$$

那么

$$\sqrt{(\frac{dx}{dt})^2 + (\frac{dy}{dt})^2} = \sqrt{4t^2 + t^4 - 2t^2 + 1} = \sqrt{t^4 + 2t^2 + 1} = \sqrt{(t^2 + 1)^2} = t^2 + 1$$

接着，我们可以很容易地计算出任意两个 t 值之间曲线的弧长。这条曲线是什么？求 $\dfrac{\mathrm{d}x}{\mathrm{d}t}$ 和 $\dfrac{\mathrm{d}y}{\mathrm{d}t}$ 的不定积分，就得到了参数方程

$$x = t^2, \ y = \frac{t^3}{3} - t = t\left(\frac{t^2}{3} - 1\right)$$

这给出 $t = \pm\sqrt{x}$，因此 $y = \pm\sqrt{x}\left(\dfrac{x}{3} - 1\right)$，最后对方程两边平方，得出笛卡儿方程

$$y^2 = x\left(\frac{x}{3} - 1\right)^2$$

这条曲线如图 6.14 所示。

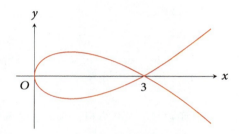

图 6.14　一条易于计算弧长的三次曲线

6.8　级数微积分

我们如今在微积分中使用的记号源于莱布尼茨 17 世纪 80 年代的工作。然而，微积分中的重要定理，包括微积分基本定理和 x 的方幂的积分，牛顿在 17 世纪 60 年代就已经知道了。不久之后，苏格兰的数学家詹姆斯·格雷戈里也知道了它们。但对于牛顿和格雷戈里来说，微积分是一门略有不同的学科，他们关注无穷级数而不是无穷小量。正如我们在第 6.3 节中已经看到的，牛顿通过发现二项式级数开创了新领域。牛顿和格雷戈里还从几何级数的简单起点出发，取得了伟大的发现。

对牛顿来说，微积分的基本对象是幂级数，也就是以下无穷和的形式：

$$a_0 + a_1 x + a_2 x^2 + a_3 x^3 + \cdots，其中 a_0, a_1, a_2, a_3, \cdots 是实数$$

牛顿发现处理无穷级数很容易：他可以对它们进行加、减、乘、除运算，甚至可以计算像平方根这样的分数次幂，这得益于他的广义二项式定理。他还可以通过对 x 的方幂进行微分和积分来对幂级数求微分和积分。他的第一个发现是我们现在所说的**自然对数**函数的幂级数表达式：

$$\ln(1+x) = x - \frac{x^2}{2} + \frac{x^3}{3} - \frac{x^4}{4} + \cdots，对 |x| \leqslant 1 成立$$

对数是由以下积分定义的：

$$\ln(1+x) = \int_0^x \frac{\mathrm{d}t}{1+t}$$

牛顿通过将被积函数展开成几何级数

$$\frac{1}{t+1} = 1 - t + t^2 - t^3 + \cdots$$

并从 0 到 x 逐项积分，得到了它的幂级数表达式。

令牛顿非常失望的是，他后来得知同样的结果已经被尼古拉斯·墨卡托（Nicolas Mercator 1668）在一本名为《对数技术》的书中发现并发表了。于是，牛顿加倍努力，运用他的级数运算技巧，得到了正弦函数、余弦函数和指数函数的级数表达式。指数函数在当时甚至还没有名字，但牛顿通过他的绝招——逆运算——发现了它的级数表达式，并将其应用于对数级数。

为了求出用 x 的幂级数表示的函数 y 的逆，比如

$$y = x - \frac{x^2}{2} + \frac{x^3}{3} - \frac{x^4}{4} + \cdots$$

假设把 x 写成关于 y 的幂级数

$$x = a_0 + a_1 y + a_2 y^2 + \cdots$$

然后一个接一个地按次序求系数 a_0，a_1，a_2，$\cdots$。在这个例子中，我们可以看到 $a_0 = 0$，因为当 $y = 0$ 时 $x = 0$。为了求得 a_i，我们将

$$x = a_1 y + a_2 y^2 + \cdots$$

代入 y 的幂级数表达式中，得到

$$y = (a_1 y + a_2 y^2 + \cdots) - \frac{1}{2}(a_1 y + a_2 y^2 + \cdots)^2 + \frac{1}{3}(a_1 y + a_2 y^2 + \cdots)^3 - \cdots$$

比较两边 y 的系数，得到 $a_1 = 1$。重复这个过程，牛顿发现 $a_2 = \frac{1}{2}$，$a_3 = \frac{1}{6}$，$a_4 = \frac{1}{24}$，$a_5 = \frac{1}{120}$，此时，他确信 $a_n = \frac{1}{n!}$。通过这种方式，他发现（尽管没有严格证明）反函数 x，也就是我们所说的 $e^y - 1$，是

$$x = y + \frac{y^2}{2!} + \frac{y^3}{3!} + \frac{y^4}{4!} + \frac{y^5}{5!} + \cdots$$

牛顿对正弦级数的发现更令人惊叹，尽管与第 6.2 节的论证相比，他的方法更困难。他的出发点是反正弦函数的积分表达式，其中涉及一个平方根。他用他的二项式定理将其展开，逐项积分得到级数

$$y = \arcsin x = x + \frac{1}{2} \cdot \frac{x^3}{3} + \frac{1 \times 3}{2 \times 4} \cdot \frac{x^5}{5} + \frac{1 \times 3 \times 5}{2 \times 4 \times 6} \cdot \frac{x^7}{7} + \cdots$$

然后对这个级数求逆，得到

$$x = \sin y = y - \frac{1}{6} y^3 + \frac{1}{120} y^5 - \frac{1}{5040} y^7 + \frac{1}{362\,880} y^9 - \cdots$$

这足以使他确信 y^{2n+1} 的系数是 $\dfrac{(-1)^n}{(2n+1)!}$。

对 π 的级数的重新发现

如第 6.2 节所述，在 15 世纪，马德哈瓦发现了反正切函数的级数表达式：

$$\arctan x = x - \frac{x^3}{3} + \frac{x^5}{5} - \frac{x^7}{7} + \cdots, \quad -1 \leqslant x \leqslant 1$$

以及当 $x = 1$ 时的结论

$$\frac{\pi}{4} = 1 - \frac{1}{3} + \frac{1}{5} - \frac{1}{7} + \cdots$$

这些结果在 17 世纪被格雷戈里和莱布尼茨重新发现。他们使用的论证方法尽管经过了微积分的简化，但仍与马德哈瓦的论证略有联系。根据一些无穷小几何，我们首先将反正切函数表示为一个积分：

$$\arctan x = \int_0^x \frac{\mathrm{d}t}{1 + t^2}$$

然后将被积函数展开成几何级数，

$$\frac{1}{1 + t^2} = 1 - t^2 + t^4 - t^6 + \cdots$$

逐项积分得到 $\arctan x$ 的幂级数表达式。

我们可以进一步改进这个论证，绕过无穷小几何。其想法是使用圆 $x^2 + y^2 = 1$ 的如下参数方程：

$$x = \frac{1 - t^2}{1 + t^2}, \ y = \frac{2t}{1 + t^2}$$

有了这个参数方程，弧长积分 $\int \sqrt{(\frac{\mathrm{d}x}{\mathrm{d}t})^2 + (\frac{\mathrm{d}y}{\mathrm{d}t})^2} \, \mathrm{d}t$ 正是 $\int_0^x \frac{2\mathrm{d}t}{1 + t^2}$。雅各布·伯努利（1696）发现了这个积分的一个类似的推导方法。这里使用的圆的神奇参数方程源于数论，我们将在第 7.2 节进一步讨论。

6.9　代数函数及其积分

牛顿的幂级数演算之所以简单，是因为它只对 x 的方幂进行积分和微分。但这种方法消除了函数之间的差异，比如代数函数和非代数函数之间的区别，实际上，它也完全避免了对**函数**概念的思考。另外，莱布尼茨从函数的角度出发思考，认为一些函数比其他函数更"初等"。他和他的追随者试图尽可能用和被积函数一样初等的函数来表示积分。

有些非代数函数以非常简单的积分出现，例如

$$\ln u = \int_1^u \frac{\mathrm{d}x}{x} \text{ 和 } \arctan u = \int_0^u \frac{\mathrm{d}x}{1+x^2}$$

因此，**初等函数**类包括自然对数函数和反正切函数。于是通过逆运算和代数运算得到的函数也应该包括在内 ①，所以我们最终得到的函数类也包括指数函数和三角函数。莱布尼茨和他的追随者最初的目标是寻找具有初等积分的函数类。

具有这种性质的最自然的一类函数是**有理函数**，也就是那些可以写成多项式的商的函数。有理函数当然是代数函数，但其他如 $\sqrt{1-x^3}$ 这样的代数函数的积分并不是初等的。即使要证明有理函数的积分是初等函数也会引起棘手的问题。一个令莱布尼茨头疼的例子是 $\dfrac{1}{x^4+1}$ 的积分。一开始，他不知道如何把 x^4+1 分解成实二次因子。然而，一旦通过观察发现

$$x^4 + 1 = x^4 + 2x^2 + 1 - 2x^2 = (x^2+1)^2 - (\sqrt{2}x)^2$$
$$= (x^2 + 1 + \sqrt{2}x)(x^2 + 1 - \sqrt{2}x)$$

我们就可以把 $\dfrac{1}{x^4+1}$ 分解成形如

---

① 因此，从 $\arctan$ 可以得到的函数包括 $\tan$ 函数，它显然不是代数函数，因为其图像与一条直线在无穷多个点相交，因此我们得到了 $\arctan$ 不是代数函数的证明。我们还可以通过从指数函数得到正弦函数，来证明指数函数以及自然对数函数是非代数函数。这在复数的帮助下是可能的，事实上，$\sin x = \dfrac{1}{2i}(\mathrm{e}^{ix} - \mathrm{e}^{-ix})$。

$$\frac{ax+b}{x^2+1+\sqrt{2}x}+\frac{cx+d}{x^2+1-\sqrt{2}x}$$

的部分分式之和。然后通过适当的变量替换，该积分化归为 ln 型和 arctan 型积分的和。这个例子包含了解决一般的有理函数的积分问题的本质，即把任意多项式分解为实线性因子或实二次因子。这个代数问题本质上等价于**代数基本定理**，我们将在第 8 章回到这个话题。

椭圆积分

当被积函数是有理函数时，积分是初等函数。某些无理代数函数的积分也是初等的，例如，

$$\int_0^u \frac{\mathrm{d}x}{\sqrt{1-x^2}}=\arcsin u$$

这样的积分可以通过变量替换

$$x=\frac{2t}{1+t^2}$$

"有理化"，因为 $\dfrac{\mathrm{d}x}{\mathrm{d}t}$ 和

$$\sqrt{1-x^2}=\sqrt{1-\frac{4t^2}{(1+t^2)^2}}=\sqrt{\frac{1+2t^2+t^4-4t^2}{(1+t^2)^2}}=\sqrt{\frac{(1-t^2)^2}{(1+t^2)^2}}=\frac{1-t^2}{1+t^2}$$

都是关于 t 的有理函数。因此被积函数中的 $\sqrt{1-x^2}$ 被关于 t 的有理函数所替代，$\mathrm{d}x$ 被 $\dfrac{2(1-t^2)}{(1+t^2)^2}\mathrm{d}t$ 所替代，这给出一个关于 t 的有理函数的积分。

当被积函数包含诸如 $\sqrt{x}$的3次式 或 $\sqrt{x}$的4次式 这样的项时，问题就出现了。这些函数被称为**椭圆积分**，一个例子就是椭圆的弧长积分。事实上，双曲线的弧长也是如此，最简单的例子是 $y=\dfrac{1}{x}$。对于这条曲线，我们有

$$\frac{\mathrm{d}y}{\mathrm{d}x}=-x^{-2}$$

于是由第 6.7 节的第一个弧长积分可得

$$\int_a^b \sqrt{1+(\frac{\mathrm{d}y}{\mathrm{d}x})^2}\,\mathrm{d}x = \int_a^b \sqrt{1+x^{-4}}\,\mathrm{d}x = \int_a^b \frac{1}{x^2}\sqrt{1+x^4}\,\mathrm{d}x$$

这个积分中让人头疼的是 $\sqrt{1+x^4}$ 这一项，我们不能像上面对 $\sqrt{1-x^2}$ 所做的那样，通过用 t 的一个有理函数替换 x 来将它"有理化"。对于所谓的**双纽线积分**

$$\int_a^b \frac{\mathrm{d}x}{\sqrt{1-x^4}}$$

也是一样的，这是最著名的椭圆积分。它也不能被"有理化"，我们将在下一章中看到原因。顺便说一下，它得名的原因是雅各布·伯努利（1694）发现它表示的是"双纽线"（来自希腊语中的"丝带"）的弧长，双纽线的笛卡儿方程是

$$(x^2+y^2)^2 = x^2 - y^2$$

图像是一条 8 字曲线，如图 6.15 所示。

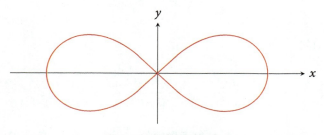

图 6.15　伯努利双纽线

这些例子暗示了积分的有理化和寻找曲线的有理参数方程之间的联系。$\sqrt{1-x^2}$ 的例子与曲线 $y=\sqrt{1-x^2}$ 一致，也就是单位圆 $x^2+y^2=1$，我们所用的变量替换

$$x = \frac{2t}{1+t^2}$$

是用有理函数

$$x = \frac{2t}{1+t^2}, \quad y = \frac{1-t^2}{1+t^2}$$

将圆参数化的一部分。另外，曲线 $y = \sqrt{1-x^4}$ 或 $y^2 = 1-x^4$ 不存在有理函数参数化，我们将在下一章看到这一点。这个证明与数论有联系，莱布尼茨察觉到了这一点，但并不完全理解，他写道：

　　我……记得我曾提出（有些人可能会觉得奇怪），我们在积分演算上的进展很大程度上依赖于那种算术的发展，而据我们所知，丢番图是第一个系统地研究这种算术的人。

（莱布尼茨 1702，译文见韦伊 1984：121）

另一个注意到积分和数论之间存在联系的人是雅各布·伯努利（1696），他明确地将变量替换使表达式 $\sqrt{2x-x^2}$ 有理化归功于希腊数论学家丢番图。我们将在下一章了解更多关于丢番图的信息。

6.10　附注

关于微积分及其在扩展证明概念中的作用的著作已经有很多。最近的一本很好的书是布雷苏的《微积分溯源：伟大思想的历程》（2019），我之所以推荐这本书，是因为它更详细地介绍了微积分的历史及其基础。我更愿意把微积分及其中的困难视为更大挑战的一部分，即对无穷的推理，它始于微积分的发现之前，至今仍未结束。因此，本章从前几章中挑选了一些话题，比如穷竭法；还有一些悬而未决的问题，留待后面处理，比如实数的性质，以及是否可能给出无穷小量的一个准确定义。

牛顿把幂级数的演算比作无限小数的计算。

　　因为变量的运算和普通数的运算非常相似，而且除了表现方式不同之外，它们似乎也没有什么区别，前者是一般而不确定的，后者是确定而具体的：我很惊奇竟然没有人（如果排除求双曲线积分的尼古拉斯·墨卡托先生）把近来发展起来的用于小数的学说以相似的方式应用于变量；特别是因为，它可能为更惊人的发现开辟了一条道路。因为变量的学说与代数的关系，和小数的学说与普通算术的关系是相同的，所以加、减、乘、除和开方运算都可以借鉴后者的运算。

（牛顿 1736：1–2，翻译自牛顿 1671：38–39）

斯泰芬（1585a）在他的书《论十进》（*De Thiende*）中简要介绍了无限小数，尽管这本书主要是关于有限小数的计算。我不知道牛顿在这里所说的无限小数的"学说"指什么。为了"推销"幂级数，他似乎依赖对一般的数和算术的熟悉程度，而不是对无限小数的熟悉程度。实际上，用无限小数计算可能比用幂级数计算更不容易理解，特别是当涉及"开方"运算时。例如，我们对 $\sqrt{2}$ 的无限小数的了解要少于对 $\sqrt{1+x}$ 的幂级数的了解。具体而言，二项式级数给出了 $\sqrt{1+x}$ 的幂级数的第 n 项的公式，但 $\sqrt{2}$ 的小数点后第 n 位数字没有已知的公式。

力学

在古代，只有一小部分力学被很好地理解，即杠杆定律涉及的基本静力学。但即使是这个小小的想法，也足以启发阿基米德在《方法》一书中做出那些惊人的发现。他的"方法"用于发现，而不是证明，但正如他告诉我们的：

当我们用这种方法预先获得有关这些问题的信息时，完成它们的证明当然要比在没有任何信息的情况下去发现证明容易得多。

〔《阿基米德全集》（希思 1897）的附录《方法》〕

18 世纪，微积分在连续运动力学和连续介质力学方面取得了一连串的成功，以至于物理学和数学开始看起来像同一枚硬币的正反两面。"理性力学"成为一套定理体系和一种证明方式，物理现象可以引发数学发现（例如，傅立叶级数是由拉紧的弦的振型引发的，后来又由热理论引发）。一些后来的结果甚至在被纯数学证明之前，就已经基于物理学被提出了，比如黎曼映射定理（1851）。事实上，直到 19 世纪末，许多数学家才明确地把几何学与物理学区分开来：两者都被认为基于对自然界的直觉观念。

相反，当希尔伯特（1899）把几何置于一个完全公理化的基础上时，它引发了在物理学上做相同处理的可能性。事实上，希尔伯特在 1900 年提出了探寻物理学公理的问题，当时还包括了寻找概率论的公理，因为人们越来越相信原子及其在统计力学和热力学中的作用。科里（Corry 2004）对希尔伯特本人寻找物理学公理的尝试做了出色的描述，这些尝试取得了部分成功——它们在 1915 年促成了对广义相对论的预期，与爱因斯坦建立他自己的理论的时间几乎相同。对于整个物理学来说，这个问题仍然没有解决，不过柯尔莫哥洛夫（Kolmogorov）在 1933 年给出了概率论的公理。

第7章
数论

自然数 0, 1, 2, 3, 4, …是最基本的数学对象，在某种程度上每个人都能理解。它们也是数学中最古老的未解之谜的主题。例如，是否存在奇完全数？是否存在无穷多对孪生素数？然而，直到最近，数论还经常被揶揄为"各种伎俩"，对大多数数学家来说，数论没有什么用处，也无法引起他们的兴趣。

近几十年来，当世界变得数字化，数字成为其命脉，需要加密的保护，而这最终依赖于数论时，人们的态度发生了改变。所以当今的问题不是为数论辩解，而是理解它。

正如我们将在本章看到的，数论很难，因为它的证明方法几乎涉及数学的所有领域，包括几何、代数、微积分，还有一些我们还没有讨论过的领域，比如拓扑学。这是令人惊讶的，因为数论有极其简单的要素：0、把一个自然数带到下一个自然数的后继函数，以及**归纳法**原理——从本质上说，所有的自然数都源于 0，它们是通过反复对 0 应用后继函数得到的。

事实上，简单的要素也可以创造出极端的复杂性，这就是为什么所有的数学资源都被用于助力数论。在本章中，我们将讨论几何、代数和微积分对数论中的证明的影响，以及反过来的情况，特别是针对代数的情况。之后，当谈到证明本身的数学研究时，我们将看到是什么使数论如此复杂。

7.1　初等数论

正如我们在第 2.6 节中看到的，欧几里得在《原本》第 7～9 卷中发展了数论的基础。为此，他使用了**归纳法**，这是数论和其他研究有限对象的数学领域（如组合学）的基本证明方法。特别地，欧几里得用归纳法证明了有无穷多个素数、任何大于 1 的整数的素因子分解的存在性，以及（本质上）这个因子分解的唯一性。

后一个结果源于我们现在所说的寻找正整数 a 和 b 的最大公因子 $\gcd(a, b)$ 的**欧几里得算法**的研究。欧几里得算法的一个基本结果（在第 2.6 节中推导并在下面再次使用）是：

$$存在整数\ m\ 和\ n\ 使得\ \gcd(a, b) = ma + nb$$

同余

高斯（1801：文章 1）引入了模一个给定整数的同余关系，它为陈述和证明许多关于整除的事实提供了一种方便的语言。如今，我们用下面的符号表示**模给定整数 c 的同余关系**：

$$a \equiv b\,(\mathrm{mod}\,c)$$

它表示 c 整除 $a - b$。选择符号 $\equiv$ 是因为它与符号 $=$ 相似，而且同余式具有许多等式的性质。非正式地讲，我们可以说 $a \equiv b\,(\mathrm{mod}\,c)$ 意味着 a 和 b "在相差 c 的倍数的意义下相等"。

就像我们可以对等式进行加、减、乘、（有时可以）除运算，我们也可以对模给定整数 c 的同余式进行加、减、乘、（有时可以）除运算。也就是说，如果 $a_1 \equiv b_1\,(\mathrm{mod}\,c)$ 和 $a_2 \equiv b_2\,(\mathrm{mod}\,c)$，那么

$$a_1 + a_2 \equiv b_1 + b_2\,(\mathrm{mod}\,c)$$
$$a_1 - a_2 \equiv b_1 - b_2\,(\mathrm{mod}\,c)$$
$$a_1 a_2 \equiv b_1 b_2\,(\mathrm{mod}\,c)$$

$$a_1 a_2^{-1} \equiv b_1 b_2^{-1} (\bmod c) \quad （如果 a_2 有逆）$$

前两个式子很容易从同余的定义中推导出来。为了证明第三个式子，我们首先将同余式转化为普通等式：

$$a_1 \equiv b_1 (\bmod c) \text{ 和 } a_2 \equiv b_2 (\bmod c) \text{ 意味着}$$

$$存在 m_1, m_2 \in \mathbb{Z}，使得 a_1 = b_1 + m_1 c \text{ 和 } a_2 = b_2 + m_2 c$$

所以乘法给出

$$\begin{aligned} a_1 a_2 &= (b_1 + m_1 c)(b_2 + m_2 c) \\ &= b_1 b_2 + c(m_1 b_2 + m_2 b_1 + c m_1 m_2) \\ &\equiv b_1 b_2 (\bmod c) \end{aligned}$$

于是，模 c 的同余式的加、减、乘法算法总是成立的。至于除法，我们需要知道 a 在模 c 下的逆 a^{-1} 何时存在。好吧，如果

$$ma \equiv 1 (\bmod c)$$

或等价地，存在 $n \in \mathbb{Z}$ 使得 $1 = ma + nc$，那么 m 是 a 在模 c 下的逆。

因为 a 和 c 的任意公因子整除 $ma + bc$，所以最后这个等式意味着 $\gcd(a, c) = 1$。反过来，如果 $\gcd(a, c) = 1$，那么根据欧几里得算法的基本推论，存在 $m, n \in \mathbb{Z}$ 使得 $1 = ma + nc$。所以 a 在模 c 下有一个逆当且仅当 $\gcd(a, c) = 1$。正是通过这些 a 的值，我们可以对模 c 的同余式做除法。

特别地，如果 p 是素数，那么对于每个 $a \not\equiv 0 (\bmod p)$ 都存在 a^{-1}，因为在这种情况下，对于任何不是 p 的倍数的 a，有 $\gcd(a, p) = 1$。总之：如果 p 是素数，那么模 p 的同余式的加、减、乘、除（除以非零元素）运算都是成立的。

例：弃九法（弃三法）。 十进制系统在印度使用了 1000 多年，由斐波那契（1202）介绍到欧洲，它有一个有用的性质，称为**弃九法**。简单地说，这个性质表明，一个数除以 9 的余数等于其各位数字之和除以 9 的余数。已知最早的关于这一性质的陈述是由印度数学家阿耶波多第二在公元 950 年前后提出的。斐波那契（1202：第二章）使用该方法来检验乘法的正确性。

举个例子，为了求出 4877 除以 9 的余数，可以计算

$$4+8+7+7=26$$

26 除以 9 的余数是 8。根据弃九法，可以得到 4877 除以 9 的余数为 8。这个性质
成立的原因是，根据十进制数字的定义，

$$4877 = 4 \times 10^3 + 8 \times 10^2 + 7 \times 10 + 7$$

显然，$10 \equiv 1(\bmod 9)$。由于同余式相加和相乘仍然成立，我们可以用 1 替换上述
等式中出现的每一个 10，从而得到

$$4 \times 10^3 + 8 \times 10^2 + 7 \times 10 + 7 \equiv 4 + 8 + 7 + 7(\bmod 9)$$

这就清楚地说明了 4877 和 $4+8+7+7$ 除以 9 的余数相同。

这对于除以 3 也是成立的，因为 $10 \equiv 1(\bmod 3)$。

一些有限域和有限环

同余的概念也引出了 4.6 节中所研究的代数：域和环，不过这里的新的域和环
都是有限的。

如果我们不是对数字进行操作，而是对它们在模 c 下的**同余类**进行操作，那么
同余关系的伪相等可以用真正的相等来代替。现在看的话，这是简单的一步，但
在 19 世纪 50 年代，当戴德金提出它时，这是一个深刻的创新，因为它相当于把
无限集当作数学对象[①]。对于任意整数 a，我们定义 a **在模 c 下的同余类**为

$$[a] = \{a' : a' \equiv a(\bmod c)\} = \{\cdots, a-2c, a-c, a, a+c, a+2c, \cdots\}$$
$$= \{a + mc : m \in \mathbb{Z}\}$$

接着我们定义同余类的和与积，方式很明显：

---

① 回顾过往，我们可以看到另一个更古老的例子：将一类分数，如 $\{ \dfrac{1}{2}, \dfrac{2}{4}, \dfrac{3}{6}, \cdots\}$，看成一
　个有理数。从某种意义上说，这是一个更复杂的例子，因为定义分数的和是相当复杂的。

$$[a]+[b]=[a+b], \quad [a][b]=[ab]$$

微妙的部分是检验这些定义是有意义的，也就是说，不依赖于表示同余类的元素的选择。如果选择 $a'=a+nc$ 而不是 a，我们得到

$$[a']+[b]=[a'+b]=[a+nc+b]=\{a+b+mc:m\in\mathbb{Z}\}$$

而这和 $[a]+[b]$ 表示完全相同的集合。如果我们改变 $[b]$ 的代表元也是类似的。同理，

$$[a'][b]=[(a+nc)b]=[ab+nbc]=\{ab+mc:m\in\mathbb{Z}\}$$

作为集合与 $[a][b]$ 完全相同。

因此，同余类的加法和乘法是有意义的。现在得到最简单的部分：同余类的和与积继承了 $\mathbb{Z}$ 的环性质（回想 4.6 节中定义环和域的性质）。例如，下面是 $[a]+[b]=[b]+[a]$ 的理由：

$$\begin{aligned}
[a]+[b]&=[a+b] &&\text{（根据同余类的和的定义）}\\
&=[b+a] &&\text{（因为在 }\mathbb{Z}\text{ 中 }a+b=b+a\text{）}\\
&=[b]+[a] &&\text{（根据同余类的和的定义）}
\end{aligned}$$

出于类似的原因，环的所有其他性质都成立。因此，整数模 c 的同余类在加法和乘法运算下构成一个环。这个环记为 $\mathbb{Z}/c\mathbb{Z}$。

此外，当 p 为素数时，环 $\mathbb{Z}/p\mathbb{Z}$ 为域。其理由是，在这种情况下，每个非零同余类 $[a]\neq[0]$ 都有一个逆，就像我们在上一节中看到的那样。

为了说明代数结构如何简化数论中的证明，我们给出了费马利用二项式系数的性质证明的一个定理的一个新的陈述和证明。

费马小定理：如果 p 是素数，且 a 不能被 p 整除，那么

$$a^{p-1}\equiv 1(\bmod p)$$

证明：考虑模 p 的非零同余类：$[1],[2],\cdots,[p-1]$。将这 $p-1$ 个非零同余类乘以 $[a]\neq[0]$，得到非零同余类 $[a][1],[a][2],\cdots,[a][p-1]$。这些也是不同的非零同余类，因为我们可以通过乘以 $[a]^{-1}$ 重新得到 $[1],[2],\cdots,[p-1]$。

因此 $[a][1], [a][2], \cdots, [a][p-1]$ 与 $[1], [2], \cdots, [p-1]$ 是相同的同余类（尽管顺序可能不同），因此它们的乘积是相同的：

$$[a][1][a][2]\cdots[a][p-1]=[1][2]\cdots[p-1]$$

两边同时乘以 $[1], [2], \cdots, [p-1]$ 的逆得到

$$[a]^{p-1}=[1]$$

这等价于 $a^{p-1}\equiv 1(\bmod p)$。　　　　　　　　　　　　　　　　　　　□

7.2　再谈勾股数组

正如我们在第 1.2 节中看到的，勾股定理与勾股数组的数论密切相关，勾股数组是满足 $a^2+b^2=c^2$ 的整数三元数组 $\langle a, b, c\rangle$。我们看到，早在公元前 1800 年，古巴比伦人显然可以生成无穷多勾股数组。我们还不清楚，他们是否能生成所有的勾股数组：所有勾股数组的完整描述首次出现在欧几里得《原本》第 10 卷的命题 28 后的引理 1 中。

欧几里得的描述相当于给出公式

$$a = (p^2 - q^2)r, \ b = 2pqr, \ c = (p^2 + q^2)r$$

其中 p, q, r 是正整数。如果我们忽略因子 r，那么公式

$$a = p^2 - q^2, \ b = 2pq, \ c = p^2 + q^2$$

包含了本质上不同的所有三元数组，即它们给出了形状不同的三角形。（尽管仍然有一些重复的形状，除非我们进一步限制 p 和 q。）

欧几里得的表述和证明用的是几何术语，涉及矩形和正方形。它们受益于转换而成的代数术语，因为

$$a^2+b^2=c^2 \text{ 意味着 } b^2=c^2-a^2=(c-a)(c+a)$$

这隐含着 b 应该是一个乘积。但是仍然存在一些困难，包括对偶数和奇数的烦琐的讨论。下面用初等数论给出一个更精确的表述和证明。

本原勾股数组：如果正整数 a, b, c 的最大公因子为 1，且 $a^2 + b^2 = c^2$，我们称 $\langle a, b, c \rangle$ 是一个本原勾股数组。那么 a, b 中恰有一个是偶数，并且存在互素的正整数 p, q 使得

$$a = p^2 - q^2, \ b = 2pq, \ c = p^2 + q^2$$

证明：由于 a, b, c 的最大公因子为 1，a 和 b 不可能都是偶数，否则 2 能整除 a, b, c。它们也不可能都是奇数，因为

$$(奇数)^2 = (2m+1)^2 = 4m^2 + 4m + 1 \equiv 1(\bmod 4)$$

在这种情况下，$a^2 + b^2 \equiv 2(\bmod 4)$，而因为此时 c 是偶数，所以 $c^2 \equiv 0(\bmod 4)$，与已知相矛盾。

因此，在不失一般性的情况下，我们可以假设 a 是奇数，b 是偶数。因为 $\langle a, b, c \rangle$ 是一个毕达哥拉斯三元数组，我们有

$$b^2 = c^2 - a^2 = (c-a)(c+a)，所以 (\frac{b}{2})^2 = \frac{c-a}{2} \cdot \frac{c+a}{2}$$

于是，整数 $\frac{c-a}{2}$ 和 $\frac{c+a}{2}$ 的最大公因子为 1，因为任何公共素因子都能整除它们的和 c 与差 a，而这与假设相矛盾。根据唯一素因子分解定理，$(\frac{b}{2})^2$ 的这些因子都是平方数，即

$$\frac{c-a}{2} = q^2, \ \frac{c+a}{2} = p^2$$

这两个等式相加减，我们得到

$$a = p^2 - q^2, \ c = p^2 + q^2$$

它们也给出了 $(\frac{b}{2})^2 = p^2 q^2$，所以 $b = 2pq$。

最后，$\gcd(p, q) = 1$，因为 p, q 的任何公共素因子也都整除 a, b, c，而 a, b, c 的最大公因子为 1。 □

在下一小节中，我们给出一个代数 – 几何证明，它通过求比例 $\dfrac{a}{c}$ 和 $\dfrac{b}{c}$ 来避免考虑公因子。这些比例封装了 $\langle a, b, c \rangle$ 三角形的"形状"。

圆上的有理点

如果 a, b, c 是满足 $a^2 + b^2 = c^2$ 的整数，那么 $\left(\dfrac{a}{c}\right)^2 + \left(\dfrac{b}{c}\right)^2 = 1$，这说明

$$\langle \frac{a}{c}, \frac{b}{c} \rangle \text{ 是圆 } x^2 + y^2 = 1 \text{ 上的一个有理点。}$$

代数几何给出了寻找圆上所有有理点的一种简单方法。

- 有几个明显的有理点，例如，$P = \langle -1, 0 \rangle$。
- 经过有理点 P 和其他任何有理点 Q 的直线的斜率都是有理数。
- 取经过点 P 且斜率为有理数 t 的直线 $y = t(x + 1)$，找到与圆相交的第二个交点 R（图 7.1）。如果 R 是有理点，那么我们就找到了圆上所有的有理点。

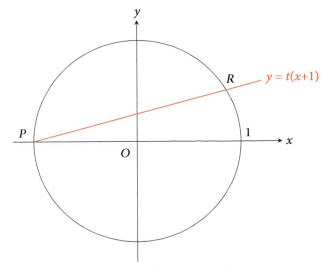

图 7.1 有理点的割线构造

直线 $y = t(x+1)$ 与圆 $x^2 + y^2 = 1$ 的交点的横坐标是以下二次方程的解：

$$x^2 + t^2(x+1)^2 = 1 \text{ , 或 } (1+t^2)x^2 + 2t^2x + t^2 - 1 = 0 \text{ ,}$$

$$\text{或 } x^2 + \frac{2t^2x}{1+t^2} + \frac{t^2-1}{1+t^2} = 0$$

我们现在已知 $x = -1$ 是这个方程的一个解（给定的点 P），所以二次式的一个因子是 $x+1$。这意味着分解必须是

$$x^2 + \frac{2t^2x}{1+t^2} + \frac{t^2-1}{1+t^2} = (x+1)(x - \frac{1-t^2}{1+t^2})$$

所以这个二次方程的另一个解是 $x = \dfrac{1-t^2}{1+t^2}$。

因为 $y = t(x+1)$，所以 R 的纵坐标是 $y = \dfrac{2t}{1+t^2}$。这就给出了点

$$R = \langle \frac{1-t^2}{1+t^2}, \ \frac{2t}{1+t^2} \rangle \qquad\qquad (\ *\ )$$

因为 t 是有理数，所以它确实是有理点。因此，当 t 取遍所有的有理数时，单位圆上的所有有理点 $R \neq P$ 都由（＊）给出。

最后，如果我们令 $t = \dfrac{q}{p}$ 是最简分数，并回忆起对于勾股数组 $\langle a, b, c \rangle$，设 $x = \dfrac{a}{c}$, $y = \dfrac{b}{c}$，我们有

$$x = \frac{a}{c} = \frac{p^2 - q^2}{p^2 + q^2}, \ y = \frac{b}{c} = \frac{2pq}{p^2 + q^2}$$

于是，我们没有直接找到 a, b, c，而是找到了比例 $\dfrac{a}{c}$ 和 $\dfrac{b}{c}$，这对应于本质上不同的三元数组 $\langle a, b, c \rangle$。

韦伊（1984：28）把上述证明方式归功于丢番图（Diophantus）。丢番图生活在希腊数学的晚期，在公元 150 年与 300 年之间。他在上面的证明中既没有使用代数语言，也没有使用几何语言，只是用特定的数字解决了特殊情况。然而，当欧洲数学家从代数的角度来解读丢番图时，他们可以理解他在做什么，并知道如

何推广他所做的工作。韦达（1593：65-67）看出了如何得到圆 $x^2 + y^2 = a^2 + b^2$ 上的所有有理点，费马、沃利斯等人得到了其他二次曲线上的有理点。

二次曲线的参数方程

以上证明所涉及的代数和几何知识比一些读者所期望的要多，但它告诉了我们更多关于这个圆的东西，而不仅仅是它的有理点。割线构造对于任何实值 t 都是成立的，所以

$$x = \frac{1-t^2}{1+t^2}, \, y = \frac{2t}{1+t^2}$$

是圆的参数方程，当 t 取遍实数时，它给出了（除了 $\langle -1, 0 \rangle$ 的）所有点。这些正是我们在第 6.8 节中用来将弧长积分 $\int \sqrt{(\frac{dx}{dt})^2 + (\frac{dy}{dt})^2} \, dt$ "有理化" 为 $\int \frac{2dt}{1+t^2}$ 的参数方程。更一般地说，变量替换 $x = \frac{1-t^2}{1+t^2}$ 把任何积分 $\int f(x, \sqrt{1-x^2}) dx$ 都有理化，其中 f 是关于 x 和 $\sqrt{1-x^2}$ 的有理函数。因此，通过表明有理数和有理函数之间的相似性，数论有助于理解积分——这证实了第 6.9 节中提到的莱布尼茨的推测。

对任何二次曲线，割线构造都可以得到参数方程。例如，对一条双曲线 $x^2 - y^2 = 1$：

- 选择曲线上一点，比方说 $P = \langle -1, 0 \rangle$（尽管它不必是一个有理点）；
- 考虑经过 P 且斜率为 t 的直线 $\mathscr{L}$，此时是 $y = t(x+1)$；
- 找到 $\mathscr{L}$ 与曲线相交的另一点 R，此时

$$R = \langle \frac{1+t^2}{1-t^2}, \, \frac{2t}{1-t^2} \rangle$$

- 那么，此时

$$x = \frac{1+t^2}{1-t^2}, \, y = \frac{2t}{1-t^2}$$

是参数化这条曲线的有理函数。

当然，如果只想得到曲线上的有理点，我们必须选择有理点 P 和有理数 t。并不是每一条二次曲线都包含有理点，例如，圆 $x^2 + y^2 = 3$ 上就没有有理点。但这个圆可以用有理函数参数化，比如，

$$x = \sqrt{3}\,\frac{1-t^2}{1+t^2},\ y = \sqrt{3}\,\frac{2t}{1+t^2}$$

因为一个有理函数的系数不需要一定是有理数。

7.3 费马最后定理

勾股数组公式表明，方程 $x^2 + y^2 = z^2$ 在正整数中有无穷多个解。然而，当 n 是一个大于 2 的整数时，$x^n + y^n = z^n$ 则不会这样。事实上，在这种情况下，不存在正整数解。这个命题就是著名的**费马最后定理**，它由费马在 17 世纪 30 年代提出，但直到 1994 年才得到证明。费马自己似乎只证明了 $n = 4$ 时的定理，他用的是一种非常有趣的初等方法。

在这里，我们展示费马证明的一个稍显精简的版本，但本质上是相同的思想，即勾股数组公式和一个巧妙的"无穷递降"形式的归纳论证。

四次方时的费马最后定理：如果 x, y, z 是正整数，则 $x^4 + y^4 \neq z^4$。

证明：用反证法证明，即存在正整数 x, y, z 使得 $x^4 + y^4 = z^4$。通过除以公因子，我们可以假设 x, y, z 的最大公因子为 1。方程 $x^4 + y^4 = z^4$ 意味着 $\langle x^2, y^2, z^2 \rangle$ 是一个勾股数组，并且是本原的，因为 x^2, y^2, z^2 的最大公因子也为 1。

接下来，根据上一节中对本原勾股数组的讨论，x^2 和 y^2 中有一个是偶数，另一个是奇数。为不失一般性，我们可以假设 y^2 是偶数。我们现在将 $x^2 = u$, $y = v$ 和 $z = w$ 视为方程

$$u^2 + v^4 = w^4 \qquad\qquad (*)$$

的正整数解，在这种情况下，$\langle u, v^2, w^2 \rangle$ 也是一个本原勾股数组，其中 v^2 为偶数。

根据上一节中关于本原勾股数组的定理，我们可以得到正整数 p, q 使得

$$u = p^2 - q^2, \ v^2 = 2pq, \ w^2 = p^2 + q^2$$

最后一个方程表明 $\langle p, q, w \rangle$ 是勾股数组，并且也是本原的，因为 p, q 的公共素因子将给出 u, v^2, w^2 的公共素因子。

再次由本原勾股数组公式，我们得到互素的正整数 s, t 使得

$$p = s^2 - t^2 \text{ 和 } q = 2st \text{ , 或者 } p = 2st \text{ 和 } q = s^2 - t^2$$

不管哪种情况，我们都有

$$v^2 = 2pq = 4st(s^2 - t^2) \text{ , 其中 } \gcd(s, t) = 1$$

由唯一素因子分解定理可得，s, t 和 $s^2 - t^2$ 都是平方数，即

$$s = a^2, \quad t = b^2, \quad s^2 - t^2 = a^4 - b^4 = c^2$$

现在，最后一个方程 $c^2 + b^4 = a^4$ 与方程（＊）的形式相同。并且，经过追溯，我们发现 $a \leqslant s < p < w$ 或 $a \leqslant s < q < w$。于是，从（＊）的任何正整数解 w 出发，我们可以找到一个更小的正整数解 a。这种"无穷递降"是不可能的，因此（＊）或 $x^4 + y^4 = z^4$ 不存在正整数解。　　　　　　　　□

将费马方程从数转向函数

将上述关于整数的证明转化为关于多项式的证明，可以得到一个重要的结论：曲线 $y^2 = 1 - x^4$ 不能被有理函数参数化。以下是论证概要。

如果 $y^2 = 1 - x^4$ 可以被有理函数参数化，假设函数为

$$x = \frac{p(t)}{q(t)}, \ y = \frac{r(t)}{s(t)} \text{ , 其中 } p(t), q(t), r(t), s(t) \text{ 是关于 } t \text{ 的多项式}$$

将它们代入方程 $y^2 = 1 - x^4$ 得到

$$\frac{p(t)^2}{q(t)^2} = 1 - \frac{r(t)^4}{s(t)^4}$$

接着两边同时乘以 $q(t)^4 s(t)^4$ 得到

$$p(t)^2 q(t)^2 s(t)^4 = q(t)^4 s(t)^4 - q(t)^4 r(t)^4$$

这意味着

$$u = p(t)q(t)s(t)^2, \ v = q(t)r(t), \ w = q(t)s(t)$$

是方程 $u^2 + v^4 = w^4$ 的一个多项式解。

雅各布·伯努利（1704）推测费马证明的 $u^2 + v^4 = w^4$ 没有整数解，这可能解释了为什么 $\sqrt{1 - x^4}$ 不能用一个 x 的有理函数替换来有理化，尽管他并没有弄清楚细节。现在要说明这一点并不困难，只需要证明 $u^2 + v^4 = w^4$ 没有多项式解。

斯泰芬（1585b）已经指出，针对多项式有一个欧几里得算法，它可以用来计算两个多项式的最大公因子。（有关这个欧几里得算法的更多信息，请参见第 7.5 节。）当时，还没有从欧几里得算法到唯一素因子分解的良好路径，但现在我们知道有这样一条路径（第 2.6 节），很容易用多项式重新追溯，并以之为基础继续研究勾股数组的结论。我们发现：

- 对任意多项式 $a(t)$ 和 $b(t)$，存在多项式 $m(t)$ 和 $n(t)$ 使得

$$\gcd(a(t), \ b(t)) = m(t)a(t) + n(t)b(t)$$

- 任何多项式都可以分解成**不可约**多项式（指不是更低次多项式的乘积的多项式），而且在相差非零常数因子的意义下，分解是唯一的。这是**唯一素因子分解**的多项式版本。

- 如果多项式 $a(t), b(t), c(t)$ 满足

$$a(t)^2 + b(t)^2 = c(t)^2$$

那么类似于第 7.1 节的论证，可以得到多项式 $p(t), q(t)$ 使得

$$a(t) = p(t)^2 - q(t)^2, \ b(t) = 2p(t)q(t), \ c(t) = p(t)^2 + q(t)^2$$

（此外，我们不再需要区分"偶"和"奇"，因为在分解时，差一个常数因子的多项式本质上是相同的，所以，我们可以把 $a(t)$ 和 $b(t)$ 的公式互换。）

有了这些基本结果，我们可以将费马的证明从整数转化为多项式，并证明曲线 $y^2 = 1 - x^4$（图 7.2）不存在有理函数参数化。由此得出，不存在有理函数替换 $x = a(t)$ 使积分 $\int \dfrac{\mathrm{d}x}{\sqrt{1-x^4}}$ 有理化。

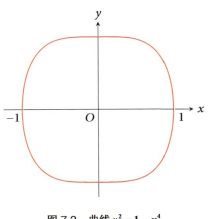

图 7.2　曲线 $y^2 = 1 - x^4$

7.4　数论中的几何与微积分

我们现在已经看到如何通过单位圆上的有理点来理解勾股数组，反过来又通过有理函数

$$x = \frac{1-t^2}{1+t^2},\, y = \frac{2t}{1+t^2} \qquad\qquad (*)$$

得到圆的参数化。此外，我们已经看到这些方程给出了一个变量替换，可以使关于 x 和 $\sqrt{1-x^2}$ 的有理函数的积分有理化。

了解圆函数 $x = \cos\theta, y = \sin\theta$ 参数化圆的读者或许想知道它与这个故事的关系。答案是参数 t 和 θ 通过等式 $t = \tan\dfrac{\theta}{2}$ 联系起来。这可以从用于得到方程（＊）的直线和圆的图中看出，见图 7.3。

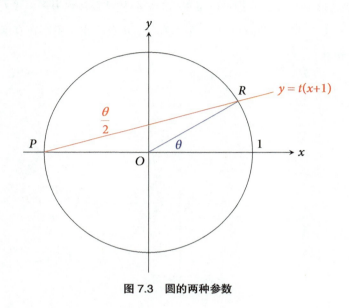

图 7.3　圆的两种参数

一方面，我们知道

$$R = \left\langle \frac{1 - t^2}{1 + t^2}, \ \frac{2t}{1 + t^2} \right\rangle$$

另一方面，根据正弦和余弦的定义，

$$R = \langle \cos\theta, \ \sin\theta \rangle$$

那么，根据基本的几何（等腰三角形、三角形的内角和为 π），我们发现角 OPR 为 $\dfrac{\theta}{2}$。因此，红色直线的斜率 t 是 $\tan\dfrac{\theta}{2}$。

虽然有理函数通常比超越函数（如正弦函数和余弦函数）更受欢迎，但当我们遇到无法由有理函数参数化的曲线（如 $y^2 = 1 - x^4$）时，后者是参数化的更好选择。为了了解如何处理这些曲线，我们回顾一下圆和圆函数在微积分中的作用。

圆和其他曲线的微积分

如果 $\mathscr{C}$ 是一条形如 $y^2 = p(x)$ 的曲线，这里的 $p(x)$ 是一个多项式，那么有一个令人惊讶的简单方法可以找到 $\mathscr{C}$ 的参数化函数对。此外，如果 $x = f(u)$，那么 $y = f'(u)$（f 的导数）。其想法是考虑积分

$$\int_0^x \frac{\mathrm{d}t}{\sqrt{p(T)}} \text{ 并称之为 } f^{-1}(x) = u$$

这样做之后，显然有 $x = f(u)$，而且有

$$\begin{aligned}
\frac{\mathrm{d}x}{\mathrm{d}u} &= 1 \Big/ \frac{\mathrm{d}u}{\mathrm{d}x} \\
&= 1 \Big/ \frac{1}{\sqrt{p(x)}} \quad \text{（根据微积分基本定理）} \\
&= \sqrt{p(x)} = y
\end{aligned}$$

对于单位圆 $x^2 + y^2 = 1$ 的情况，多项式 $p(x) = 1 - x^2$，定义函数 $f(u) = x$ 的积分是

$$u = f^{-1}(x) = \int_0^x \frac{\mathrm{d}t}{\sqrt{1 - t^2}}$$

通过替换 $x = \sin\theta$，很容易看到这个积分是 $\arcsin x$，所以 $u = f^{-1}(x) = \arcsin x$，于是 $x = \sin u$。最后，$y = \dfrac{\mathrm{d}x}{\mathrm{d}u} = \cos u$，于是我们得到参数化

$$x = \sin\theta, \quad y = \cos\theta$$

这与由圆函数给出的通常的参数化是相同的，只不过 x 和 y 进行了对换。

椭圆函数和椭圆曲线

上述参数化曲线 $y^2 = p(x)$ 的方法只能得到我们已知的圆 $y^2 = 1 - x^2$ 的参数化。该方法为曲线 $y^2 = 1 - x^4$ 提供了一些新的想法。我们知道这条曲线不存在有理函数参数化，所以函数 $x = f(u)$ 和 $y = f'(u)$ 可能是有趣的。

事实上，积分 $\int_0^x \dfrac{\mathrm{d}t}{\sqrt{1-t^4}} = f^{-1}(x) = u$ 是一个**椭圆积分**，正如第 6.9 节所提及的，函数 $f(u)$ 和 $f'(u)$ 被称为**椭圆函数**。事后来看，研究函数而不是其逆（积分）似乎是个好主意，因为研究正弦函数显然比研究反正弦积分更容易。然而，第一个关注椭圆函数而不是椭圆积分的数学家是高斯（大约在 1800 年，未发表），这是在法尼亚诺（Fagnano 1718）和欧拉（Euler，1751 年第一次看到法尼亚诺的成果）费力地得到椭圆积分的一些性质之后才发生的。椭圆函数的思想直到 19 世纪 20 年代才被发表，当时被阿贝尔（Abel）和雅可比（Jacobi）重新发现。

高斯发现积分

$$u = \mathrm{sl}^{-1}(x) = \int_0^x \frac{\mathrm{d}t}{\sqrt{1-t^4}}$$

的反函数 $\mathrm{sl}(u)$ 与正弦函数非常相似，以至于他称其为**双纽线正弦函数**。（你们可能还记得第 6.9 节中提到的双纽线，雅各布·伯努利发现它的弧长是积分 $\int_0^x \dfrac{\mathrm{d}t}{\sqrt{1-t^4}}$。）

特别是，双纽线正弦函数具有周期性：对于某个最小的数 ϖ，有 $\mathrm{sl}(u+\varpi) = \mathrm{sl}(u)$。高斯之所以选择字母 ϖ，是因为它是希腊字母 π 的变体。不仅如此，如果我们允许 u 是复数，那么 sl 有第二个周期 $\mathrm{i}\varpi$。我们知道，对于代数曲线，允许 x 和 y 为复数是很自然的，原因已经在第 5.5 节解释过了。

这种**双周期性**也适用于其他椭圆函数（但不适用于正弦函数和余弦函数，即使当我们允许它们为复变量时，它们仍然保持单周期）。这导致了对它们参数化的曲线的全新解释，称为**椭圆曲线**。[①]

例如，下面展示了如何用笛卡儿方程 $y^2 = 1-x^4$ 来看待曲线 $\mathscr{C}$。$\mathscr{C}$ 具有参数方程

---

① 这个术语的演变（从椭圆弧长到"椭圆积分"到"椭圆函数"再到"椭圆曲线"）有一个"不幸"的结果：椭圆不是椭圆曲线。任何椭圆都可以用有理函数或圆函数来参数化，就像它的特殊情况——圆一样。

$$x = \mathrm{sl}(u),\ y = \mathrm{sl}'(u)$$

所以 $\mathscr{C}$ 上的每一点 P 都由参数 u 的值确定。但是，对任意整数 m 和 n，由于 sl
（和 sl′）的周期性（具有相同周期），参数值 $u + m\varpi + ni\varpi$ 确定的是相同的点。

这样，$\mathscr{C}$ 上的每一点 P 对应于复平面 $\mathbb{C}$ 中的一个点集

$$\{u + m\varpi + ni\varpi : m,\ n \in \mathbb{Z}\}$$

我们可以从顶点为 $0,\ \varpi,\ i\varpi,\ (1+i)\varpi$ 的正方形中选择每个点集的一个代表元，在
这种情况下，除了边界上的点外，每个点 P 在正方形中只有一个代表元。左右两
边的点 $u,\ u + \varpi$ 表示 $\mathscr{C}$ 上的同一点，上下两边的点 $u,\ u + i\varpi$ 也表示 $\mathscr{C}$ 上的同一点，
因此，所有四个顶点 $0,\ \varpi,\ i\varpi,\ (1+i)\varpi$ 都表示同一点。在图 7.4 中，左图的正方形
是灰色的，左边和右边是蓝色，上边和下边是红色。

图 7.4　从正方形到环面

粗略地说（或从拓扑上讲，见第 10 章），复曲线 $\mathscr{C}$ 是将正方形的同色边粘贴
的结果，也就是所谓的**环面**。因此，寻找曲线上有理点的过程不仅涉及几何学和
微积分，而且涉及拓扑学。在下一小节中，我们将再谈椭圆曲线上有理点的几何。

椭圆曲线上的有理点

椭圆曲线包含许多三次曲线，其研究可追溯至丢番图，因此在发现它们与椭
圆函数的联系之前，人们对椭圆曲线已经有很多了解。特别是，人们知道如何利
用一个已知的有理点来找到新的有理点。

例如，假设 $p(x, y)$ 是一个有理系数三次多项式，$y = mx + c$ 是经过曲线 $p(x, y) = 0$

上两个有理点的直线。那么 m 和 c 也是有理数，并且直线与曲线相交，交点满足 $p(x, mx+c) = 0$，这是一个有理系数三次方程。因此，$p(x, mx+c)$ 分解为三个线性因子，其中两个对应于已知的有理点，第三个因子也必须是有理的，并对应于第三个有理点。综上所述：如果 $\mathscr{C}$ 是一条曲线，其方程 $p(x, y) = 0$ 是有理系数三次曲线，则经过 $\mathscr{C}$ 上两个有理点的直线将经过第三个有理点。

这一切都很好，但如果我们只知道 $\mathscr{C}$ 上的一个有理点呢？我们可以假装这个点是两个点来摆脱这种困境！也就是说，将已知的有理点 P 看作一对重合的点，那么经过这"对"点的直线就是点 P 处的切线。点 P 处的切线与 $\mathscr{C}$ 交于另一个有理点，我们在那里可以构造另一条切线，以此类推。随着更多的有理点被发现，我们也可以在它们之间画出割线，来寻找新的有理点。

值得注意的是，丢番图（见希思 1910：242）实际上使用了切线构造来寻找方程

$$y^2 = x^3 - 3x^2 + 3x + 1$$

的有理数解。他在这样做时，没有提到曲线、切线或明显的有理点 $\langle 0, 1 \rangle$，也几乎没有任何计算。实际上，他做了替换 $y = \frac{3}{2}x + 1$，大概是因为他预见到这会导致两边的 $3x+1$ 互相抵消，由此得到一个具有重根 $x = 0$ 的三次方程：

$$\frac{9}{4}x^2 + 3x + 1 = x^3 - 3x^2 + 3x + 1，\text{ 或 } 0 = x^3 - \frac{21}{4}x^2 = x^2\left(x - \frac{21}{4}\right)$$

重根对应有理点 $\langle 0, 1 \rangle$，计两次，而直线 $y = \frac{3}{2}x + 1$ 是此处的切线。这条切线与曲线的另一个交点在 $x = \frac{21}{4}$ 处，它是丢番图发现的有理点 $\langle \frac{21}{4}, \frac{71}{8} \rangle$。图 7.5 展示了曲线 $y^2 = x^3 - 3x^2 + 3x + 1$ 以及 $x = 0$ 处的切线。

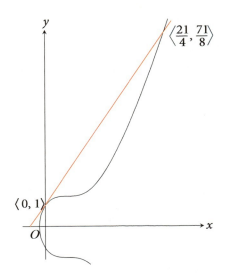

$$\left\langle \frac{21}{4}, \frac{71}{8} \right\rangle$$

$\langle 0, 1 \rangle$

图 7.5　三次曲线 $y^2 = x^3 - 3x^2 + 3x + 1$ 及切线

16 世纪末，邦贝利和韦达重新发现了丢番图的工作。在 17 世纪 30 年代，它引起了费马的注意。费马认识到丢番图的思想很接近几何学，并且牛顿（1670）将其解释为割线构造和切线构造。很久以后，人们发现直线和三次曲线 $\mathscr{C}$ 的几何与参数化 $\mathscr{C}$ 的椭圆函数完美协调。雅可比（1834）似乎是第一个注意到这一点的人，克莱布施（Clebsch 1864）使之变得更清晰：如果 $\mathscr{C}$ 上三点 P_1, P_2, P_3 共线，且 $[u_1]$, $[u_2]$, $[u_3]$ 是相应的参数值对应的点集，那么

$$[u_1] + [u_2] + [u_3] = [u_1 + u_2 + u_3] = [0]$$

7.5　高斯整数

1770 年前后，拉格朗日和欧拉在数论中发现了一个强大的新工具：**将代数数**用作一种新的"整数"。我们将在下一节看到欧拉（1770）给出的一个精彩例子。不过，最简单的例子还是高斯整数，它们是形如 $a + bi$ 的复数，其中 a, b 是普通整数，$i = \sqrt{-1}$。

高斯（1832）引入了这些数，与普通整数相比，它们是首先被严格研究的**代数整数**。特别是，高斯能够证明他的整数满足唯一素因子分解——这一性质对代数整数和普通整数都很有用。而且，正如我们已经看到的，对于普通整数（第2.6节）和多项式（第7.3节）来说，采用欧几里得算法保证了唯一素因子分解成立。

带余除法

第1.4节介绍了欧几里得使用的欧几里得算法，它是一个重复做减法的过程。这是描述它的最简单方式，事实上，这也是该算法应用于无理量（例如长度）的唯一方式。但对于整数来说，该过程也可以被描述为重复的**带余除法**，这是在某些其他整环（例如多项式和高斯整数）中有意义的唯一方式。

在普通整数中，带余除法有以下**除法性质**（通常被误称为"除法算法"）：如果 $a > b$ 是正整数，那么存在整数 q 和 r 使得

$$a = qb + r \text{，其中 } 0 \leqslant r < b$$

整数 q 被称为**商**，r 被称为**余数**。通过从 a 中重复地减去 b 得到一个自然数的递减序列，可以得到商和余数的存在性。通过归纳，这个序列在出现某个自然数 $r < b$ 时终止。

如果我们把 $|p|$ 理解为多项式 p 的次数，那么除法性质也适用于多项式。这归因于多项式除法运算的方式。将多项式 $a(x)$ 除以一个低次多项式 $b(x)$，就是将 $a(x)$ 不断减去 $b(x)$ 乘以 x 的幂的常数倍，直到剩下一个比 $b(x)$ 的次数低的多项式 $r(x)$。

例：$a(x) = x^3$ 除以 $b(x) = x + 1$。由于我们有

$$a(x) - x^2 b(x) = -x^2 \text{（去掉 } a(x) \text{ 中 } x \text{ 的最高次幂）}$$

$$a(x) - x^2 b(x) + x b(x) = x \text{（去掉 } x \text{ 的次高次幂）}$$

$$a(x) - x^2 b(x) + x b(x) - b(x) = -1 \text{（去掉 } x \text{ 的第三高次幂）}$$

因此 $a(x) = (x^2 - x + 1)b(x) - 1$，所以 $q(x) = x^2 - x + 1$，$r(x) = -1$。我们看到

$0 = |r(x)| < |b(x)| = 1$ 。

在下一小节中，我们将看到除法性质

$$a = qb + r，\text{其中} |r| < |b|$$

还可应用于满足 $|a| > |b| > 0$ 的高斯整数，其中 $|z|$ 表示复数 z 的**绝对值**。

复数的几何

在 18 世纪，人们逐渐意识到复数系 $\mathbb{C}$ 可以被看成一个平面，加法和乘法从而有了自然的几何解释。我们将在第 8 章对此进行更多的讨论。这个想法在高斯（1832）的数论中已经完全成熟，高斯整数的唯一素因子分解的证明就涉及这些几何。下面是高斯证明的一个更明晰的几何版本；几何主要应用于证明除法性质，而除法性质是欧几里得算法的基础。

加法很容易得到。如果 $u = u_1 + iu_2$，$v = v_1 + iv_2$，其中 u_1，u_2，v_1，v_2 是实数，那么可以将 u 和 v 分别视为平面上的点 $\langle u_1, u_2 \rangle$ 和 $\langle v_1, v_2 \rangle$。那么 $u + v$ 是以 O，u 和 v 为顶点的平行四边形的第四个顶点（图 7.6）。另外，$|u| = \sqrt{u_1^2 + u_2^2}$ 和 $|v| = \sqrt{v_1^2 + v_2^2}$ 分别是从 O 到 u 和从 O 到 v 的线段的长度。

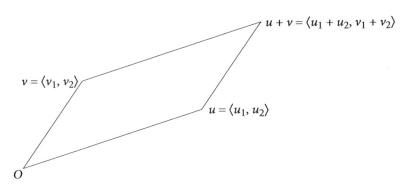

图 7.6　复数的加法

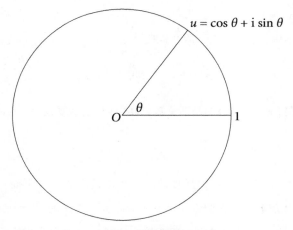

图 7.7　复数的辐角

要得到乘法，我们首先假设 $|u|=|v|=1$，此时，u 和 v 都在单位圆上，假设辐角分别是 θ 和 φ。那么 $u=\cos\theta+\mathrm{i}\sin\theta$，如图 7.7 所示，类似地，$v=\cos\varphi+\mathrm{i}\sin\varphi$。利用 $\mathrm{i}^2=-1$，通过普通代数得出它们的乘积是

$$
\begin{aligned}
uv &= (\cos\theta+\mathrm{i}\sin\theta)(\cos\varphi+\mathrm{i}\sin\varphi)\\
&= (\cos\theta\cos\varphi-\sin\theta\sin\varphi)+\mathrm{i}(\sin\theta\cos\varphi+\cos\theta\sin\varphi)\\
&= \cos(\theta+\varphi)+\mathrm{i}\sin(\theta+\varphi)
\end{aligned}
$$

上面公式的最后一行根据以下公式得出：

$$
\cos(\theta+\varphi)=\cos\theta\cos\varphi-\sin\theta\sin\varphi
$$
$$
\sin(\theta+\varphi)=\sin\theta\cos\varphi+\cos\theta\sin\varphi
$$

它至少可以追溯到公元 150 年前后托勒密（Ptolemy）的《天文学大成》（*Almagest*，见范·布鲁梅伦 2009）。因此，当 u, v 的绝对值为 1，幅角分别为 θ, φ 时，uv 的绝对值为 1，辐角为 $\theta+\varphi$。

更一般地来说，当 $|u|=r$，$|v|=s$ 时，我们有

$$
u=r(\cos\theta+\mathrm{i}\sin\theta), \quad v=s(\cos\varphi+\mathrm{i}\sin\varphi)
$$

以及 $uv=rs(\cos(\theta+\varphi)+\mathrm{i}\sin(\theta+\varphi))$。所以，要把复数相乘，就要把它们的长度乘

起来，再把它们的辐角加起来。

特别是，如果我们将 ℂ 中所有元素都乘以某个 $u \in ℂ$，那么平面 ℂ 放大 $|u|$ 倍，并且围绕 O 旋转了一个角度，这个角度是 u 的辐角。我们现在应用这个事实，来可视化某个非零高斯整数 b 乘以所有高斯整数 q 所得到的倍数 qb 的集合。在 $b = 3 + \mathrm{i}$ 的情况下，结果如图 7.8 所示。这些点是高斯整数，其中的黑点是 b 的倍数。

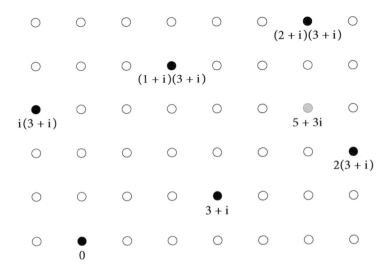

图 7.8　$5 + 3\mathrm{i}$ 附近的 $3 + \mathrm{i}$ 的倍数

高斯整数构成边长为 1 的正方形网格。因此，它们与 b 的乘积构成边长为 $|b|$ 的正方形网格，并且围绕 O 旋转了 b 的辐角。给定整数 a 和非零整数 b，在 b 的倍数网格中选择距离 a 最近的黑色顶点 qb，如果我们令

$$r = a - qp$$

那么我们有 $|r| < |b|$，这是因为，从几何上看，正方形中的点到最近顶点的距离小于正方形的边长。在 $a = 5 + 3\mathrm{i}$ 的例子中，最近的顶点是 $2(3 + \mathrm{i})$，$r = -1 + \mathrm{i}$，以及 $|r| = \sqrt{2} < \sqrt{10} = |b|$。于是得到了关键的**除法性质**：

存在 q 和 r 使得 $a = qb + r$，其中 $|r| < |b|$

正如我们所知，除法性质保证了欧几里得算法，这反过来又给出了素因子的性质和唯一素因子分解。我们现在需要阐明高斯整数中"素数"的概念和"唯一分解"的概念。

高斯素数

我们现在有了适用于证明高斯整数的唯一素因子分解的工具——除了高斯素数本身的定义。为此，我们从素数是"大于"1并且不能是"更小"整数的乘积的直觉开始，首先需要一个关于大小的度量。

我们可以将高斯整数 $a+ib$ 的大小表示为其绝对值

$$|a+ib| = \sqrt{a^2+b^2}$$

但最好使用绝对值的平方，即所谓的**范数**：

$$\mathrm{norm}(a+ib) = |a+ib|^2 = a^2+b^2$$

因此，范数是一个自然数，它允许我们将关于高斯整数的问题化约为关于自然数的问题，对于自然数，我们可以应用归纳法等原理。这些问题中最重要的是关于整除性的。

如果存在某个整数 v 使得 $w=uv$，那么我们称整数 u（普通整数或高斯整数）整除整数 w。关于整除性的关键结果如下。

范数的可乘性：*如果 $u=a+ib, v=c+id$ 为复数，那么 $|uv|=|u\|v|$。所以，如果 u, v 是高斯整数，那么 $\mathrm{norm}(uv)=\mathrm{norm}(u)\mathrm{norm}(v)$。*

证明：这一事实的证明是一个关于平方和的恒等式，丢番图[①]似乎知道这个恒等式，斐波那契（1225：23-28）证明了它：

$$(a^2+b^2)(c^2+d^2) = (ac-bd)^2 + (bc+ad)^2 \qquad (*)$$

[①] 他在《算术》第 3 卷的问题 19 的注解中提出，65 是两个平方数的和，因为 $65=5\times13$，而 5 和 13 都是两个平方数的和。正如在 4.2 节中提到的，斐波那契用了好几页来证明一般的恒等式，因为他用文字描述了他所有的代数运算。

通过展开等式两侧比较结果，可以验证恒等式成立，所以它对所有 $a, b, c, d \in \mathbb{R}$ 都成立。这表明

$$|u|^2|v|^2 = |uv|^2 \text{，因此} |u||v| = |uv|$$

当 $a, b, c, d \in \mathbb{Z}$ 时，这就是高斯整数的情况，我们可以看到（*）的左侧是 norm(u)norm(v)，右侧是 norm(uv)。　　　　　　　　　　　　□

推论：高斯整数 u 整除高斯整数 w，仅当 norm(u) 整除 norm(w)（在普通整数意义下）。

证明：如果 u 整除 w，那么存在某个高斯整数 v 使得 $w = uv$，于是由可乘性得到 norm(w) = norm(u)norm(v)，因此 norm(u) 在普通整数中整除 norm(v)。　　　□

这些关于范数的结论建立了普通整数与不同种类的**代数整数**（不仅是高斯整数，还有我们将在下一节中看到的其他代数整数）之间的联系。特别是它们蕴含了**素因子分解的存在性**：任何高斯整数都可以分解为高斯素数的乘积。

证明：如果 w 本身不是高斯素数，那么存在一些范数更小的高斯整数 u, v 使得 $w = uv$。类似地，如果 u 或 v 不是高斯素数，它会分解成范数更小的高斯整数因子的乘积。由于这些范数是自然数，它们不可能永远减小。因此，分解成因子乘积的过程必须终止，w 必然分解成高斯素数的乘积。　　　　　　　□

现在我们得到了素因子分解的存在性，我们可以运用上一节的除法性质来证明其唯一性。我们遵循通常的路径，即通过**素因子性质**来证明：

- 除法性质给出两个高斯整数 u, v 的最大公因子的欧几里得算法，这个因子在具有最大范数的意义下是"最大的"；
- 根据带余除法的性质，存在高斯整数 m 和 n，使得 $\gcd(u, v) = mu + nv$；
- 如果 p 是一个高斯素数，p 整除高斯整数的乘积 uv，那么 p 整除 u 或 p 整除 v；
- 最后，可以得出在相差范数为 1 的因子（它们被称为**单位**）的意义下，**高斯素因子分解是唯一的**。

最后的"不完全"唯一性是不可避免的，因为我们总是可以通过乘以单位 -1 、i 或 $-i$ 来改变因子分解，从而素因子分解也相应地改变。例如，$1+i$ 是高斯素数（因为其范数是 2，它不是两个更小范数的乘积），但 $1+i=i(1-i)$ 。因此，任何涉及 $1+i$ 的分解都可以用 $i(1-i)$ 重写。若素数之间仅相差一个单位因子，如 $1+i$ 和 $1-i$ ，则称这两个素数**相伴**。

等分圆

作为唯一高斯素因子分解的应用，我们回答下面的问题：我们能用有理点将单位圆等分吗？如果等分成 1 份、2 份或 4 份，则显然可以：使用有理点 $\langle 1, 0\rangle$、$\langle -1, 0\rangle$、$\langle 0, 1\rangle$ 和 $\langle 0, -1\rangle$ 即可。但除此之外，答案都是否定的，我们用"有理复数" $\frac{a}{c}+i\frac{b}{d}$ 表示有理点 $\langle \frac{a}{c}, \frac{b}{d}\rangle$ 来证明这一点。我从杰克·卡尔克特（Jack Calcut）那里学到了这个证明。

等分圆的无理性：*如果 $n \neq 1, 2, 4$ ，那么无法用有理点将单位圆 n 等分。*

证明：为了得到矛盾，假设单位圆可以被有理点 n 等分，其中 $n \neq 1, 2, 4$ 。我们可以不失一般性地假设其中一个点是 1；如果不是 1，设 u 是任意一个等分点，并将所有等分点全部乘以 u^{-1} 。这会把点 u 移动到 1，并将所有其他等分点（根据 u 的辐角）旋转到新的有理等分点，因为有理点的商是有理的。

现在 1 是等分点之一，且 $n \neq 1, 2, 4$ ，其他等分点 $v = \frac{a}{c}+i\frac{b}{d}$ 既不在实轴上也不在虚轴上，因此 $a, b, c, d \neq 0$ 。通过取一个公分母，我们可以假设 $v = \frac{a}{c}+i\frac{b}{c}$ 。由于这些点将单位圆分成 n 个相等的部分，我们也有

$$v = \cos\frac{2\pi m}{n} + i\sin\frac{2\pi m}{n} \text{ ，其中 } m \text{ 是满足 } 1 \leqslant m \leqslant n-1 \text{ 的整数。}$$

根据复数的几何，

$$1 = v^n = \left(\frac{a}{c}+i\frac{b}{c}\right)^n$$

因此 $(a+ib)^n = c^n$，其中 $a, b, c \neq 0$。

现在考虑 $a+ib$ 和 c 的高斯素因子分解。即使考虑单位因子，它们也不可能相同，因为 c 的辐角是 0，而 $a+ib$ 的辐角与 v 的辐角相同，因此不等于 $\frac{\pi}{2}$ 的任意倍数。于是 $(a+ib)^n$ 和 c^n 的高斯素因子分解在相差单位因子的意义下也不相同，这与高斯素因子分解的唯一性矛盾。　　　　　　　　　　　　　　　　　□

7.6　代数数论

用代数数回答普通整数的问题的想法，以及代数数可以"表现得像"普通整数的想法，最早来自欧拉（1770）。欧拉最著名的例子是证明 $x=5$, $y=3$ 是方程

$$y^3 = x^2 + 2$$

的唯一正整数解。丢番图在他的《算术》第 6 卷问题 17 中提到了这个方程和这个解。费马（1657）断言这是唯一的解。

欧拉（1770：400-402）通过将 x^2+2 分解为代数因子 $x+\sqrt{-2}$ 和 $x-\sqrt{-2}$ 的乘积，并将它们有效地视为"整数"，给出了费马断言的一个证明。他没有给出这个过程的合理解释，但这确实是合理的，因此我们先来看看欧拉的奇妙论证。理由可以等到下一小节再讲，我们在这里只需说明，它与前面对高斯整数的处理如出一辙。

$y^3 = x^2 + 2$ **的解**：$y^3 = x^2 + 2$ 的唯一正整数解是 $x=5$, $y=3$。

证明：假设正整数 x 和 y 满足

$$y^3 = x^2 + 2 = (x+\sqrt{-2})(x-\sqrt{-2})$$

再假设形如 $a+b\sqrt{-2}$（$a, b \in \mathbb{Z}$）的数表现得像普通整数，特别地，$\gcd(x+\sqrt{-2}, x-\sqrt{-2})=1$ 以及唯一素因子分解成立。

那么，由于 $(x+\sqrt{-2})(x-\sqrt{-2})$ 是一个立方数 y^3，因此 $x+\sqrt{-2}$ 和 $x-\sqrt{-2}$ 本身

都是立方数。因此存在 $a, b \in \mathbb{Z}$ ，使得

$$
\begin{aligned}
x + \sqrt{-2} &= (a + b\sqrt{-2})^3 \\
&= a^3 + 3a^2 b\sqrt{-2} + 3ab^2(-2) + b^3(-2\sqrt{-2}) \\
&= a^3 - 6ab^2 + (3a^2 b - 2b^3)\sqrt{-2}
\end{aligned}
$$

比较等式两边 $\sqrt{-2}$ 的系数（"虚部"），我们发现

$$
1 = b(3a^2 - 2b^2)
$$

由于 $\mathbb{Z}$ 中 1 的唯一因子是 ±1 ，我们必须有

$$
b = \pm 1 , \quad 3a^2 - 2b^2 = \pm 1 , \quad \text{因此 } a = \pm 1
$$

现在比较实部，我们得到 $x = a^3 - 6ab^2$ ，只有当 $a = -1$ 时， $x = a^3 - 6ab^2$ 才是正数。因此 $x = 5$ ，于是 $y = 3$ 。　　　　　　□

欧拉证明的合理性

基于处理高斯整数时的后知后觉，我们可以预见，关于数 $a + b\sqrt{-2}$ （其中 $a, b \in \mathbb{Z}$ ）的整除性的问题将在这些数的**范数**的帮助下得以澄清。确实，合适的范数还是绝对值的平方：

$$
\text{norm}(a + b\sqrt{-2}) = |\,a + b\sqrt{-2}\,|^2 = a^2 + 2b^2
$$

我们注意到，在证明高斯范数的可乘性时，我们实际上证明了对于任意复数 u, v 都有 $|uv| = |u||v|$ 。因此，正如之前一样，当 u, v 是形如 $a + b\sqrt{-2}$ 的数时，有

$$
\text{norm}(uv) = \text{norm}(u)\text{norm}(v)
$$

同样，可以得到 u 整除 w 仅当 $\text{norm}(u)$ 在普通整数中整除 $\text{norm}(w)$ 。

到目前为止，一切很好：形如 $a + b\sqrt{-2}$ 的数组成的集合，我们称之为 $\mathbb{Z}[\sqrt{-2}]$ ，它表现得类似于高斯整数集，我们称高斯整数集为 $\mathbb{Z}[\mathrm{i}]$ 。

对于 $\mathbb{Z}[\sqrt{-2}]$ 中的范数来说，第一项工作是证明

当 $x, y \in \mathbb{Z}$ 满足 $y^3 = x^2 + 2$ 时，$\gcd(x + \sqrt{-2}, x - \sqrt{-2}) = 1$

这实际上取决于 $y^3 = x^2 + 2$；对于其他 x 值，例如 $x = 0$，这是不成立的。但是如果 $y^3 = x^2 + 2$，那么 x 必须是奇数，因为若 x 是偶数，那么 y 是偶数，于是左式 $\equiv 0(\bmod 4)$，而右式 $\equiv 2(\bmod 4)$。因此 x 是奇数，$x + \sqrt{-2}$ 和 $x - \sqrt{-2}$ 的范数是奇数，所以它们的公因子的范数也是奇数。另外，$x + \sqrt{-2}$ 和 $x - \sqrt{-2}$ 的任何公因子整除它们的差 $2\sqrt{-2}$，而 $2\sqrt{-2}$ 的范数的因子是 1, 2, 4 和 8。因此，$x + \sqrt{-2}$ 和 $x - \sqrt{-2}$ 的任何公因子的范数为 1，证毕。

另一个需要证明的断言是很重要的，如下。

$\mathbb{Z}[\sqrt{-2}]$ 中的唯一素因子分解：$\mathbb{Z}[\sqrt{-2}]$ 中的每个元素都有素因子分解，在相差因子 ± 1 的意义下是唯一的。

证明：这相当于重写对于高斯整数 $\mathbb{Z}[i]$ 的证明，只需进行适当的改变。在 $\mathbb{Z}[\sqrt{-2}]$ 中，我们将**素数**定义为范数大于 1 的元素，并且它不是具有更小范数的元素的乘积。

与 $\mathbb{Z}[i]$ 一样，我们需要的一切都来自**除法性质**：对任何 $a, b \in \mathbb{Z}[\sqrt{-2}]$，其中 $b \neq 0$，存在 $q, r \in \mathbb{Z}[\sqrt{-2}]$ 使得

$$a = qb + r, \quad \text{其中} \ |r| < |b|$$

于是有一个几何上的设置可以让 q 和 r 的存在看得见。简言之：

- $\mathbb{Z}[\sqrt{-2}]$ 中的元素构成矩形网格，其中每个矩形的宽度为 1，高度为 $\sqrt{2}$；
- 当该网格乘以 b 时，得到 b 的倍数集合，结果和网格 $\mathbb{Z}[\sqrt{-2}]$ 类似，只不过被放大了 $|b|$ 倍，并且绕着 O 旋转了 b 的辐角。因此，放大后的网格中每个矩形的较短边为 $|b|$，较长边为 $\sqrt{2}|b|$；
- 任意元素 $a \in \mathbb{Z}[\sqrt{-2}]$ 落在 b 的倍数网格中的某个矩形中。我们设 qb 是这个矩形中距离 a 最近的一个顶点（可能不是唯一的），并且令 $r = a - qb$；
- 那么 $|r| =$ 点 a 与 qb 之间的距离（图 7.9）。

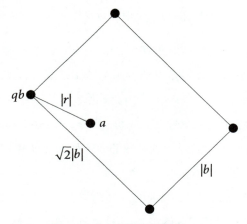

图 7.9　点 a 和最近的顶点 qb

如果我们将从 a 到 qb 的线段视为三角形的斜边，这个三角形的一边 $\leq \dfrac{|b|}{2}$，另一边 $\leq \dfrac{\sqrt{2}}{2}|b|$，那么勾股定理给出 $|r|^2 \leq \dfrac{3}{4}|b|^2$，因此 $|r| < |b|$。

这就证完了除法性质。正如我们所知，它蕴含着欧几里得算法、素因子性质和唯一素因子分解。此时，素因子分解在相差因子 ± 1 的意义下是唯一的，因为 $\mathbb{Z}[\sqrt{-2}]$ 中范数为 1 的元素只有 1 和 -1。　　　　　□

7.7　代数数域

在第 7.1 节中，我们看到模素数 p 的同余概念将 $\mathbb{Z}$ 划分为模 p 的同余类，它们构成了域 $\mathbb{Z}/p\mathbb{Z}$。要求 p 为素数的理由之一是逆的存在性，因为对每个 $a \not\equiv 0(\bmod\, p)$，由欧几里得算法可知，存在 m 使得 $ma \equiv 1(\bmod\, p)$。

在第 7.3 节和第 7.5 节中，我们还看到多项式具有 $\mathbb{Z}$ 的许多性质，例如"素数"（不可约多项式）的存在性和欧几里得算法。这表明我们可以进一步类比：对于每个不可约多项式 $p(x)$，以及模 $p(x)$ 的同余概念，我们应该发现同余类在明显的和与积运算下构成一个域。

到目前为止，我们对多项式中的系数还不明确。在前面的例子中，它们大多是整数，但它们也可能是实数甚至复数。对于本节的剩余部分，我们将假设系数是有理数或整数。

记号：具有有理系数的 x 的多项式构成一个环，称为 $\mathbb{Q}[x]$。具有整系数的 x 的多项式构成一个称为 $\mathbb{Z}[x]$ 的环。

定义：如果一个数 α 满足 $\mathbb{Z}[x]$ 中的一个多项式，那么称它为**代数数**。等价地，α 满足以下形式的多项式：

$$x^m + c_{m-1}x^{m-1} + \cdots + c_1 x + c_0，其中 c_0, c_1, \cdots, c_{m-1} \in \mathbb{Q}$$

这个多项式称为 $\mathbb{Q}[x]$ 中的**首一多项式**。α 满足 $\mathbb{Q}[x]$ 中的最小次数的首一多项式（这是唯一的——否则，考虑具有相同次数的两个首一多项式的差），称为 α 的**极小多项式**，其次数称为 α 的**次数**。

例如，$\sqrt{2}$ 满足多项式 $x^2 - 2$，又因为 $\sqrt{2}$ 是无理数，所以 $\sqrt{2}$ 不满足 $\mathbb{Q}[x]$ 中更低次数的多项式。这同时表明 $\sqrt{2}$ 的次数为 2，且 $x^2 - 2$ 在 $\mathbb{Q}[x]$ 中是不可约的，也就是说，它不是有理系数线性多项式的乘积。更一般地说，数 α 的极小多项式 $p(x)$ 都是不可约的，否则 α 将满足 $p(x)$ 的一个次数更低的因式。

现在我们已经做好了将 $\mathbb{Z}$ 中的模素数 p 的同余类比为 $\mathbb{Q}[x]$ 中模不可约多项式 $p(x)$ 的同余的准备。

定义：设 $p(x) \in \mathbb{Q}[x]$，$a(x), b(x) \in \mathbb{Q}[x]$，如果 $p(x)$ 整除 $a(x) - b(x)$，那么我们称 $a(x), b(x)$ **模** $p(x)$ **同余**，记为

$$a(x) \equiv b(x)(\bmod p(x))$$

$a(x)$ 的同余类 $[a(x)]$ 定义为

$$[a(x)] = \{b(x) \in \mathbb{Q}[x] : a(x) \equiv b(x)(\bmod p(x))\}$$

多亏了多项式的欧几里得算法，我们现在可以使用与 $\mathbb{Z}$ 中模 p 相同的论证（第 7.1 节）来证明：当 $p(x)$ 是不可约多项式时，$\mathbb{Q}[x]$ 中模 $p(x)$ 的同余类构成一个域，并且同余类的和与积定义为

$$[a(x)] + [b(x)] = [a(x) + b(x)],\ [a(x)][b(x)] = [a(x)b(x)]$$

这个同余类构成的域记为 $\mathbb{Q}[x]/p(x)\mathbb{Q}[x]$，称为**代数数域**。其中，类 $[x]$ 扮演的角色是其极小多项式为 $p(x)$ 的数 α。由于 $\mathbb{Q}[x]$ 中的元素都具有有理系数，因此，从某种意义上讲，我们用有理数刻画了数 α。然而，我们应该牢记 $[x]$ 同样很好地代表了方程 $p(x)=0$ 的任何其他根。

例如，在 $\mathbb{Q}[x]/(x^2-2)\mathbb{Q}[x]$ 中，类 $[x]$ 代表了 $\sqrt{2}$，但它也代表 $-\sqrt{2}$，因为 $-\sqrt{2}$ 也满足 $x^2-2=0$。因此，用有理数描述代数数 α，以及用域 $\mathbb{Q}[x]/p(x)\mathbb{Q}[x]$ 中的类 $[x]$ 描述 α，虽然很具体、友好且简单，但也有点儿含糊。

这种含糊的积极一面是，对于方程 $p(x)=0$ 的任意一根 α，我们可以计算关于 α 的有理表达式的值，例如 $(1-2\alpha)/(7+\alpha^3)$，这可通过在 $\mathbb{Q}[x]/p(x)\mathbb{Q}[x]$ 中计算 $(1-2[x])(7+[x]^3)^{-1}$ 得到。这主要是求多项式 $7+x^3$ 模 $p(x)$ 的逆的问题，这个问题可以用欧几里得算法来解决。

记号：对于一个不可约多项式 $p(x)$，代数数域 $\mathbb{Q}[x]/p(x)\mathbb{Q}[x]$ 也可以写为 $\mathbb{Q}(\alpha)$，其中 α 是方程 $p(x)$ 的任意一根。

例如，域 $\mathbb{Q}[x]/(x^2-2)\mathbb{Q}[x]$ 可以更简洁地写为 $\mathbb{Q}(\sqrt{2})$，或者 $\mathbb{Q}(-\sqrt{2})$。元素 $\sqrt{2}$ 和 $-\sqrt{2}$ 都对应于 $\mathbb{Q}[x]/(x^2-2)\mathbb{Q}[x]$ 中的元素 $[x]$。将 $\sqrt{2}$ 送到 $-\sqrt{2}$ 诱导出的 $\mathbb{Q}(\sqrt{2})$ 的映射是一个**自同构**：它是 $\mathbb{Q}(\sqrt{2})$ 映到自身的保持加法和乘法的一一映射。

代数数域 $\mathbb{Q}(\sqrt{2})$ 中的元素都形如 $c+d\sqrt{2}$，其中 $c, d \in \mathbb{Q}$。很容易看出，这种形式的数的和、差和积也具有相同的形式，对于商也是成立的，因为

$$\frac{1}{c+d\sqrt{2}} = \frac{1}{c+d\sqrt{2}} \cdot \frac{c-d\sqrt{2}}{c-d\sqrt{2}} = \frac{c-d\sqrt{2}}{c^2-2d^2} = \frac{c}{c^2-2d^2} - \frac{d}{c^2-2d^2}\sqrt{2}$$

所以

$$\mathbb{Q}(\sqrt{2}) = \{c+d\sqrt{2} : c, d \in \mathbb{Q}\}$$

是 $\mathbb{Q}$ 上的一个二维向量空间，基为 1 和 $\sqrt{2}$。或者回到同余类的描述，

$$\mathbb{Q}[x]/(x^2-2)\mathbb{Q}[x] = \{c[1]+d[x] : c, d \in \mathbb{Q}\}$$

是 $\mathbb{Q}$ 上的一个二维向量空间, 基为 $[1]$ 和 $[x]$。

这些结果是关于代数数域的一个一般定理的实例, 这个定理主要归功于戴德金 (1871)。

作为向量空间的代数数域: 如果 $p(x) \in \mathbb{Q}[x]$ 是 n 次不可约多项式, 那么 $\mathbb{Q}[x] / p(x)\mathbb{Q}[x]$ 是 $\mathbb{Q}$ 上的一个 n 维向量空间, 基为 $[1], [x], \cdots, [x]^{n-1}$。

证明: 由于 $\mathbb{Q}[x] / p(x)\mathbb{Q}[x]$ 中的每一个元素都是关于 $[x]$ 的有理系数多项式, 因此只需证明 $[x]$ 的每一个正整数指数幂都是 $[1], [x], \cdots, [x]^{n-1}$ 的一个有理系数线性组合。首先假设

$$p(x) = x^n + c_{n-1}x^{n-1} + \cdots + c_1 x + c_0 = 0 \text{ , 其中 } c_0, c_1, \cdots, c_{n-1} \in \mathbb{Q}$$

接着, 由于在 $\mathbb{Q}[x] / p(x)\mathbb{Q}[x]$ 中 $p([x]) = 0$, 我们有

$$[x]^n = -c_{n-1}[x]^{n-1} - \cdots - c_1[x] - c_0[1]$$

这表明 $[x]^n$ 是 $[1], [x], \cdots, [x]^{n-1}$ 的一个有理系数线性组合。将等式两边同时乘以 $[x]$, 我们得到

$$[x]^{n+1} = -c_{n-1}[x]^n - \cdots - c_1[x]^2 - c_0[x]$$

于是, 将右边的 $[x]^n$ 重新写成刚才得到的 $[1], [x], \cdots, [x]^{n-1}$ 的线性组合, 我们就得到了 $[x]^{n+1}$ 是 $[1], [x], \cdots, [x]^{n-1}$ 的一个有理系数线性组合。重复这个过程, 我们得到 $[x]$ 的每一个指数幂都是 $[1], [x], \cdots, [x]^{n-1}$ 的一个有理系数线性组合, 因此得到 $\mathbb{Q}[x] / p(x)\mathbb{Q}[x]$ 中的每一个元素都是 $[1], [x], \cdots, [x]^{n-1}$ 的一个有理系数线性组合。 $\square$

代数整数

戴德金对用于研究代数整数的代数数域感兴趣, 因为它们具有有限维数, 这使得在这些整数中可能有素因子的概念。所有代数整数组成的集合缺少素因子, 因为根据我们即将给出的代数整数的定义, 当 α 是一个代数整数时, $\sqrt{\alpha}$ 也是一个代数整数, 并且

$$\alpha = \sqrt{\alpha}\sqrt{\alpha}$$

是 α 的一个分解，所以 α 不是"素因子"。当我们将整数限制为 n 维代数数域 $\mathbb{F}$ 中的整数时，那么当 α 属于 $\mathbb{F}$ 时，$\sqrt{\alpha}$ 不一定属于 $\mathbb{F}$。

定义：一个**代数整数**是指满足以下形式的方程的数：

$$x^n + d_{n-1}x^{n-1} + \cdots + d_1 x + d_0 = 0，其中 d_0, d_1, \cdots, d_{n-1} \in \mathbb{Z}$$

代数数域 $\mathbb{F}$ 中的代数整数称为 $\mathbb{F}$ 中的整数。

代数整数包括了"看起来像"整数的数，例如高斯整数，实际上，它们是域 $\mathbb{Q}(\mathrm{i})$ 中的整数。同样，整数 $a + b\sqrt{-2}$（$a, b \in \mathbb{Z}$）是 $\mathbb{Q}(\sqrt{-2})$ 中的整数。然而，有些分数也是代数整数，例如 $\dfrac{-1+\sqrt{-3}}{2}$，它是 $x^3 - 1 = 0$ 的一个根。上述定义是得到代数整数具有的所有性质的最佳方式，例如环性质，以及取普通整数值的范数的存在性。接下来，通过我们对高斯整数和 $\mathbb{Q}(\sqrt{-2})$ 中的整数使用的关于递减范数的论证，可以证明每个代数整数都可以分解为"素因子"或"不可约因子"的乘积。不幸的是，也就仅此而已：素因子分解并不总是唯一。

7.8 环和理想

19 世纪 40 年代，库默尔（Kummer）在研究涉及方程 $x^n - 1 = 0$ 的虚数根的代数整数时，发现了代数整数的唯一素因子分解失效了。具体来说，他发现当 $n = 23$ 时，唯一素因子分解不成立。后来戴德金（1877b）在域 $\mathbb{Q}(\sqrt{-5})$ 的整数中指出了更简单的例子，域 $\mathbb{Q}(\sqrt{-5})$ 的整数恰好是由数 $a + b\sqrt{-5}$（$a, b \in \mathbb{Z}$）构成的环 $\mathbb{Z}[\sqrt{-5}]$。

在这些整数中，我们有整数 6 的两个分解：

$$6 = 2 \times 3 = (1 + \sqrt{-5})(1 - \sqrt{-5})$$

对于这些整数，$\mathrm{norm}(a + b\sqrt{-5}) = a^2 + 5b^2$，所以因子 2，3，$1 + \sqrt{-5}$，$1 - \sqrt{-5}$ 的范数

分别是 4, 9, 6, 6。这些范数都不是除 1 之外更小范数的乘积，所以 2, 3, $1+\sqrt{-5}$，$1-\sqrt{-5}$ 是"素因子"或"不可约因子"。另外，范数为 1 的数只有 ± 1，所以上面的"素因子"分解肯定是不同的。

库默尔拒绝接受唯一素因子分解的失效。他推测显然是"素因子"的代数整数可能被进一步分解为他所谓的理想数，这样就有唯一素因子分解成立。对于分解

$$6 = 2 \times 3 = (1+\sqrt{-5})(1-\sqrt{-5})$$

我们希望进一步将 2, 3, $1+\sqrt{-5}$，$1-\sqrt{-5}$ 分解成公共理想因子，就好比 $\gcd(2, 1+\sqrt{-5})$，先不管它们是什么。库默尔充分理解了理想数并成功地运用了它，但戴德金（1871）是第一个用他的**理想**概念向数学界解释清楚的人。

理想

在给出理想的一般定义之前，我们先来看看 $\mathbb{Z}$ 中的理想。在这个环中，每一个元素 c 都对应于 c 的倍数集合 $\mathbf{c} = \{nc : n \in \mathbb{Z}\}$。任何倍数集合 $\mathbf{c} \subseteq \mathbb{Z}$ 都具有以下性质：

- 如果 $u, v \in \mathbf{c}$，那么 $u+v \in \mathbf{c}$；
- 如果 $u \in \mathbf{c}$ 且 $n \in \mathbb{Z}$，那么 $nu \in \mathbf{c}$。

反之，具有这两个性质的集合 $\mathbf{c} \subseteq \mathbb{Z}$ 实际上是某个 $c \in \mathbb{Z}$ 的倍数集合。如果 $\mathbf{c} \neq \{0\}$，那么 c 是 $\mathbf{c}$ 中最小的正整数。这由带余除法得到：如果 $b \in \mathbf{c}$ 不是 c 的倍数，那么余数 $r = b - qc = b + (-1)qc$ 是 $\mathbf{c}$ 中比 c 更小的正整数，矛盾。

因此，在 $\mathbb{Z}$ 中，数 c 和具有上述两个性质的集合 $\mathbf{c}$ 之间存在一一对应。这种对应关系的一个重要情况是当 $\mathbf{c} = \{ma + nb : m, n \in \mathbb{Z}\}$（其中 $a, b \in \mathbb{Z}$）时。此时，$\mathbf{c}$ 是 $\gcd(a, b)$ 的倍数集合。显然，$\mathbf{c}$ 具有上述两个性质；同时，很明显 $\mathbf{c}$ 中的每一个元素都是 $\gcd(a, b)$ 的倍数，因为 a 和 b 是 $\gcd(a, b)$ 的倍数。最后，我们知道 $\gcd(a, b) \in \mathbf{c}$，因为存在 $m, n \in \mathbb{Z}$ 使得 $\gcd(a, b) = ma + nb$。

这些结果促成了戴德金对理想的定义，并给出了实现 $\gcd(2, 1+\sqrt{-5})$ 的建议。

定义：对于任意环 R，如果其子集 $\mathfrak{c}$ 满足以下条件，那么称 $\mathfrak{c}$ 为环 R 的一个**理想**。

- 如果 $u, v \in \mathfrak{c}$，那么 $u + v \in \mathfrak{c}$；
- 如果 $u \in \mathfrak{c}$ 且 $r \in R$，那么 $ru \in \mathfrak{c}$。

若存在 $c \in R$ 使得 $\mathfrak{c} = \{rc : r \in R\}$，则理想 $\mathfrak{c} \subseteq R$ 被称为一个**主理想**。在这种情况下，我们记 $\mathfrak{c} = (c)$。

理想的两个定义性质可称为封闭性质：$\mathfrak{c}$ 在加法下是封闭的，$\mathfrak{c}$ 在与 R 的元素的乘法下是封闭的。

在 $\mathbb{Z}$ 中，每个理想都是一个主理想。这只是重申了我们前面证明的数 $c \in \mathbb{Z}$ 与集合 $\mathfrak{c}$ 之间的对应关系。但是在环 $\mathbb{Z}[\sqrt{-5}] = \{a + b\sqrt{-5} : a, b \in \mathbb{Z}\}$ 中，还有很多非主理想。例如，

$$\mathfrak{d} = \{2m + (1 + \sqrt{-5})n : m, n \in \mathbb{Z}[\sqrt{-5}]\}$$

$$\text{恰好等于 } \mathfrak{d} = \{2m + (1 + \sqrt{-5})n : m, n \in \mathbb{Z}\}$$

这个集合具有封闭性质，它应该就是 $\gcd(2, 1 + \sqrt{-5})$，与上面 $\mathbb{Z}$ 中的主理想 $(\gcd(a, b))$ 类似。然而，$\mathfrak{d}$ 并不是一个主理想，我们可以从图 7.10 中看出来。

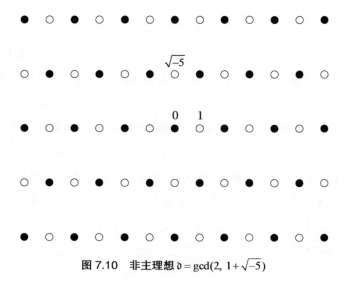

图 7.10　非主理想 $\mathfrak{d} = \gcd(2, 1 + \sqrt{-5})$

在这幅图中，黑点和白点是 $\mathbb{Z}[\sqrt{-5}]$ 中的元素，黑点是理想 $\mathfrak{d}$ 中的元素。$\mathbb{Z}[\sqrt{-5}]$ 中的元素构成一个矩形网格，其中每个矩形的宽为 1、高为 $\sqrt{5}$。任何主理想，作为某个 $c \in \mathbb{Z}[\sqrt{-5}]$ 的倍数集合，将构成一个矩形网格，其中每个矩形的宽为 $|c|$、高为 $\sqrt{5}|c|$。但很明显，黑点根本就不构成矩形，因此理想 $\mathfrak{d}$ 不是主理想。

这反映了一个事实，即 2 和 $1+\sqrt{-5}$ 的"合适"的最大公因子不在 $\mathbb{Z}[\sqrt{-5}]$ 中。它们的最大公因子是一个我们看不见的"理想数"，但我们可以看到它的"倍数"集合，这些"倍数"构成了理想 $\mathfrak{d}$。这促使概念从 $\mathbb{Z}[\sqrt{-5}]$ 中的元素转变到 $\mathbb{Z}[\sqrt{-5}]$ 的某些无限子集（理想）上来。作为这一转变的一部分，我们用对应的主理想 (m) 代替元素 m。

理想的乘积和因子

由于理想的目的是将没有真因子的数（如 $\mathbb{Z}[\sqrt{-5}]$ 中的 2）分解为理想因子的乘积，因此我们需要理想乘积的概念。这是由戴德金（1871）提出的。

定义：如果 $\mathfrak{a}$ 和 $\mathfrak{b}$ 是环 R 的理想，那么

$$\mathfrak{a}\mathfrak{b} = \{a_1 b_1 + \cdots + a_n b_n : a_1, \cdots, a_n \in \mathfrak{a}, \ b_1, \cdots, b_n \in \mathfrak{b}\}$$

叫作理想 $\mathfrak{a}$ 与 $\mathfrak{b}$ 的**乘积**。

很容易验证 $\mathfrak{a}\mathfrak{b}$ 是 R 的一个理想。在加法下的封闭性是显而易见的，这要归功于定义中任意有限和的存在性，并且在与 R 的元素的乘法下的封闭性也成立，这是因为 $\mathfrak{a}, \mathfrak{b}$ 都是理想。当我们用对应的主理想替换元素 $u, v \in R$ 时，这个定义也与 u, v 的乘积相容。也就是说，

$$(u)(v) = (uv)$$

这是因为

$$(u) = \{ru : r \in R\}, \ (v) = \{sv : s \in R\}$$

因此，根据理想乘积的定义，

$$(u)(v) = \{r_1 u s_1 v + \cdots + r_n u s_n v : r_1,\, s_1 \cdots,\, r_n,\, s_n \in R\}$$
$$= \{(r_1 s_1 + \cdots + r_n s_n)uv : r_1,\, s_1 \cdots,\, r_n,\, s_n \in R\}$$
$$= \{ruv : r \in R\}$$
$$= (uv)$$

不过，当然我们对非主理想的乘积更感兴趣，就像上一小节中我们希望其成为 $\gcd(2,\, 1+\sqrt{-5})$ 的理想：

$$\mathfrak{d} = \{2m + (1+\sqrt{-5})n : m,\, n \in \mathbb{Z}\}$$

但愿 $\mathfrak{d}$ 是主理想 (2) 的一个因子，而实际上 $\mathfrak{d}^2 = (2)$，验证如下。

首先，注意到 $\mathfrak{d}^2$ 中的每个元素都是 2 的倍数，因为

$$[2m_1 + (1+\sqrt{-5})n_1][2m_2 + (1+\sqrt{-5})n_2]$$
$$= 4m_1 m_2 + 2(m_2 n_1 + m_1 n_2)(1+\sqrt{-5}) + 2n_1 n_2(-2+\sqrt{-5})$$

反之，$\mathfrak{d}^2$ 包含 2 的所有倍数，这是因为

$$\mathfrak{d} \text{ 包含 } 2,\, 1+\sqrt{-5}\text{，因此也包含它们的差}$$
$$2 - (1+\sqrt{-5}) = 1-\sqrt{-5}$$

所以 $\mathfrak{d}^2$ 包含 $4 = 2 \times 2$，$6 = (1+\sqrt{-5})(1-\sqrt{-5})$，由于 $\mathfrak{d}^2$ 是一个理想，因此也包含 $6 - 4 = 2$，以及所有 2 的倍数。

$$\text{所以 } (2) = \mathfrak{d}^2 \text{ 是 } \mathbb{Z}[\sqrt{-5}] \text{ 中 2 的一个理想因子分解。}$$

这完成了协调 $\mathbb{Z}[\sqrt{-5}]$ 中 6 的两个分解的第一步：$6 = 2 \times 3 = (1+\sqrt{-5})(1-\sqrt{-5})$。观察到 2 和 $1+\sqrt{-5}$ 的预期最大公因子 $\mathfrak{d} = \{2m + (1+\sqrt{-5})n : m,\, n \in \mathbb{Z}\}$，我们把因子 2 分解为 $\mathfrak{d}^2$。

现在我们还要考虑

$$\bar{\mathfrak{d}} = \{2m + (1+\sqrt{-5})n : m,\, n \in \mathbb{Z}\} \quad (\text{2 和 } 1-\sqrt{-5} \text{ 的预期最大公因子})$$
$$\mathfrak{e} = \{3m + (1+\sqrt{-5})n : m,\, n \in \mathbb{Z}\} \quad (\text{3 和 } 1+\sqrt{-5} \text{ 的预期最大公因子})$$
$$\bar{\mathfrak{e}} = \{3m + (1-\sqrt{-5})n : m,\, n \in \mathbb{Z}\} \quad (\text{3 和 } 1-\sqrt{-5} \text{ 的预期最大公因子})$$

实际上 $\bar{\mathfrak{d}}=\mathfrak{d}$，因为我们已经注意到 $1-\sqrt{-5}\in\mathfrak{d}$。至于其余两个，通过做类似 $\mathfrak{d}^2$ 的计算，可以得到

$$\mathfrak{e}\bar{\mathfrak{e}}=(3), \quad \mathfrak{d}\mathfrak{e}=(1+\sqrt{-5}), \quad \mathfrak{d}\bar{\mathfrak{e}}=(1-\sqrt{-5})$$

因此

$$\mathfrak{d}^2\mathfrak{e}\bar{\mathfrak{e}}=(2)(3)=(1+\sqrt{-5})(1-\sqrt{-5})=\mathfrak{d}\mathfrak{e}\mathfrak{d}\bar{\mathfrak{e}}$$

换句话说，6 的两个因子分解 2×3 和 $(1+\sqrt{-5})(1-\sqrt{-5})$ 都分解为相同的理想因子分解 $\mathfrak{d}^2\mathfrak{e}\bar{\mathfrak{e}}$。此外，因子 $\mathfrak{d}, \mathfrak{e}$ 和 $\bar{\mathfrak{e}}$ 都是素理想，我们将在下一节中看到这一点。

7.9　整除和素理想

乘积理想 $\mathfrak{a}\mathfrak{b}$ 的理想因子 $\mathfrak{a}$ 和 $\mathfrak{b}$ 自然被认为整除 $\mathfrak{a}\mathfrak{b}$，它们也都包含 $\mathfrak{a}\mathfrak{b}$，因为每一项 a_ib_i 既属于 $\mathfrak{a}$ 也属于 $\mathfrak{b}$，因此，这些项的和也属于 $\mathfrak{a}$ 和 $\mathfrak{b}$。戴德金（1871）实际上使用包含作为整除的定义。

定义：若 $\mathfrak{a}\supseteq\mathfrak{b}$，则称理想 $\mathfrak{a}$ **整除**理想 $\mathfrak{b}$。

"包含即整除"的观点为我们提供了一种新的视角来看待一些关于整除的熟悉事实，例如：

- 整个环 R，也是主理想 (1)，包含 R 中的任意理想 $\mathfrak{a}$，因此 (1) 可以整除 $\mathfrak{a}$（理应如此，因为 1 能整除一切）；
- 理想 $\mathfrak{a}$ 和 $\mathfrak{b}$ 的最大公因子既包含 $\mathfrak{a}$ 又包含 $\mathfrak{b}$，还包含在任何既包含 $\mathfrak{a}$ 又包含 $\mathfrak{b}$ 的理想 $\mathfrak{c}$ 中。因此，从包含的观点来看，$\gcd(\mathfrak{a}, \mathfrak{b})$ 是既包含 $\mathfrak{a}$ 又包含 $\mathfrak{b}$ 的最小理想。容易看出，这个最小理想是 $\{ma+nb:a\in\mathfrak{a}, b\in\mathfrak{b}, m, n\in R\}$。

当包含成为基本概念时，**极大理想**就冒出来了。

定义：设 $\mathfrak{a}$ 是环 R 的理想，如果 $\mathfrak{a}\neq R$ 并且包含 $\mathfrak{a}$ 的理想只有 $R=(1)$ 和 $\mathfrak{a}$ 本身，那么称 $\mathfrak{a}$ 为一个**极大理想**。

因为"包含"意味着"整除"，所以这个定义看起来很像"素数"的定义。实际上，最好以素因子性质为模型，给出稍微宽泛一点儿的**素理想**的定义。

定义：如果理想 $\mathfrak{p}$ 整除理想的乘积 $\mathfrak{ab}$ 能推出 $\mathfrak{p}$ 整除 $\mathfrak{a}$ 或 $\mathfrak{p}$ 整除 $\mathfrak{b}$，那么称理想 $\mathfrak{p}$ 是一个**素理想**。

我们可以借助第 2.6 节中证明 $\mathbb{Z}$ 的素因子性质的思路来证明极大理想一定是素理想。

极大理想是素理想：如果 $\mathfrak{p}$ 是极大理想，那么 $\mathfrak{p}$ 是素理想。

证明：令 $\mathfrak{p}$ 是一个极大理想，设 $\mathfrak{p}$ 整除（包含）$\mathfrak{ab}$，但 $\mathfrak{p}$ 不整除（不包含）$\mathfrak{a}$。则存在 $a \in \mathfrak{a}$ 使得 $a \notin \mathfrak{p}$。

因为 $\mathfrak{p}$ 是极大理想，任何包含 a 和 $\mathfrak{p}$ 的理想都是整个环 R。特别是，理想 $\{ma + p : m \in R, p \in \mathfrak{p}\} = R$，因此

$$存在\ m \in R\ 和\ p \in \mathfrak{p}\ 使得\ 1 = ma + p$$

接着两边同乘以任意的 $b \in \mathfrak{b}$，得到

$$b = mab + pb$$

但是 $ab \in \mathfrak{p}$，因为 $\mathfrak{p} \supseteq \mathfrak{ab}$，所以 $b = mab + pb \in \mathfrak{p}$。因为 b 是 $\mathfrak{b}$ 中的任意元素，这说明 $\mathfrak{p}$ 包含（整除）$\mathfrak{b}$，所以 $\mathfrak{p}$ 是素理想。 □

有了这些定义和事实，我们现在可以证明上一节中得到的 6 的理想因子 $\mathfrak{d}$，$\mathfrak{e}$ 和 $\bar{\mathfrak{e}}$ 是素理想。事实上，它们都是极大理想。对于 $\mathfrak{d}$ 来说，这一点最明显，其图示（图 7.10）清晰地表明，不在 $\mathfrak{d}$ 中的任何元素 $r \in \mathbb{Z}[\sqrt{-5}]$ 与 $\mathfrak{d}$ 中的某个元素相差 1。因此，包含 r 和 $\mathfrak{d}$ 的任何理想就是整个环。对于 $\mathfrak{e}$ 和 $\bar{\mathfrak{e}}$ 来说，论证也是类似的。

因此，我们通过一个共同的素理想分解 $\mathfrak{d}^2 \mathfrak{e}\bar{\mathfrak{e}}$ 最终协调了 $\mathbb{Z}[\sqrt{-5}]$ 中两种不同的分解 $6 = 2 \times 3 = (1 + \sqrt{-5})(1 - \sqrt{-5})$。另一个问题是，证明这样的素理想分解是唯一的，这个问题同样也被戴德金（1871）解决了。这需要更深入的研究，我们这里没地方写了。

商环

区分环 R 中的极大理想和素理想的一种优雅方法是考虑 R 模一个理想的商，它推广了 $\mathbb{Z}$ 模一个理想 $n\mathbb{Z}$ 的商，将模 n 同余一般化。

定义：设 $\mathfrak{c}$ 是环 R 的理想，如果 $a - b \in \mathfrak{c}$，那么元素 $a, b \in R$ 称为**模 $\mathfrak{c}$ 同余**，记作 $a \equiv b (\mathrm{mod}\, \mathfrak{c})$，即存在某个 $c \in \mathfrak{c}$ 使得 $a = b + c$。与 a（模 $\mathfrak{c}$）同余的元素集合 $\{a + c : c \in \mathfrak{c}\}$ 记作 $[a]$，称为 a（模 $\mathfrak{c}$）的**同余类**。同余类按以下法则相加和相乘：

$$[a] + [b] = [a+b], \; [a][b] = [ab]$$

最后，模 $\mathfrak{c}$ 同余类构成的环用 $R/\mathfrak{c}$ 表示，称为 R 模 $\mathfrak{c}$ 的**商**。

由上一节中理想的定义可知，模 $\mathfrak{c}$ 同余是一个等价关系，等价类的和与积是良定的。例如，如果 $a = a'(\mathrm{mod}\, \mathfrak{c})$，那么存在某个 $c' \in \mathfrak{c}$ 使得 $a' = a + c'$，于是

$$
\begin{aligned}
[a'] + [b] = [a' + b] &= [a + c' + b] \\
&= \{a + b + c + c' : c \in \mathfrak{c}\} \\
&= \{a + b + c : c \in \mathfrak{c}\} \quad (\text{因为 } \mathfrak{c} \text{ 在加法下封闭}) \\
&= [a + b] = [a] + [b]
\end{aligned}
$$

这给出了 $R/\mathfrak{c}$ 上一个良定的商结构，因为继承了 R 的环性质（就像 $\mathbb{Z}/n\mathbb{Z}$ 继承了 $\mathbb{Z}$ 的环性质），所以 $R/\mathfrak{c}$ 是一个环。

根据 $R/\mathfrak{c}$ 的定义，以下定理给出了极大理想和素理想的区别。

环模理想的商：*如果 $\mathfrak{c}$ 是环 R 的一个理想，那么*

- *如果 $\mathfrak{c}$ 是极大理想，那么 $R/\mathfrak{c}$ 是一个域；*
- *如果 $\mathfrak{c}$ 是素理想，那么 $R/\mathfrak{c}$ 是一个**整环**，即其中非零元素的乘积不为零。*

显然，有些整环不是域，比如 $\mathbb{Z}$。然而，我们很容易证明任何有限整环都是域，并且我们在上面看到的素理想确实给出了有限商，这解释了为什么它们是极大理想。例如，$\mathbb{Z}[\sqrt{-5}]$ 的理想 $\mathfrak{d}$ 有两个同余类（图 7.10 中的黑点集和白点集），而理想 $\mathfrak{e}$ 有三个同余类。

7.10 附注

但愿本章已经表明，到 19 世纪末，数论已经触及、影响并联系了数学的几个领域：代数、几何和分析。到了 20 世纪初，数论的范围已经非常大，以至于数论的不同子领域开始在某种程度上独立发展。我们将在后面的章节中简要回顾其中的一些子领域，但这样一本书不可能跟上 20 世纪的所有发展。因而，这里就其中某些话题做一些简短的评论。

归纳法简史

归纳法原理，通常被称为"完全"归纳法或"数学"归纳法，以区别于从少数例子中得出普遍结论的不那么严密的归纳法概念。归纳法原理自古以来就存在于数学中。它以几种逻辑上等价的形式出现。

- 不存在无穷递降的自然数数列。这种形式也被称为"无穷递降"，出现在欧几里得的著作中，如第 2.6 节所述。费马将它发扬光大，他使用更复杂的无穷递降方法来证明一些定理，比如我们在第 7.3 节看到的费马最后定理的特殊情况。

- 归纳奠基步和归纳推理步。这种形式通过证明 $P(0)$（"归纳奠基"）和 $P(n) \Rightarrow P(n+1)$（"归纳推理"）来证明自然数的某个性质 $P(n)$。它的雏形出现在莱维·本·热尔松（Levi ben Gerson）的著作中（1321），其成熟形式出现在帕斯卡的著作（1654）中，用于证明二项式系数的性质。格拉斯曼（1861）认识到归纳法是得出自然数的简单性质（好比 $m+n=n+m$）的基础，而皮亚诺（Peano 1888）将其奉为**归纳法公理**（第 13.1 节）。

- $\mathbb{N}$ 的良序性。无穷递降的一个复杂变体表明 $\mathbb{N}$ 在 < 关系下是**良序**的，这意味着由 < 得到的线性序具有另外的性质，即 $\mathbb{N}$ 的每个子集都有最小元。康托尔（Cantor 1883）推测每一个集合都有一个良序。这个猜想意味着归纳法可以推广为所谓的**超穷归纳法**，它允许任意无限集在某种程度上像 $\mathbb{N}$ 一样被处理（第 14 章）。

在 20 世纪，代数学家利用超穷归纳法证明了任意向量空间的基的存在性（哈梅尔，Hamel 1905）和环的极大理想的存在性（克鲁尔，Krull 1929），奠定了近世代数和代数几何的新基础（格罗滕迪克，Grothendieck 1957）。

现代代数几何

代数几何是由戴德金和韦伯（Weber）革新的，他们在 1882 年将代数曲线理论重新设想为**代数函数**理论。他们的想法是以有理数域上的有限次代数数域为模型，研究有理函数域上的有限次代数函数域，并继承代数整数和理想的思想。

这样的类比始于多项式函数作为整数的类比以及有理函数作为有理数的类比。因此，代数函数 $y(x)$ 满足方程

$$y^n + a_{n-1}(x)y^{n-1} + \cdots + a_1(x)y + a_0(x) = 0 \qquad (\,*\,)$$

其中 $a_0(x), a_1(x), \cdots, a_{n-1}(x)$ 是 x 的有理函数（多项式函数的商）。如果（ $*$ ）是 y 满足的次数最小的方程，则称函数 y 的次数为 n，此时，y 生成了有理函数域上的一个 n 维**代数函数域**。

从这样的域 $\mathscr{F}$ 出发，戴德金和韦伯能够取出一条曲线 $\mathscr{C}$，并且 $\mathscr{F}$ 也能够让他们定义 $\mathscr{C}$ 的各种性质，比如它的**亏格**，这个数最初由阿贝尔（1826）在积分学中定义，后来由黎曼（1851，1857）用拓扑重新解释。我们将在第 10 章探讨黎曼的亏格观点背后的直觉。

黎曼的论证有着惊人的洞察力，尽管它们基于几何学和物理学的直觉。同样令人震惊的是，戴德金和韦伯能够用代数方法对源于数论的阿贝尔和黎曼的关键定理给出严格的证明。这种代数几何方法在 20 世纪蓬勃发展，数论、代数和代数几何的发展更加密切。20 世纪的代数几何对于本书来说太复杂了，但请注意，它对证明费马最后定理至关重要，而费马最后定理最终是由怀尔斯（Wiles）于 1995 年证明的。

解析数论

在第 7.4 节中，我们看到积分学中代数函数的"有理化"与在代数曲线上

寻找有理点的问题有关，从而使数论能够影响分析学。相反，分析学也影响着数论。从椭圆积分引出的椭圆函数在雅可比（1829）的《椭圆函数基本新理论》（*Fundamenta nova theoriae functionum ellipticarum*）中产生了非常丰富的公式，其中许多公式在数论中产生了影响。在书的最后一页，雅可比得意扬扬地展示了一个公式，他在最后一句话中指出，这个公式的推论是费马的一个著名猜想，即每个自然数都是四个平方数之和。

19 世纪后期，人们发现了分析学在数论中的许多其他应用。我们将集中讨论一些推广了欧几里得定理（素数有无穷多个）的话题。

分析学在素数理论中的应用始于欧拉（1748）发现的**乘积公式**：

$$\frac{1}{1-\frac{1}{2^s}} \cdot \frac{1}{1-\frac{1}{3^s}} \cdot \frac{1}{1-\frac{1}{5^s}} \cdot \frac{1}{1-\frac{1}{7^s}} \cdot \frac{1}{1-\frac{1}{11^s}} \cdots = 1 + \frac{1}{2^s} + \frac{1}{3^s} + \frac{1}{4^s} + \cdots$$

等式左边是所有项 $\dfrac{1}{1-\dfrac{1}{p^s}}$ 的乘积，其中 p 是素数，等式右边是所有项 $\dfrac{1}{n^s}$ 的和，其中 s 是整数。我们需要 $s > 1$ 使右边的级数收敛，在这种情况下，这个级数的和称为 ζ **函数**——$\zeta(s)$。

乘积公式的证明是几何级数和唯一素因子分解的一个简单应用。由于 $|\dfrac{1}{p^s}| < 1$，乘积中的每一项都有展开式

$$\frac{1}{1-\frac{1}{p^s}} = 1 + \frac{1}{p^s} + \frac{1}{p^{2s}} + \frac{1}{p^{3s}} + \cdots$$

因此所有这些几何级数的乘积是 1 加上

$$\frac{1}{(p_1^{m_1} p_2^{m_2} \cdots p_k^{m_k})^s}$$

这些项的和，其中 $p_1, p_2, \cdots, p_k$ 是素数。此外，素数的每个不同的积 $p_1^{m_1} p_2^{m_2} \cdots p_k^{m_k}$ 恰好出现一次。根据唯一素因子分解定理，项 $\dfrac{1}{(p_1^{m_1} p_2^{m_2} \cdots p_k^{m_k})^s}$ 正好是等式右边的

项 $\dfrac{1}{n^s}$，因为每个 $n>1$ 都有唯一素因子分解

$$n = p_1^{m_1} p_2^{m_2} \cdots p_k^{m_k}$$

通过反证法，乘积公式给出了存在无穷多个素数的一个新的证明。为了得到矛盾，假设素数只有有限个：2, 3, 5, $\cdots$, p。那么乘积公式的等式左边是一个有限乘积，当 $s=1$ 时，它是有意义的。但是根据我们在第 6.2 节得到的调和级数发散，当 $s=1$ 时，等式右边没有意义。因此我们得出矛盾，所以存在无穷多个素数。

虽然这个证明很新颖，但它并没有给出比欧几里得更强的结果。欧拉（1748）在更强的意义下证明了素数的无穷性，他证明素数的倒数之和是发散的。例如，这表明素数比平方数"更密"，因为平方数的倒数之和是

$$1 + \frac{1}{2^2} + \frac{1}{3^2} + \frac{1}{4^2} + \cdots = \frac{\pi^2}{6}$$

正如欧拉本人在 1734 年发现的那样（第 6.4 节）。

大约在 1800 年，勒让德（Legendre）和高斯对素数的密度做了一个更精确的陈述，他们借助数值证据猜测小于 n 的素数的数量"与 $\dfrac{n}{\ln n}$ 同阶"。这意味着，如果小于 n 的素数的实际个数是 $\pi(n)$，那么在 n 趋于无穷时，$\pi(n)$ 与 $\dfrac{n}{\ln n}$ 的比值趋于 1。当黎曼（1859）把这个猜想与 ζ 函数 $\zeta(s)$（他将 s 拓展为复值）的性质联系起来时，这个猜想（现在被称为**素数定理**）的证明向前迈出了重大一步。

素数定理最终被阿达马（Hadamard 1896）和德拉瓦莱·普桑（de la Vallée Poussin 1896）证明。他们都使用复分析来证明当 $s = 1 + it$（$t>0$）时，$\zeta(s) \neq 0$。这个性质足以证明素数定理，但它比黎曼假设要弱。黎曼假设是说只有当 s 的实部等于 $\dfrac{1}{2}$ 时才有 $\zeta(s)=0$（除了一些所谓的平凡零点）。**黎曼假设**蕴含了关于素数的更强的结果，它可能是当今数学中人们最想得到的结论。

第8章
代数基本定理

当代数基本定理的证明〔如高斯（1816）的证明〕被发现依赖于连续函数的一般性质时，连续统就闯入了代数。波尔查诺（Bolzano）在 1817 年识别出高斯的证明中隐含的假设——**介值定理**，并定义了关键的连续函数的概念。他还证明了介值定理是 $\mathbb{R}$ 的**上确界**性质的一个推论，但是由于当时没有 $\mathbb{R}$ 的定义（只有自欧几里得时代以来不清晰的直线的直观），他无法进一步研究。

戴德金在 1858 年发现了 $\mathbb{R}$ 的一个定义，它使得上确界性质可以被证明，但戴德金直到 1872 年才发表这个结果。他对 $\mathbb{R}$ 的定义不仅可以证明上确界性质，而且可以证明连续函数的基本性质。其中包括介值定理和最值定理，以及分析学的许多其他基本定理，这些定理都是由魏尔斯特拉斯（Weierstrass）在 19 世纪 70 年代系统地提出的。

然而，依赖于分析学概念的代数基本定理不受一些代数学家的欢迎，尤其是克罗内克。他提出了自己的基本定理，其中每个多项式方程 $p(x) = 0$ 的根不是在 $\mathbb{C}$ 中找到的，而是在一个由多项式 $p(x)$ 本身直接定义的代数数域中找到的。

8.1 在证明之前的定理

代数基本定理表明任何形如

$$p(x) = x^n + a_{n-1}x^{n-1} + \cdots + a_1 x + a_0 = 0 \quad (\text{其中 } a_0, a_1, \cdots, a_{n-1} \in \mathbb{R})$$

的方程在复数域 $\mathbb{C}$ 中有一个解。正如我们从第 4.5 节中知道的，笛卡儿证明了如果 $p(x) = 0$ 有一个解 $x = a$，则多项式 $p(x)$ 有一个因子 $(x - a)$。假设代数基本定理成立，对商多项式 $p(x)/(x-a)$ 重复这一论证，我们发现任意 d 次多项式 $p(x)$ 都能分解成 d 个线性因子。此外，正如我们在第 7.3 节看到的，在不计常数因子的情况下，因子分解是唯一的。

虽然假定了 $p(x)$ 具有实系数，但其因子可能不是实的，因为 $p(x) = 0$ 的根可能不是实数。例如，

$$x^2 + 1 = (x + \mathrm{i})(x - \mathrm{i})$$

因为 $x^2 + 1 = 0$ 的根是 $x = \pm\mathrm{i}$。事实上，虚根总是以共轭对 $u, \bar{u}$ 的形式出现，这里 $u = a + b\mathrm{i}$ 的共轭是

$$\overline{a + b\mathrm{i}} = a - b\mathrm{i}$$

达朗贝尔（d'Alembert）于 1746 年观察到这一点，这个结论成立是因为共轭保持加法、减法与乘法：

$$\text{很容易验证 } \overline{u + v} = \bar{u} + \bar{v}, \ \overline{u - v} = \bar{u} - \bar{v}, \ \overline{u \cdot v} = \bar{u} \cdot \bar{v}$$

因此，

$$\begin{aligned}
&\overline{x^n + a_{n-1}x^{n-1} + \cdots + a_1 x + a_0} \\
&= \bar{x}^n + \overline{a_{n-1}}\bar{x}^{n-1} + \cdots + \overline{a_1}\bar{x} + \overline{a_0} \\
&= \bar{x}^n + a_{n-1}\bar{x}^{n-1} + \cdots + a_1\bar{x} + a_0 \quad (\text{因为 } a_i \text{ 是实数，所以 } \overline{a_i} = a_i) \\
&= p(\bar{x})
\end{aligned}$$

所以，如果 $x = u$ 是 $p(x) = 0$ 的根，那么 $x = \bar{u}$ 也是 $p(x) = 0$ 的根，因为

$$0 = \bar{0} = \overline{p(u)} = p(\bar{u})$$

由此可得，如果 $p(x)$ 有虚因子 $x - u$，其中 $u = a + b\mathrm{i}$，那么 $p(x)$ 也有虚因子 $x - \bar{u}$，

因此 $p(x)$ 有实二次因子 $(x-a-bi)(x-a+bi) = x^2 - 2ax + a^2 + b^2$。

这给出了代数基本定理的一个等价陈述。

实代数基本定理：任何具有实系数的多项式 $p(x)$ 都可以分解成实线性因子和实二次因子的乘积。

在 18 世纪，这个定理也是"真正的"[①]定理，因为它是数学家真正想要证明的。他们特别想在微积分中使用它，以完善有理函数的积分理论。这归功于部分分式的方法，它将每个多项式的商 $p(x)/q(x)$ 分解成一些以 $q(x)$ 的因子为分母的项之和。如果这些因子是线性的或二次的，那么 $p(x)/q(x)$ 的积分就约化为已知的不定积分

$$\int \frac{\mathrm{d}x}{x+1} = \ln x, \ \int \frac{\mathrm{d}x}{x^2+1} = \arctan x$$

事实上，高斯于 1799 年给出的该定理的第一个被广泛接受的证明正是用这些术语陈述的。高斯的学位论文是用拉丁文写的，题目是《每个单变量有理整代数函数皆可分解为一次或二次实因子乘积的定理的新证明》。

但是在很长一段时间里，对代数基本定理的证明的探索因寻找根式解而偏离了方向。如第 4.5 节所述，只能找到二次、三次和四次一般方程的根式解。我们现在知道，对于五次方程，根式求解注定失败。然而，18 世纪有两个关于五次方程的结果值得一提。

兰伯特（Lambert 1758）用后来称为**拉格朗日反演**的方法找到了形如 $x^m + x = a$ 的方程的无穷级数解，这一方法在拉格朗日（Lagrange 1770）证明幂级数反演的一般结果后被称作拉格朗日反演。在 $m = 5$ 的特殊情况下，兰伯特得到的解是

$$x = a - a^5 + 10\frac{a^9}{2!} - 15 \times 14\frac{a^{13}}{3!} + 20 \times 19 \times 18\frac{a^{17}}{4!} - \cdots$$

后来布林（Bring 1786）指出，五次一般方程可以（通过根式）约化为由兰伯特解

---

① 这里是一个双关词，英文 real 既表示"实数"，也表示"真正的"。——译者注

决的 $x^5 + x = a$ 的形式——因而兰伯特实际上已经求解了一般的五次方程！然而，兰伯特和布林擦肩而过，布林将结果发表在一个不知名的杂志上，没有人注意到他的结果和兰伯特的结果可以珠联璧合，直到它被艾森斯坦（Eisenstein）于 1844 年重新发现。

8.2　代数基本定理的早期"证明"及其漏洞

证明代数基本定理的最好的早期尝试是达朗贝尔（1746）在一篇表面上是关于积分学的论文中所做的。达朗贝尔的这一尝试有一些漏洞，但它们很容易通过如今大学数学中的方法来修补。第一个漏洞是达朗贝尔对复数的理解。直到 19 世纪早期，当阿尔冈（Argand）在 1806 年能够给出以下达朗贝尔基本引理的一个简单几何证明时，将 $\mathbb{C}$ 解释为平面，其上的点 u 和 v 之间的距离由 $|u-v|$ 表示的解释才变得流行。

达朗贝尔引理：如果 $p(z)$ 是一个多项式函数，并且对于某个 $z_0 \in \mathbb{C}$ 有 $|p(z_0)| > 0$，那么存在一个 Δz 使得 $|p(z_0 + \Delta z)| < |p(z_0)|$。

证明：我们可以不失一般性地假设

$$p(z) = z^n + a_{n-1}z^{n-1} + \cdots + a_1 z + a_0$$

那么

$$
\begin{aligned}
p(z_0 + \Delta z) &= (z_0 + \Delta z)^n + a_{n-1}(z_0 + \Delta z)^{n-1} + \cdots + a_1(z_0 + \Delta z) + a_0 \\
&= z_0^n + a_{n-1}z_0^{n-1} + \cdots + a_1 z_0 + a_0 + A\Delta z + \varepsilon \\
&= p(z_0) + \varepsilon + A\Delta z
\end{aligned}
$$

根据二项式定理，其中

$$A = nz_0^{n-1} + (n-1)a_{n-1}z_0^{n-2} + \cdots + a_1$$

并且 ε 是 $(\Delta z)^2$，$(\Delta z)^3$，$\cdots$ 的项的和。

假设中的 $|p(z_0)| > 0$ 意味着复数 $p(z_0)$ 不在原点。我们现在可以选择 Δz 使得

$p(z_0 + \Delta z)$ 到原点的距离比 $p(z_0)$ 到原点的距离更近，因此 $|p(z_0 + \Delta z)| < |p(z_0)|$。图 8.1 展示了这个想法。

首先，选择 Δz 的绝对值，使得与 $|p(z_0)|$ 相比，$|A\Delta z|$ 比较小，但与 $|p(z_0)|$ 和 $|A\Delta z|$ 相比，$|\varepsilon|$ 非常小。这是可以做到的，因为当 Δz 足够小时，$(\Delta z)^2$，$(\Delta z)^3$，… 会更小。于是 $p(z_0) + \varepsilon$ 与 O 的距离和 $p(z_0)$ 与 O 的距离几乎一样近。其次，选择 Δz 的方向，使得 $A\Delta z$ 的方向与 $p(z_0)$ 的方向相反。那么 $p(z_0 + \Delta z)$ 就比 $p(z_0)$ 更接近 O。 □

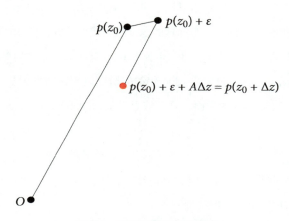

图 8.1 达朗贝尔引理的构造

有了复数的几何解释，阿尔冈消除了达朗贝尔引理中的困难。达朗贝尔的证明的下一步似乎是对的，却更微妙。我们想断言 $|p(z)|$ 有一个最小值，根据达朗贝尔引理，这个最小值只能是零。当然，当 $|z|$ 很大时，$p(z)$ 取很大的值，因为在这种情况下，z^n 项在 $p(z)$ 中占主导地位。如果存在最小值，那么它一定位于以原点为圆心、以某个 R 为半径的圆盘内。但是为什么在 $|z| \leqslant R$ 时 $|p(z)|$ 在这个圆盘上一定有最小值呢？这个断言之所以正确，是因为 $|p(z)|$ 是 z 的连续函数。

这是达朗贝尔和阿尔冈理解中的第二个漏洞。诚然，$|p(z)|$ 是 z 的连续函数，但连续是什么意思？在什么条件下连续函数能取到最小值？我们将在第 11.7 节揭晓答案。

高斯 1799 年的证明也依赖于连续函数的性质，事实上，这些性质比达朗贝尔 /

阿尔冈的证明中假设的最小值性质更难证明。似乎高斯本人对他 1799 年的证明感到不满意，因为他在 1816 年根据连续函数的一个更简单的性质给出了另一个证明。我们将在下一节探讨这个性质及其对数学发展的影响。

8.3　连续性和实数

高斯 1816 年的证明分成两部分。看起来较为困难的部分是将任何多项式方程通过代数约化为奇数次方程。接下来是看起来较为简单的部分，通往**介值定理**，它说如果一个函数 $f(x)$ 连续地从负值变为正值，那么存在某个值 c 使得 $f(c)=0$。我们这里不探讨高斯将方程约化为奇数次的方法，但请参阅第 8.5 节以了解另一种实现这种约化的方法。介值定理之所以发挥作用，是因为它适用于奇数次多项式 $p(x)$。

显然，波尔查诺（1817）受到了高斯论文的启发，他注意到介值定理在证明中的关键作用，并意识到缺少两样东西：连续函数的精确定义和介值性质的证明。从直觉上看，函数 f 的连续性似乎是一个"整体"性质，即 $y=f(x)$ 的图像是连续不断的，或者能够在不抬笔的情况下被画出来。最终，豪斯多夫（Hausdorff）在 1914 年给出了连续性的一个非常一般的"整体"定义，但是波尔查诺找到了一个"局部"定义，这个定义足以满足他的目的，事实上，这个定义如今仍然出现在微积分课程中。

定义：函数 $f:\mathbb{R}\rightarrow\mathbb{R}$ 在**点 a 处连续**，如果当 $x\rightarrow a$ 时 $f(x)\rightarrow f(a)$；也就是说，对于任意的 $\varepsilon>0$，存在一个 $\delta>0$，使得

$$|x-a|<\delta \text{ 蕴含 } |f(x)-f(a)|<\varepsilon$$

如果 f 在每个点 $a\in A$ 处都是连续的，那么我们称 f 在集合 A 上是**连续**的。

显然，根据这个定义，恒等函数 $f(x)=x$ 和所有常值函数在 $\mathbb{R}$ 上都是连续的。而且不难证明连续函数的和、差、积是连续的（如果分母不为零，商也是连续的），因此任何多项式函数都是连续的。同样明显的是，任何奇数次多项式

$p(x) = x^{2m+1} + \cdots$ 对于很大的正数 x 取正值，对于很大的负数 x 取负值。因此，只要介值定理成立，我们就可以证明每个奇数次多项式都能取到 0。

波尔查诺（1817）试图证明介值定理，但无法从 $\mathbb{R}$ 的已有知识中证明，这些知识自欧几里得时代以来没有变过。不过，他找到了 $\mathbb{R}$ 的一个性质，如果这个性质被证明，将能够证明介值定理。

上确界性质：如果 A 是一个有界实数集，那么 A 有一个**上确界**，即存在一个数 l，对于每个 $a \in A$，都有 $l \geqslant a$，并且使得对于每个 $b \geqslant a$（对任意 $a \in A$ 都成立），都有 $l \leqslant b$。

8.4 戴德金对实数的定义

波尔查诺的著作（1817）并未被广为传阅，所以他的观点没有被广泛接受。然而，他的观点是正确的，因为戴德金在 1858 年独立地得出了相同的结论：微积分需要搞清楚实数集中的上界。正如戴德金所写的（1872：1-2）：

> 我是在 1858 年秋天首次认真构思本书主题的。作为苏黎世理工学院的教授，我第一次发现自己不得不讲授微分学的基础，并且比以往更强烈地感受到算术尚缺乏真正的科学基础。在讨论一个变量趋近某一个固定的极限值这一概念时，特别是在证明每个单调递增且有界的变量必会趋近某个极限值的定理时，我曾诉诸几何证明。即使是现在，从教学的角度讲，在初次介绍微分学时，如果不想浪费太多的时间，这种求助于几何直观的做法，我认为是非常有用且不可或缺的。但是，以这种形式引入微分学是不科学的，对此没有人会否认。我自己对此十分不满意，所以我下定决心继续深入思考这个问题，直到为无穷小分析原理找到一个纯算术且非常严格的基础。人们经常说：微分学处理的是连续量，但是没有任何地方对这个连续性做出过解释，即使是最严谨的阐述……要么借助于几何概念或几何提示，要么依赖于从未以纯算术方式建立起来的定理。例如，这些定理包括上述定理 [单调递增的有界量存在极限]，

经过更加仔细的研究，我确信这个定理或与之等价的任何定理，在某种

程度上都可以被视为无穷小分析的充分基础。

戴德金还写道，他在 1858 年 11 月 24 日终于得出 "连续性本质的真正定义"。
但是他一直推迟到 1872 年才发表，此时已经有其他人针对同一问题提出了解决方
案。戴德金所说的 $\mathbb{R}$ 的 "连续性"，我们现在称为**完备性**，但它与函数的连续性和
介值性质密切相关。

戴德金从 "纯算术" 观点着手，用有理数集合来定义实数。他的观点受到欧
多克斯的思想（第 1.6 节）的启发，即直线上的一个点由它左边和右边的有理点确
定，但戴德金更进一步，将无穷集视为合理的数学对象。正如我们在第 7.8 节中所
看到的，当戴德金（1871）将 "理想数" 作为一个理想（理想是一些数组成的无
穷集）时，他就已经 "越过了这条线"。

定义：**戴德金分割**是集合 $\mathbb{Q}$ 的一个划分，它将 $\mathbb{Q}$ 划分成两个非空集合 L 和 U
（"下界" 集和 "上界" 集），$\mathbb{Q}$ 中的每个元素必属于 L 或 U，并且满足 L 中的每个
元素都小于 U 中的每个元素。

图 8.2 以 $\sqrt{2}$ 为例，尝试展示戴德金分割。平方小于 2 的非负有理数用黑点
表示——其中较大的点表示整数，较小的点表示 1/10 的整数倍数，更小的点表示
1/100 的整数倍数——而平方大于 2 的非负有理数用红点表示。因此，有理数被分
成黑点集 L 和红点集 U。

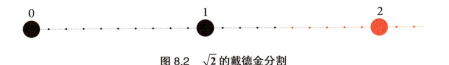

图 8.2　$\sqrt{2}$ 的戴德金分割

由于每个实数都由一对有理数集 $\langle L, U \rangle$ 确定，戴德金几乎立刻就证明了上确
界性质。

上确界性质：如果 A 是有界实数集，那么 A 有上确界。

证明：对于每个 $a_i \in A$，设 $\langle L_i, U_i \rangle$ 为对应的戴德金分割。因为 A 是有界的，
所以存在某个有理数 b，每个 L_i 都以 b 作为其上界。因此对于所有 L_i 的并集 L 来

说, 同样以 b 作为其上界, 所以不属于 L 的有理数的集合 U 是非空的。

于是 $\langle L, U \rangle$ 就是一个戴德金分割, 它确定的实数就是 A 的上确界。 □

我们现在可以通过证明介值定理来实现波尔查诺的思路, 以及高斯 1816 年对代数基本定理的证明。

介值定理: 若 $f: [a, b] \to \mathbb{R}$ 是闭区间 $[a, b] = \{x \in \mathbb{R} : a \leqslant x \leqslant b\}$ 上的连续函数, 且 $f(a) < 0, f(b) > 0$, 则存在 $c \in [a, b]$ 使得 $f(c) = 0$。

证明: 考虑集合 $A = \{x \in [a, b] : f(x) < 0$ 且对任意 $x' < x, f(x') < 0\}$。集合 A 是非空的, 因为它包含 a, 并且以 b 作为其上界。因此, 根据上确界性质, A 有上确界 c。(直观上讲, 我们希望 c 是第一个使 f 不是负数的点。)

我们使用 f 的连续性来排除 $f(c) < 0$ 和 $f(c) > 0$ 这两种可能性, 从而证明 $f(c) = 0$。

首先, 如果 $f(c) < 0$, 那么由 f 的连续性, 存在 $\delta > 0$ 使得对于所有 $x < c + \delta$ 都有 $f(x) < 0$。因此, 所有这样的 x 都属于 A, 这与 c 是 A 的上确界矛盾。其次, 如果 $f(c) > 0$, 类似地, 存在 $\delta > 0$, 使得对于所有 $x \in [c - \delta, c]$ 都有 $f(x) > 0$, 因此这些 x 都不属于 A, 这又与 c 的定义矛盾。 □

8.5 代数学家的基本定理

对一些人来说, 把关于多项式的一个定理建立在实数集 $\mathbb{R}$ 的整体和连续函数的一个定理(介值定理)的基础上, 似乎有些过分。19 世纪 70 年代, 代数学家利奥波德·克罗内克是这种复杂方法的早期反对者。克罗内克反对该证明的几个方面: 不仅反对使用全部实数系统, 而且反对无穷对象本身, 以及反对断言一个对象(多项式的根)存在但没有给出构造它的方法的证明。

克罗内克在 1887 年试图用他的**一般算术的基本定理**来代替代数基本定理, 该定理为每个多项式 $p(x)$ 构造一个域, 使得方程 $p(x) = 0$ 在其中有一个根。至少对于具有有理系数的不可约多项式 $p(x)$, 通过定义 $\mathbb{Q}[x] / p(x)\mathbb{Q}[x]$(第 7.6 节), 我们已经证明了这个定理。在这个域中, 同余类 $[x]$ 满足 $p([x]) = [0]$。此外, $\mathbb{Q}[x] / p(x)\mathbb{Q}[x]$ 在一种合理的意义上是"可构造的"。当然，这个域是无穷的，但是我们可以给出一个系统地列举出其元素的算法 ①，以及一个检测模 $p(x)$ 同余的算法，因为这相当于判定一个给定的多项式 $q(x)$ 是否能被 $p(x)$ 整除，这又可归结为用欧几里得算法求 $\gcd(p(x), q(x))$。

我们倾向于称克罗内克的定理为代数学家的代数基本定理，因为它是一个关于多项式方程的根的纯代数定理。乍一看，它与经典的代数基本定理非常不同，但它们之间有一个有趣的联系：代数学家的代数基本定理给出了任意多项式方程到奇数次方程的约化。这种约化简化了高斯 1816 年的证明，也填补了拉普拉斯（Laplace）1795 年描述的一个有趣证明中的一个漏洞。我们遵循艾宾豪斯（Ebbinghaus）等人在 1990 年的一篇论文中给出的拉普拉斯的证明的提纲。

拉普拉斯对代数基本定理的证明：正如我们已经看到的，只需说明我们可以通过求解一个奇数次方程来求解 $n = 2^k q$（其中 q 是奇数）次多项式方程。我们对 k 用归纳法来证明这一点，当 $k = 0$ 时，用介值定理可以证明其成立。

设 $p(x)$ 是一个具有有理系数的 $n = 2^k q$ 次方程。不失一般性，我们可以假设 $p(x)$ 的最高次项为 x^n。根据代数学家的代数基本定理，存在一个域 $\mathbb{F} \supseteq \mathbb{Q}$，使得 $p(x)$ 在其上分解为线性因子：

$$存在 x_1, x_2, x_3, \cdots, x_n \in \mathbb{F}，使得 p(x) = (x - x_1)(x - x_2)\cdots(x - x_n)$$

遵循拉普拉斯的思路，我们现在考虑有 $n(n-1)/2$ 个因子

$$x - x_i - x_j - t x_i x_j（其中 1 \leqslant i < j \leqslant n）$$

的多项式 L_t，其中 t 为有理数。因为 $n-1$ 是奇数，所以 L_t 的次数 $n(n-1)/2$ 等于 $2^{k-1} r$（r 是一个奇数）。并且，L_t 的系数是 $x_1, x_2, \cdots, x_n$ 的对称函数，这是因为 $x_1, x_2, \cdots, x_n$ 的任何置换都得到同样一组因子。

于是，根据对称多项式基本定理（第 4.4 节），L_t 的系数是 $x_1, x_2, \cdots, x_n$ 的初

---

① 这使得域只是"潜"无穷，而不是"实"无穷。"实"无穷是克罗内克反对的那种无穷类型。我们将在第 12 章更多地讨论潜无穷和实无穷之间的区别。

等对称函数，具有有理系数，因此它们是 $p(x)$ 的系数（这些是有理数）的有理组合。因此，L_t 具有有理系数，并且由于它的次数中 2 的幂指数比 $p(x)$ 更低，我们可以假设 $L_t = 0$ 的某个根在 $\mathbb{C}$ 中，也就是说

$$存在取决于\ t\ 的\ k,\ l,\ 使得\ x_k + x_l + t x_k x_l \in \mathbb{C}$$

因为 t 有无穷多个值，但是只有有限多个数对 $\langle i, j \rangle$，因此至少存在两个 t 使我们得到相同的数对 $\langle k, l \rangle$。也就是说，我们可以找到不同的有理数 s, t，使得 $x_k + x_l + s x_k x_l$ 和 $x_k + x_l + t x_k x_l$ 都属于 $\mathbb{C}$。那么它们的差也属于 $\mathbb{C}$，所以

$$u = x_k x_l \in \mathbb{C}, \quad 于是\ v = x_k + x_l \in \mathbb{C}$$

这意味着 x_k 和 x_l 是系数属于 $\mathbb{C}$ 的二次多项式方程 $z^2 - vz + u = 0$ 的两个根。于是，根据二次方程求根公式，可以给出 $x_k, x_l \in \mathbb{C}$。 □

8.6 附注

代数基本定理引发了人们对微积分基础——实数的本质、连续性和极限——的持续关注，我们现在将研究这些内容的领域称为**分析学**。对此做出重要贡献的有波尔查诺、柯西（Cauchy，在他 19 世纪 20 年代巴黎的讲座）和魏尔斯特拉斯（在他 19 世纪 70 年代柏林的讲座）。柯西的成果发表在他的教科书中（柯西 1821，1823），但魏尔斯特拉斯的成果主要是由他的学生传播的。它们成为分析"算术化"运动的一部分，这是第 11 章的主题。

特别地，我们将在第 11.7 节证明魏尔斯特拉斯的**最值定理**，这是代数基本定理的达朗贝尔－阿尔冈证明的关键。

第9章
非欧几里得几何

　　第一种详细发展的"非欧几里得"几何是射影几何。尽管这不是我们今天所说的"非欧几里得"几何，但它采用了新的观点看待平行线，即规定它们在无穷远处相交。这个看似激进的想法在透视画法中是很自然的，射影几何就起源于透视画法，不过这也引发了关于无穷远点和无穷远直线这些对象的存在性及其意义的问题。正如我们在第 3.8 节中所看到的，这些问题很容易通过射影几何**模型**来回答。

　　另一种"非欧几里得"几何是球面几何。人们自古以来就因其与天文学有关而开始研究，后来又将其用于航海学。球面上的"直线"是其大圆，它在某些方面类似于欧几里得几何中的直线，但在另一些方面却截然不同。特别地，它们是有限长的，并且球面上不存在"平行线"。

　　现在所谓的非欧几里得几何源于试图证明欧几里得的平行公设实际上不是一条公理，而是其他公理的推论。萨凯里（Saccheri 1733）试图通过否定平行公设导致矛盾来做到这一点。在不存在平行线的情况下，他成功了；但在过已知直线外一点有不止一条直线与之平行的情况下，他失败了。后来，亚诺什·鲍耶（Janos Bolyai）[①] 和罗巴切夫斯基（Lobachevsky）系统地推导出把"平行线不止一条"作为公理时的结论，发现了许多有趣的定理，而且没有矛盾。

　　后来在 1868 年，贝尔特拉米（Beltrami）通过找到鲍耶和罗巴切夫斯基的几

---

① 也常译为波尔约。——译者注

何的**模型**，证明了其中不会出现矛盾。与射影几何的标准模型相比，贝尔特拉米提出的模型不那么显然，尽管它们都是经典数学的一部分。事实上，其中的一种就是射影几何的一部分。

9.1 平行公设

人们认为欧几里得本人对他的平行公设并不满意。在他的《原本》第 1 卷中，欧几里得尽量不用平行公设，仅在证明勾股定理时才用到它。但是无论是欧几里得还是其他人都无法摆脱平行公设，因为所有试图用欧几里得的其他公理来证明平行公设的尝试都失败了。千百年来，人们注意到应用平行公设得出的许多结论也可以推出它，于是可以用它们来代替平行公设。其中包括：

1. 矩形的存在性（海塞姆，10 世纪）；

2. 三角形的内角和等于 π（勒让德，19 世纪 20 年代）；

3. 直线的等距曲线是直线〔塔比・伊本・库拉（Thābit ibn Qurra），9 世纪〕；

4. 任何不共线的三点都在一个圆上〔法尔卡斯・鲍耶（Farkas Bolyai），19 世纪 30 年代〕；

5. 存在任意大小的相似三角形（沃利斯，17 世纪 90 年代）[①]。

其中的一些结论可能比平行公设本身看似更合理，所以可能也更容易证明。然而，所有试图用欧几里得的其他公理证明它们的尝试都失败了。这些早期研究的详尽阐述见罗森菲尔德的著作（Rosenfeld 1988：40-97）。

萨凯里（1733）对证明平行公设做了最执着的尝试，他假设平行公设不成立，然后探寻其结论，直到发现他认为错误的结论。有两种方式否定平行公设：一是假设没有平行线，二是假设有不止一条平行线（这里指过给定直线外的给定点有不止一条平行线）。萨凯里发现第一种假设会推导出直线是有限的，这直接与欧几里得的一条公理矛盾，因此该假设可以被排除。

---

① 这给出了第 1.6 节提到的欧几里得几何的特征，即长度是一个相对概念，因为并没有一个特殊的长度可作为单位长度。

然而，第二种假设（"有不止一条平行线"）并没有导出矛盾，只是得出了一个萨凯里认为"与直线的本质有冲突"的结论。他发现这意味着存在**渐近线**，即彼此任意接近但从不相交的直线。令萨凯里感到讨厌的是，这样的直线"在无穷远处有一条公垂线"。这也许很奇怪，但并不矛盾，后来的事实表明，这在非欧几里得几何中是很自然的现象（第 9.6 节和第 9.7 节）。

9.2　球面几何

我们将在本章看到，欧几里得几何和非欧几里得几何首先都可以被看作曲面的几何：欧几里得几何是平面的几何，非欧几里得几何是曲面——即**双曲平面**——的几何。为了做好研究曲面的准备，我们首先考虑最简单的情形：球面。

由于地球近乎是球形的，而人们也假定天空是球形的，所以自古代起，人们就为了航海和天文学研究球面的几何。事实上，长期以来，人们对三角学的研究更多是建立在球面而非平面上。正如范布鲁梅伦（Van Brummelen 2013：vii）所述：

> 出于在天空中定位恒星和行星的需要，它（球面三角学）的出现早于如今高中生们努力学习的平面三角学。

我们将在下面看到，球面三角学的公式在发现非欧几里得几何的过程中发挥了作用，但在此不进行详尽推导。不过，我们会看一个比三角学更简单的结果：球面三角形的面积公式。

定义：球面 $\mathscr{S}$ 上的**直线**取为其上的大圆，即 $\mathscr{S}$ 与经过球心的平面的交线。两条直线之间的**角**就是对应平面的夹角（也就是两个大圆的交点处对应切线的夹角）。**球面三角形**是由不共点的三条不同直线所围成的区域。

1603 年，托马斯·哈里奥特[①]证明了一个非同凡响的结论：球面三角形 $\triangle_{\alpha\beta\gamma}$

---

① 哈里奥特是探险家沃尔特·雷利爵士（Sir Walter Raleigh）的数学顾问，由于球面的几何学在航海上有应用，因此他也对球面几何感兴趣。在第 6.1 节中，他的关于等角螺线的定理就来自对球面上的恒向线的研究。这些螺线以恒定的角度贯穿平行的纬圈，就像一艘船沿着固定方向航行一样。

的面积只取决于其各角 α、β 与 γ 之和。我们可以从三个角都是直角的球面三角形窥得内角和与面积之间的某种关系。八个这样的三角形能够铺满整个球面（图9.1），所以每个三角形的面积都是 $\dfrac{S}{8}$，其中 S 是球面的面积。三角形的面积实际上取决于其内角和超过 π 的量。

图 9.1　八个三角形铺满球面

球面三角形的面积：如果 $\triangle_{\alpha\beta\gamma}$ 是面积为 S 的球面上的一个球面三角形，那么 $\triangle_{\alpha\beta\gamma}$ 的面积等于 $\dfrac{S(\alpha+\beta+\gamma-\pi)}{4\pi}$。

　　证明：如果我们将 $\triangle_{\alpha\beta\gamma}$ 的三边延伸，得到的大圆将球面分成如图9.2所示的八个球面三角形。

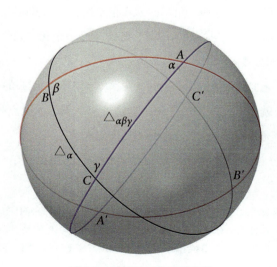

图 9.2　球面被三个大圆分割

我们注意到 $\triangle_{\alpha\beta\gamma}$ 与相邻的三角形 $\triangle_{\alpha}$ 形成球面上的一个楔形，这个楔形是由在角 α 处相交的两个大半圆围成的（图 9.3）。显然，楔形的面积与 α 成正比，所以等于 $\dfrac{S\alpha}{2\pi}$。类似地，与 $\triangle_{\alpha\beta\gamma}$ 相邻的另外两个三角形分别形成角为 β 和 γ 的两个楔形。通过这些观察，得到以下三个等式（注意，这里用三角形的名字代表其面积，稍微滥用了记号）。

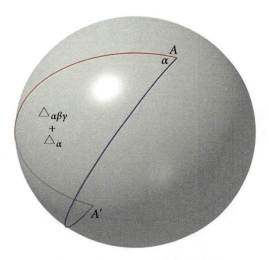

图 9.3　两个大圆之间的球面楔形

$$\triangle_{\alpha\beta\gamma} + \triangle_{\alpha} = \frac{S\alpha}{2\pi}\,,$$

$$\triangle_{\alpha\beta\gamma} + \triangle_{\beta} = \frac{S\beta}{2\pi}\,,$$

$$\triangle_{\alpha\beta\gamma} + \triangle_{\gamma} = \frac{S\gamma}{2\pi}$$

它们的和为

$$3\triangle_{\alpha\beta\gamma} + \triangle_{\alpha} + \triangle_{\beta} + \triangle_{\gamma} = \frac{S(\alpha + \beta + \gamma)}{2\pi} \qquad (\,*\,)$$

另外，图 9.2 中的八个球面三角形由 $\triangle_{\alpha\beta\gamma}$、$\triangle_{\alpha}$、$\triangle_{\beta}$ 和 $\triangle_{\gamma}$ 这四个球面三角形

以及与它们分别全等的另外四个球面三角形组成。例如，$\triangle_{\alpha\beta\gamma}$ 是三角形 ABC ，又因为 A, A' 、B, B' 和 C, C' 是对跖点，所以它与三角形 $A'B'C'$ 全等。从而我们还有等式

$$2\triangle_{\alpha\beta\gamma} + 2\triangle_{\alpha} + 2\triangle_{\beta} + 2\triangle_{\gamma} = S = \frac{2\pi S}{2\pi}$$

将（＊）减去上式的一半得到

$$2\triangle_{\alpha\beta\gamma} = \frac{S(\alpha + \beta + \gamma - \pi)}{2\pi}$$

即得 $\triangle_{\alpha\beta\gamma} = \dfrac{S(\alpha + \beta + \gamma - \pi)}{4\pi}$ 。 □

我们现在可以看到，图 9.1 所示的球面密铺[①] 符合哈里奥特定理。此时有 $\alpha + \beta + \gamma - \pi = \dfrac{3\pi}{2} - \pi = \dfrac{\pi}{2}$ ，不出所料，$\triangle_{\alpha\beta\gamma}$ 的面积为 $\dfrac{S\pi/2}{4\pi} = \dfrac{S}{8}$ 。

另一个有趣的例子如图 9.4 所示。

图 9.4　120 个三角形铺满球面

这里的三角形是将正二十面体的每个面六等分，并投影到球面上得到的。注

---

① 密铺（tiling）也常译为镶嵌。——译者注

意，此时每个三角形有如下特点：其中一个角 $\alpha = \dfrac{\pi}{2}$，4 个这样的等角交于一点；其中一个角 $\beta = \dfrac{\pi}{3}$，6 个这样的等角交于一点；其中一个角 $\gamma = \dfrac{\pi}{5}$，10 个这样的等角交于一点。因此，

$$\alpha + \beta + \gamma - \pi = \frac{\pi}{2} + \frac{\pi}{3} + \frac{\pi}{5} - \pi = \frac{31\pi}{30} - \pi = \frac{\pi}{30}$$

这给出每个三角形的面积为 $S\dfrac{\pi/30}{4\pi} = \dfrac{S}{120}$，因此能够确定球面上有 120 个这样的三角形。

9.3　球面几何的平面模型

尽管球面很容易被理解为三维空间中的对象，但将它投影到平面上也有其用处，这一点我们可以从地理学中地球的地图了解到。我们甚至可以用图 9.4 所示的平面投影来检查是否真的有 120 个那样的三角形。数学上最有用的投影是如图 9.5 所示的**球极投影**。这种投影最早在公元 150 年前后出现于克罗狄斯·托勒密的平面天球图（planisphere）中。

除了北极点外，球面上的每一点 P 都被经过北极点 N 的一条射线投影到平面上的一点 P'。因此，除非我们在平面上添加一个"无穷远点"（通常是这样做的），否则平面都不可能是球面的完整地图。这就像我们在第 3.8 节中所做的那样，在普通直线上添加一个点来得到射影直线。事实上，当这个平面被看作复数的平面 $\mathbb{C}$ 时，$\mathbb{C}$ 连同新添加的点被称为**复射影直线**，如 5.5 节所述。

球面的几何要素——点、大圆和角，对应于平面的几何要素，而带有无穷远点的平面在此意义下成为球面的几何的模型。很明显，点对应点。更值得注意的是，角对应角，并且圆也对应圆（如果你乐意的话，我们将经过南极点的直线也视作"圆"，其圆心在无穷远处）。

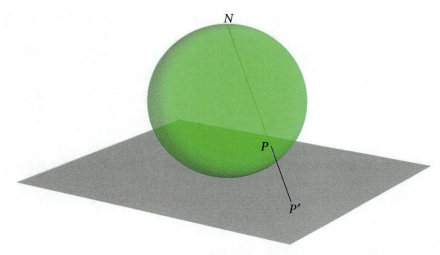

图 9.5　球面的球极投影

托勒密在平面天球图中使用过圆对应圆的性质，尽管在那里没有证明。根据罗森菲尔德（1988：122）的说法，这源自阿波罗尼奥斯《圆锥曲线论》中的一个命题。这种保角性显然是由哈里奥特在 16 世纪 90 年代发现的（洛纳 1979）。在接下来的几幅图中，我们将密铺有 120 个三角形的球面投影到平面上，从中我们能够看到保圆性和保角性。

首先，我们将球面上的三角形每隔一个便去掉一个（图 9.6），然后用北极点的光源将它的阴影投到平面上，观察得到的图（图 9.7）。

图 9.6　去掉部分三角形的球面

图 9.7　镂空球面的球极投影

　　球极投影的另一个优美性质在于，球面的旋转诱导出的平面 ℂ 的映射是非常简单的复变函数。高斯（1819）发现这些函数形如

$$f(z) = \frac{az + b}{-\bar{b}z + \bar{a}}$$

9.4　微分几何

　　微积分被发明之后，人们可以探讨比古人研究的球面、圆柱面和圆锥面更复杂的曲面，尤其是使定义和研究**曲率**的概念成为可能，首先针对的是曲线，然后（相当久之后）是曲面以及更高维空间中的对象。

　　微积分还为系统研究超越曲线（比如在第 6.1 节和第 5.3 节中提过的等角螺线）提供了首个工具，并且微积分也能够计算许多其他由性质定义的曲线，比如弧长和切线。因篇幅有限，在这里我们不一一讨论，只介绍在非欧几里得几何中发挥作用的两种曲线：**曳物线**和**悬链线**。

曳物线和悬链线

　　曳物线（如图 9.8 左侧所示）是牛顿（1676b）引入的，其上的切点与 x 轴之间的切线长为常数 a，它的方程为

$$x = a \ln \frac{a + \sqrt{a^2 - y^2}}{y} - \sqrt{a^2 - y^2}$$

实际上，这个方程是惠更斯（Huygens 1693a）给出的，他还指出了这条曲线的物理解释：一根长度为 a 的细绳一端系着小石子，沿着 x 轴运动的人拉着这条细绳拖曳小石子所形成的路径就是该曲线（因此称为"曳物线"）。惠更斯（1693b）还研究了曳物线绕 x 轴旋转得到的曲面（如图 9.8 右侧所示），这个曲面现在被称为**伪球面**。之所以叫这个名字，是因为它与我们下一小节将要碰到的球面有某种相似之处。

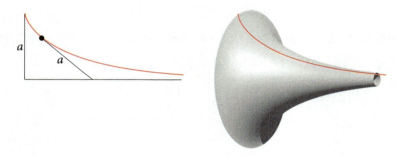

图 9.8　曳物线和伪球面

　　悬链线的名字（catenary）来源于"链"的拉丁语，悬链线是悬挂的链的形状（见图 9.9 中的蓝色曲线），其方程是

$$y = \cosh x = \frac{e^x + e^{-x}}{2}$$

求出这个形状的问题是雅各布·伯努利在 1690 年提出的，这个问题在 1691 年被约翰·伯努利、惠更斯和莱布尼茨分别独立解决。在当时，双曲余弦函数和指数函数都没有被普遍接受，所以解答的形式表示为代数函数的积分，如 $\int \frac{\mathrm{d}x}{\sqrt{x^2 - 1}}$。

　　图 9.9 展示了红色的曳物线及其与悬链线的关系。曳物线是悬链线的**渐伸线**（involute）——直观地讲，C 就是悬链线 C' 松开时线的末端的路径。在松开的每一个瞬间，线的松开部分 PQ 是悬链线的切线，其长度等于悬链线在 S 与 P 之间的弧长。

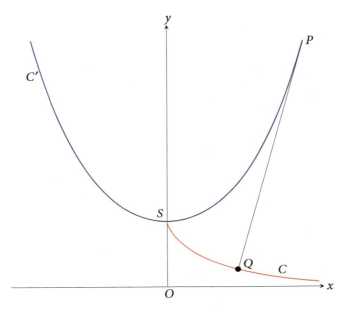

图 9.9　曳物线和悬链线

曲率

图 9.9 还阐明了牛顿（1671）提出的平面曲线的曲率的概念。点 P 称为点 Q 处曳物线的**曲率中心**。它是点 Q 处的法线与其附近点处的法线的交点的极限位置。PQ 的长度叫作**曲率半径**，它的倒数叫作点 Q 处的**曲率**。从这个定义可以清楚地看出，半径为 r 的圆具有常曲率 $\frac{1}{r}$，而直线具有常曲率 0。可以证明，这是仅有的两条常曲率平面曲线。

欧拉（1760）将曲率的概念从曲线推广到曲面，其方法是在给定点用许多平面垂直地去截曲面，并考虑截线的曲率。他发现，这些曲线的曲率值的最大值和最小值（允许曲率有相反的符号，此时相应的曲率中心位于曲面的另一侧）出现在两个截面相互垂直的情形。这两个曲率称为**主曲率**。图 9.10 展示了圆柱面和马鞍面的情况。

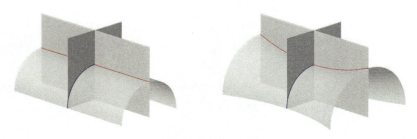

图 9.10　圆柱面和马鞍面的主曲率截线

高斯在 1827 年有一个绝妙的发现：主曲率的乘积是曲面的内蕴几何性质。也就是说，它可以通过曲面内的度量来定义，因此它不会因为弯曲而改变。主曲率的乘积称为**高斯曲率**。对于圆柱面，一条主曲率截线是直线，于是曲率为零，所以圆柱面的高斯曲率为零。因为圆柱面可以展成平面，所以这也就是圆柱面的内蕴曲率应该是 0 的原因。此外，马鞍面的两个主曲率符号相反，所以它的高斯曲率是负的。

这也引出了一个问题，常曲率曲面是什么？半径为 r 的球面的两个主曲率显然都等于 $\dfrac{1}{r}$，因此其高斯曲率是常数 $\dfrac{1}{r^2}$。任何在局部类似于球面的曲面也是如此，最有趣的例子就是**实射影平面**。回忆第 3.8 节中提到的实射影平面，其上的"点"对应于 $\mathbb{R}^3$ 中经过原点的直线。同样，我们可以考虑这些直线与单位球面的交集，它们是对跖点对（图 9.11）。根据这种解释，实射影平面中的"点"是球面上的对跖点对。

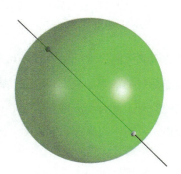

图 9.11　球面上的对跖点

　　由此得出，实射影平面中小到至多包含一对对跖点中的一个代表的任何局部，都等同于球面的局部，因此它们具有相同的曲率。

　　同样，曲率为常数零的曲面在局部上与平面类似，比如圆柱面和锥面。

　　曲率为负常数的曲面不那么容易找到。最著名的例子是伪球面。这是明金（Minding 1839）研究的几个例子之一。为了明白伪球面的高斯曲率为什么是常数，首先观察到其主曲率半径是如图 9.12 所示的 PQ 和 QR。因为蓝色悬链线的方程是

$$y = \cosh x$$

所以我们可以假设存在某个 u 值，使点 P 是 $(u, \cosh u)$。我们也可得到

$$\frac{\mathrm{d}y}{\mathrm{d}x} = \frac{\mathrm{e}^x - \mathrm{e}^{-x}}{2} = \sinh x, \quad \cosh^2 x - \sinh^2 x = 1$$

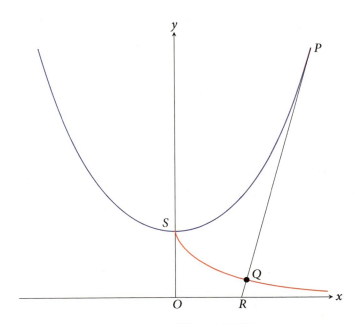

图 9.12　伪球面的主曲率半径

由于红色的曳物线是悬链线的渐伸线，从而有

$$PQ \text{ 的长度} = \text{弧长 } PS = \int_0^u \sqrt{1 + \left(\frac{\mathrm{d}y}{\mathrm{d}x}\right)^2} \, \mathrm{d}x$$

$$= \int_0^u \sqrt{1 + \sinh^2 x} \, \mathrm{d}x$$

$$= \int_0^u \cosh x \, \mathrm{d}x = \sinh u$$

此外，通过计算切线 PR 的方程，我们发现

$$R = \langle u - \frac{\cosh u}{\sinh u},\ 0 \rangle$$

这反过来又得到了长度 PR，因此也给出了 QR。不可思议的是，QR 的长度等于 $\dfrac{1}{\sinh u}$。所以曲率半径的乘积是 1，因此曲率本身的（无符号）乘积也是 1。[①]

9.5 常曲率几何

从现在起，我们将把高斯曲率简称为"曲率"。

要讨论任意曲面上的几何，我们需要解释诸如"点""线""距离""面积"和"角度"等术语。在常曲率的情况下，我们很幸运能够参考特定的曲面，对这些概念进行标准解释：球面代表正常曲率的曲面，平面代表零曲率的曲面，伪球面代表负曲率的曲面。我们经常在曲面 $\mathscr{S}$ 的局部和标准曲面的局部之间建立一种保持距离的双射对应关系，称为**等距**，以此把标准曲面上的距离"搬运"到曲面 $\mathscr{S}$ 上，定义其上的距离。

例如，当我们通过球极投影将球面映射到平面上时，我们称这个平面（添加一个无穷远点的扩充平面）为球面几何的"模型"。准确地说，我们将扩充平面上任意（足够近的）两点之间的**距离**取为球面上对应点之间的大圆距离。

---

① 伪球面的曲率是常数的另一个非常简单且更为几何化的证明见尼达姆（Needham 1997：295–296）。

球面上的距离有点微妙，因为球面上的两点 P, Q 之间通常由大圆的两段弧连接：一段是较短的劣弧，另一段是较长的优弧。我们取劣弧的长度作为 P 和 Q 之间的距离。

伪球面上的距离也是微妙的，其理由有点不同。首先，我们必须定义伪球面上曲线的弧长，这和定义平面上曲线弧长的极限过程类似（第 6.7 节）。接下来我们需要知道在任意两点之间有一条最短的曲线，称为**测地线**。高斯（1825）提出一种方法，将曲面 $\mathscr{S}$ 上一条曲线在点 P 处的**测地曲率**定义为该曲线在点 P 处切平面上的正交投影的普通曲率。然后将测地线定义为测地曲率为零的曲线。最后可以证明伪球面上任意两点 P, Q 之间存在唯一一条测地线，并将 P 和 Q 之间的距离定义为这条测地线的弧长。

测地三角形

关于球面三角形面积的哈里奥特定理现在可以更一般地被看作关于正常曲率曲面上的测地三角形的定理，因为正常曲率曲面上包含测地三角形的局部与球面上相应球面三角形的局部等距。

对于伪球面上的测地三角形，也有一个类似的定理，因此对于任何负常曲率的曲面也有类似的定理：三个角分别为 α, β, γ 的测地三角形的面积为 $c(\pi - \alpha - \beta - \gamma)$，其中 c 为某个正常数。这意味着任何测地三角形的内角和都小于 π，而且更令人惊讶的是，所有三角形的面积都有一个上界 $c\pi$。明金（1839）还发现了负常曲率曲面的三角公式。值得注意的是，它们与球面三角公式类似，只是圆函数 cos 和 sin 被双曲函数 cosh 和 sinh 所替换。

高斯（1831）已经知道这种替换的一个简单例子，包含在半径为 r 的圆的周长公式中。在半径为 1 的球面上，一个弧长为 r 的大圆弧对应于一个角 r。所以球面上半径为 r 的圆围住了一个半径为 $\sin r$ 的平面圆盘，因此其周长是 $2\pi \sin r$（图 9.13）。高斯发现，在曲率为 –1 的曲面上，半径为 r 的圆的周长为 $2\pi \sinh r$。

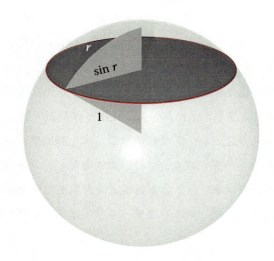

图 9.13　半径为 1 的球面上一个半径为 r 的圆

然而，"双曲三角学"并没有立即导致"双曲几何学"，这可能是因为已知的负常曲率曲面并不是平面或球面的好的类比。它们在测地线不能无限地向每个方向延伸的意义下都是**不完备**的，即测地线止于"边界"。例如，在伪球面上（图 9.8），测地线向右无限延伸，但在左侧，测地线止于相应的曳物线的末端。人们期望有一个负常曲率的曲面，其测地线在每个方向上无限延伸，但是并没有找到这样的曲面。

最后，希尔伯特（1901）证明 $\mathbb{R}^3$ 中不存在具有负常曲率的完备光滑曲面。因此，如果"双曲几何"有一个模型 $\mathscr{M}$，其上的"距离"不可能是 $\mathbb{R}^3$ 中的标准距离。然而，这样的距离一定是从伪球面的各个部分"搬运"到 $\mathscr{M}$ 上各个部分的。我们将在下一小节介绍如何找到这样一个模型。

将常曲率曲面映射到平面

贝尔特拉米（1865）寻找可以映射到平面的曲面使其测地线映成直线，并发现它们恰恰是常曲率的曲面。对于球面的情况，这样的映射是**中心投影**，其下半球面上的每个点都从球的中心投影到平面上（图 9.14）。显然，这个映射把大（半）圆映成了直线。

图 9.14　球面的中心投影

图 9.15 展示了密铺有 48 个相等的球面三角形的球面在中心投影下得到的直线。下半球面的 24 个球面三角形映成了 24 个有直边的三角形，其中一些顶点在无穷远处。事实上，在这个像平面上添加一条**无穷远直线**是有意义的；此时，它成为实射影平面的另一个模型，通过半球面的投影与第 9.4 节的球面模型相关联，其包含每一对对跖点中的一个。半球面的赤道两点映为一点地映上到平面的无穷远直线上。

图 9.15　投影平面的三角形密铺

贝尔特拉米的结论在负常曲率曲面的情况下是最有趣的，这些曲面映成圆盘的某些部分。图 9.16 展示了三个例子，中间的是伪球面的情况。这幅图取自克莱因（Klein 1928: 286），为了清晰起见，做了少许修改。特别地，这些曲面已经进行了旋转，使其测地线更好地对应于其在圆盘内的像，即直线段。

当距离函数从伪球面迁移到圆盘上时，它在整个圆盘上都是有意义的，而不仅仅是对应于伪球面的楔形部分。这表明圆盘可以被视为负常曲率的**完备**曲面，其上的"直线"是圆盘内的线段。在下一节，我们将看到当贝尔特拉米在 1868 年提出这个想法时发生了什么。

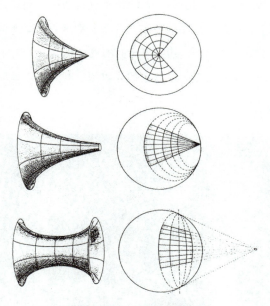

图 9.16　负常曲率曲面的映射

9.6　贝尔特拉米的双曲几何模型

在微分几何暗示非欧几里得几何可能存在于负常曲率曲面中之前，在假设过直线外一点有不止一条直线与其平行的情形下，人们对相关结果进行了广泛探索。

一些结果来自高斯和他的朋友之间的私下交流，或由他们独立得出，罗巴切夫斯基（1829）和亚诺什·鲍耶（1832b）发表了更多的结果。罗巴切夫斯基和鲍耶都相信非欧几里得几何是合理的，他们因勇于发表自己的发现而受到了应得的称赞。

然而，他们没有证明非欧几里得几何学的合理性，甚至没有看到这是如何变为可能的。第一个证实非欧几里得几何的是贝尔特拉米，1868 年，他在普通数学中发现了非欧几里得几何的**模型**。如今我们会说，相对于普通几何的一致性，贝尔特拉米证明了非欧几里得几何的一致性。当时，普通数学的一致性还不是个问题，尽管它后来变为一个问题，我们将在第 13 章看到这一点。

1868年，贝尔特拉米实际上发表了两篇关于非欧几里得几何的模型的论文。第一篇论文（贝尔特拉米 1868a）基于将伪球面扩展为一个平坦曲面的想法描述了平面几何的一个特殊模型。第二篇论文（贝尔特拉米，1868b）针对任意维数描述了一种更全面的方法，包括非欧几里得几何的几个很自然的模型。该方法基于黎曼（1854b）的想法，内蕴地刻画了弯曲空间，即不借助欧几里得空间中的距离概念。

基于伪球面的模型

贝尔特拉米（1868a）的想法可以通过图 9.16 中间所示的伪球面的映射来可视化。伪球面自身映射到圆盘中的楔形，以两条线段为界，这两条线段在圆盘的边界上相交（"于无穷远"），我们可以将圆盘的边界视为单位圆。圆盘中的这个楔形部分可以自然地沿两个方向扩展。

- 通过绕其在圆盘边界上的端点"旋转"楔形，这对应于"展开"绕伪球面无穷多次的曲面，就像展开绕着圆柱的平面。图 9.16 中的虚线显示了随着展开的进行，伪球面上的圆松开的过程。
- 在圆盘上展开伪球面后，将其每一条测地线反向延伸到单位圆。

于是单位圆的整个内部被填充，得到一个负常曲率的完备曲面模型。可以验证，它也是非欧几里得平面的一个模型：其"点"是单位圆内的点，其"直线"是以单位圆上的点为界的开线段，其"距离"函数（以自然的方式扩展到整个开圆盘）是伪球面上的原像点之间的距离。[①]

还可以验证该模型满足除了平行公设之外的所有欧几里得的公理。因为此时的"直线"是圆盘内的线段，所以经过给定直线 $\mathscr{L}$ 外的给定点 P 显然有不止一条直线与 $\mathscr{L}$ "平行"（图 9.17）。因此，该模型首次证明平行公设不是欧几里得的其他公理的推论。

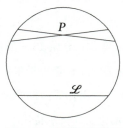

图 9.17　平行公设失效

贝尔特拉米的共形模型

贝尔特拉米（1868a）基于对 $\mathbb{R}^3$ 中伪球面的直观理解将他的非欧几里得几何模型尽可能具体化。在他的关于这个问题的第二篇论文中，基于现在所谓的**黎曼流形**的概念（黎曼 1854b），贝尔特拉米（1868b）给出了一个更一般的抽象方法。黎曼将几何学从 $\mathbb{R}^3$ 的限制中解放出来，用坐标来定义任意维空间中的"点"，并将"距离"定义为坐标的函数。根据距离函数可以计算曲率，黎曼实际上给出了一个负常曲率的曲面的例子。贝尔特拉米看出这个例子是非欧几里得几何的一个模型，而黎曼显然没有看到这一点，并且由此出发，贝尔特拉米构造了非欧几里得平面的三个具体模型：半球面模型、共形圆盘模型和半平面模型。这些模型都很简单地与上一节中描述的模型相联系，上一节中的模型被称为**射影圆盘模型**。

---

① 顺带一提，**圆盘的等距变换**——即圆盘的保持距离函数的映射——是平面上的将直线映为直线、将单位圆映为自身的映射。这些映射已经被凯莱（1859）研究过，他注意到它们定义了一个"距离"的概念。但他没有注意到这是非欧几里得几何意义下的距离。因为等距将直线映为直线，所以它们是射影映射。正如克莱因（1871）所观察到的，这意味着非欧几里得几何可以被认为是射影几何的一部分。

新的模型被称为**共形模型**（或**保角模型**），因为它们忠实地保持了角。

- **半球面模型**。该模型是射影圆盘上方的半球面，其"直线"是射影圆盘模型中的直线正上方的半圆（图9.18）。

图9.18　半球面模型

- **共形圆盘模型**。该模型是将半球面模型绕着球心翻转后再球极投影到平面上而得的（图9.19）。该模型的"直线"是与像的边界圆（添加该圆的直径）正交的圆弧。

图9.19　共形圆盘模型

- **半平面模型**。该模型是将半球面模型从其边界圆上的一点球极投影到与半球面在这一点的对径点处相切的平面上而得的。该模型的"直线"（图9.20）是与像的边界线（添加竖直的射线）正交的半圆。

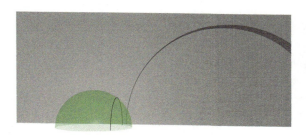

图9.20　半平面模型

从现在开始，我们将考虑所有这些模型，以及与它们等距的任何结构来表示被称为**双曲平面**的一种抽象结构。希尔伯特（1899）给出了双曲平面的公理（与第 3 章讨论的他的关于欧几里得平面的公理相同，只不过将平行公设替换为"多于一条平行线"这一公理），并证明了其所有模型都是等距的。

9.7 复数的几何

通过将常曲率的几何映射到平面（我们知道平面可以用 $\mathbb{C}$ 解释），我们提出了使用复数来研究这些几何的可能性。事实上，在第 9.3 节中，我们看到了高斯（1819）的发现，即当球面通过球极投影被解释为 $\mathbb{C}$ 添加一个无穷远点时，球面的旋转可以用以下形式的函数来描述：

$$f(z) = \frac{az+b}{-\bar{b}z+\bar{a}}$$

为了完整起见，我们指出共轭函数 $c(z) = \bar{z}$ 类似地表示球面关于经过其球心的一个竖直平面的**反射**，并且这些旋转和反射生成了球面的所有等距。

对于双曲平面来说，情况非常相似，尽管我们现在有两个可以自然地被解释为 $\mathbb{C}$ 的一部分的模型：共形圆盘模型和半平面模型。使它们自然地用复数解释的事实是，它们忠实地保持了角（不同于射影圆盘模型，其在射影几何中更自在）。复变量的可微函数恰恰是那些保持角的函数，所以复平面的等距应该能用复可微函数表示。

一个函数必须满足一些约束条件（如双射和保持定向）才能成为等距，我们可以准确地找到这些函数：

- 对于共形圆盘，这样的函数为 $f(z) = \dfrac{az+b}{\bar{b}z+\bar{a}}$ ，其中 $|a|^2 - |b|^2 \neq 0$ ；

- 对于半平面，这样的函数为 $f(z) = \dfrac{az+b}{cz+d}$ ，其中 $a, b, c, d \in \mathbb{R}$ 满足 $ad - bc \neq 0$ 。

这些简单的函数被称为**线性分式函数**，在贝尔特拉米的模型出现很早以前，人们就知道它们，然而，首先发现它们可以被解释为非欧几里得几何的等距变换的是庞加莱（Poincaré 1882）。继庞加莱的发现之后，人们注意到圆盘中某种模式图可以被视为双曲平面上的全等三角形密铺。最壮观的例子如图 9.21 所示，它出现在施瓦茨（Schwarz 1872）的著作中。这是共形圆盘模型的全等三角形密铺，每个三角形的内角分别为 $\frac{\pi}{2}$、$\frac{\pi}{3}$ 和 $\frac{\pi}{5}$。

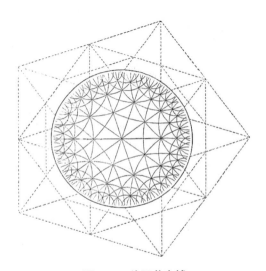

图 9.21　施瓦茨密铺

圆的外部是由直线构成的欧几里得世界。圆的内部是施瓦茨无意中使用它们构建的一个非欧几里得世界。像这样的圆盘密铺来自特定的线性分式变换。第一个也是最重要的例子是将函数 $f(z) = z + 1$ 和 $g(z) = -\frac{1}{z}$ 应用于半平面。

这些函数表现出**模函数**的一种"周期性"，模函数 $j(z)$ 是源于椭圆函数论并且也出现在数论和其他领域的一种函数。函数 j 定义在 $\mathbb{C}$ 的上半平面上，对于这个半平面内的每一个 z，都有 $j(z + 1) = j(z)$，在这个意义下，函数 j 具有"周期 1"。又因为 $j(-\frac{1}{z}) = j(z)$，所以 j 也具有另一种周期性。这就创造出一个 j 在某些地方重复取值的复杂模式，如图 9.22 所示，它是由非欧几里得三角形组成的模式，取自克莱因和弗里克（Fricke）的著作（1890：113）。

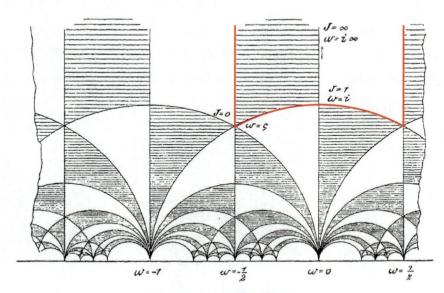

图 9.22　半平面的模函数密铺

　　在这幅图出现之前，戴德金（1877a）已经注意到，通过重复应用函数 f 和 g 及其反函数可以得到图中红线标出的区域，这个区域被称为**基本区域**。我们现在将该区域视为一个顶点在无穷远处的双曲三角形，将 f 和 g 视为双曲等距，那么该模式实际上是双曲平面的全等三角形密铺。

　　庞加莱（1882）将非欧几里得几何应用于模函数等函数的做法不仅在复变函数理论中，而且在群论甚至拓扑学中都取得了巨大进步，我们将在下一章中看到。

9.8　附注

　　非欧几里得几何终结了公理是普遍真理而其他真理都是从逻辑推导出来的这一观点。相反，公理只是关于某些领域的真理，这些领域称为公理的模型，它们的逻辑推论在这些模型中是正确的。后来，代数将这一观点当作其操作模式：取一些在某些领域成立的已知公理，如群公理，并研究它们的推论。事实上，公理被用来定义某种结构，其推论是关于这种结构的定理。然而，代数不同于非欧几里得几何，它有明显的模型。群、环和域的公理有简单的有限模型，所以这些公理的一致性从来没有受到怀疑。对于非欧几里得几何，模型的存在性似乎违背了直觉。

事实上，非欧几里得几何给出的经验是，我们可以在不知道有一个模型存在的情况下写下公理。然后探索它们的推论，如果没有发现矛盾，那么可以确信该模型存在，并期待有一个模型会出现。类似的事情也发生在集合论的选择公理中，我们将在第 14 章中研究。从理论上讲，如果没有先找到一个模型，人们甚至可以证明公理不会导致矛盾。这是希尔伯特（1900）发起**希尔伯特纲领**的目的，该纲领旨在解决某些公理模型（如无穷集的公理）难以找到的问题。然而，我们将在第 16 章看到，希尔伯特纲领有其自身的困难。

在关于几何学的希尔伯特公理的情况中，核心困难在于希尔伯特希望他的公理不仅仅支持几何学，他希望它们还能支持实数理论。我们在第 3 章看到，他的关于欧几里得几何的公理是如何赋予直线完备有序域的结构的，这意味着直线本质上是 $\mathbb{R}$。如果他只想对欧几里得平面给出模型，他可以跳过阿基米德公理和完备公理：基于**可构造数**（通过直尺和圆规作图可以得到的数）构建一个"极小模型"就足够了。但希尔伯特似乎已下定决心要从他的几何公理中得到 $\mathbb{R}$，因为他从他的非欧几里得（双曲）几何的公理出发，也给出了独立的、完全不同的 $\mathbb{R}$ 的构造。

基于我们将在第 16 章中探讨的深层原因，希尔伯特纲领在不诉诸无限模型的情况下证明一致性，对于任何包含自然数算术的理论来说都是有问题的，对于包含实数的理论来说问题更大。正因为如此，从技术上讲，实数作为几何的基础不如可构造数可靠。

黎曼几何

黎曼（1854b）通过允许更一般的"距离"定义和任意维数，将几何学从对欧几里得空间及其常规距离函数的依赖中解放出来。不过，纳什（Nash 1956）的一个惊人定理表明，黎曼的一般化在某种意义下并没有更一般。纳什证明了任何黎曼流形 $\mathbb{M}$ 都可以光滑地等距嵌入到某个欧几里得空间 $\mathbb{R}^n$ 中。换言之，$\mathbb{M}$ 等距于一个光滑对象 $\mathbb{M}' \subseteq \mathbb{R}^n$，其中 $\mathbb{M}'$ 上 P 和 Q 两点之间的距离等于 $\mathbb{M}'$ 上 P 和 Q 之间测地线的欧几里得长度。因此，$\mathbb{M}$ 通过弧长从背景空间 $\mathbb{R}^n$ 中"继承"了其距离函数，就像球面从 $\mathbb{R}^3$ 中获得距离函数一样。

纳什定理的一种特殊情况是 $\mathbb{R}^5$ 中存在一个光滑曲面可以作为双曲平面的模型。遗憾的是，纳什定理非常艰深——数学家们认为它比为纳什赢得诺贝尔经济学奖的工作要深刻得多——因此，它并没有给出上述双曲平面的模型的一个可行的替代模型。

第 **10** 章
拓扑学

拓扑学一开始是几何学的一种离散形式，具有高度直观的方法。在本章中，我们将看到在几何以及代数中，拓扑学是如何让证明的直观方法焕发生机的。正如庞加莱（1895：1）所写：

> 我们知道几何图形在虚函数理论中有多么重要……而且当我们想研究例如两个复变量的函数时，我们有多渴望得到图形的帮助。

> 如果我们试图说明这种帮助的本质，首先图形可以唤起我们的感官来弥补智力上的不足，并且不仅如此。值得重申的是，几何学是从画得不好的图形中进行好的推理的艺术；然而，这些图形如果不想误导我们，就必须满足一定的条件；其比例可能会大幅度改变，但不同部分的相对位置不会被打乱。

当黎曼（1851）发现代数曲线最好被视为曲面（现在被称为**黎曼面**）时，拓扑学成为主流数学。当坐标取为复数而不是实数时，曲线的这种观点就出现了。另外，黎曼面给出了阿贝尔发现的**亏格**这一量的简单的直观解释。

亏格是**拓扑不变量**的一个例子，拓扑不变量是几何对象的一个特征，它在不破坏"不同部分的相对位置"的变换下保持不变。寻找这种不变量导致了证明概念的新发展。

10.1　图

我们如今所说的**图论**始于 1736 年欧拉关于哥尼斯堡七桥问题的文章，他把七桥问题转化为关于抽象的"点"和"线"的问题来解决。他的解法被认为是图论的起源〔Biggs 等（1976）详细阐述了这一领域的历史〕，也是拓扑学的起源。图论可以被认为是一维拓扑学，虽然一维几何是相当平凡的，一维拓扑却不是。

哥尼斯堡七桥

哥尼斯堡（在今俄罗斯加里宁格勒）在欧拉的时代是东普鲁士的一座城市。图 10.1 来自维基媒体，是 1652 年这座城市的全景图。图中展示了普列戈利亚河穿过这座城市，河中有两个小岛，七座桥将小岛彼此和城市的其余部分连接起来。在哥尼斯堡，步行走过所有的桥是一种流行的休闲活动，这引出了一个问题：可能走遍所有桥且每座桥恰好只经过一次吗？

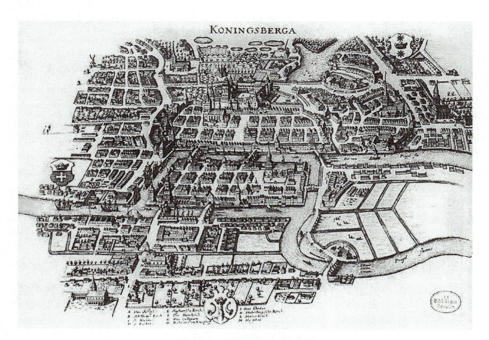

图 10.1　哥尼斯堡与七座桥

当向欧拉提出这个问题时，欧拉首先将问题简化为只涉及桥和陆地区域的情形（图 10.2），然后得到其数学本质：A, B, C, D 是一些"点"（现在称为"**顶点**"），a, b, c, d, e, f, g 是连接它们的"线"（现在称为"**边**"）。例如，连接点 A 和 B 的线有 a 和 b。图 10.3 展示了我们如今如何表示这些信息。顶点代表陆地区域，边代表桥。

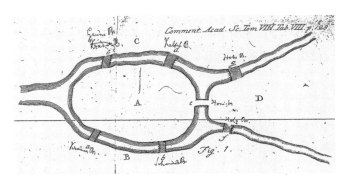

图 10.2　欧拉的七桥图

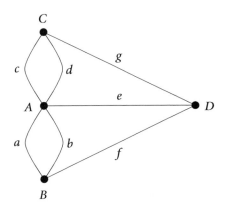

图 10.3　七桥重图

图 10.3 被称为**重图**，因为一些顶点由多条边连接。一般而言，图论处理的是**简单图**，即连接任意一对顶点至多有一条边，不过在这两种情况下，每个顶点 X 都有一个**价** [1]，它是以 X 为端点的边数。在我们的例子中，A 的价是 5，而 B, C, D

---

[1]　很多人也称之为**度**，但是"度"在数学中出现得太多了，化学中的"价"也是一个恰当的词。

的价都是 3。

现在，如果走遍所有桥，使得每条边（桥）正好经过一次，每次步行通过顶点 X 都用掉了 X 中的两个价——一个进来，一个出去。于是，在步行时，除了第一个顶点和最后一个顶点（假设它们不同），只有偶数价才满足条件。在任何情况下，只有当至多两个顶点具有奇数价时，才可能经过所有边。由于七桥重图的四个顶点都是奇数价，因此不可能有每条边都恰好经过一次的走法。

虽然这个问题很容易解决，但将其约化为数学本质的好处是显而易见的。抽象化的图不仅解决了哥尼斯堡七桥问题，而且也可以解决其他类似的问题。

树

直到最近，图论还是数学谱系中一个很小的娱乐领域。关于这个主题的第一本著作是柯尼希（König 1936）写的，出版于欧拉关于七桥问题的论文的 200 年后。但最近几十年以来，这个主题在广度和深度上都有了极大的进展。在本章中，我们只能介绍该主题的一个小片段，选择它是因为它与两个迥然相异的领域——**拓扑学**与**选择公理**——有联系，拓扑学占据了本章的其余部分，而第 14 章关于选择公理。首先，给出一些定义，它们形式化了我们迄今为止使用的图论的某些直观概念，以及一些相关概念。

定义：（简单）**图** $\mathscr{G}$ 由称为**顶点**的非空对象集和称为**边**的不同顶点的无序对的集合组成。$\mathscr{G}$ 中的**路径**是形如

$$\langle v_1, v_2 \rangle, \langle v_2, v_3 \rangle, \cdots, \langle v_{n-2}, v_{n-1} \rangle, \langle v_{n-1}, v_n \rangle$$

的有序的顶点对的有限序列，其中，每一个无序对 $\{v_i, v_{i+1}\}$ 是一条边，换句话说，路径是一个**有向边**的序列，其中每条边的终点是下一条边的起点。如果 $v_1 = v_n$，则该路径称为**闭路径**；如果路径不包含重复的顶点（闭路径的起点和终点除外），则该路径称为**简单路径**。

如果 $\mathscr{G}$ 中的任意两个顶点都是一条路径的起点和终点，则称 $\mathscr{G}$ 为**连通图**。（因此，只有一个顶点的图是连通的。）没有简单闭路径的连通图称为**树**。图 $\mathscr{G}$ 中顶点

v 的**价**是 $\mathscr{G}$ 中包含 v 的边数。

虽然为了精确起见，需要对树进行这种冗长的定义，但它旨在捕捉那些看起来（或多或少）确实像树的对象的要点。图 10.4 展示了三个例子，其中的顶点用黑点表示，边用线段表示。

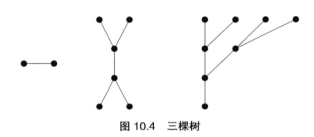

图 10.4　三棵树

在许多情况下，我们感兴趣的是具有有限顶点的图（因此边数也是有限的），在这种情况下，顶点数和边数之间有一些有趣的关系。下面给出两个例子。

有限树的叶子[①]：每棵具有至少一条边的有限树 $\mathscr{T}$ 都有一个价为 1 的顶点。

证明：给定一棵具有至少一条边的有限树 $\mathscr{T}$，选择 $\mathscr{T}$ 中的任何顶点 u。由于 $\mathscr{T}$ 是连通的，从 u 到 $\mathscr{T}$ 中的其他顶点都有路径，实际上，当我们忽略重复顶点之间的部分时，这是一条简单路径。由于 $\mathscr{T}$ 是有限的，因此任何这样的路径都有有限条边，并且从 u 出发的所有简单路径中有一条路径的边数是最多的。

在这样的最大路径的终端处的顶点 v 的价为 1，因为从 u 到 v 的路径的最后一条边必然是包含 v 的唯一边；否则从 u 到 v 的简单路径可以进一步延长，从而创造出更长的简单路径或简单闭路径。　　　　　　　　　　　　　　　□

有限树的顶点数和边数：如果 $\mathscr{T}$ 是具有 V 个顶点和 E 条边的树，则 $V-E=1$。

证明：当 $\mathscr{T}$ 只有一个顶点从而没有边时，这个定理显然成立。现在归纳地假设这个定理对具有 n 条边的任何树 $\mathscr{T}_n$ 都成立，设我们有具有 $n+1$ 条边的树 $\mathscr{T}_{n+1}$。假设 $\mathscr{T}_{n+1}$ 有 V 个顶点和 E 条边。

根据上面的定理，在 $\mathscr{T}_{n+1}$ 中找到一个价为 1 的顶点 v，并从 $\mathscr{T}_{n+1}$ 中移除 v 和包含它的边 e。得到的图 $\mathscr{T}'_n$ 是连通的，因为它的任意两个顶点都由 $\mathscr{T}_{n+1}$ 中的一

---

① 树中价为 1 的顶点被称为"叶子"。——译者注

条路径所连接，由上述操作可知这条路径不包括 v 或 e，因此，该路径在 $\mathscr{T}_n'$ 中。因此 $\mathscr{T}_n'$ 也是一棵树，它有 $V-1$ 个顶点和 $E-1$ 条边。但是 $\mathscr{T}_n'$ 有 n 条边，从而根据归纳假设，有

$$1 = (V-1) - (E-1) = V - E$$

这就是要证的结论。 □

这两个定理的证明都隐含了归纳法：第一个定理将其隐藏在有限图包含有限条简单路径的假设中，第二个定理对边数 n 使用了归纳法。对于无限图，归纳法并不总是有效的，我们可能必须对无穷集用更强的假设，这就是下面定理中的情况。

生成树的存在性：如果 $\mathscr{G}$ 是任意一个连通图，那么 $\mathscr{G}$ 中包含一棵**生成树**，即包含 $\mathscr{G}$ 的所有顶点的树。

证明：由于 $\mathscr{G}$ 是连通的，因此从 $\mathscr{G}$ 的任意特定顶点 u 到任意其他顶点 v 都存在路径。由于路径都是有限的，如果现在固定 u，我们可以根据从 u 到 v 的路径的最小长度将其他顶点 $v \in \mathscr{G}$ 进行分组：

$$\mathscr{V}_1 = \{v : \text{从 } u \text{ 到 } v \text{ 的路径的最小长度等于1}\}$$
$$\mathscr{V}_2 = \{v : \text{从 } u \text{ 到 } v \text{ 的路径的最小长度等于2}\}$$
$$\mathscr{V}_3 = \{v : \text{从 } u \text{ 到 } v \text{ 的路径的最小长度等于3}\}$$
$$\vdots$$

现在，我们分步构建 $\mathscr{G}$ 的生成树 $\mathscr{T}$，在第 n 步将 $\mathscr{V}_n$ 中的顶点与 u 连接。为了确保 $\mathscr{T}$ 是树，我们只保留 $\mathscr{G}$ 的足够的边，使得从 u 到 $\mathscr{G}$ 中每个 v 只有唯一一条简单路径。这就确保了 $\mathscr{T}$ 是连通的，也保证了在 $\mathscr{T}$ 中没有简单闭路径，因为对于简单闭路径中的任何 v，从 u 出发至少可以通过两条简单路径到达 v，如图 10.5 所示。

图 10.5　从简单闭路径得到不唯一的简单路径

因为 $\mathscr{G}$ 是一个简单图，所以每个 $v \in \mathscr{V}_1$ 已经通过唯一一条边与 u 连接。我们现在归纳地假设在目前选定的 $\mathscr{T}$ 的边中，u 依次穿过 $\mathscr{V}_1$，$\mathscr{V}_2$，$\cdots$，$\mathscr{V}_n$ 由唯一一条路径连接到每一个 $v_n \in \mathscr{V}_n$。于是只需要将每一个 $v_{n+1} \in \mathscr{V}_{n+1}$ 连接到唯一的 $v_n \in \mathscr{V}_n$。

当然，每一个 $v_{n+1} \in \mathscr{V}_{n+1}$ 由一条边连接到某个 $v_n \in \mathscr{V}_n$，因为已知从 u 到 v_{n+1} 有一条长度为 $n+1$ 的路径，这必然包含某个 $v_n \in \mathscr{V}_n$。所以，只需要对每一个 $v_{n+1} \in \mathscr{V}_{n+1}$ 选择一条连接到某个 $v_n \in \mathscr{V}_n$ 的边，然后把这条边放到 $\mathscr{T}$ 中。 □

当图 $\mathscr{G}$ 是有限图时，我们可以精确地描述对给定的 v_{n+1} 如何选择 v_n。换言之，令 $\mathscr{G}$ 的有限多个顶点是 u_1，u_2，$\cdots$，u_m。那么，每当必须选择一个 u_i 时，我们取满足要求的下标最小的那一个。当图 $\mathscr{G}$ 是无限图时，没有这样的规则可用，我们可能需要**选择公理**。我们将在第 14 章中更多地讨论选择公理，在那里我们会证明一个连通图的生成树的存在性实际上等价于选择公理，所以这个公理通常是不可避免的。

10.2　欧拉多面体公式

欧拉（1752）对拓扑学做出了第二个重要贡献，尽管当时它被认为是一个关于多面体的定理：如果 $\mathscr{P}$ 是一个具有 V 个顶点、E 条边和 F 个面的多面体，那么 $V - E + F = 2$。真正使之成为一个拓扑学定理的原因是其中的"边"不一定是直的，"面"不一定是平的：只有它们的数量是重要的。准确地说，我们不区分**同胚的**对象，**同胚**指双向连续的双射对应。

同样重要的是，$\mathscr{P}$ 的表面是凸的，或者更一般地说，它同胚于平面（添加一个无穷远点的完备化）。当这样做时，为了方便起见，图中没有趋于无穷远点的点，这个定理就变成了一个关于**平面图**的定理。

平面图

虽然图论是一门非常直观的学科，但严格的证明需要大量的定义。这里给出一些定义，它们捕捉了在平面上画出没有交叉边的图的想法。

定义：抽象图 $\mathscr{G}$ 的**平面图**是一个模型 $\mathscr{G}'$，其中 $\mathscr{G}$ 的每个顶点 v 用平面内的一个点 v' 表示，$\mathscr{G}$ 的每条边 $\{u, v\}$ 用该平面内一条从 u' 到 v' 的曲线表示。此外，$\mathscr{G}'$ 的边只在共同端点处相交。我们也称 $\mathscr{G}'$ 是 $\mathscr{G}$ 在平面内的**嵌入**。

图 10.6 展示了正多面体的平面图，其边用平面内的线段表示。

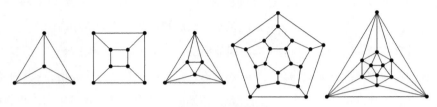

图 10.6　正多面体的平面图

这些图还刻画了相应多面体的**面**，即图中划分平面的那些区域。这些区域包括"无穷区域"，即包含无穷远点的区域。我们可以用下列定义来形式化平面图的面的概念。

定义：平面的一个子集 $\mathscr{R}$ 称为**道路连通的**，如果对于任意两点 $P, Q \in \mathscr{R}$，在 $\mathscr{R}$ 中都存在从 P 到 Q 的折线路径。一个平面图 $\mathscr{G}$ 的**面**是移除 $\mathscr{G}$ 后剩下的平面子集中的最大的道路连通区域。

我们假设 $\mathscr{G}$ 具有多边形边，那么 $\mathscr{G}$ 的面是具有多边形边界的平面区域。平面图不仅包含正多面体的图，实际上，还包括任何可以画在球面上且没有交叉边的图，因为任何这样的图都可以通过从不在其任何边上的一点进行球极投影而迁移到平面上。

另一类重要的平面图是有限树。

平面内的有限树：任何有限树都可以嵌入到平面内，并且得到的平面图只有一个面。

证明：我们通过每次构建一条边的方式归纳地将任何有限树嵌入到平面内（与前一小节中找到一个叶子并移除它的过程相反）。我们当然可以将只有一条边的树嵌入到平面内，如果我们可以将任何有 n 条边的树嵌入到平面内，也可以将有 $n+1$ 条边的树嵌入到平面内：最后一条边 e_{n+1} 总是可以通过使其足够小而置于平面内。

同样的归纳过程表明，平面图是树的话，只有一个面。对于只有一条边的树，这显然是对的，如果对于有 n 条边的树 $\mathcal{T}_n$ 是对的，那么对于有 $n+1$ 条边的树 $\mathcal{T}_{n+1}$ 也是对的：$\mathcal{T}_{n+1}$ 外的任意两点都由 $\mathcal{T}_n$ 外的一条折线路径连接，所以它们也可以由 $\mathcal{T}_{n+1}$ 外的一条折线路径连接，如果有必要可以替换与新加边 e_{n+1} 交叉的边，选择绕过这条边、但足够接近 e_{n+1} 的一条路径以避免触及 $\mathcal{T}_n$ 的其他部分。

树"只有一个面"这一性质是欧拉多面体公式的归纳证明中的归纳奠基步。

欧拉多面体公式：如果 $\mathcal{G}$ 是一个有 V 个顶点、E 条边和 F 个面的连通平面图，则 $V-E+F=2$。

证明：如果 $\mathcal{G}$ 只有一个面，那么 $\mathcal{G}$ 就是树，因为它是连通的，并且没有简单闭路径，否则一个简单闭路径会围成一个面。在这种情况下，我们从上一节知道 $V-E=1$，又因为 $F=1$，所以 $V-E+F=2$。

现在假设定理对有 n 个面的连通平面图成立，设 $\mathcal{G}$ 是一个有 $n+1$ 个面的连通平面图。令 e 是两个不同面的边界上的一条边。如果我们移除 e，这两个面就变成一个，面数 F 减少 1。边数 E 当然也减少 1，但 V 没有改变，因为我们虽然移除了 e，但没有移除其两端的顶点。因此 $V-E+F$ 保持不变。

根据归纳法，对于移除 e 且有 n 个面的新图，有 $V-E+F=2$，所以对于图 $\mathcal{G}$，$V-E+F$ 也等于 2。□

上述证明的一般结构是可靠的，但它在一开始假设的这件事是需要进一步检验的：一个简单闭多边形将平面分割为至少两个区域。这是所谓的**多边形若尔当曲线定理**的一个非平凡结论。它是对应于简单闭曲线的**若尔当曲线定理**的一个特例，这个定理更加不平凡。事实上，正是若尔当（Jordan 1887）对后一定理的证明第一次引起了人们对拓扑学中看似明显但难以证明的结论的注意。

其部分困难在于从图和多边形等离散的、组合的对象的世界迁移到曲线等连续的对象的世界。我们已经知道从离散的整数世界迁移到连续的实数世界是有很多困难的，这些困难在二维或更高维数的世界中被放大。不过针对目前的情况，我们将只满足于证明多边形若尔当曲线定理，从而完成欧拉多面体公式的证明。

多边形若尔当曲线定理

1899 年前后，德恩用最简单的方式发现了多边形若尔当曲线定理的证明。他的证明只使用了第 3 章讨论过的希尔伯特的关联公理和顺序公理。德恩的证明没有发表，很久以后才被古根海默（Guggenheimer 1977）揭示出来。这里我们给出一个更规范的证明，它使用平面内的距离度量以及典型的分析和拓扑推理，其中的对象被选择为"充分小"的。

多边形若尔当曲线定理：如果 $\mathscr{P}$ 是一个简单闭多边形，那么图 $\mathscr{P}$ 有两个面。

证明：取 $\mathscr{P}$ 的任意边 e，在 e 的两侧取足够接近的点 A 与 B，使得线段 AB 除了与 e 交叉外，不与 $\mathscr{P}$ 在任何点相交（图 10.7）。

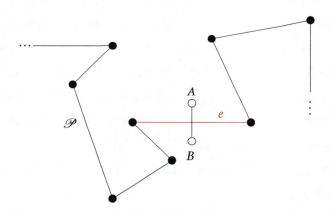

图 10.7 $\mathscr{P}$ 的两个面的代表 A 和 B

我们通过说明以下事实来证明 A 和 B 代表了 $\mathscr{P}$ 的两个面：

1. 任何不在 $\mathscr{P}$ 上的点都可以通过一条与 $\mathscr{P}$ 不相交的折线路径连接到 A 或 B；

2. 从 A 到 B 的任何折线路径都与 $\mathscr{P}$ 相交。

我们现在引入符号 $\mathscr{P}$-{e} 来表示从 $\mathscr{P}$ 中移除边 e 得到的图。显然，$\mathscr{P}$-{e} 是树，根据上一节中的定理，平面树图只有一个面，因此任何不在其中的两点都可由一条不与 $\mathscr{P}$-{e} 相交的折线路径连接。

这样的一条路径 p 当然可以与边 e 相交，但我们可以在不触及 $\mathscr{P}$-{e} 的情况下，一小步一小步地将 p 形变，以便每次移除两个交点，如图 10.8 所示。因此，

平面内不在 $\mathscr{P}$ 上的两点之间的任何折线路径都可以形变为只在边 e 上与 $\mathscr{P}$ 相交的路径，它要么穿过边 e 一次，要么根本不穿过边 e。

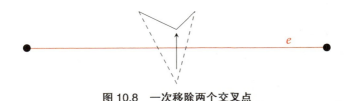

图 10.8　一次移除两个交叉点

这就证明了上面的第一个断言，即任何不在 $\mathscr{P}$ 上的点 X 都可以通过一条与 $\mathscr{P}$ 不相交的路径连接到 A 或 B。如果 X 与 A 连接，比如通过一条路径 p 与 e 相交一次，那么通过 AB 边延伸 p，就会得到一条从 X 到 B 的穿过 e 两次的路径。后一条路径因此形变为一条根本不与 $\mathscr{P}$ 相交的从 X 到 B 的折线路径。

反之，从 A 到 B 的路径的任何形变，如线段 AB，都能一小步一小步地通过每次只改变两个交叉点来完成，如图 10.8 所示。因此，从 A 到 B 的任何折线路径都与 $\mathscr{P}$ 相交奇数（因此非零）次，所以 A 和 B 位于 $\mathscr{P}$ 的不同面内。　　　　□

10.3　欧拉示性数和亏格

上一节讨论了平面内的图，其结论也可以通过球极投影迁移到球面上。研究与完备平面不同胚的曲面上的图也很有意义，如图 10.9 所示的曲面。这些曲面是不同胚的，因为它们具有不同数量的"洞"。洞的数量被称为该曲面的**亏格**，它可以内蕴地通过计算 $V - E + F$ 的值来得出，其中 V、E 和 F 是画在曲面上的图的顶点数、边数和面数。顶点数和边数当然与平面的情况相同，但在其他曲面上，一个**面**必然同胚于平面内由多边形围成的有限区域。

图 10.9　亏格分别为 1、2、3 的曲面

这个想法归功于黎曼（1851），他非正式地论证了对同一曲面上的所有图 $V - E + F$ 具有相同的值。假设 $\mathscr{G}_1$ 和 $\mathscr{G}_2$ 是同一曲面 $\mathscr{S}$ 上的两个有限图。如果有必要，可以将其边稍加形变，我们可以假设 $\mathscr{G}_1$ 和 $\mathscr{G}_2$ 只在有限个点处相交。这意味着这两个图的并 $\mathscr{G}$ 是 $\mathscr{G}_1$ 和 $\mathscr{G}_2$ 的公共细分。

也就是说，$\mathscr{G}$ 可以通过以下类型的操作从 $\mathscr{G}_1$ 或 $\mathscr{G}_2$ 得到。

边的细分：在一条边 e 中插入一个新的顶点 v，产生两条边。这使得 V 和 E 都增加 1，因此 $V - E + F$ 保持不变。

面的细分：在一个面内插入一条新的边 e，连接它的两个边界顶点可以产生两个面。这使得 E 和 F 都增加 1，因此 $V - E + F$ 保持不变。

由此可知，$\mathscr{G}_1$ 和 $\mathscr{G}_2$ 的 $V - E + F$ 的值与 $\mathscr{G}$ 的相同，因此它们彼此相同。这个不变量 $V - E + F$ 被称为曲面 $\mathscr{S}$ 的**欧拉示性数** $\chi(\mathscr{S})$。通过计算具有 g 个"洞"的曲面上特定图的 χ 的值，可以发现欧拉示性数与亏格之间的如下关系：

$$\chi = 2 - 2g$$

例如，具有亏格 1 的**环面**，其欧拉示性数为 0，这可从图 10.10 看出，因为它有一个顶点（红、蓝边的交点）、两条边和一个面。

图 10.10　环面上的图

当黎曼发现曲面可以模型化复杂的代数曲线时，他就对曲面产生了兴趣，我们将在下一节中更详细地解释。他发现曲线的可能的参数方程 $x = f(t)$，$y = g(t)$ 受其亏格的控制。例如，亏格为 0 的曲线可以用有理函数参数化，亏格为 1 的曲线可以用椭圆函数参数化。可以这么说，这个惊人的发现在数学家们准备好之前就将拓扑学带入了他们的视野。起初，他们只能看到这一学科离散的、组合的方面——点、多边形、多面体等——以及相应的证明方法。但逐渐变得清晰的是，拓扑学实际上是关于**连续性**的，像欧拉示性数这样的不变量在任意连续双射（同胚）下保持不变。

这种认识迫使证明方法升级。例如，人们不得不对连续曲线的情形证明若尔当曲线定理，来代替证明多边形的若尔当曲线定理。而且，如前一节所述，升级的定理通常更难证明。它们不仅涉及连续与离散相比时的微妙之处，而且还涉及因高于一维而产生的复杂性。由于稍后将讨论与分析学有关的这些复杂性，我们把它们推迟到第 11 章，本章的其余部分将继续使用组合的方法。这些方法在 20 世纪早期之前是普遍使用的，并且它们在如今的拓扑学中仍然有用。

10.4　作为曲面的代数曲线

为了解释为什么复代数曲线应该被视为曲面，我们从复数本身开始谈起。正如我们所知，$\mathbb{C}$ 被自然地视为一个平面，而球极投影很自然地将球面对应到添加一个无穷远点的完备平面，这使得**复射影直线**最好被视为一个球面。通过添加一个无穷远点将复曲线完备化也是很有用的——例如，我们在第 5.5 节看到这可得到贝祖定理——这导致了将每一条复曲线视为覆盖球面的曲面，这个曲面被称为**黎曼面**。

展示这一想法的最简单例子就是曲线 $y^2 = x$。包括 ∞ 在内的可能的 x 值组成的球面被 y 值组成的曲面所覆盖，通常每个 x 对应两个 y 值：$\sqrt{x}$ 和 $-\sqrt{x}$。因此，作为第一个近似，y 值覆盖了球面两"层"，就像洋葱的层。

但是，在 $x = 0$ 之上，我们只有 $y = 0$，在 $x = \infty$ 之上，我们只有 $y = \infty$。因此，在 $x = 0$ 的邻域，这两"层"覆叠重合到一起，形成了所谓的**分歧点**。从曲面到球面的这个映射被称为**分歧覆叠**[①]，它在除了分歧点外都是二对一的。图 10.11 给出了分歧点的样子：在 $x = 0$ 之上是单点 $y = 0$，但在其他 x 之上有两个 y 值，即 $\sqrt{x}$ 和 $-\sqrt{x}$。

---

① covering 亦译作"覆盖""复叠""复迭"。——译者注

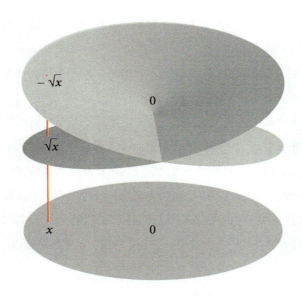

图 10.11 $y^2 = x$ 的分歧点

在"上"和"下"两层交换位置的地方是一条明显的交线，这是在三维空间描绘分歧点时的副作用——在四维空间 $\mathbb{C} \times \mathbb{C}$ 中，层只在 0 和 ∞ 处相交。为了更忠实地表示覆叠曲面，我们在分歧点处切开曲面，如图 10.12 所示，涂成蓝色和绿色的边表明相应的边应该是相连的。

图 10.12 分歧点切口

这些切口从一个分歧点扩大到另一个分歧点，如图 10.13 所示。

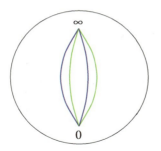

图 10.13　球面覆盖，切口

如图 10.14 所示，我们现在可以分离两个切开的层，并将它们重新接合起来，从而避免曲面自相交。此时，我们可以看到覆叠曲面同胚于球面。

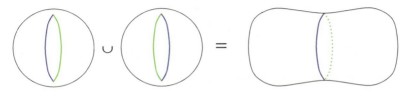

图 10.14　接合被分开的层

三次曲线 $y^2 = x(x-1)(x+1)$ 的情况更有趣，这时同样有两个层，但是有四个分歧点：在 $x = 0, 1, -1, \infty$ 之上。如果我们类似地切开分歧点、扩大分歧点对之间的切口、分离层，并重新接合切口，那么得到的曲面从拓扑上看就是一个**环面**。该过程如图 10.15 所示。

黎曼就是这样第一次观察到拓扑在代数几何和复分析中的存在。拓扑学在许多方面都让人感受到其存在。特别地，曲面的这个极其显然的拓扑示性数——**亏格**——被证明与阿贝尔（1826）在一项非常深入而晦涩的积分研究中发现的一个数字一致。阿贝尔的定理用一个整数 p 描述了积分 $\int_a^b y\mathrm{d}x$ 之间关系的复杂性，其中 y 是 x 的代数函数，黎曼证明它恰好是关于 y 的黎曼面的亏格。

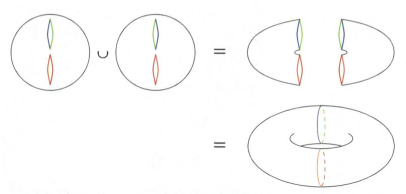

图 10.15　三次曲线各层的接合

10.5　曲面的拓扑

作为黎曼面，有一种曲面被称为**可定向曲面**或**双侧曲面**，因为通俗地说，它有两个面。单侧曲面的一个例子是实射影平面 $\mathbb{RP}^2$，它的"点"是球面上的对跖点对。这是因为 $\mathbb{RP}^2$ 包含一条默比乌斯带（图 10.16），它是球面上绕赤道的一条带。

图 10.16　默比乌斯带

我们要记住，一条绕赤道一半的带包含 $\mathbb{RP}^2$ 的每个点的一个代表元，并且这条带的一侧中位于赤道上方的点对应另一侧中位于赤道下方的一个点，我们看到这条带同胚于扭转一个矩形并把相应的对边粘到一起形成的曲面。这展示了一个单侧曲面。

虽然默比乌斯（Möbius）因以他的姓氏命名的单侧曲面而知名，但他对拓扑学的主要贡献是对双侧曲面的分类。默比乌斯将他的注意力放在 $\mathbb{R}^3$ 中具有有限范围且没有边界的曲面上（不像默比乌斯带，它的边界是一条曲线，也不像 $\mathbb{RP}^2$，它不能嵌入到 $\mathbb{R}^3$ 中），他在 1863 年证明任何这样的曲面都与图 10.17 中列出的其中一个曲面同胚，这些曲面的特征完全由其亏格刻画。

图 10.17　可定向曲面

这个定理的后期证明放弃了默比乌斯所做的一些假设，例如嵌入到 $\mathbb{R}^3$ 中。这些后来的证明通常假设将曲面抽象描述为把成对的边等同于黏合的多边形。当人们看到沿着某曲线切开一个曲面以产生一个多边形这个相反过程时，这个想法就会出现。例如，亏格为 1 的曲面给出一个四边形，亏格为 2 的曲面给出一个八边形，如图 10.18 所示（在亏格为 2 的曲面的中心附近，可以看到八边形的八个角）。

图 10.18　切开曲面形成多边形

后期证明还包括了对不可定向曲面的分类，不可定向曲面与可定向曲面的关系和 $\mathbb{RP}^2$ 与球面的关系大体相同。我们称球面通过 2 对 1 的映射**覆盖**了 $\mathbb{RP}^2$，这个映射将球面上的点 P 及其对距点 P' 映到 $\mathbb{RP}^2$ 的单点 $\{P, P'\}$。这被称为**无分歧覆盖**，因为它是"局部"同胚，即在球面的所有足够小的片上是同胚。类似地，每个不可定向曲面都可以被一个可定向曲面"二重覆盖"。

可定向曲面的覆叠

无分歧覆叠在拓扑学中很常见，特别是在可定向曲面的拓扑中。最重要的例子是亏格为 1、2、3……的曲面的覆叠平面，我们用亏格为 1 的环面来说明这种想法。

正如我们在上一节中看到的，沿着适当的曲线切开环面会得到一个与矩形同胚的四边形。如图 10.19 所示，就像环面上相应的曲线一样，我们将矩形的边涂成红色和蓝色，并将复制后的矩形相邻放置，平铺在平面上。

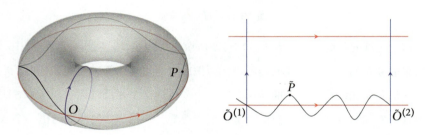

图 10.19　覆叠曲面

如图 10.19 所示的波形曲线，这创建了环面上清晰、流畅的曲线图。这条曲线从点 O 开始，到点 O 结束，但在这个过程中它也绕环面一次，就像红色曲线一样。为了更清楚地看到发生了什么，我们让点 P 沿着曲线移动，而相应的点 $\tilde{P}$ 就在平面上移动。每当 P 穿过环面上的红色曲线或蓝色曲线时，$\tilde{P}$ 就会穿过矩形的对应红色边或蓝色边。我们把这个过程称为将曲线从环面**提升**到平面。在这种情况下，提升后的曲线在平面上从 $\tilde{O}^{(1)}$ 移动到 $\tilde{O}^{(2)}$，矩形的红色边也是如此（类似地，这是红色曲线提升后的结果）。

当环面上的两条曲线 $\mathscr{C}_1$ 和 $\mathscr{C}_2$ 提升到平面上具有相同起点和终点的曲线 $\tilde{\mathscr{C}}_1$ 和 $\tilde{\mathscr{C}}_2$ 时，显然 $\tilde{\mathscr{C}}_1$ 可以在保持端点不动的情况下形变为 $\tilde{\mathscr{C}}_2$。如果我们逐步进行形变，每一步都在平面的一个小区域内，那么这个形变可以被"投影"为环面上固定起点和终点的曲线 $\mathscr{C}_1$ 到 $\mathscr{C}_2$ 的形变。这样的曲线 $\mathscr{C}_1$ 和 $\mathscr{C}_2$ 称为**同伦曲线**。

反之，如果 $\mathscr{C}_1$ 和 $\mathscr{C}_2$ 是环面上的两条同伦曲线，我们可以将 $\mathscr{C}_1$ 到 $\mathscr{C}_2$ 的形变"提升"到平面上。特别地，起点 $\tilde{O}^{(1)}$ 相同的提升后曲线 $\tilde{\mathscr{C}}_1$ 和 $\tilde{\mathscr{C}}_2$ 具有相同的终

点。因此，覆叠平面上的点对应于起点为 O、终点固定的同伦曲线类。例如，如果 $\tilde{O}^{(1)}$ 对应于环面上的 O，那么 $\tilde{O}^{(2)}$ 对应于所有以 O 为起点和终点的曲线，并且它们与红色曲线同伦。

环面是一个相当简单的情况，因为我们在熟悉的欧几里得平面上处理熟悉的多边形（矩形）。当我们谈及亏格为 2 的曲面时，非欧几里得几何就来救场了。

再来看图 10.18，我们看到不仅切开亏格为 2 的曲面得到一个八边形，而且在覆叠上，八个八边形在每个顶点处相交，因为亏格为 2 的曲面上的八个角交于同一点。因此，我们需要八个角之和为 2π 的八边形（例如，每个角为 45°）。欧几里得几何中的八边形当然不是这样的，但是在双曲平面上有这样的八边形。事实上，我们可以用边长相等且各角都为 45° 的八边形密铺双曲平面。图 10.20 显示了双曲平面的八边形密铺。

图 10.20　双曲平面的八边形密铺

庞加莱（1904）是第一个使用双曲几何来研究亏格大于等于 2 的曲面上的曲线的。特别地，他展示了如何判断曲面上的一条闭曲线是否与一条简单曲线同伦，他的方法是将其覆叠曲面上的提升形变为双曲平面内的直线。

基本群

在上一节中，我们注意到，环面的平面覆叠上的点对应于环面上以 O 为起点且具有固定终点的曲线的同伦类。覆叠上特别有趣的点是矩形的顶点，它们都位于点 O 的上方，这些点对应于以 O 为起点和终点的闭曲线的同伦类。每个这样的同伦类可以"提升"到覆叠上的一对顶点 $\tilde{O}^{(i)}$ 和 $\tilde{O}^{(j)}$，例如上一节中对应于红色曲线的同伦类的点对 $\tilde{O}^{(1)}$ 和 $\tilde{O}^{(2)}$。

我们先搁置任意选择起点的做法，现在将红色曲线与覆叠平面的矩形密铺的平移联系起来。在这种情况下，平移将整个密铺向右移动一块。对应于环面上起点为 O 的所有可能的闭曲线（的同伦类）的平移形成一个群，被称为**覆叠变换群**。它也被称为环面的**基本群**。覆叠上的群运算就是表示密铺平移的函数的复合；环面上对应的群运算是闭路径（的同伦类）的复合，相当于将闭路径首尾相连。

克莱因和庞加莱在 19 世纪 80 年代研究了运动群，庞加莱（1895）引入了将空间中闭路径的同伦类组成的群作为基本群的一般思想。

用红色和蓝色有向边的矩形密铺覆叠平面，将其作为环面基本群的示意图。如果我们任取一个顶点标记为群的单位元 1，并将每个有向红色边记为 a，将每个有向蓝色边记为 b（或 a^{-1} 和 b^{-1}，即沿与箭头方向相反的有向边），那么除了 1 之外的边的每条路径都能写成字母 a、b、a^{-1}、b^{-1} 组成的"字"。这个字命名了路径的端点。图 10.21 展示了其中一些名字。

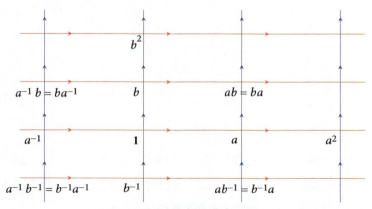

图 10.21 环面基本群的示意图

显然，每个顶点都有许多名字，因此我们有一个问题，即判定两个名字何时表示相同的群元素。德恩（1912）将其称为**字问题**。对于环面的基本群，字问题很容易解决。很明显，此时 $ab = ba$，因此对于任何字，存在整数 m 和 n 使得其为 $a^m b^n$ 的形式。反之，由于 $a^m b^n$ 表示位于 1 向右 m 条边、向上 n 条边的顶点，不同的数对 m, n 表示群中不同的元素。因此，我们可以这样解决这个群的字问题：使用关系 $ab = ba$（或等价地，$aba^{-1}b^{-1} = 1$），将字 u 和 v 化归为 $a^m b^n$ 的形式，然后看看它们是否给出相同的有序对 $\langle m, n \rangle$。

判定字 u 和 v 是否相等的问题等价于判定是否有 $uv^{-1} = 1$。更简单地说，字问题就是给定一个字 w，判定是否有 $w = 1$ 的问题。这个问题在几何上等价于判定 w 是否在群图中能给出一条闭路径。通过解决这个问题，我们可以判定环面上一条用 a 和 b 表示为红、蓝曲线的乘积的给定曲线是否可以形变为一个点。因此，上述算法解决了环面上关于曲线的一个拓扑问题。

德恩（1912）对高亏格曲面上的曲线解决了同样的问题。他使用类似的步骤，对于每一个基本群去解其字问题。如上所述，主要的差别是覆叠曲面的密铺在双曲平面内进行。但是，密铺仍是基本群的图，其字问题的解决办法是将字化归为最简形式。这种缩短算法非常简单，被称为**德恩算法**。它利用了所讨论的密铺的一个特性：围绕密铺块的边的任何简单闭路径都包含某多边形一半以上的边界。然后，可以将这条路径移动到多边形的另一侧，从而缩短字。

在用纯几何手段解决群论问题的过程中，德恩为代数学创造了一种新方式，如今被称为**几何群论**。有关该学科的现代介绍，请参见克莱和马加利特（Clay, Margalit 2017）。

10.6　曲线奇点和纽结

在 19 世纪 90 年代，维也纳大学的威廉·沃廷格（Wilhelm Wirtinger）有了一个惊人的发现：某些代数曲线的奇点可以用纽结来描述。当其他数学家了解它们之后，一个关于纽结的拓扑理论开始发展起来。它始于蒂策（Tietze 1908）和德恩

（1910）的工作，并在 20 世纪 20 年代德国数学家埃米尔·阿廷和库尔特·赖德迈斯特（Kurt Reidemeister）访问维也纳大学时盛行。

曲线奇点和纽结之间的联系可以在曲线 $y^2 = x^3$ 的情况下说明，该曲线在原点处具有一个**尖点**奇点。图 10.22 显示了尖点在 x 和 y 取实数值的坐标平面上的形状。

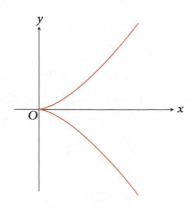

图 10.22　实曲线 $y^2 = x^3$ 的奇点

现在，正如我们在第 10.4 节所看到的，当 x 和 y 取复数时，这个图像更有趣。在这种情况下，我们有 x 值组成的平面 $\mathbb{C}$ 和 y 值组成的平面 $\mathbb{C}$，这条曲线在 $\mathbb{C} \times \mathbb{C}$ 中，它是平面 $\mathbb{C}$ 中的 t 值在映射 $t \mapsto \langle t^2, t^3 \rangle$ 下的像，这个映射对应于曲线 $y^2 = x^3$ 的参数方程 $x = t^2$，$y = t^3$。

曲线上的点 $\langle t^2, t^3 \rangle$ 在有序对 $\langle x, y \rangle$（其中 $x, y \in \mathbb{C}$）组成的四维空间 $\mathbb{C} \times \mathbb{C}$ 中形成一个曲面。这个映射 $t \mapsto \langle t^2, t^3 \rangle$ 是一个同胚，因此这个曲面在拓扑学上是一个平面，但通过以下观察，其"纽结性"会展示出来。

1. 复数 t 组成的平面是中心为 $\langle 0, 0 \rangle$、半径为 r 的不相交圆 C_r 的并集。C_r 由数 $r(\cos \theta + \mathrm{i} \sin \theta)$ 组成，其中 $0 \leqslant \theta < 2\pi$。

2. 映射 $t \mapsto \langle t^2, t^3 \rangle$ 是单射，因为如果对 $t_1 \neq t_2$ 有 $t_1^2 = t_2^2$，则 $t_2 = -t_1$，此时就会有 $t_1^3 \neq t_2^3$。因此，这个映射将由 t 值组成的平面内的不相交圆 C_r 映射到黎曼面 $y^2 = x^3$ 内不相交的简单曲线 K_r。

3. 由于 $x = t^2 = r^2(\cos 2\theta + \mathrm{i} \sin 2\theta)$，$y = t^3 = r^3(\cos 3\theta + \mathrm{i} \sin 3\theta)$，因此由 $|x| = r^2$，

$|y| = r^3$ 定义的曲线 K_r 在曲面 T_r 内。T_r 由如下点组成：

$$x = r^2(\cos\alpha + \mathrm{i}\sin\alpha)，\quad y = r^3(\cos\beta + \mathrm{i}\sin\beta)，\quad 其中\ 0 \leq \alpha,\ \beta < 2\pi$$

当 α，β 分别从 0 变到 2π 时，相应的每一个 x，y 分别绕圆一周。因此 T_r 是一个环面，至少对于足够小的使得较小圆的半径 r^3 小于较大圆的半径 r^2 的一半的 r 值是成立的。在这样的曲面 T_r 上，每个点 P 都由有序对 $\langle\alpha,\ \beta\rangle$ 给出，如图 10.23 所示。红色圆是 x 轴（半径为 r^2），蓝色圆是 y 轴（半径为 r^3）。

4. 如前所述，曲线 K_r 由如下点组成：

$$\langle t^2,\ t^3 \rangle = \langle r^2(\cos 2\theta + \mathrm{i}\sin 2\theta),\ r^3(\cos 3\theta + \mathrm{i}\sin 3\theta) \rangle，\quad 其中\ 0 \leq \theta < 2\pi$$

因此，K_r 在 α 方向绕环面 T_r 两次，在 β 方向绕 T_r 三次。这使得 K_r 成为 T_r 上的一个**三叶结**（图 10.24）。

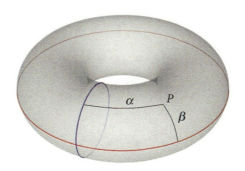

图 10.23　环面坐标

图 10.24　环面上的三叶结

5. 只需检验 T_r（从而 K_r）位于 $\mathbb{C}\times\mathbb{C}$ 中的一个标准三维空间中，于是 K_r 实际上是一个三叶结。事实上， T_r 位于由 $|x|^2+|y|^2=r^4+r^6$（常数）定义的一个三维空间 S_r 中。如果我们令 $x=a+ib$，$y=c+id$，那么 S_r 是满足 $a^2+b^2+c^2+d^2=r^4+r^6$ 的四元数组 $\langle a,b,c,d\rangle\in\mathbb{R}^4$ 组成的空间，它被称为半径为 $s=\sqrt{r^4+r^6}$ 的 3- 球面。这个 3- 球面去掉一个点后，可以通过球极投影映射到 $\mathbb{R}^3$，就像普通球面去掉一点可以映射到平面一样。因此，K_r 确实位于一个标准空间中。

还要注意 $s=\sqrt{r^4+r^6}$ 关于 r 是单调递增的；因此，三维球面 S_r 填满了所有复有序对 $\langle x,y\rangle$ 组成的空间 $\mathbb{C}\times\mathbb{C}$。

综上所述：对所有足够小的 $s>0$，复曲线 $y^2=x^3$ 与 $\mathbb{C}\times\mathbb{C}$ 中距离 $\langle 0,0\rangle$ 为 s 的点组成的三维球面的交集是一个三叶结。

10.7 赖德迈斯特移动

图 10.24 所示的环面上的曲线似乎是打了结，确实是这样，通过略微形变和加粗，我们就能得到图 10.25 所示的三叶结的标准图。

图 10.25　三叶结

　　但我们如何证明它是打结的呢？也就是说，我们如何证明三叶结不能变换为圆？特别地，所考虑的不破坏"不同部分的相对位置"的那些恰当变换是什么？这个问题的第一个答案来自前面的拓扑问题的解，用到了连续函数和基本群的概念。蒂策（1908）用这些概念首次证明了三叶结确实是打结的。他发现了 $\mathbb{R}^3$ 去掉这个结后的空间的基本群，并证明这个群与 $\mathbb{R}^3$ 去掉一个圆后的空间的基本群不同。

　　赖德迈斯特（1927）使用适合于纽结的变换发现了一种更简单的方法。他使用的变换现在被称为**赖德迈斯特移动**。图 10.26 是赖德迈斯特的照片，还有一张关于赖德迈斯特移动的海报〔设计师杰基·马尔多纳多（Jackie Maldonado）提供〕。赖德迈斯特的照片来自德国奥博沃尔法赫数学研究所，在此使用已受其许可。

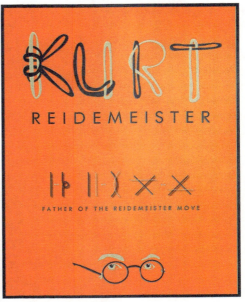

图 10.26　赖德迈斯特及赖德迈斯特移动。
左：来自奥博沃尔法赫数学研究所；右：杰基·马尔多纳多提供

　　一个纽结的赖德迈斯特模型是在 $\mathbb{R}^3$ 中的一个简单多边形 $\mathscr{P}$。这个纽结本身可以被定义为由 $\mathscr{P}$ 通过某些变换得到的所有多边形的类 $[\mathscr{P}]$。这些变换是由"微小"变换复合而得的，只要 $\mathscr{P}$ 的任何部分都不与三角形 ABC 相交，每个微小变换要么用一对边 AC 和 CB 替换一条边 AB，要么反过来。这些变换刻画了不允许任何边与其他边交叉来"形变" $\mathscr{P}$ 的想法。

变换可以在所谓的**纽结投影图**这个二维图像中被"追踪"，纽结投影图是 $\mathscr{P}$ 在平面上的投影的改良，当一条边的投影与另一条边的投影交叉时，只显示位于上方的边。我们还假设选择投影点使得三条边不会交于同一点。如果先将多边形 $\mathscr{P}$ "加粗"，则图 10.25 就是三叶结的一个纽结投影图。（在这种情况下，多边形有许多边，看起来像一条光滑曲线。）

类似于我们对 $\mathscr{P}$ 进行"微小"改变以确保没有三条投影边交于同一点，纽结投影图中的本质改变是创建或破坏交叉，或改变它们的相对位置。这样的变化只有三类，分别称为赖德迈斯特移动 I、II 和 III。它们如图 10.27 所示，每个图中都有双箭头，表明其一侧的纽结投影图可以替换为另一侧的。一个纽结的任何投影图都可以通过允许的微小变换来改变，因此投影图中仅有的本质改变就是赖德迈斯特移动。

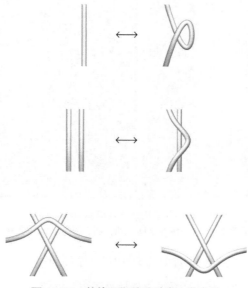

图 10.27　赖德迈斯特移动 I、II 和 III

这让我们联想到**纽结不变量**，它是纽结投影图在赖德迈斯特移动下不会改变的特征。如果我们能找到一个不变量，使得圆（平凡纽结）和纽结 K 的投影图取不同的值，那么我们就证明了 K 不能变换为圆，因此 K 确实是打结的。下一节我们将发现纽结投影图的一些特征，很容易证明这些特征在赖德迈斯特移动下不会改变。使用这些不变量，我们可以证明三叶结和所有少于九个交叉点的纽结都确实是打结的。

10.8　简单的纽结不变量

如前一节所述，第一个纽结不变量是使用纽结补的基本群找到的。基本群是一个非常强的不变量，现在我们知道它几乎可以完全刻画纽结。不幸的是，正如我们所知，很难从这些群中提取信息。

20 世纪 20 年代，美国的詹姆斯·亚历山大（James Alexander）和德国的库尔特·赖德迈斯特（独立地）发现了更多易处理的不变量。他们的不变量不仅能证明是否打结，而且能区分纽结投影图中少于九个交叉点的所有纽结。

20 世纪 50 年代，拉尔夫·福克斯（Ralph Fox）从以前的不变量中提炼出一种更简单的不变量，称为 p 色性。福克斯的不变量弱于亚历山大和赖德迈斯特的不变量，但仍然足以证明最多有九个交叉点的纽结投影图是否打结。更重要的是，其不变性可以直接从赖德迈斯特移动中得到证明，因此它可以作为"可视化证明"的一个鲜明的现代例子。我们从最简单的情况开始，也就是三色性。

图 10.28 展示了用红、白、蓝三种颜色着色的三叶结。在这种情况下，纽结投影图中在交叉点之间有三段线，每一段的颜色不相同。因此，在每个交叉点处都会出现三种颜色：上方的线是一种颜色，下方的线是另外两种颜色。

图 10.28 着色的三叶结

定义：一个纽结投影图被称为三色的，如果交叉点之间的每条线都可以按如下方式着三种颜色之一：

- 三种颜色都用到；
- 且任何交叉点处的三条线要么颜色相同，要么颜色各异。

因此，三叶结的投影图是三色的，显然圆的投影图不是三色的，因为它只有一条线。因此，为了证明三叶结不能变换为圆，只需证明赖德迈斯特移动保持三色性即可。这是很容易验证的。我们只介绍到此，因为它可以通过我们将讨论的更一般的 p 色性的论证推出来。

1. 对于赖德迈斯特移动 I，将右侧的两条线染成与左侧线相同的颜色。

2. 对于赖德迈斯特移动 II，有两种情况：如果左侧的两条线颜色相同，则把右侧的所有线染成此颜色；如果左侧的两条线颜色不同，则把右侧新的线染成第三种颜色。

3. 对于赖德迈斯特移动 III，如果左侧只有一种颜色，则右侧再次染成该颜色。如果左侧有不止一种颜色，则必然有三种颜色，其由端点处的颜色 a、b 和 c 唯一确定。请记住，延伸到投影图之外的线必须保持相同的颜色，这就唯一地决定了右侧图中的颜色。（图 10.29 显示了 a、b 和 c 是不同颜色的情况；类似地，可以检查当其中两种颜色相同时会发生什么。）

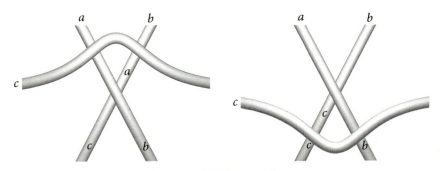

图 10.29　赖德迈斯特Ⅲ的着色

三色性的推广

很容易验证赖德迈斯特移动保持三色性，因为交叉点处的两种颜色唯一决定了第三种颜色。更令人惊讶的是，有一个算术法则可以确定第三种颜色，并可以推广到任意整数 $p \geq 3$ 的情形：假设我们将这三种颜色记为 0、1 和 2，如果 a 是交叉点处上方线的颜色，b 和 c 是其他两条线的颜色，那么

$$2a - b - c \equiv 0(\bmod 3)$$

例如：如果 $a = 0$ 且 $b = 1$，则 $c = -1(\bmod 3)$，这意味着 $c = 2$。

从 3 到 p 的推广极大地扩展了着色证明的范围，因为只有少数纽结是 3 色的，但对于素数 $p > 3$，很多纽结都是 p 色的。

定义：一个纽结投影图被称为 **P 色的**，如果可以给交叉点之间的每条线指定 0, 1, 2, $\cdots$, $p-1$ 中的一个数字，并且满足**交叉法则**：

$$2a - b - c \equiv 0(\bmod p)$$

其中 a 指定给上方的弧线，b 和 c 指定给其他两条线。

正如 $p = 3$ 的情况，我们可以对任何整数 p 证明赖德迈斯特移动保持 p 色性。因此，如果一个纽结投影图是 p 色的，那么对应的曲线是打结的。赖德迈斯特移动Ⅰ和Ⅱ的证明与 $p = 3$ 的情况相同。对于赖德迈斯特移动Ⅲ，我们再次观察输入的颜色 a、b 和 c 会发生什么。使用交叉法则，有

$$2 \times 上方颜色 = 下方颜色之和 \,(\bmod\, p)$$

我们推出图 10.30 所示的使用赖德迈斯特移动 Ⅲ "之前"的着色。

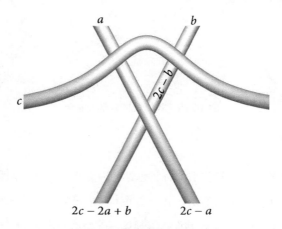

图 10.30 使用赖德迈斯特移动 Ⅲ 之前

现在，由于延伸到投影图之外的线的颜色不变，我们得到了图 10.31 所示的使用赖德迈斯特移动 Ⅲ "之后"的着色。只有内部的线 x 还没有得出颜色，因为 x 在两端都满足交叉法则，所以很容易得出

$$x = 2a - b$$

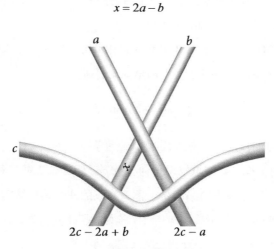

图 10.31 使用赖德迈斯特移动 Ⅲ 之后

纽结行列式

对于纽结投影图的 p 着色，我们需要求解在每个交叉点处都成立的齐次线性方程组

$$2a - b - c \equiv 0(\bmod p)$$

的非零解。当 p 为素数时，这是线性代数中人们熟知的内容，即齐次线性方程组有非零解的条件是其行列式为零。这里需要对这个想法进行一些修补，因为在这种情况下，这些方程不是独立的，我们需要去掉一个。但可以证明，行列式可以唯一定义，并且不受赖德迈斯特移动的影响，所以它是纽结 K 的一个不变量，我们称之为 $\det(K)$。

因此，纽结 K 的 p 着色存在的条件是 $\det(K) = 0(\bmod p)$，或者等价地说 p 整除 $\det(K)$。换句话说，对于整除 $\det(K)$ 的素数 $p \geq 3$ 来说，K 是 p 色的。

当然，如果 $\det(K) = 1$，我们无法得到任何 p 着色，但这种情况很少见。对于纽结投影图中少于九个交叉点的每个纽结 K，$\det(K)$ 都是奇数且不等于 1。因此，对于少于九个交叉点的每个纽结 K，我们可以通过 p 着色找到一个简单的证明来说明 K 是打结的。例如，图 10.32 中给出了 8 字结的投影图，它的行列式是 5，因此它是 5 色的而不是 3 色的。这个图展示了一种 5 着色。

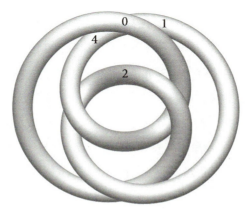

图 10.32　8 字结的着色

读者可以访问 Knot Atlas 网站，通过查询各种各样的纽结及其行列式来享受发现其着色证明的乐趣。

10.9　附注

本章的目的是表明拓扑学沿着可视化的概念和证明继续演化，正如它在发展的早期阶段一样。这并不是说拓扑学中没有产生其他的证明方法。事实上，拓扑学有两个截然不同的分支——**点集拓扑学**和**代数拓扑学**，它们已经发展出各自的证明方法，并传播到数学的其他分支。

点集拓扑学始于严格分析极限和连续的概念，最初在类似于 $\mathbb{R}^n$ 的空间中讨论，后来在一般**拓扑空间**中加以定义和研究。拓扑空间这一概念最初是由豪斯多夫（1914）在一本关于集合论的书中定义的，更多信息请参阅第 11.9 节，集合论（第 12 章）现在是点集拓扑学的基础的一部分。

代数拓扑学始于庞加莱 1895 年的一篇论文，该论文应用群论（基本群）和被称为**同调论**的一种交换代数来寻找高维对象的拓扑不变量。其中一个不变量是欧拉示性数，庞加莱将其推广到 n 维的对象。在 20 世纪 20 年代，埃米·诺特发现**同调群**是在庞加莱的同调论中得到的不变量的最佳封装，而同调群在各个维数都存在。

20 世纪 40 年代，艾伦贝格（Eilenberg）和麦克莱恩（MacLane）在如今所谓的**同调代数**中系统地研究了同调群（以及后来的上同调群）之间的复杂关系。这种代数的形式在 20 世纪 50 年代形成了自己的生命力，人们意识到"同调"可以用来探索代数对象，就像它能研究拓扑对象一样。同调代数的方法论被称为**范畴论**，其涵盖了各种数学，现在正与集合论争相竞逐数学概念的基础。然而，由于范畴论涉及更高层次的抽象，其背景对于本书来说过于高级，要是读者想了解更多关于范畴论的故事，我建议参考克勒默（Krömer 2007）或马奎斯（Marquis 2009）。

因此，在几个世纪里，拓扑学在数学中的作用已经从欧拉多面体公式这样的表面认识开始逐渐深入到其基础。最近，拓扑学通过**同伦类型论**更直接地融入数学的基础中，同伦类型论这个体系特别适合产生计算机可验证证明。

拓扑学也通过类比影响了数学的其他分支。例如，戴德金和韦伯（1882）将分歧点的概念应用到他们的代数函数理论中，这让他们在不需要借助连续性的情形下定义了黎曼面和亏格。这是由**黎曼 – 赫尔维茨公式**实现的，黎曼（1857）首先注意到这个公式，他用次数和在每个分歧点融合在一起的层数来表示亏格。代数数论中的"分歧"（ramification）概念将"分歧点"（branching）的类比扩展得更广。

第**11**章
算术化

到了 19 世纪中叶，为几何学和分析学寻找新的基础，至少有两个原因。分析学需要在微观层面上理解直线以建立连续函数的基本性质。几何学需要在任何维数上为欧几里得几何学和非欧几里得几何学建立共同基础。

1870 年至 1900 年，数学家在实数中找到了这样的基础，先是基于有理数，最终基于自然数而建立起来。这就是所谓的**算术化**运动，它非常成功，以至于庞加莱（1902：120）曾说：

> 如今，在分析学中只剩下自然数或者自然数的有穷或无穷的系统……

正如有人所言，数学已经被算术化了。

就像我们在第 8.4 节中所看到的，戴德金建立了一个基础，用有理数的集合来定义实数。将直线定义为 $\mathbb{R}$，为几何学和分析学的完全算术化铺平了道路：用自然数和自然数的集合来定义空间、连续函数和几何对象。集合第一次成为重要的数学对象。

算术化的一个优点是精确定义了连续曲线或曲面，其中包含了一些以前被视为"病态"的曲线和曲面。通过给予这些对象与普通曲线同等的地位，数学家们的直觉变得更加敏锐，其结果是更好地理解了这类"病态"对象，比如**空间填充曲线**。

11.1　$\mathbb{R}$ 的完备性

第 8 章介绍了波尔查诺的上确界性质，该性质描述了 $\mathbb{R}$ 的**完备性**，该章还说明了该性质是如何用戴德金分割给出的 $\mathbb{R}$ 的定义得到的。上确界性质是通过声明某个无穷过程导出一个实数来表示完备性的几个性质之一。下面将描述其中的两个性质，因为它们可由上确界性质推出，并且在分析中运用广泛。特别地，我们将在第 11.7 节中用到区间套的完备性。

区间套的完备性

为了避免赘述，我们将有界集合 S 的上确界记为 $\mathrm{lub}\,S$，下确界记为 $\mathrm{glb}\,S$（由 S 中每个元的相反数组成的集合的上确界的相反数）。

区间套性质：如果 $I_1 \supseteq I_2 \supseteq I_3 \supseteq \cdots$ 是长度趋于零的闭区间，那么 I_1，I_2，I_3，$\cdots$ 有一个公共点。

证明：令 $I_1 = [a_1,\ b_1]$，$I_2 = [a_2,\ b_2]$，$\cdots$，于是 $a_1 \leqslant a_2 \leqslant a_3 \leqslant \cdots \leqslant b_3 \leqslant b_2 \leqslant b_1$。因此，根据上确界性质，$\mathrm{lub}\{a_1,\ a_2,\ a_3,\ \cdots\}$ 和 $\mathrm{glb}\{b_1,\ b_2,\ b_3,\ \cdots\}$ 都存在。从而我们有

$$a_1 \leqslant a_2 \leqslant a_3 \leqslant \cdots \leqslant \mathrm{lub}\{a_1,\ a_2,\ a_3,\ \cdots\}$$
$$\leqslant \mathrm{glb}\{b_1,\ b_2,\ b_3,\ \cdots\} \leqslant \cdots \leqslant b_3 \leqslant b_2 \leqslant b_1$$

因此，$[\mathrm{lub}\{a_1,\ a_2,\ a_3,\ \cdots\},\ \mathrm{glb}\{b_1,\ b_2,\ b_3,\ \cdots\}]$ 中的任意 x 都属于区间 I_1，I_2，I_3，$\cdots$。如果区间 I_1，I_2，I_3，$\cdots$ 的长度趋于零，那么 $x = \mathrm{lub}\{a_1,\ a_2,\ a_3,\ \cdots\} = \mathrm{glb}\{b_1,\ b_2,\ b_3,\ \cdots\}$ 就是**唯一**的公共点。　　　　　　□

柯西完备性

定义：如果一个数列 c_1，c_2，c_3，$\cdots$ 有**极限** c，则我们称数列 c_1，c_2，c_3，$\cdots$ **收敛**，也就是说，c_n 随着 n 的增大而趋于 c。更准确地说，如果对于每一个数 $\varepsilon > 0$，都存在一个自然数 N，使得 $n > N \Rightarrow |c - c_n| < \varepsilon$，则称 c 是数列 c_1，c_2，c_3，$\cdots$ 的极限。

我们希望能在事先不知道一个数列的极限是什么的情况下判断其是否收敛。柯西（1821）给出的柯西收敛准则使之成为可能。同时，通过收敛的有理数序列，该准则也给出了实数的另一个定义。

柯西收敛准则：已知数列 $c_1, c_2, c_3, \cdots$，如果对于每一个 $\varepsilon > 0$，总存在一个 N，使得

$$m, n > N \Rightarrow |c_m - c_n| < \varepsilon$$

那么数列 $c_1, c_2, c_3, \cdots$ 收敛。

证明：如果数列 $c_1, c_2, c_3, \cdots$ 满足柯西收敛准则，那么存在一个自然数序列 $N_1 < N_2 < N_3 \cdots$ 使得

$$m, n > N_1 \Rightarrow |c_m - c_n| < \frac{1}{2},$$

$$m, n > N_2 \Rightarrow |c_m - c_n| < \frac{1}{4},$$

$$m, n > N_3 \Rightarrow |c_m - c_n| < \frac{1}{6}$$

等等。现在如果对于所有的 $m, n > N_1$，都有 $|c_m - c_n| < \frac{1}{2}$，这意味着当 $n > N_1$ 时，所有的 c_n 与 $c_{N_1} + 1$ 的距离都小于 $\frac{1}{2}$，从而这些 c_n 都位于长度为 1 的区间内。同样，对于 $N_2, N_3, \cdots$，我们得到了闭区间套

$$I_1，长度为 1，包含所有满足 n > N_1 的 c_n，$$

$$\supseteq I_2，长度为 \frac{1}{2}，包含所有满足 n > N_2 的 c_n，$$

$$\supseteq I_3，长度为 \frac{1}{3}，包含所有满足 n > N_3 的 c_n，$$

$$\vdots$$

其长度趋于零。根据区间套性质，这些区间包含一个公共点 c，显然 c 就是 $c_1, c_2, c_3, \cdots$ 的极限。 □

11.2　直线、平面和空间

$\mathbb{R}$ 的完备性确保了 $\mathbb{R}$ 可以作为几何学中直线的模型，因为 $\mathbb{R}$ 是"不间断的"或"没有间隙的"。由此，$\mathbb{R}^2$ 可以作为平面的模型，当我们将点 $\langle a_1, a_2 \rangle$ 和 $\langle b_1, b_2 \rangle$ 之间的**距离**定义为

$$\sqrt{(a_1 - b_1)^2 + (a_2 - b_2)^2}$$

时，$\mathbb{R}^2$ 也可作为欧几里得平面几何的模型。更一般地，$\mathbb{R}^n$ 可作为 **n 维欧几里得几何**的模型，其中点 $\langle a_1, a_2, \cdots, a_n \rangle$ 和 $\langle b_1, b_2, \cdots, b_n \rangle$ 之间的距离定义为

$$\sqrt{(a_1 - b_1)^2 + (a_2 - b_2)^2 + \cdots + (a_n - b_n)^2}$$

通过改变"距离"的定义，我们还可以将 $\mathbb{R}^n$ 的子集作为各种非欧几里得几何的模型。例如，**球面 $\mathbb{S}^2$** 的定义为：

$$\mathbb{S}^2 = \{\langle x, y, z \rangle \in \mathbb{R}^3 : x^2 + y^2 + z^2 = 1\}$$

在第 9.2 节中，通过用球面上的弧长定义"距离"，我们得到了**球面几何**。在第 9.5 节中，通过用伪球面上的弧长定义"距离"，我们可以把**双曲平面**定义为 $\mathbb{R}^2$ 中的圆盘，即

$$\mathbb{H}^2 = \{\langle x, y \rangle \in \mathbb{R}^2 : x^2 + y^2 < 1\}$$

正如在第 9.6 节中提到的，黎曼（1854b）基于 $\mathbb{R}^n$ 定义了非常一般的几何，其中距离由坐标的一个可微函数给出。因此，在一种非常广泛的意义下，几何能够基于 $\mathbb{R}$ 和微积分被算术化。微积分本身以 $\mathbb{R}$ 为基础，正如我们即将在对连续性、微分和积分的本质的探究中所见到的那样。

11.3　连续函数

第 8.3 节给出了波尔查诺对连续函数的定义，第 8.4 节证明了连续函数的一个

基本性质——介值定理。在那里，我们需要用它来讨论代数基本定理，但你也许还不清楚在波尔查诺那个时代之前，人们对连续函数的理解有多匮乏。下面我们将给出一点相关背景。

在古代，人们没有关于函数或曲线的一般概念，只有圆锥曲线和少量用几何条件定义的特定曲线。在 17 世纪，随着代数几何和微积分的发展，出现了可以用来描述曲线的解析式：用多项式来描述代数曲线，用微积分解析式（比如积分或无穷级数等）来描述一些超越曲线。此时是解析式令曲线产生，并且没有更多能清晰地定义曲线的一般方法了。

在这样的背景下，数学家们在试图描述曲线或"连续运动"的一般性质时，可能犯下错误也就不足为奇了。例如，牛顿（1671：71）曾认为连续运动在任何时刻都有明确的速度，就像连续速度的运动在任何时刻都有明确的距离一样。直到 19 世纪，这两种情况的区别才被弄清楚：连续函数不一定有导数（在任何地方！），但是连续函数（在一个闭区间上）一定有积分。

在连续函数被正确理解之前，数学家们不得不观察更多连续函数和非连续函数的例子，以便理解**函数**概念本身。在函数概念的发展历程中，一个重要的推动因素就是弦振动问题。

弦振动

在第 6.2 节，我们提到了拉紧的弦（如吉他弦）的振型。图 11.1 再次展示了它们。人类耳朵和大脑的一个非凡天赋就在于，我们（通过不同程度的技巧）可以同时听到不同的调式，从而识别出和弦中的不同音符。当一种乐器的弦被拨动时，所有的调式（原则上）都在某种程度上存在，各种调式的特殊混合就创造了这种乐器的独特音响。

如今，这一事实已众所周知，并被用于电子音乐中模拟或创造新的各种原生乐器。但是丹尼尔·伯努利（Daniel Bernoulli）在 1753 年已经猜测出任何振型都是基本振型之和，基本振型具有正弦曲线或余弦曲线的形状。

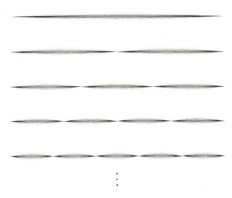

图 11.1　振型

除此之外，这似乎蕴含着任何连续函数都是形如 $a_n \cos n\pi x + b_n \sin n\pi x$ 的项的无穷和。傅里叶（Fourier 1822）有力地支撑了伯努利的直觉，他证明了

$$f(x) = \frac{1}{2} a_0 + \sum_{n=1}^{\infty} (a_n \cos n\pi x + b_n \sin n\pi x)$$

其中

$$a_n = \int_{-1}^{1} f(x) \cos n\pi x \, dx \text{ 且 } b_n = \int_{-1}^{1} f(x) \sin n\pi x \, dx$$

显然，$f(x)$ 现在可以是"任何可积函数"，而不用管形式上如何。1822 年，在数学上还不能给出傅里叶这一定理的确切含义。

11.4　定义"函数"和"积分"

在 19 世纪和 20 世纪早期，有一场函数概念和积分概念之间的争斗，数学家用极其不连续的函数挑战积分，而积分只能应对其中的大部分，但不是全部。从微积分诞生之日起，人们就假设连续函数是可积的。例如，第 6.7 节给出的微积分基本定理的证明就假设了这一点。诚然，那里给出的莱布尼茨风格的证明是值得怀疑的，因为其中使用了无穷小量，但这可用波尔查诺关于连续的定义（第 8.3 节）和所谓的**黎曼积分**来完善。

在转向研究黎曼积分之前，让我们回顾一下函数极限的概念，它隐含在波尔查诺关于函数在一点处连续的定义中，不过是柯西（1823）首先对此做了明确阐述（我们如今使用的 $\varepsilon-\delta$ 语言）。

定义：如果对于任意 $\varepsilon>0$，存在 $\delta>0$，使得当 $0<|x-c|<\delta$ 时，有 $|f(x)-l|<\varepsilon$，则称当 x **趋于** c **时，函数** $f(x)$ **的极限是** l。

我们也把这个关系写成：当 $x\to c$ 时，$f(x)\to l$，或 $\lim\limits_{x\to c}f(x)=l$。另外，如果 $f(c)=l$，则我们称 f **在点** $x=c$ **处连续**。最后，如果 f 在每一点 c 处都连续，其中 $a\leqslant c\leqslant b$，则我们称 f **在区间** $[a,b]$ **上连续**。

黎曼积分

如图 11.2 所示，引入**定积分**的通常方式是用有限多个矩形逼近 $y=f(x)$ 的图像下方的面积。我们用任意分点 $a=x_1<x_2<\cdots<x_n=b$ 将区间 $[a,b]$ 细分成小区间，并考虑如图所示的各个矩形面积 $(x_{i+1}-x_i)f(x_i)$ 之和。如果当所有矩形中的最大的宽 $x_{i+1}-x_i$ 趋于零时，如此得到的这些和趋于一个值 I，那么 I 就是定积分 $\int_a^b f(x)\,\mathrm{d}x$ 的值，并称 f 在 $[a,b]$ 上是**黎曼可积**的。

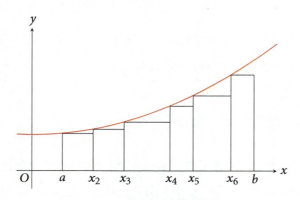

图 11.2　用矩形逼近曲边形区域

这个思想可以追溯到阿基米德，更形式化的说法是由柯西（1823）和黎曼（1854a）给出的。他们的定义基于一种直觉，即当矩形的最大宽度趋于零时，所有小矩形的总面积与区域面积之差也趋于零。这种直觉对于连续函数是正确的，尽管其严格证明依赖于**一致连续性**，而不仅仅是连续性，我们将在第 11.6 节中看到这一点。

黎曼积分似乎是为连续函数量身定制的，它对于一些极其不连续的函数显然是失效的，比如狄利克雷（Dirichlet 1829）[1]引入的函数：

$$d(x) = \begin{cases} 1, & \text{若 } x \text{ 是有理数} \\ 0, & \text{若 } x \text{ 是无理数} \end{cases}$$

如果对每个 $x_i \neq a, b$，我们都将其选为有理数，那么除了第一个小矩形外，余下的所有小矩形的高度都是 1，并且（无论 a 或 b 是否为有理数），当最大宽度 $x_{i+1} - x_i$ 趋于零时，这些小矩形面积之和趋于 $b - a$。但如果对每个 $x_i \neq a, b$，我们都将其选为无理数，则这些小矩形面积的和趋于零。因此，不存在一个值 I，使得所有的和都趋于它。

然而，黎曼积分实际上对某些类似于狄利克雷函数那样的非连续函数也有效。例如，定义在 [0, 1] 上的托梅（Thomae 1879）函数[2]是：

$$t(x) = \begin{cases} \dfrac{1}{q}, & \text{若 } x = \dfrac{p}{q} \text{ 是既约真分数} \\ 0, & \text{若 } x \text{ 是无理数} \end{cases}$$

图 11.3〔作者拉斯·罗威德尔（Lars Rohwedder），来自维基百科〕展示了由细黑条组成的托梅函数的积分的逼近。

给定任意自然数 n，对于 $q < n$，区间 [0, 1] 中只有有穷多个有理点 $x = \dfrac{p}{q}$。在每一个这样的点处，竖起一个高为 $\dfrac{1}{q}$ 的矩形，使得这些矩形非常窄，以至于它们的总面积最多为 $\dfrac{1}{n}$。在区间 [0, 1] 中的所有其他点处，高为 $\dfrac{1}{n}$ 的矩形就足以覆盖图

---

[1]　使用这个函数，我们得到了一个函数 f 的值 $f(x) = y$ 可以与 x 的值任意配对的想法。这意味着一个函数 f 是一个任意的有序对 $\langle x, y \rangle$ 组成的集合，满足每一个 x 只对应一个 y。但是，完全接受这一想法还需先接受集合的概念，我们将在下一章描述集合的概念。

[2]　这个函数也被称为黎曼函数。——译者注

像，因此一个高为 $\dfrac{1}{n}$、宽为 1 的矩形就可以覆盖图像上的这些点。因此，托梅函数的整个图像可以被总面积至多为 $\dfrac{2}{n}$ 的矩形所覆盖。我们现在可以取 n 使得 $\dfrac{2}{n}$ 足够小，这就得出托梅函数 t 的积分 $\int_0^1 t(x)\mathrm{d}x = 0$。

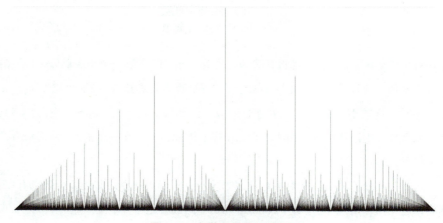

图 11.3　托梅函数的矩形逼近

需要强调的是，我们只关注定义在闭区间 $[a,\ b] = \{x \in \mathbb{R} : a \leqslant x \leqslant b\}$ 上的函数。即使是连续函数，在开区间或半开区间上也可能没有黎曼积分。最简单的例子是区间 $(0,\ 1] = \{x : 0 < x \leqslant 1\}$ 上的函数 $\dfrac{1}{x}$。因为当 $\dfrac{1}{n}$ 趋于 0 时，

$$\int_{\frac{1}{n}}^1 \frac{\mathrm{d}x}{x} = \ln n$$

趋于无穷大，所以其在 $(0,\ 1]$ 上的积分不存在。问题出在函数 $\dfrac{1}{x}$ 在区间 $(0,\ 1]$ 上是无界的。它是连续的，但不是一致连续的，正如我们将在第 11.6 节所看到的，问题的产生源于缺乏一致连续性。

勒贝格测度和勒贝格积分

由于有界函数是否存在黎曼积分似乎很难辨别，因此需要一个更强大的积分概念来更好地处理非连续函数。这样的积分由勒贝格（Lebesgue 1902）提出，被

称为**勒贝格积分**。

勒贝格积分基于**勒贝格测度**，勒贝格测度赋予直线上的集合长度，赋予平面内的集合面积，以此类推。由于单变量的正值函数 f 的积分可以被看作 $y = f(x)$ 的图像下方区域的面积，因此勒贝格测度是需要理解的主要概念。对于直线上的集合，勒贝格测度函数 μ 由以下简单条件定义（这可以用显然的方式推广到平面和更高维）。

基本集合的测度：区间 $[a, b]$ 的测度为 $\mu([a, b]) = b - a$。

取补：如果 $S \subseteq T$ 且 $\mu(S)$ 和 $\mu(T)$ 都存在，那么

$$\mu(T - S) = \mu(T) - \mu(S)$$

其中 $T - S = \{x \in \mathbb{R} : x \in T, x \notin S\}$。

可数可加性：如果 S 是不相交集合 $S_1, S_2, S_3, \cdots$ 的并集，$S_1, S_2, S_3, \cdots$ 的测度分别为 $\mu(S_1), \mu(S_2), \mu(S_3), \cdots$，且其和存在，那么

$$\mu(S) = \mu(S_1) + \mu(S_2) + \mu(S_3) + \cdots$$

零测集：测度为零的集合的任何子集的测度为零。

根据这些条件可得到一些简单的结论：

1. 一个点的测度为 0，因为

$$\{c\} = [c, c] \text{ 而 } \mu([c, c]) = c - c = 0$$

2. 区间 $(a, b]$, $[a, b)$, (a, b) 的测度都为 $b - a$。例如 $(a, b] = [a, b] - \{a\}$，因此

$$\mu((a, b]) = \mu([a, b]) - \mu(\{a\}) = b - a - 0 = b - a$$

3. **可数集** $S = \{c_1, c_2, c_3, \cdots\}$ 的测度为 0，因为

$$\mu(S) = \mu(\{c_1\}) + \mu(\{c_2\}) + \mu(\{c_3\}) + \cdots = 0 + 0 + 0 + \cdots = 0$$

最后一个结论表明某些无穷集的测度为零，这也可以由以下论证来支持。给定点列 $c_1, c_2, c_3, \cdots$，我们可以用长度为 $\dfrac{\varepsilon}{2}$ 的区间覆盖 c_1，用长度为 $\dfrac{\varepsilon}{4}$ 的区间覆盖

c_2，用长度为 $\dfrac{\varepsilon}{8}$ 的区间覆盖 c_3，以此类推。那么整个集合 $S = \{c_1,\ c_2,\ c_3,\ \cdots\}$ 能由长度至多为 ε 的区间覆盖，而 ε 可以尽可能小。因此，唯一可以合理地赋给 S 的测度为零。

首先，令人惊讶的是，[0, 1] 中的所有有理点组成形如 $S = \{c_1,\ c_2,\ c_3,\ \cdots\}$ 的集合，因此其测度为零。为了看到这一点，可以按照以下顺序排列这些有理点，即根据相应分数的分母对它们进行分组：

$$0,\quad 1,\quad \frac{1}{2},\quad \frac{1}{3},\ \frac{2}{3},\quad \frac{1}{4},\ \frac{3}{4},\quad \frac{1}{5},\ \frac{2}{5},\ \frac{3}{5},\ \frac{4}{5},\quad \cdots$$

这极大地改变了上一节中狄利克雷函数 $d(x)$ 的面貌。$d(x)=1$ 的点组成勒贝格测度为零的集合，所以其图像下方区域的面积，即 $d(x)$ 从 0 到 1 的勒贝格积分，也是零。因此，并非黎曼可积的 $d(x)$ 却是勒贝格可积的，而且其积分为零。

这个结论促生了一种希冀：几乎所有的函数——或者至少有界区间上的有界函数——都是勒贝格可积的。这是一个合理的希冀，但要解释它是否成立要依赖集合论，我们将在接下来的三章中讨论。

评注： 最后需要补充的是，勒贝格测度很好地解释了哪些有界函数是黎曼可积的：在除了一个零测集之外的地方都是连续的有界函数是黎曼可积的。因此，黎曼可积函数实际上接近于连续；在勒贝格测度的意义下，它们是"几乎处处"连续的。这一结论归功于勒贝格（1902），它的一个证明参见史迪威（2013：201）。

例如，托梅函数 t 在每一个无理点 $c \in [0, 1]$ 处都是连续的。这是因为对于任意一个正整数 n，所有足够接近 c 的有理点的分母至少可以取到 n，在这种情况下，这些点对应的 $t(x)$ 的值最大为 $\dfrac{1}{n}$。这意味着当 $x \to c$ 时，$t(x)$ 的极限是 $0 = t(c)$，所以 t 在 $x = c$ 处连续。因此，$t(x)$ 在除了有理点以外的点处都是连续的，并且这些有理点组成一个零测集。[①]

---

① 不同的是，狄利克雷函数在所有点处都不连续。因此，跟初看起来不同，托梅函数没有狄利克雷函数那么不连续。

11.5 连续性和可微性

第 11.3 节提到微积分的创始人并没有预见到 19 世纪才为人所知的连续函数、可微函数和可积函数之间的细微区别。特别是，由于对函数持狭隘的概念，他们没有意识到连续函数可能是无处可微的。显然，波尔查诺在 19 世纪 30 年代才首次注意到这一事实，黎曼、魏尔斯特拉斯和其他分析学家也给出了具体的例子。这些例子及更多其他例子参见蒂姆（Thim 2003）。

这些分析学家给出的例子是正弦和余弦的无穷和，正弦和余弦在他们那个时代的分析学中看起来几乎是"正常的"。例如，达布（Darboux 1875）说明了函数

$$\sum_{n=1}^{\infty} \frac{\sin(n+1)!x}{n!} \qquad (*)$$

是处处连续但处处不可微的。（*）中的正弦函数的作用是制造"波浪状的波"。第一项是一个正弦波，第二项将其变形成更小的波组成的波，第三项将第二项中更小的波变形成更多小得多的波，以此类推。图 11.4 展示了该函数的前三个逼近情况（分别是黑色、红色、蓝色曲线）。

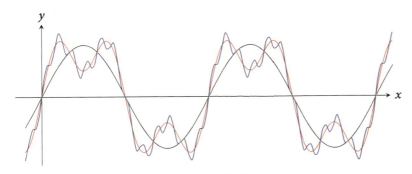

图 11.4 达布函数的逼近

由于波的振幅迅速减小，因此无穷和存在且连续。但因为波长同样迅速减小，曲线在任何尺度上看起来都是"波浪状的"，所以在任何一点处都不可能有切线。我希望这种非形式化的论证让这一结论看起来是可信的，但需要一些相当精巧的

分析才能使其严谨。

当正弦波被简单的锯齿波代替时，可以给出更具说服力的例子。这本质上是波尔查诺给出的，但最简单的例子来自由冯·科赫（von Koch 1904）。科赫曲线也以雪花曲线著称，它不是一个函数的图像，而是平面内的一条封闭曲线。如图 11.5 所示，这是一个过程的极限，此过程从一个等边三角形开始，然后用四条边的折线路径替换每条边。新的多边形中的每条边都被类似地无穷替换下去。由于每条新边的长度都是所替换的边的 $\frac{1}{3}$，因此这个过程是收敛的，执行几步后，我们可以看到一条连续的极限曲线显露出来。（为简单起见，图 11.6 只展示了该曲线的三分之一，即替换等边三角形的一条边后的结果。）

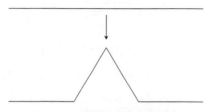

图 11.5　科赫曲线的替换过程

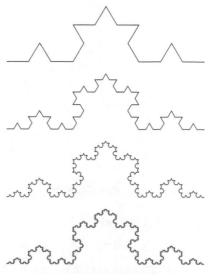

图 11.6　科赫多边形序列

雪花曲线之美在于其**自相似性**。也就是说，如果取极限曲线最左边的四分之一，并将其放大 3 倍，所得到的曲线与整条曲线恰好完全相同。这是因为图 11.5 的替换多边形中，四条边中最左边的大小是被替换的边的 $\frac{1}{3}$，但其经历了完全相同的替换过程，因此会产生相同的曲线，只不过大小为原来的 $\frac{1}{3}$。

所以，如果我们把雪花曲线重复放大 3 倍，将继续看到同样的情况。与上面的达布函数（*）的情形不同，我们找到一种精确的意义，在这种意义下，雪花曲线"在任何尺度上都是波浪状的"。特别地，这条曲线放大后，在任何一点处都不会变平坦，因为只有当它有切线时才会变平坦。

11.6 一致性

虽然波尔查诺是 19 世纪初关于微积分基础最敏锐的思想家，但他的工作直到 20 世纪中叶才产生影响，因为他的大部分作品未发表或不为人所知。第一批有影响力的著作来自柯西（1821，1823），这些著作重新发现了波尔查诺关于极限和连续性的一些想法。基于巴黎综合理工学院的讲座，柯西首次对极限、收敛、连续、微分和积分进行了全面而严格的处理，但其中也包含了一个著名的错误：柯西（1821）声称证明了一个连续函数的收敛级数的和也是连续的。

为了看出为什么这是错的，首先考虑连续的"尖峰"函数（图 11.7）的序列：

$$
s_n(x) = \begin{cases} 0, & \text{若} x < -\dfrac{1}{n} \\[2mm] nx+1, & \text{若} -\dfrac{1}{n} \leqslant x \leqslant 0 \\[2mm] -nx+1, & \text{若} 0 \leqslant x \leqslant \dfrac{1}{n} \\[2mm] 0, & \text{若} x > \dfrac{1}{n} \end{cases}
$$

因为当 $x \neq 0$ 时，对于所有足够大的 n 都有 $s_n(x)=0$，又因为对于所有的 n 都有 $s_n(0)=1$，所以这个序列收敛于非连续函数

$$s(x) = \begin{cases} 1, & \text{若}\, x = 0 \\ 0, & \text{若}\, x \neq 0 \end{cases}$$

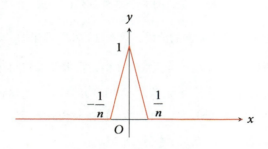

图 11.7　尖峰函数 $s_n(x)$

现在，为了得到一个级数而不是一个序列，我们令

$$u_n(x) = s_n - s_{n-1}\,,\quad \text{其中}\, s_0 = 0$$

所以 $u_n(x)$ 是一个连续函数，并且

$$s_n = u_1 + u_2 + \cdots + u_n$$

于是，我们得到的不是收敛序列 $s_1(x),\, s_2(x),\, s_3(x)\cdots$ ，而是这个连续函数的收敛级数

$$u_1 + u_2 + u_3 + \cdots$$

根据定义，其和是 $\lim\limits_{n\to\infty} s_n$。正如我们所看到的，这个极限就是非连续函数 $s(x)$。

一致收敛

在接下来的几十年里，柯西的错误被慢慢地发现并纠正，同时也遇到了一些涉及无穷序列和级数的相关困难。比如说，其中包括逐项积分和逐项微分，它们曾被早期的微积分倡导者们（如牛顿和欧拉）认为是理所当然的。详细情况参见格拉比内（Grabiner 1981）或格雷（Gray 2015）。简而言之，控制连续函数的无穷过程所需的工具是**一致性**。具有一致性和不具有一致性的情况可以用上一节中的连续函数序列来说明。

函数序列 $s_1(x)$, $s_2(x)$, $s_3(x)$, … 在下述意义下以非一致的方式收敛于其极限 $s(x)$。函数 $s_n(x)$ 不能对所有的 x 值"接近"极限函数。特别是，

$$s_n\left(-\frac{1}{2n}\right) = \frac{1}{2}, \ \text{而} \ s\left(-\frac{1}{2n}\right) = 0$$

另外，假设连续函数序列 $f_1(x)$, $f_2(x)$, $f_3(x)$, … **一致收敛**于一个函数 $f(x)$。也就是说，对于每一个 $\varepsilon > 0$，存在一个 N 使得

当 $n > N$ 时，对所有的 x，都有 $|f(x) - f_n(x)| < \varepsilon$

在这种情况下，我们可以证明 f 是一个连续函数[①]。该证明是一个简单的 " $\frac{\varepsilon}{2} + \frac{\varepsilon}{2}$ " 式的论证：为了确保当 $x \to a$ 时 $f(x) \to f(a)$，根据一致收敛性，我们首先选择 N，使得

对所有的 $n > N$ 以及所有的 x，都有 $|f(x) - f_n(x)| < \frac{\varepsilon}{2}$

接着使用 f_n 的连续性选择 δ，使得

对所有满足 $|x - a| < \delta$ 的 x，都有 $|f_n(x) - f_n(a)| < \frac{\varepsilon}{2}$

如此选择的 N 和 δ 给出

$$|f(x) - f(a)| \leqslant |f(x) - f_n(x)| + |f_n(x) - f_n(a)| < \frac{\varepsilon}{2} + \frac{\varepsilon}{2} = \varepsilon$$

于是得到所需的 $f(x) \to f(a)$。

[①] 一个类似的论证可以证明黎曼可积函数的一致收敛序列的极限是黎曼可积的。然而，对应的可微性的结论是错误的，如达布函数 $\sum_{n=1}^{\infty} \frac{\sin(n+1)!x}{n!}$。这个级数的每一项都是可微的，因为其项迅速递减，所以是一致收敛的，其和却是不可微的。

关于序列的这个结论可以相应地迁移到级数上。我们称级数

$$u_1(x) + u_2(x) + u_3(x) + \cdots$$

一致收敛于 $u(x)$，如果序列 $s_1(x)$, $s_2(x)$, $s_3(x)$, $\cdots$ 一致收敛于 $u(x)$，其中

$$s_n = u_1 + u_2 + \cdots + u_n$$

因此，连续函数的一致收敛级数 $u_1(x) + u_2(x) + u_3(x) + \cdots$ 的和 $u(x)$ 是连续的。在 19 世纪 70 年代，魏尔斯特拉斯在柏林大学的讲座中发展了这些结果，以及关于连续函数的其他基本结果。

一致连续

一致性的思想也可以应用于单个连续函数。连续函数是否一致连续通常取决于定义域。除了"对所有的 a"的位置之外，该定义与连续的定义几乎是相同的。

定义：如果对每一个 $\varepsilon > 0$，存在 $\delta > 0$，使得对所有的 $a, x \in D$，

$$|x - a| < \delta \text{ 蕴含 } |f(x) - f(a)| < \varepsilon$$

则称函数 f 在定义域 D 上**一致连续**。

根据定义，对每一个 $a \in D$，当 $x \to a$ 时，有 $f(x) \to f(a)$，所以 f 在 D 中每一点处当然是连续的，这也是所谓的 f 在 D 上是连续的。[①] 然而，连续函数不一定是一致连续的。例如开区间 $(0, 1) = \{x \in \mathbb{R} : 0 < x < 1\}$ 上的函数 $f(x) = 1/x$。这个函数在每一个 $a \in (0, 1)$ 处都是连续的，但不是一致连续的，因为当 a 趋于 0 时，对于 $|x - a| < \delta$，我们需要越来越小的 δ 才能保持 $\left| \dfrac{1}{x} - \dfrac{1}{a} \right|$ 小于给定的 ε。

然而，我们在下一节中将看到连续函数 f 在闭区间 $[a, b] = \{x \in \mathbb{R} : a \leqslant x \leqslant b\}$ 上是一致连续的。这个结论是证明闭区间上每个连续函数都黎曼可积的关键。

---

① 因此，在 D 上连续的定义是："对每一个 $a \in D$ 和每一个 $\varepsilon > 0$，存在 $\delta > 0$，使得对于每一个 x，……"而一致连续性的定义是："对每一个 $\varepsilon > 0$，存在 $\delta > 0$，使得对所有的 a 和 x，……"在连续性中，δ 取决于 a 和 ε；在一致连续性中，δ 只取决于 ε。

11.7　紧致性

是什么使闭区间 $[a, b]$ 上的连续函数变得一致连续了呢？答案是**紧致性**，这一性质在 19 世纪并没有被清楚地意识到，弗雷歇（Fréchet 1906）首次给出了其定义。在更一般地阐明紧致集（简称紧集）的本质之前，我们将集中讨论闭区间和一致连续性的情况。

第一个给出闭区间上连续函数的一致连续性的明确证明的似乎是海涅（Heine 1872），但海涅并没有完全意识到闭区间对于保证一致性所起的决定性作用。博雷尔（Borel 1895）重新发现了相关性质，并使其更加清晰，由此得出一个用两人姓氏共同命名的定理。

海涅 – 博雷尔定理

这个定理只依赖于开区间和闭区间的基本性质，但它涉及一个有趣的反复平分的无穷过程，我们将在后面再次看到这个过程。

海涅 – 博雷尔定理：如果闭区间 $I = [a, b]$ 被一族开区间 $J_k = (c_k, d_k)$ 所覆盖，也就是说，$[a, b]$ 中的任意 x 都在某个 (c_k, d_k) 中，那么有限多个开区间 J_k 也能覆盖 $[a, b]$。

证明：假设有无穷多个开区间 J_k，否则结论显然成立。为了得到矛盾，假设任何有限多个 J_k 都不能覆盖 $[a, b]$。在这种情况下，I 的两个（闭的）分半区间

$$I' = \left[a, \frac{a+b}{2}\right],\ I'' = \left[\frac{a+b}{2}, b\right]$$

中之一也不能被有限多个 J_k 所覆盖。

令 I' 和 I'' 中不能被有限多个 J_k 覆盖的最左端的区间为 I_1，并对 I_1 重复上述过程。从而闭区间 I_1 有一个分半闭区间 I_2，也不能被有限多个 J_k 所覆盖，以此类推。因此，我们得到了一个无穷的闭区间序列

$$I \supset I_1 \supset I_2 \supset I_3 \supset \cdots$$

其中每一个区间都是前一个区间的一半，且任何一个区间都不能被有限多个 J_k 覆盖。

根据第 11.1 节的闭区间套性质，闭区间 $I, I_1, I_2, I_3, \cdots$ 有一个公共点 y。因为一族区间 J_k 覆盖了区间 I，从而 y 属于某个特定的 J_k。但由于 J_k 是一个开区间，因此任何包含 y 的充分小的闭区间也在 J_k 中。特别地，存在某个 $I_l \subset J_k$，所以 J_k 覆盖 I_l，这与我们刚刚证明的其不能被有限多个 J_k 覆盖矛盾。

这意味着我们最初的假设（不存在有限多个 J_k 覆盖 I）是错误的。因此，有限多个开区间 J_k 能覆盖 $[a, b]$。 □

闭区间的海涅 – 博雷尔性质如今被认为是紧致性的定义性质。

定义：$\mathbb{R}$ 的一个子集 S 称为**紧集**，如果覆盖 S 的任何一族开区间都存在有限多个开区间 $I_1, I_2, \cdots, I_n$ 也能覆盖 S。

因此，闭区间是紧集，但许多更复杂的集合也是紧集，其中的一些我们将稍后讨论。紧致性这一概念以一种自然的方式推广到任意维的欧几里得空间 $\mathbb{R}^n$ 中，甚至能推广到比 $\mathbb{R}^n$ 更一般的空间—— 一般**拓扑空间**（第 11.9 节）中。不过，一般拓扑学① 的萌芽已经蕴含在 $\mathbb{R}$ 之中了。

闭区间上的一致连续性

如果 f 是 $[a, b]$ 上的连续函数，那么根据第 11.4 节连续的定义，对每一个 $c \in [a, b]$ 和每一个 ε，存在 δ_c 使得

$$当 |x - c| < \delta_c 时，有 |f(x) - f(c)| < \varepsilon$$

正如前一小节的脚注所述，这并不是说 f 在 $[a, b]$ 上是一致连续的，因为 δ_c 依赖于 c，而一致连续性要求一个单独的 δ。不过，海涅 – 博雷尔定理允许我们用有穷多个 δ_c 来达成目标，从这些值出发，我们可以得到一个单独的 δ，详见下面的证明。

闭区间上的连续性：如果 f 是定义在闭区间 $[a, b]$ 上的连续函数，那么 f 在 $[a, b]$ 上是一致连续的。

---

① 也被称为点集拓扑学。——译者注

证明：给定一个 $\varepsilon > 0$，对每一个 $c \in [a, b]$，存在一个 $\delta_c > 0$，使得

$$当\ |x - c| < \delta_c\ 时，有\ |f(x) - f(c)| < \frac{\varepsilon}{2}$$

（选择 $\frac{\varepsilon}{2}$ 的原因是我们最终要将两个 $\frac{\varepsilon}{2}$ 相加。）如果我们令 $I_c = (c - \delta_c,\ c + \delta_c)$，那么 I_c 是一个开区间，并且当 c 取遍 $[a, b]$ 时，所有的 I_c 能覆盖 $[a, b]$。因此，根据海涅-博雷尔定理，存在有限的一族开集 $I_{c_1}, I_{c_2}, \cdots, I_{c_n}$ 也能覆盖 $[a, b]$。因为 I_{c_j} 都是开区间，所以其中的任何两个或者不相交，或者交集为一个有限开区间。我们令

$$\delta = 交集的最小长度的\ \frac{1}{2}$$

我们现在通过说明对任意 $d \in [a, b]$，当 $|x - d| < \delta$ 时，有 $|f(x) - f(d)| < \varepsilon$，来证明一致连续性。令 I_{c_j} 是覆盖 d 的一个区间。如果也有 $x \in I_{c_j}$，那么根据 c_j 的定义，我们有

$$|f(x) - f(c_j)| < \frac{\varepsilon}{2}\ 和\ |f(c_j) - f(d)| < \frac{\varepsilon}{2}$$

因此

$$|f(x) - f(d)| = |f(x) - f(c_j) + f(c_j) - f(d)| \leqslant |f(x) - f(c_j)| + |f(c_j) - f(d)| < \frac{\varepsilon}{2} + \frac{\varepsilon}{2} = \varepsilon$$

如果 x 不属于 I_{c_j}，那么，由于 $|x - d| < \delta$，因此 x 属于某个与 I_{c_j} 相交的 I_{c_k}。因为 x 超过了交集的中间位置，所以 d 也必然属于 I_{c_k}，此时，用 c_k 替换 c_j 进行如上论证即可。从而，我们再次得到 $|f(x) - f(d)| < \varepsilon$。 $\square$

连续函数的黎曼可积性

一致连续性是保证黎曼可积的理想性质，因此，上一节中的定理确保了连续函数在闭区间上的黎曼可积性。

连续函数的黎曼可积性：如果 f 在闭区间 $[a, b]$ 上连续，则黎曼积分 $\int_a^b f(x) \mathrm{d}x$ 存在。

证明：因为 f 在 $[a, b]$ 上是一致连续的，所以对任意 $\varepsilon > 0$，存在 $\delta > 0$，使得对任意 x_1, $x_2 \in [a, b]$，当 $|x_1 - x_2| < \delta$ 时，有 $|f(x_1) - f(x_2)| < \varepsilon$。因此，如果我们将 $[a, b]$ 划分为长度小于 δ 的若干区间，那么在每个区间内，$f(x)$ 的上确界和下确界（两者都存在，因为对于这样一个区间 $[c, d]$，$f(x)$ 的值以 $f(c) \pm \varepsilon$ 为界）的差不超过 ε。

因此，如果我们在每个子区间 I 上作高为 $\mathrm{lub}\{f(x) : x \in I\}$ 的上矩形与高为 $\mathrm{glb}\{f(x) : x \in I\}$ 的下矩形，那么这些上矩形面积之和（上和）与下矩形面积之和（下和）的差至多为 $(b - a)\varepsilon$。

这意味着，当 $\varepsilon \to 0$ 时，上和与下和有相同的极限，即 $\int_a^b f(x)\mathrm{d}x$。 $\qquad\square$

最值定理

紧致性让连续函数的行为变得更好的另一个方面在于，它还保证了连续函数的最大值和最小值存在。

最值定理：如果 f 是闭区间 $[a, b]$ 上的连续函数，那么 f 能取到最大值和最小值。

证明：从上述证明的 f 在 $[a, b]$ 上的一致连续性可知，f 在 $[a, b]$ 上是有界的。为了看到这一点，将 $[a, b]$ 划分为有穷多个（n 个）子区间，在每个子区间上，$f(x)$ 的值的变化不超过 ε。从而，在整个 $[a, b]$ 上，$f(x)$ 的值介于 $f(a) - n\varepsilon$ 和 $f(a) + n\varepsilon$ 之间。

上确界原理给出两个值

$$u = \mathrm{lub}\{f(x) : x \in [a, b]\},\ l = \mathrm{glb}\{f(x) : x \in [a, b]\}$$

所以，接下来只需证明 $f(x)$ 确实能取到这两个值。使用反证法，假设 $f(x)$ 取不到 u。那么对于所有的 $x \in [a, b]$，连续函数 $u - f(x)$ 都是正的，于是函数 $g(x) = 1 / (u - f(x))$ 是连续的。但是 $g(x)$ 是无界的，因为 $f(x)$ 的值可以任意接近它的上确界 u。

这与第一段中证明的连续函数的有界性矛盾，所以我们假设 $f(x)$ 取不到 u 是错误的。因此，u 实际上是 f 在 $[a, b]$ 上的最大值。类似可证 l 是其最小值。 $\qquad\square$

使用在证明海涅－博雷尔定理中用到的将区间二分的过程，可以更直接地证明连续函数 f 在 $[a, b]$ 上的有界性。使用反证法，假设 f 在 $[a, b]$ 上无界，那么 f 在 $[a, b]$ 的一个分半闭区间 I_1 上也是无界的。同样，f 在 I_1 的一个分半闭区间 I_2 上是无界的，在 I_2 的一个分半闭区间 I_3 上也是无界的，以此类推。

这些区间 $I_1 \supset I_2 \supset I_3 \supset \cdots$ 有唯一一个公共点 c。因为 f 是连续的，所以它在某个开区间 $I = (c - \delta,\, c + \delta)$ 内的值以 $f(c) \pm \varepsilon$ 为界。又因为 I 是开集，所以它包含了其中一个 I_n，从而得到矛盾。 □

最值定理也适用于平面上的连续函数，例如关于多项式 p 的函数 $|p(z)|$，这出现在达朗贝尔 – 阿尔冈关于代数基本定理的证明中（第 8.2 节）。在这种情况下，我们要在闭圆盘 $\{z : |z| \leqslant R\}$ 这个紧集上寻找 $|f(z)|$ 的最小值。

这与最值定理的上述版本很接近，只是我们的连续实值函数 $|f(z)|$ 的定义域是闭圆盘而不是区间。我们可以通过稍加修正来克服证明中的困难：

- 将在半径为 R 的圆盘上寻找最小值替换为在包含这个圆盘的边长为 $2R$ 的正方形上寻找最小值；
- 将区间分半替换为把正方形四等分；
- 将用长度趋于 0 的区间套来确定一个点替换为用边长趋于 0 的正方形套来确定一个点。

那么如果 f 在正方形上是无界的，它就在某个四分之一的正方形上是无界的，接下来可以像上面的最值定理的证明过程那样进行论证。

因此，当魏尔斯特拉斯在 19 世纪 70 年代最终给出了介值定理和最值定理的严格证明时，通向代数基本定理的漫漫长路终于结束了。

11.8　编码连续函数

了解实数和连续函数在分析学中的作用后，我们现在回到本章开头引用的庞加莱的话。当他说分析学已经被化归为自然数和自然数的有穷或无穷系统时，他的意思是什么呢？

我们已经看到，分析学可以化归为实数和连续函数，但这些都是如何化归为自然数和自然数的无穷系统的呢？从自然数到连续函数的主要步骤如下。

1. 从自然数 0, 1, 2, 3, …出发，当我们把 ⟨m, n⟩ 解释为 m − n 时，就从自然数的有序对中得到了**整数**。例如，−1 可以用有序对 ⟨0, 1⟩, ⟨1, 2⟩, ⟨2, 3⟩, … 表示。所以一个整数实际上是数对 ⟨a, b⟩ 的一个等价类，其中 ⟨a, b⟩ 等价于 ⟨c, d⟩，当且仅当 b − a = d − c（或用加法表述该条件，写作 a + d = b + c）。

2. 从整数出发，我们得到作为分数 $\frac{m}{n}$ 的**有理数**，其中 m, n 是整数，n ≠ 0。同样，有理数实际上是分数的一个等价类，其中 $\frac{m}{n}$, $\frac{p}{q}$ 表示相同的有理数，当且仅当 mq = np。所以如果我们把每个分数 $\frac{m}{n}$ 解释为一个有序整数对 ⟨m, n⟩，那么每个有理数就是这样的对的等价类。

3. 每个**实数** α 都可以用一个无穷的有理数组成的集合表示，例如，定义 α 的戴德金分割的下界集。在这里，无穷集才以一种非常本质的方式进入讨论之中。整数和有理数的定义中涉及的无穷集都可以用一个代表元代替，例如，有理数用既约分数表示。但是没有办法用单个数来表示无理数的下界集。[①]

   另一种表示实数的方式是**十进制小数展开式**，当我们想要表示实数的无穷序列时，这种方式特别有用。特别地，0 和 1 之间的每个数都可以用 0.000… 和 0.999… 之间的十进制小数表示。每一个这样的展开式都可以被看作由有序对 < n, d_n > 组成的一个无穷集，其中 n 是正整数，d_n 是 α 的小数点后第 n 位数字，是 0 和 9 之间的一个整数。

4. 于是，[0, 1] 中的一个无穷数列 $\alpha_1, \alpha_2, \alpha_3$, … 可以被看作小数组成的数阵，如图 11.8 所示。

---

① 不仅没有明显的办法，而且根本没有办法。这是因为戴德金分割的下界集中的元都是有理数，而我们将在下一章中看到无理数比有理数更多。

$$\alpha_1 = 0.1\,1\,1\,1\,1\cdots$$
$$\alpha_2 = 0.1\,2\,1\,2\,1\cdots$$
$$\alpha_3 = 0.7\,8\,0\,5\,3\cdots$$
$$\alpha_5 = 0.0\,1\,0\,2\,0\cdots$$
$$\alpha_5 = 0.4\,8\,1\,6\,3\cdots$$
$$\vdots$$

$$\alpha = 0.111\,721\,118\,041\,021\cdots$$

图 11.8　用一个十进制小数编码数阵

这个数阵可以用一个无穷十进制小数 α 来编码，α 的每一位数字是如图所示的 "Z" 字形路径上连续遇到的数字。根据同样的想法，也可以用一个实数来编码任何实数序列，但在这里我们略过细节。

5. 最后，一个连续函数 f 由其在有理数上的值所确定。这是因为任何实数 x 都是有理数序列 r 的极限，并且 $f(x) = \lim\limits_{r \to x} f(r)$。同时，将第 11.4 节中列出 $[0, 1]$ 中有理数的想法稍加变化，有理数就可以按顺序排成序列 r_1, r_2, r_3, $\cdots$。即首先列出分数 $\dfrac{m}{n}$，其中 m, n 是正整数且 $m + n = 2$，然后列出 $m + n = 3$ 的分数，以此类推。最后，再交替列出其相反数 $-\dfrac{m}{n}$ 与 0。

因此，任何连续函数 f 都由数列 $\alpha_n = f(r_n)$ 决定，最后可以通过上述的 "Z" 字形过程用单个数 α 进行编码。

通过上述说明，我对庞加莱的自然数 "系统" 进行了一些泛泛的解释，包括自然数组成的有序对、有序对组成的有序对，等等。然而，通过用单个自然数将有序自然数对进行编码（一种简单的方式是用数 $2^m 3^n$ 编码有序自然数对 $\langle m, n \rangle$），如此继续下去，我们可以用自然数或自然数的无穷集来编码连续函数。

11.9　附注

当博雷尔（1898：109）观察到每个连续函数都可以用一个实数来编码时，

算术化纲领就基本完成了。这就解释了庞加莱 1902 年的观点，即"分析中的一切"都已经被算术化了。当然，这并不是几何的终结，也不是分析学中的所有东西都被算术化了。正如我们将在下一章中看到的，关于实数集的许多问题仍然存在。

几何依然存续

如第 3.1～3.4 节所述，希尔伯特（1899）从他的欧几里得平面几何的公理推导出 $\mathbb{R}$ 的结构，即一个完备的、有序的阿基米德域。事实上，希尔伯特的主要动力是寻找 $\mathbb{R}$ 的几何基础，因为它包含了一个完备公理。这个公理对于欧几里得几何并不是必要的，因为有可构造数就足够了，但它对于 $\mathbb{R}$ 的完备性来说（自然）是必要的。

为了突出强调 $\mathbb{R}$ 是他的真正目标，希尔伯特还从他的双曲的非欧几里得几何的公理中推导出 $\mathbb{R}$。他在**无穷远直线**中发现了一个完全不同的 $\mathbb{R}$ 的模型，这就是半平面模型中的实轴。在非欧几里得几何中，加法和乘法运算的模型也是十分不同的。

证明几何学有用的另一种方式在于激发那些有趣但"违反直觉"的函数的构造。例如，我们在第 11.5 节中看到的冯·科赫构造的一条连续但不可微的曲线。虽然算术化对精确定义这条曲线很有用，但几何的定义使其不可微性比由分析手段（如无穷级数）来定义这个函数更清晰。公平地说，科赫曲线把以前认为违反直觉的东西可视化，以此来增强我们的直觉。

另一个"违反直觉"的真相也是几何最终让我们信服的，这就是皮亚诺（1890）的**空间填充曲线**。这里的直观是一个点在单位正方形中移动，在时刻 $t=0$ 从左下角开始，到时刻 $t=1$ 在右上角。这个动点的路径由一个连续改进的过程得到，从 $t=0$ 和 $t=1$ 的位置开始，根据一个简单几何模式反复地细分。第一次细分如图 11.9 所示。

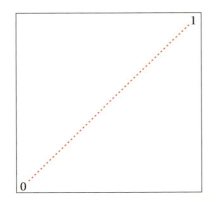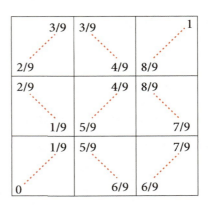

图 11.9　皮亚诺曲线的细分逼近

单位正方形被分成 9 个小正方形，在每个小正方形中，动点在时长为 1/9 的时间间隔内从一个角移动到它的对角。例如，在 1/9 时刻，动点到达第一个小正方形中与 0 相对的角处，并且在 5/9 时刻又回到 1/9 时刻的点处。由于在每个小正方形中，点的路径都是从一个角到它的对角，我们可以类似地将每个小正方形再划分为 9 个更小的正方形，在每个更小的正方形中，动点在时长为 1/81 的时间间隔内从一个角移动到它的对角。

这个过程的极限就会得到这样一条曲线：

- 它是连续的，因为在相近的时间内，动点位置也是靠近的；
- 它包含了单位正方形中的每一个点 P，因为每一个这样的点都是正方形套的极限，并且动点达到 P 的时刻，就是动点穿过相应的正方形套的时间区间套的极限。

因此，即使算术化达到了顶峰，在分析学中也有可视化论证的余地。双曲几何也适合于可视化而且是无穷的构造。我们在第 9.7 节看到了一些这样的例子，关于可视化无穷的构造的专著请参阅维连金（Vilenkin 1995）。

从 20 世纪 70 年代开始，借助计算机图形学，许多以前难以想象的对象变得可视化，并成为新的研究主题。曼德勃罗（Mandelbrot）集就是一个著名的例子。其他引人注目的例子见芒福德（Mumford）等的著作（2002），其中更新了弗里克和克莱因的书中的经典插图。在 2017 年的两本英文译本中，原始插图得到了精心重绘。

点集拓扑

点集拓扑中的基本概念是**开集**和与之互补的概念——**闭集**。具有启发性的例子是 $\mathbb{R}$ 中的开区间 $(a, b) = \{x \in \mathbb{R} : a < x < b\}$ 和闭区间 $[a, b] = \{x \in \mathbb{R} : a \leqslant x \leqslant b\}$。开区间 (a, b) 在不包括把闭区间"封闭住"的端点 a, b 的意义下是"开"的。我们也可以说，$[a, b]$ 在取极限点的运算下是"封闭的"，而 (a, b) 在取极限点的运算下不是封闭的，因为 a 和 b 都是 (a, b) 中点列的极限。

更一般地，我们将 $\mathbb{R}$ 的**开子集**定义为开区间的任意并集，将 $\mathbb{R}$ 的**闭子集**定义为一个开集的补集。由此可见，空集和 $\mathbb{R}$ 都是开集。同时，它们也都是闭集。这个例子表明，"开"和"闭"并不是相互排斥的。它们也没穷尽所有情况。例如，有理数集既不是开集，也不是闭集。（集合和门不一样！）

开集 $\mathscr{O} \subseteq \mathbb{R}$ 的基本性质是：对任意 $P \in \mathscr{O}$，$\mathscr{O}$ 中存在 P 的一个**邻域**，即存在一个开区间 $(a, b) \subseteq \mathscr{O}$，其中 $P \in (a, b)$。闭集 $\mathscr{K} \subseteq \mathbb{R}$ 的基本性质是：$\mathscr{K}$ 中所有点列的极限点也在 $\mathscr{K}$ 中。因为如果 $P_1, P_2, P_3, \cdots \in \mathscr{K}$ 且 $P_n \to P$，那么 $P \in \mathscr{K}$，否则 P 在 $\mathscr{K}$ 的开的补集中，在这种情况下，P 的某个邻域也在这个补集中，这与假设 $P_n \to P$ 矛盾，因为假设 $P_n \to P$ 意味着 P 的任何邻域都包含某个 $P_n \in \mathscr{K}$。

刚才给出的关于极限点的论证表明，连续函数的概念可以用开集来定义，事实上也的确如此。一个函数 $f : \mathbb{R} \to \mathbb{R}$ 是**连续的**，当且仅当对于任何开集 $\mathscr{O}$，有 $f^{-1}(\mathscr{O})$ 也是开集。顺便提一句，这个定义绕过了我们最初在第 8.3 节中用来定义连续性的"在某点处连续"的概念。事实上，这个定义可以大大推广。我们可以将 $\mathbb{R}^n$ **的开子集** $\mathscr{O}$ 定义为具有以下性质的任何集合：对于任何 $P \in \mathscr{O}$，存在一个**开球** $\mathscr{B} = \{Q \in \mathbb{R}^n : |P - Q| < \varepsilon\} \subseteq \mathscr{O}$。那么 $f : \mathbb{R}^m \to \mathbb{R}^n$ 是连续的，当且仅当对任何开集 $\mathscr{O}$，有 $f^{-1}(\mathscr{O})$ 是开集。

终极的推广是由豪斯多夫（1914）给出的，他将**拓扑空间** $\mathscr{T}$ 定义为一个集合连同一些子集 $\mathscr{O} \subseteq \mathscr{T}$（这些子集称为**开集**）组成的集族 $\mathscr{F}$，只需满足如下公理：

1. 空集和整个空间 $\mathcal{T}$ 是开集；

2. 任意一族开集的并集是开集；

3. 两个开集的交集是开集。

很明显，根据这个定义，$\mathbb{R}$ 连同其开子集是一个拓扑空间，$\mathbb{R}^n$ 也是如此。但事实上，这个定义涵盖得更广泛，包括了我们能想象到的可以讨论点的"邻域"的任何空间。它还涵盖了任何可设想到的连续性类型，因为**连续函数** f 可以定义为对任何开集 $\mathcal{O}$，$f^{-1}(\mathcal{O})$ 是开集。

豪斯多夫的拓扑空间概念的另一个值得注意的性质是海涅-博雷尔定理不再是一个定理，而是紧致性的定义：拓扑空间 $\mathcal{T}$ 的一个子集 $\mathcal{K}$ 称为**紧集**，如果对于取并集之后能覆盖 $\mathcal{K}$ 的任意一族开集 $\mathcal{O}_i$，存在有穷多个 $\mathcal{O}_1, \mathcal{O}_2, \cdots, \mathcal{O}_k$ 使其并集也能覆盖 $\mathcal{K}$。根据这些定义，我们可以证明，例如，一个紧集在连续映射下的像是紧致的。我们还可以证明弗雷歇（1906）得到的结论，即一个紧集的一些闭子集套有一个公共点。这是对第 11.1 节得出的闭区间套有一个公共点的最一般的推广。

这种类型的拓扑学似乎与我们在第 10 章中看到的那种类型的拓扑学相差甚远，确实如此！它是拓扑学的广泛谱系的一端，也是分析学的一端，位于源自欧拉多面体公式等问题的组合 / 几何学一端的对面。当我们清楚地认识到诸如欧拉示性数等不变量在某些连续函数（**同胚**）的作用下确实不变时，拓扑学的这两端最终被连接起来。因此，连续性及相关的想法，如紧致性，现在成为精确研究曲面和纽结的基础。对此，我们在第 10 章中进行了淡化处理，因为那部分拓扑学内容最初是、现在仍很大程度上是以组合 / 几何的风格发展的。

第**12**章
集合论

　　19 世纪的分析学把某些无穷集接纳为合法的数学对象，小心谨慎地走向了无穷。但人们希望通过"算术化"，将无穷集仅仅视为"潜在的"无穷，即与自然数集合一样。

　　19 世纪 70 年代，康托尔对无穷集做出了一系列突破性的发现，迫使人们彻底反思古人把潜无穷和实无穷二分的想法。首先，康托尔在 1874 年证明了集合 $\mathbb{R}$ 是**不可数的**，这意味着没有办法将 $\mathbb{R}$ 处理为潜无穷。**连续统** $\mathbb{R}$ 是分析学和数学物理的基础，是一个实无穷。自然数集的所有子集组成的集合同样是不可数的，因此分析学的算术化不仅仅是关于自然数的。这不可避免要涉及由自然数组成的集合，因为这些集合比自然数本身要多得多。

　　康托尔在 1891 年注意到他的关于自然数的论证可以推广到任何集合：任何集合的子集都比其元素多，因此没有最大的集合。这一发现（以及一些相关发现）引发了一场新的"基础危机"。因为没有最大的集合，就没有"所有集合的集合"，于是我们就有一个问题：如果"是集合"这个性质不是定义集合的属性之一，那么哪些属性可以定义集合？集合论有一套合理的公理吗？在看到这个问题的答案之前，我们应该看看人们在 19 世纪 90 年代知道哪些关于集合和实数的知识。在下一章中，我们将看到 19 世纪 90 年代已知的一些公理系统，然后回到关于集合的公理这一问题。

12.1　无穷简史

从古代一直到 19 世纪初，数学家们都有一个共识，即无穷只有在潜在的意义下在数学中是可接受的。也就是说，一个无穷尽的聚集或过程在任何阶段尽管在增长，但都是有限的，并且在任何阶段都没有完成，那么这是可接受的。

这种无穷的例子有很多，比如自然数集合，它对应于从 0 开始重复加 1 的过程；再如阿基米德将抛物线弓形进行分解，首先分出一个三角形，然后在这个三角形的两边上再分出两个小三角形，接着在每个小三角形的两边分别分出两个更小的三角形，以此类推；还有 [0, 1] 中的全体有理数组成的集合，首先是 0 和 1，然后是分母为 2 的分数，接下来是分母为 3 的分数，以此类推。

图 12.1　潜在的无穷路面

图 12.1 中的路面表达了另一种类似于自然数的无穷。在弗朗西斯科·迪乔治·马蒂尼（Francesco di Giorgio Martini）的这幅画中，路面在大约 20 块地砖后就没有了，但人们可以想象它会无穷地延续下去。如果能做到这一点，在到达地

平线之前就会有无穷多块地砖——这是一个潜在的无穷。因此，在透视画法中，地平线就是完成无穷的地方。事实上，正如我们在第 3 章中看到的那样，几何学家恰如其分地将地平线称为**无穷远直线**，因此几何学家和艺术家可能先于其他数学家就接受了完成了的无穷，或**实无穷**。

　　不仅如此，我相信一些艺术家甚至通过展示地平线以外的对象接受了超越无穷的观点。可以说，这正出现在 1651 年由亚伯拉罕·博斯绘制的托马斯·霍布斯的《利维坦》一书的著名卷首插图（图 12.2）中 ①。

图 12.2　地平线以外的利维坦

　　如果你仔细观察喻指君主政体国家的利维坦，会发现他是由许多小人物组成

① 正如我们从第 3.7 节中知道的，博斯是透视画法的权威。因此，我想他肯定很清楚他画的利维坦身材太大了，无法融入图景。但是，也许是为了避免出现从地平线外升起人影所带来的震撼，他把地平线那一部分隐藏在低矮的山丘后面。

的。因此，利维坦是一个集合的化身。将一个集合视为一整个实体的想法是这幅画的另一个开创性的特点，可能是霍布斯建议博斯这样做的。只有到了 19 世纪，这个特别的想法才在数学中得以确立生效，我们将在第 12.4 节看到，它成了"超越无穷"的标准方式。

12.2 等势集合

前一节出现的潜无穷集是**等势的**，或者说具有相同的**基数**，这意味着它们中的任意两个之间都存在双射对应关系。这里，我们也把与 $\mathbb{N}$ 等势的集合称为**可数集**。另一个例子是整数集 $\mathbb{Z}$，它与 $\mathbb{N}$ 的对应关系如下：

$$
\begin{array}{ccccccccccc}
0 & 1 & 2 & 3 & 4 & 5 & 6 & 7 & 8 & 9 & \cdots \\
\updownarrow & \updownarrow & \updownarrow & \updownarrow & \updownarrow & \updownarrow & \updownarrow & \updownarrow & \updownarrow & \updownarrow & \cdots \\
0 & 1 & -1 & 2 & -2 & 3 & -3 & 4 & -4 & 5 & \cdots
\end{array}
$$

我们还看到了 [0, 1] 中的有理数与 $\mathbb{N}$ 的对应关系：

$$
\begin{array}{ccccccccccc}
0 & 1 & 2 & 3 & 4 & 5 & 6 & 7 & 8 & 9 & \cdots \\
\updownarrow & \updownarrow & \updownarrow & \updownarrow & \updownarrow & \updownarrow & \updownarrow & \updownarrow & \updownarrow & \updownarrow & \cdots \\
0 & 1 & \dfrac{1}{2} & \dfrac{1}{3} & \dfrac{2}{3} & \dfrac{1}{4} & \dfrac{3}{4} & \dfrac{1}{5} & \dfrac{2}{5} & \dfrac{3}{5} & \cdots
\end{array}
$$

双射对应关系是比较无穷集的"大小"的最简单也是最好的方式，尽管它一开始会得出看起来像是悖论的结论。特别地，一个集合可以与它自身的一部分等势，比如 $\mathbb{Z}$ 与 $\mathbb{N}$ 等势。

戴德金（1888：定义 64）借助这种必要性来定义无穷集：如果一个集合 S 与它自身的一个真子集有双射对应关系，则称集合 S 是无穷集。具有这一性质的集合当然不可能是有穷的，但正如我们将在第 14.1 节中看到的，构造反例有些困难。按照类似于波尔查诺（1851：§ 13）的想法，戴德金甚至更大胆地证明了无穷集的存在性。他们的论证涉及"思想的领域"，在这个领域里，每个思想 t 都与思想 t' 配对，其中思想 t' 是"t 是可思考的"这个思想。由于并非所有思想都具有 t' 的形式，这就得出了思想的领域与其真子集之间的一个双射对应关系。因此，思想的领域是无穷的。

尽管罗素（Russell 1903：339 节）接受了这个"证明"，但它对大多数人来说并不像是数学。为了稳妥起见，大多数数学家将无穷集的存在性视为一条公理（详见第 13.4 节）。

可数集合

我们很快就会清楚，并不是所有的无穷集都是可数的，但是"计数"无穷集的几种方法是值得看看的，因为当我们谈论不可数集合时，这些方法仍然很有用。下面给出可数集合的一些重要例子。

$\mathbb{N}$ 的任意无穷子集：如果 $S \subseteq \mathbb{N}$ 是无穷集，令

$$s_0 = S \text{ 中最小的元素，}$$
$$s_1 = S - \{s_0\} \text{ 中最小的元素，}$$
$$s_2 = S - \{s_0, s_1\} \text{ 中最小的元素，}$$
$$\vdots$$

我们可以列出 S 中的元素为 $s_0, s_1, s_2, \cdots$，从而将其与 $\mathbb{N}$ 中的元素 0, 1, 2, $\cdots$ 配对。这个简单的观察在下面的每个例子中都会用到，我们会把某些无穷集映为 $\mathbb{N}$ 的无穷子集。

集合 $\mathbb{N} \times \mathbb{N}$：这是有序对 $\langle a, b \rangle$ 组成的集合，其中 $a, b \in \mathbb{N}$。我们可以将这些数对排成平面数阵，并按照"Z"字形路径计数，如图 11.8 所示。另一种方法是使用唯一素因子分解：把 $\langle a, b \rangle$ 映为自然数 $2^a 3^b$，这个方法可以推广到任意有穷序列上。

自然数组成的有穷序列：由自然数组成的有序 n 元数组 $\langle k_1, k_2, \cdots, k_n \rangle$ 可以用 $2^{k_1} 3^{k_2} \cdots p_n^{k_n}$ 编码，其中 p_n 是第 n 个素数。这样一来，每个 n 元数组都被映为不同的自然数，这是因为唯一素因子分解定理；并且因为素数有无穷多个，所以 n 可以任意大。

N 的有穷子集：对非空有穷子集 $F \subseteq \mathbb{N}$，当其中的数按递增顺序排列时，F 对应于一个由自然数组成的有序 n 元数组。如上所述，这个 n 元数组可以用一个正整数编码。剩下的自然数 0 可用来表示空集。

接下来的问题是：是否所有的无穷集都与 N 等势？有趣的是，N 与 ℝ 的一些稠密子集是等势的，比如 N 与我们在第 11.8 节的步骤 5 中看到的有理数集 ℚ 等势。与 N 等势的一个更大的集合是所有代数数组成的集合。这是戴德金在 19 世纪 70 年代发现的。

代数数与超越数

戴德金将代数数与 N 的元素配对的想法值得概述，因为它导致了康托尔（1874）的一个著名的证明：**超越数**（非代数数）存在。

根据上一节的结果，只需将每个代数数 α 与一个唯一的由自然数组成的有穷序列相配对即可。当然，根据第 7.6 节代数数的定义，α 是方程

$$a_m x^m + a_{m-1} x^{m-1} + \cdots + a_1 x + a_0 = 0$$

的至多 m 个解之一，其中 $a_0, \cdots, a_{m-1}, a_m \neq 0$ 是整数。因为任意 a_i 都可能是负数，我们将用另一个自然数 s_i 来编码它的符号，a_i 为正时 s_i 等于 1，a_i 为负时 s_i 等于 0。于是用自然数组成的 $(2m+2)$ 元数组将关于 α 的方程编码为

$$\langle s_0, \ |a_0|, \ \cdots, \ s_{m-1}, \ |a_{m-1}|, \ s_m, \ |a_m| \rangle$$

并且最终将 α 本身由 $(2m+3)$ 元数组编码为

$$\langle s_0, \ |a_0|, \ \cdots, \ s_{m-1}, \ |a_{m-1}|, \ s_m, \ |a_m|, \ k \rangle$$

若以任意一种顺序对根进行排序，上式的 k 指 α 是这个方程的第 k 个根。

因此，根据前一小节中的第三个例子，代数数是可数的。

戴德金的朋友康托尔对这个结论感到惊讶，但很快就运用它证明了实数集 ℝ 是不可数的。我们下面将看到康托尔定理的一些证明，但首先我们将像康托尔那

样使用它来证明超越数存在 ①。证明只需一行：因为代数数是可数的，而实数是不可数的，所以存在不是代数数的实数。

尽管超越数的存在性已经被人们所知——它首先是由刘维尔（Liouville）在 1844 年证明的，而埃尔米特（Hermite）在 1873 年明确证明了 e 是超越数——但康托尔的证明非常简单，因为它不涉及代数或分析。

$\mathbb{R}$ 的不可数性

$\mathbb{R}$ 与 $\mathbb{N}$ 不等势的最著名的证明是用十进制小数展开式写出的实数序列 α_0, α_1, α_2, $\cdots$，然后找到一个实数 α 与每个 α_n 都不相等。因此，通过 $n \leftrightarrow \alpha_n$ 配对，任何与 $\mathbb{N}$ 等势的实数集合都不是 $\mathbb{R}$ 全体。我们也称 $\mathbb{R}$ 是**不可数的**，因为"数"一个集合就是将其元素与 0, 1, 2, 3, $\cdots$ 配对。

$\mathbb{R}$ **是不可数的**：如果 α_0, α_1, α_2, $\cdots$ 是任意实数序列，那么存在一个实数 $\alpha \neq$ 每一个 α_n。

证明：给定 α_0, α_1, α_2, $\cdots$，我们将它们的十进制小数展开式（忽略其整数部分）写成无穷数阵的形式，如图 12.3 所示。

$$\alpha_0 = 0.2\ 7\ 5\ 1\ 3\ \cdots$$
$$\alpha_1 = 0.1\ 1\ 1\ 1\ 1\ \cdots$$
$$\alpha_2 = 0.7\ 1\ 7\ 1\ 7\ \cdots$$
$$\alpha_3 = 0.1\ 4\ 1\ 5\ 9\ \cdots$$
$$\alpha_4 = 0.5\ 4\ 3\ 2\ 1\ \cdots$$
$$\vdots$$
$$\alpha = 0.1\ 2\ 1\ 1\ 2\ \cdots$$

图 12.3　实数序列的对角化

接着，定义 α 的小数点后第 n 位数字不等于 α_n 的小数点后第 n 位数字。具体来说，如果 α_n 的小数点后第 n 位数字不为 1，则将 α 的小数点后第 n 位数字取为 1；

---

① 似乎是魏尔斯特拉斯说服康托尔淡化了他的不可数定理，以便更好地应用，这对他那个时代的数学家来说更容易接受。更多信息请参见费雷罗斯（2007：183）。

如果 α_n 的小数点后第 n 位数字为 1，则将 α 的小数点后第 n 位数字取为 2。当然，在这样给出的 α 的小数展开式中，其小数点后第 n 位数字与 α_n 的小数点后第 n 位数字不相等，从而 α 是不等于 α_n 的实数。这是因为我们没有在 α 中使用数字 0 和 9，这就避免了出现 α 的其他形式的小数展开。

因此序列 α_0, α_1, α_2, … 不包括所有实数。　　　　　□

这个证明被称为**对角线论证法**，因为它使用的是这个数阵的对角线上的数字。在这个原型版本之后，此论证有很多变种，它们也被称为"对角线"法。例如，我们可以将 $\mathbb{N}$ 的子集组成的序列 S_0, S_1, S_2, … 列成表，并利用该表的对角线产生一个子集 $S \neq$ 每一个 S_n，以此来证明 $\mathbb{N}$ 的子集的数量比其元素的数量更多。由此列出的集合如图 12.4 所示。

$$
\begin{array}{c|cccccc}
 & 0 & 1 & 2 & 3 & 4 & \cdots \\
\hline
S_0 & 1 & 0 & 1 & 0 & 1 & \cdots \\
S_1 & 0 & 0 & 0 & 0 & 0 & \cdots \\
S_2 & 1 & 1 & 1 & 1 & 1 & \cdots \\
S_3 & 1 & 1 & 0 & 0 & 1 & \cdots \\
S_4 & 0 & 1 & 0 & 1 & 0 & \cdots \\
\vdots & & & & & & \\
S & 0 & 1 & 0 & 1 & 1 & \cdots
\end{array}
$$

图 12.4　$\mathbb{N}$ 的子集序列的对角化

每个 S_n 都由 0 和 1 组成的序列表示，其中第 k 个位置是 1，当且仅当 $k \in S_n$。于是，如果 S_0 是所有偶数的集合，S_1 是空集，S_2 是 $\mathbb{N}$，则可以得到上图。在这个表中，互换对角线上的 0 和 1，得到的集合 S 与每一个 S_n 都是不同的。因此，序列 S_0, S_1, S_2, … 不包括 $\mathbb{N}$ 的所有子集。

描述 S_n 的 0 和 1 组成的序列就是 S_n 的**特征函数** χ_n 的值的序列，χ_n 的定义为

$$
\chi_n(k) = \begin{cases} 1, & \text{若 } k \in S_n \\ 0, & \text{若 } k \notin S_n \end{cases}
$$

更一般地说，我们可以将从 $\mathbb{N}$ 到 $\mathbb{N}$ 的函数 $f_0, f_1, f_2, \cdots$ 列成表，将 $f_n(k)$ 的值摆在首行的 k 下方的位置。有很多明显的方式来定义一个函数 $f \neq$ 每个 f_n，例如，令 $f(k) = f_k(k) + 1$。甚至在以下意义上有可能让 f 比每一个 f_n 都增长得更快：

$$当\ k \to \infty\ 时，\ \frac{f(k)}{f_n(k)} \to \infty$$

对角线论证法实际上是在这个更复杂的背景下由杜・布瓦－雷蒙（du Bois-Reymond 1875）给出的。康托尔 1874 年的论证不是很明显的对角线论证，虽然在某种意义上它确实是对角线法。为了使一个实数 x 不同于每一个 x_n，需要在某种方式下使得 x 不等于 x_0，然后不等于 x_1，然后也不等于 x_2，以此类推——这不禁让人觉得有点像"对角线"。对于特征函数，康托尔在 1891 年给出了对角线论证法的第一个清晰的版本。

康托尔对对角线论证法的推广

康托尔在 1891 年将对角线论证法推广到任意集合 X 上。

定义：集合 X 的所有子集的集合称为 X 的**幂集**，用 $\mathscr{P}(X)$ 表示，有时也用 2^X 表示。

幂集的基数：对于任意集合 X，X 和 $\mathscr{P}(X)$ 之间不存在双射。

证明：假设元素 $x \in X$ 和子集 $S_x \subseteq X$ 之间存在双射 $x \leftrightarrow S_x$。但是集族 S_x 不包括 X 的所有子集。特别地，它们不包括如下定义的集合 S，

$$x \in S\ 当且仅当\ x \notin S_x$$

于是 S 和每一个 S_x 都不同。 □

这个定理打破了人们曾认为的存在于分析学中的上限：所有的对象都可以用自然数和自然数组成的集合编码，或者（等价地说）所有的对象都可以用自然数和实数编码的观点是不正确的。具体地说，实数组成的集合比实数更多，所以用实数将所有由实数组成的集合编码的尝试注定要失败。同样，尽管所有连续函数都可以用实数编码（第 11.8 节），但不可能用实数编码所有的实函数。

事实上，无穷的大小没有上限，因为任何集合 X 的基数都会被 $\mathscr{P}(X)$ 超过。这个发现有很多影响，我们将在第 12.8 节中看到。

12.3　与 $\mathbb{R}$ 等势的集合

正如 $\mathbb{N}$ 和它的一些子集之间存在双射，$\mathbb{N}$ 和包含它的某些集合之间也存在双射一样，$\mathbb{R}$ 和它的一些子集以及包含它的一些集合之间也存在双射。

我们从最简单的情况开始，直线和一个开半圆之间存在双射 $P' \leftrightarrow P$，这个双射是由以半圆的圆心 O 为中心的投影给出的，如图 12.5 所示。

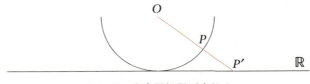

图 12.5　将半圆投影到直线上

从高于 O 的点出发将这个半圆投影，这个半圆（因此也就是 $\mathbb{R}$）可以被双射地映上到一个开区间，比如 $(-1, 1)$。这个开区间可以通过一个线性函数双射地映上到任何开区间。因此 $\mathbb{R}$ 与直线上的任意开区间都等势。

到目前为止，所有这些双射都是同胚，但通过放弃连续性，我们可以得到不同胚的集合之间的双射，比如开区间和闭区间之间的双射。

例如，要将 $[0, 1]$ 映上到 $(0, 1)$，考虑两者的子集

$$S = \left\{ \frac{1}{2}, \frac{2}{3}, \frac{3}{4}, \frac{4}{5}, \cdots \right\}$$

为了将 $[0, 1]$ 映上到 $(0, 1)$，首先将 0 和 1 分别映为 S 中的 $\frac{1}{2}$ 和 $\frac{2}{3}$，然后将 S 中的其余元素向右移，即将 $\frac{1}{2}$ 映为 $\frac{3}{4}$，将 $\frac{2}{3}$ 映为 $\frac{4}{5}$，将 $\frac{3}{4}$ 映为 $\frac{5}{6}$，以此类推。$[0, 1]$ 中的剩余点被映为自身。

一个类似的技巧——将集合 B 的一个可数子集作为集合 A 的某个可数子集加

上一些额外元素的容器——可以用来构造从 N 的子集到 [0, 1] 中的点的双射。

$\mathscr{P}(\mathrm{N})$ **的基数**：$\mathscr{P}(\mathrm{N})$ 与 [0, 1] 等势，因此与 $\mathbb{R}$ 等势。

证明：如果我们像上面那样用 0 和 1 组成的序列表示 N 的所有子集，并将 [0, 1] 中的点用二进制展开式表示，那么它们的数量"几乎"是相同的。二进制展开时出现的麻烦与十进制小数展开的情况类似，即有可数多个例外的数有两种不同的展开式。例如，$\dfrac{1}{4}$ 的两种二进制展开式为

$$0.01000000\cdots \text{ 和 } 0.00111111\cdots$$

当然，序列 $01000000\cdots$ 和 $00111111\cdots$ 表示了 N 的两个不同子集，第一个是有穷集，而第二个是**余有穷集**（有穷集的补集）。这个麻烦可以通过将 N 的可数个有穷子集和余有穷子集映上到具有有穷二进制展开式的数组成的可数集来解决。

具体来说，假设 $\alpha_0, \alpha_1, \alpha_2, \alpha_3, \cdots$ 是 [0, 1] 中具有有穷二进制展开式的数。然后令 N 的有穷子集对应 $\alpha_0, \alpha_2, \alpha_4, \cdots$，并且令余有穷子集对应 $\alpha_1, \alpha_3, \alpha_5, \cdots$。□

一种将 $\mathscr{P}(\mathrm{N})$ 可视化的好方法是把每个由 0 和 1 组成的序列解释为二叉树中的一条路径：从单一的一个树干开始，无穷地进行二分，对应于给定序列的路径是碰到 0 时向左拐，碰到 1 时向右拐。图 12.6 展示了这棵无穷树的复杂结构。〔我用托比·恰赫曼（Toby Schachman）的在线绘图工具制作了这幅图。〕

图 12.6　无穷二进制序列树

最后来看看康托尔 1878 年得到的一个结果。康托尔自己也很难相信这个结果，他在 1877 年给戴德金的一封信中写道："我看到了它，但我不相信它。"〔引自费雷罗斯（Ferreirós）的著作 (2007: 188)〕

单位正方形的基数：单位正方形 $[0, 1] \times [0, 1]$ 与单位区间 $[0, 1]$ 等势，因此它也与 $\mathbb{R}$ 等势。

证明：我们借助刚刚得到的 $[0, 1]$ 中的点和无穷二进制序列之间的双射。单位正方形中的每个点都是一个有序实数对 $\langle \alpha, \beta \rangle$，其中 $\alpha, \beta \in [0, 1]$ 对应于无穷序列，例如

$$\alpha \leftrightarrow 10010111\cdots$$
$$\beta \leftrightarrow 00111001\cdots$$

由于这些展开式是唯一的，因此将两行数字交织在一起可以得到唯一一个二进制序列 γ。对于上面的 α, β，有

$$\gamma = 1000011101101011\cdots$$

反之，给定一个数 $\gamma \in [0, 1]$，我们将其对应的二进制序列一分为二：γ 的偶数位组成 α，γ 的奇数位组成 β。这样我们就有了点 $\langle \alpha, \beta \rangle \in [0, 1] \times [0, 1]$ 和点 $\gamma \in [0, 1]$ 之间的双射。 □

这个惊人的结果在当时引起了恐慌，因为它挑战了**维数**的概念。如果在二维的正方形和一维的线段之间存在一个双射，那么"维数"又意味着什么？这个双射是极其不连续的，所以戴德金意识到这个问题可以通过要求连续双射保持维数来解决。但是直到布劳威尔（Brouwer 1912）证明 $\mathbb{R}^m \to \mathbb{R}^n$（$m \neq n$）不存在同胚时才有了这方面的严格结果。

12.4　序数

在第 12.1 节中，我们看到艺术家是如何引入超越有穷的"地平线"来描绘有穷空间中的无穷的。如图 12.1 所示，如果在这幅图中标出自然数 0, 1, 2, 3, $\cdots$，我们可以看到地平线上的点超过了所有这些数，我们可以把这个点命名为 ω，即希

腊字母表中的最后一个字母，实际上，ω 是所有自然数后面的"数"的通用名称。

康托尔在 19 世纪 70 年代首先发现需要自然数以外的、现在被称为**序数**的数。康托尔需要序数来度量实数集合的复杂性。他在研究可积函数的不连续性时遇到了复杂的集合，然后他引入"′"运算去掉集合 S 的每个孤立点来简化 S。所谓孤立点，即该点存在一个邻域与 S 中的其他点不相交。

例如，若 $S = \{0, \frac{1}{2}, \frac{2}{3}, \frac{3}{4}, \frac{4}{5}, \cdots, 1\}$，则 $S' = \{1\}$，且 $S'' = \{\}$（空集）。康托尔很快意识到，通过在孤立点之间插入无穷序列，他可以构造出能进行任意有限次"′"运算的集合。若 $S, S', S'', S''', \cdots$ 都不是空集，则可以将 $S^{(\omega)}$ 定义为在任意有限次"′"运算后留下的集合，即

$$S^{(\omega)} = S \cap S' \cap S'' \cap S''' \cap \cdots$$

那么，如果 $S^{(\omega)}$ 有孤立点，我们可以再次进行"′"运算，得到

$$S^{(\omega)'} = S^{(\omega+1)}$$

因此，ω 无论如何都不是最后一个数！这些例子表明我们还需要无穷多的数：$\omega+1, \omega+2, \omega+3, \cdots$，以及所有这些数之后的被称为 $\omega \cdot 2$ 的数。

事实上，任何无穷递增的序数序列都有一个"地平线"或**极限**，在它之外还有更多的序数。图 12.7 来自维基媒体，它用简单的可视化方式显示了尽可能多的序数。

在描述序数的一些数学实现之前，我们先介绍一个与序数密切相关的概念：**良序**。这是几个有关序的

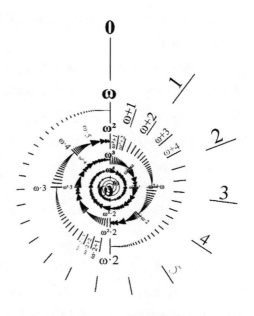

图 12.7　直到 ω^ω 的序数图

概念中最严格的一个。

定义：**偏序**是一种二元关系，记作 $a \prec b$，满足以下性质：

- $a \not\prec a$（非自反性），
- $a \prec b$ 且 $b \prec c$ 蕴含 $a \prec c$（传递性）。

如果一个偏序还满足：

- 对于任意 a, b（$a \neq b$），$a \prec b$ 或 $b \prec a$ 成立，

则称其为**线序**或**全序**。

最后，如果一个线序还满足：

- 序中任何元组成的集合 S 都有一个最小元，即存在一个元 $l \prec S$ 中的任何其他元（**良基关系**），

则称其为**良序**。

偏序是最宽松的概念，一个例证是集合在包含关系"$\subset$"下得到的序。我们将在第 14.6 节看到它在抽象代数中很有用。线序，顾名思义，其例子是直线上的点形成的从左到右的序，良序的例子是 N 在"$<$"关系下的序。第 2.6 节介绍**归纳法**的证明原理时，良序起到了非常重要的作用。许多数集在"$<$"关系下是良序的，其中一些与 N 是**序同构的**。例如，集合 $\{0, \frac{1}{2}, \frac{3}{4}, \frac{7}{8}, \frac{15}{16}, \cdots\}$ 排成序 $0 < \frac{1}{2} < \frac{3}{4} < \frac{7}{8} < \frac{15}{16} < \cdots$ 后序同构于

$$0 < 1 < 2 < 3 < 4 < 5 < \cdots$$

其含义是：存在双射对应 $n \leftrightarrow 1 - 2^{-n} = f(n)$，使得 $a < b$ 当且仅当 $f(a) < f(b)$。

12.5　用集合实现序数

良序的概念先于序数的概念发展起来，序数最初被认为是一类同构的良序

所共有的性质。特别地，ω 被视为集合 N 及与它序同构的任何集合（如集合 $\{0, \frac{1}{2}, \frac{3}{4}, \frac{7}{8}, \frac{15}{16}, \cdots\}$）的特征。有理数组成的集合用这种方式能够很好地刻画序数。特别地，它们可以刻画图 12.7 中的所有序数。

事实上，有理数组成的集合可以刻画通过以下两个运算从 0 生成的所有序数。

后继： α 的后继为 $\alpha + 1$。

无穷序列的和： 由序数序列 $\alpha_0, \alpha_1, \alpha_2, \cdots$ 得到和 $\alpha_0 + \alpha_1 + \alpha_2 + \cdots$。

我们用开区间 $[0, 1)$ 中的有理数组成的良序集来刻画这两个序数运算。我们用任意单个点来表示序数 1，于是剩下的就是展示如何表示后继与无穷和运算。

后继： 假设 α 由 $[0, 1)$ 中的一些有理数组成的集合 A 表示。那么 α 也可由与之同构的有理数集

$$A' = \{\frac{\alpha}{2} : \alpha \in A\} \subset [0, \frac{1}{2})$$

表示，并且 $\alpha + 1$ 可由集合 $A' \cup \{\frac{3}{4}\} \subset [0, 1)$ 表示。

无穷序列的和： 假设 $\alpha_0, \alpha_1, \alpha_2, \cdots$ 分别由有理数集 $A_0, A_1, A_2, \cdots \subset [0, 1)$ 表示，那么 $\alpha_0, \alpha_1, \alpha_2, \cdots$ 可以分别由包含在不相交区间

$$I_0 = [0, \frac{1}{2}), I_1 = [\frac{1}{2}, \frac{3}{4}), I_2 = [\frac{3}{4}, \frac{7}{8}), \cdots$$

中的集合 $A_0', A_1', A_2', \cdots$ 表示。A_n' 是先将 A_n 的每个元素除以 I_n 的长度，再加上 $1 - 2^{-n}$ 使其平移到 I_n 中得到的。于是它们的并集

$$A = A_0' \cup A_1' \cup A_2' \cup \cdots$$

是一个良序集，因为对于它的任何子集 S，都存在最小的 k 使得 S 中有一个元素属于 A_k'，并且由 A_k' 是良序的可得 $S \cap A_k'$ 有一个最小元。这个良序集 A 表示了和 $\alpha = \alpha_0 + \alpha_1 + \alpha_2 + \cdots$。

图 12.8 展示了如何用这种构造表示 $\omega^2 = \omega + \omega + \omega + \cdots$，图中的竖直线段用来强调对应的有理数。图 12.7 使用了类似的思想，只是把线段弯曲成无穷螺旋的形

状，以便更好地给出一种接近极限的感觉 ①。

图 12.8　用有理数集表示 ω^2

序数的冯·诺伊曼定义

到目前为止，我们已经用熟悉的对象（如用自然数和有理数）刻画了序数。但是我们用的是这些对象的集合，所以从一开始就使用集合会更简练。冯·诺伊曼（von Neumann 1923）提出了使用集合的一种极其简练的方法：从空集 {} 开始，使用集合形成过程本身来构建所有的序数。首先，有穷序数 0, 1, 2, 3, … 定义为：

$$0 = \{\}$$
$$1 = \{0\}$$
$$2 = \{0, 1\}$$
$$3 = \{0, 1, 2\}$$
$$\vdots$$

换句话说，**有穷序数 $n+1$ 是前面的所有序数组成的集合 $\{0, 1, 2, \cdots, n\}$**。这个定义具有以下额外的好性质。

- "小于"关系正是元素属于集合的关系：$m < n$ 当且仅当 $m \in n$。
- 后继函数很容易定义为：$n+1 = n \bigcup \{n\}$。

得到无穷序数的步骤几乎同样简单，并且它保持 "<" 和后继的性质：

---

① 图 12.7 中描绘的序数 ω^ω 实际上在数学的其他地方也出现过。它出现在三维双曲几何中：所谓的双曲三维流形的体积组成了序型是 ω^ω 的数集。这是瑟斯顿（Thurston）和约恩森（Jørgensen）在格罗莫夫（Gromov）1981 年的著作中首次发表的一个定理。

$$\omega = \{0, 1, 2, 3, \cdots\}$$
$$\omega + 1 = \{0, 1, 2, 3, \cdots, \omega\}$$
$$\omega + 2 = \{0, 1, 2, 3, \cdots, \omega, \omega + 1\}$$
$$\vdots$$
$$\omega \cdot 2 = \{0, 1, 2, 3, \cdots, \omega, \omega + 1, \omega + 2, \cdots\},\ \ 等等。$$

像 ω 和 $\omega \cdot 2$ 这样的序数被称为**极限序数**，它们不是后继序数。像其他序数一样，它们是所有先前序数组成的集合。因此，第一个无穷序数 ω 是所有的有穷序数组成的集合。能涵盖前面所有例子的对序数的一般定义如下。

定义：序数是一个具有**传递性**的集合——也就是说，一个元素的任何元素本身也是一个元素——并且在"$\in$"关系下具有线序。

根据这个定义，一个序数的元素本身也是序数。根据我们将在后面（第 13.4 节）遇到的集合论的基础公理，任何序数的集合都有一个最小元，所以，任何序数在"$\in$"关系下都是良序的。因此，序数表示了良序集，并且可以证明每一类同构的良序都包含一个唯一的序数。冯·诺伊曼序数的另一个方便之处在于其**上确界**运算，此时就是简单的并集（类似于戴德金分割中的下界集的上确界运算）。例如，ω 是 0, 1, 2, 3, $\cdots$ 的上确界，也是它们的并。

集合论的一个公理是任意一族集合的并集存在，因此序数组成的任意集合都有上确界。这个思想使得起源于康托尔（1883）的序数概念的直觉最终成型。康托尔没有给出序数的精确定义，但他坚信每一个序数都有一个后继，并且每一个由序数组成的集合都有上确界。特别地，有了冯·诺伊曼的序数定义，我们就可以清楚地看到康托尔的**可数序数**的概念是有意义的，并且存在一个所有可数序数组成的集合。那么这个集合的上确界就是最小的不可数序数，也就是 ω_1。

我们刚刚走过的通过序数得到不可数的漫长道路，与通过对角线论证法得到不可数的捷径是截然不同的。然而，它的优点是向我们展示了最小的不可数集 ω_1。ω_1 是否与 $\mathbb{R}$ 等势是集合论中最著名的问题。它首先由康托尔（1883）提出，以**连续统问题**为人所知。当希尔伯特（1900）为 20 世纪提出 23 个数学问题时，连续统问题是其中的第一个（见希尔伯特 1902: 445）。

12.6　根据秩对集合排序

我们从康托尔推广的对角线论证法（第 12.2 节）中知道，应用幂集运算 $\mathscr{P}$ 能生成越来越大的集合。序数可以"计数"应用幂集运算的次数，从而把每个序数分配给一个集合，称为其**秩**。

定义：对所有序数 α，我们将集合 V_α 归纳地定义如下，其元素称为**秩**小于 α 的集合：

- $V_0 = \{\}$（空集）；
- $V_{\alpha+1} = \mathscr{P}(V_\alpha)$；
- 对每一个极限序数 λ，$V_\lambda = \bigcup_{\beta<\lambda} V_\beta$。

我们称 $\{\}$ 的秩为 0，其他集合的秩是大于其元素的秩的最小序数。

因此 1 的秩是 1，任何有穷序数 n 的秩是 n，ω 的秩是 ω。V_ω 包含了有穷序数，也包含有穷序数组成的所有有穷集，以及这些集合组成的所有有穷集，等等。V_ω 中的集合称为**世传有穷集**（hereditarily finite set）。超越它们的第一个数是 ω，这又让人想起了亚伯拉罕·博斯所绘的利维坦：ω 是可"计数"的有穷集组成的集合，即所有有穷序数组成的集合（图 12.9）。

图 12.9　有穷世界及其外

12.7 不可达性

在对集合 V_α 的非正式描述中，我们把这些集合的存在性与序数的存在性联系起来，而序数的存在性本身又依赖于某些集合的存在性。特别地，我们假设无穷集 $\omega = \{0, 1, 2, \cdots\}$ 存在，任何集合 X 的幂集 $\mathscr{P}(X)$ 存在，以及一族集合的并集存在。所有这些都是自然的假设，它们是通常的集合论公理系统的一部分，我们将在第 13.4 节进行更详细的讨论。一个曾在集合论第一个公理系统中被忽略的更为微妙的假设是函数值域的存在性，它被称为**替换公理**。

当我们试图证明序数 $\omega \cdot 2 = \{0, 1, 2, \cdots, \omega, \omega+1, \omega+2, \cdots\}$ 的存在性时，替换公理就进场了。我们已经假设 $\omega = \{0, 1, 2, \cdots\}$ 存在，但这里我们还需要集合

$$\{\omega, \omega+1, \omega+2, \cdots\}$$

它就是函数 $f(n) = \omega + n$ 的值域。所以 $\omega \cdot 2$ 也就是 f 的值域中的集合的并集，由替换公理可知其存在。同理，于更大的序数 α（例如 $\omega \cdot 3, \omega \cdot 4, \cdots, \omega^2, \omega^3, \cdots, \omega^\omega, \cdots$）与对应的集合 V_α 也存在。

连同无穷公理、幂集公理和并集公理，替换公理给出了一个令人目不暇接的集合宇宙，大到足以塑造数学中通常考虑的任何对象：自然数、实数、复数、函数、实数或函数组成的集合，等等。但我们可能会问，是否存在一个 V_α，满足集合论的所有公理？

我知道，我们还没有看到集合论的所有公理，但其中一些公理可以被大多数集合 V_α 自动满足。很难同时满足的公理是**无穷公理**、**幂集公理**和**替换公理**。

定义：如果一个集合 V_α 满足以下三条性质：

- V_α 中有无穷多元素（意味着 $\alpha > \omega$）；
- V_α 对幂集运算封闭，即如果 $X \in V_\alpha$，那么 $\mathscr{P}(X) \in V_\alpha$；
- V_α 对替换运算封闭，即对于任何函数 f 与 $X \in V_\alpha$，都有 $f(X) \in V_\alpha$。

则称 V_α（还有序数 α）为**不可达的**。

因此，V_α 在我们无法反复应用幂集运算和替换运算来穷尽它的意义下是"不可达的"。我们似乎很难找到任何不可达集合，事实上，策梅洛（Zermelo）在 1928 年观察到：如果存在不可达集合，那么它的存在性由集合论公理**无法证明**！这个结论发布在贝尔（Baer）1928 年的论文中。

策梅洛的论证是这样的：假设 V_α 是不可达的并且满足集合论的公理。因为任何序数的集合都有最小元，所以我们也可以假设 α 是具有此性质的最小序数。那么没有 $V_\beta \in V_\alpha$ 是不可达的，因为对于任何 $V_\beta \in V_\alpha$，都有 $\beta < \alpha$。但是这样的话，V_α 不仅满足集合论的公理，还满足命题："不存在不可达集合"，因为 V_α 没有不可达的元素。因此，假设集合论的公理是一致的，它们就不能证明不可达集合的存在性。　　　　　　　　　　　　　　　　　　　　□

策梅洛的这个结果是令人震惊的，因为人们期望集合论的公理是一致的，于是会有一个模型，它应该是一个不可达集合。因此，我们期望不可达集合存在，而令人震惊的是，我们又无法证明其存在。策梅洛的结果是这类定理的第一个，但接下来我们将在第 16 章中看到更多的例子，主要集中于哥德尔（Gödel）的工作。

有一个数学分支不仅期望不可达集合存在，而且实际上要求它们存在，这就是在第 10.9 节中提到的**范畴论**。有关这方面的更多信息，请参见克勒默（2007）和马奎斯（2009）。

12.8　无穷的悖论

波尔查诺 1851 年在名为《无穷的悖论》的书中收集了许多当时被认为是悖论的关于无穷的事实。像我们今天的大多数人一样，他的观点是：这些性质——比如一个集合与其子集等势——与其说是"矛盾的"，不如说是无穷的特征。它们不是一种缺点，而是一种特点。

如 $\mathbb{N}$ 与其平方数组成的集合等势，以及开区间 $(0, 1)$ 和整条数轴等势，这些"简单"的悖论在更好地理解了无穷集"大小"的概念后都能被解决。特别是，无穷集与其一个真子集之间能一一对应是自然的，因此无穷集需要更灵活的"大小"

概念，在这种概念下，一一对应的集合即被当作大小相同的。

另一类悖论涉及几何中的无穷结构，无穷长的立体可能具有有穷体积，无穷长的区域可能具有有穷面积，而连续曲线可能没有切线。通过澄清"长度""体积""连续"和"切线"的定义，这些直观上出人意料的问题都能被解释。正如我们在第 11 章中看到的，这些定义最终依赖实数的定义。正如一些数学家所认为的那样，并不存在真正的直觉危机，而是需要基于更复杂的例子磨炼我们的直觉。

更难的悖论来自对角线论证法。除了其他方面，它还表明不存在"所有集合的集合"，因为不存在最大的集合 S——幂集 $\mathscr{P}(S)$ 总是比它更大。像之前一样，这种情况与其说是矛盾的，不如说是集合的本质特征。因为有幂集运算，所以集合的大小上不封顶。既然没有最大的自然数，也就没有更多的理由有最大的集合。

虽然迄今为止出现的所有悖论都已通过澄清集合和无穷的概念而得到解决，但在非常大的集合（如不可达集合）的存在性方面仍然留有潜在的问题。正如我们上面所看到的，这样的集合无法被证明是存在的，它们的存在性与集合论的**一致性**纠缠在一起，或者你可以说存在性从悖论中解脱出来了。这个问题引导我们深入逻辑中，我们将在接下来的四章中讨论。

12.9　附注

不可数集合的发现让康托尔有了**基数**的概念，这是一类等势集的共同特征。有穷基数就是简单的自然数 0, 1, 2, 3, …，它们度量了有穷集的大小，并且它们的算术运算反映了有穷集的某种运算。例如：

- 和 $m+n$ 就是两个基数分别为 m 与 n 的不相交集合的并集的基数；
- 积 $m \times n = mn$ 就是两个集合的**笛卡儿积** $S \times T = \{\langle s, t \rangle : s \in S, t \in T\}$ 的基数，其中 S 的基数为 m，T 的基数为 n；
- 幂就是基数为 n 的集合 S 的幂集 $\mathscr{P}(S)$ 的基数。更一般地，m^n 是函数 $f : S \to T$ 组成的集合的基数，其中 S 的基数为 n，T 的基数为 m。

在有穷集的这些运算的启发下,康托尔将无穷集 N 的基数指定为 $\aleph_0$(读作"阿列夫零"),并且研究了它的算术。调整一下第 12.2 节关于等势的结论,容易得到

$$\aleph_0 + \aleph_0 = \aleph_0, \quad \aleph_0 \times \aleph_0 = \aleph_0$$

所以,基数的和与积并没有得出任何新的东西。然而,由幂集 $\mathscr{P}(N)$ 的不可数性可知

$$2^{\aleph_0} \succ \aleph_0$$

这就引出了第 12.5 节中提及的与第一个不可数序数 ω_1 有联系的**连续统问题**。康托尔将集合 ω_1 的基数指定为 $\aleph_1$,那么他的**连续统假设**就可以写为等式

$$2^{\aleph_0} = \aleph_1$$

然而,这使基数的算术运算陷入了麻烦。第一个问题是如何将阿列夫数的序列扩展到 $\aleph_1$ 之外。康托尔(1883)试图假设每一个集合可被**良序化**,或者等价地假设每一个集合与一个序数等势,来解决这个问题。在这个假设下,对每一个序数 α,都有一个阿列夫数 $\aleph_\alpha$ 与之对应,并且每个集合都与一个阿列夫数等势。但即使在后面的假设(等价于第 14 章要讨论的**选择公理**)下,人们也不知道哪个阿列夫数等于 $2^{\aleph_0}$。根据第 12.3 节关于等势的讨论,我们所能做的最好的事是证明类似 $2^{\aleph_0} + 2^{\aleph_0} = 2^{\aleph_0} \times 2^{\aleph_0} = \aleph_0^{\aleph_0} = 2^{\aleph_0}$ 的结果。

在以下定理的帮助下,许多关于等势的论证可以被简化。[1]

康托尔 – 伯恩斯坦定理:如果 A 和 B 是无穷集,并且存在从 A 到 B 以及从 B 到 A 的单射,那么存在从 A 到 B 的双射。

证明:假设 $f: A \to B$ 与 $g: B \to A$ 都是单射函数。不失一般性,我们可以假设

---

[1] 戴德金和施罗德(Schröder)的名字经常与这个定理联系在一起,但是通过详细的历史研究后,费雷罗斯(2007)将其归功于康托尔和伯恩斯坦。使用图论来证明这个定理的想法似乎源于柯尼希,柯尼希在 1927 年的论文中由此得出他的无穷引理,见弗兰凯拉(Franchella 1997)。

A 和 B 是不相交的。我们把 A 的元素 a 和 B 的元素 b 作为一个图 $\mathscr{G}$ 的顶点，每个 $a \in A$ 到 $f(a) \in B$ 有一条边，每个 $b \in B$ 到 $g(b) \in A$ 有一条边。

由于 f 和 g 都是单射，对每个 $a \in A$ 来说，至多存在一个 $b \in B$，使得 $a = g(b)$；同样，对每个 $b \in B$ 来说，至多存在一个 $a \in A$，使得 $b = f(a)$。因此，如图 12.10 所示，$\mathscr{G}$ 的顶点落在不相交的子集中，这些子集形成"Z"字形路径。由于 A 和 B 都是无穷的，因此每条这样的路径在朝着箭头的方向都没有尽头，但它的起点有三种可能性。

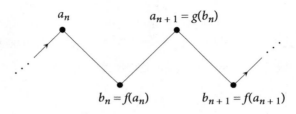

图 12.10 一条"Z"字形路径

- 这条路径的起点在 A 中。在这种情况下，对于这条路径中的每个 $a \in A$，我们定义 $h(a) = f(a)$，于是 h 是从这条路径中 A 的子集到这条路径中 B 的子集的双射。

- 这条路径的起点在 B 中。在这种情况下，对于这条路径中的每个 $a \in A$，我们令 $h(a) = g^{-1}(a)$，于是 h 还是从这条路径中 A 的子集到这条路径中 B 的子集的双射。

- 这条路径没有起点。在这种情况下，对于这条路径中的每个 $a \in A$，我们令 $h(a) = f(a)$，于是 h 仍是从这条路径中 A 的子集到这条路径中 B 的子集的双射。

由于这些路径都是不相交的，并且它们并起来包含 A 和 B 的所有元素作为顶点，因此，$h : A \to B$ 是 A 到 B 的双射。 □

作为康托尔 – 伯恩斯坦定理的一个应用，我们给出第 12.3 节中 $(0, 1)$ 与 $\mathscr{P}(\mathbb{N})$ 等势这一结论的另一种证明。

我们定义一个从 $(0, 1)$ 到 $\mathscr{P}(\mathbb{N})$ 的单射：对每一个 $x \in (0, 1)$，将其表示为带有

无穷多个 0 的二进制展开式。例如，我们取 $\frac{1}{2}$ 的二进制展开式为 0.10000…，而不是 0.01111…，然后把所选的展开式理解为 $\mathbb{N}$ 的一个子集的特征函数（在 0.10000… 的情况下，集合 $S = \{0\}$）。

我们定义一个从 $\mathscr{P}(\mathbb{N})$ 到 $(0, 1)$ 的单射：对每一个 $S \in \mathscr{P}(\mathbb{N})$，对应 $(0, 1)$ 中的一个数 x，若 $n \in S$，则 x 的小数部分的第 n 位记为 1；若 $n \notin S$，则记为 2。这个映射是单射，因为它避开了使得数 x 出现非唯一小数形式的数字 0 和 9。

$\mathbb{R}$ 与 $\mathbb{R}^2$ 的维数

如第 12.3 节末尾所述，布劳威尔在 1912 年证明：当 $m \neq n$ 时，$\mathbb{R}^m$ 和 $\mathbb{R}^n$ 之间不存在连续的双射。对于一般的 m 和 n，这个**维数不变性**定理相当困难，但我们可以使用介值定理非常简单地证明 $\mathbb{R}$ 和 $\mathbb{R}^2$ 之间不存在连续的双射。

使用反证法，假设 $h : \mathbb{R}^2 \to \mathbb{R}$ 是一个连续的双射，使得 $h(\langle 0, 0 \rangle) = c$。那么 h 也是 $\mathbb{R}^2 - \{\langle 0, 0 \rangle\} \to \mathbb{R} - \{c\}$ 的一个连续双射。然而，一方面，我们可以看到 $\mathbb{R}^2 - \{\langle 0, 0 \rangle\}$ 具有一个 $\mathbb{R} - \{c\}$ 没有的性质：它是**道路连通**的。也就是说，$\mathbb{R}^2 - \{\langle 0, 0 \rangle\}$ 中的任何两个点都可以通过 $\mathbb{R}^2 - \{\langle 0, 0 \rangle\}$ 中的一条连续道路连接。另一方面，$\mathbb{R} - \{c\}$ 不是道路连通的。例如，根据介值定理，不存在从点 $a < c$ 到点 $b > c$ 的连续道路。

由于连续双射显然将连续道路映为连续道路，这就产生了矛盾。因此，不存在从 $\mathbb{R}^2 - \{\langle 0, 0 \rangle\}$ 到 $\mathbb{R} - \{c\}$ 的连续双射，从而也没有从 $\mathbb{R}^2$ 到 $\mathbb{R}$ 的连续双射。

第 **13** 章
数、几何和集合的公理

直到 19 世纪末，欧几里得的《原本》仍然是唯一通用的公理化数学成果。在贝尔特拉米于 1868 年发现了非欧几里得几何的模型之后，欧几里得的公理失去了其特权地位，数学家们开始寻求新的数学基础，首先是在算术中，后来是在集合论中。我们在第 11 章和第 12 章中看到了这一点。

在 1888 年和 1908 年之间，观点的改变导致几个新的公理系统出现了。首先是皮亚诺和戴德金于 1888 年分别独立地提出了算术的公理。大约在同一时间，皮亚诺通过赋有内积的实向量空间的公理提出了欧几里得几何的一个新基础。皮亚诺的向量空间公理假定了实数，而希尔伯特（1899）在他的几何公理中针对实数给出了一个非凡的几何基础。

与此同时，康托尔发展的集合论揭示了实数的出乎意料的复杂性。诸如"所有集合的集合"这类事物还存在着悖论。这引发了对集合论公理的需求，策梅洛（1908）给出了集合论的公理，弗伦克尔（1922）进行了补充。

所有这些公理系统都旨在完全刻画数、几何和集合，即用有穷多个语句来封装它们。相比之下，在这一时期发展的群、环和域的公理是所讨论概念的定义性质。群、环和域的公理不存在一致性问题，事实上它们都有平凡的模型。然而，对于自然数和集合的公理，一致性是一个严肃的问题。

13.1 皮亚诺算术

第 2.6 节和第 4.6 节谈及归纳法在数论中的作用,并提到格拉斯曼(1861)用它来证明 ℕ 中加法和乘法的交换律、结合律及乘法对加法的分配律。在这样做的过程中,他比最杰出的数论家们都看得更深。即使是狄利克雷,他的工作被同时代的人认为是最严谨的,也只满足于通过考虑宽为 a、长为 b 的矩形阵列来"证明"其书中(1863)第一页的 $ab = ba$。

显然,只有皮亚诺和戴德金这两位数学家能够理解格拉斯曼思想的深度,他们在 1888 年几乎同时基于归纳法构建了算术。首先我们将讨论现在被称为**皮亚诺公理**的公理,然后看看戴德金对归纳法本质的研究。皮亚诺领会到自然数可以从 0 开始由**后继**函数生成,和函数与积函数的值可以从较小自然数的和函数与积函数的值生成,最终由它们在 0 处的值生成。用 s 代表后继函数,用 + 与 · 代表和与积,那么皮亚诺公理就是:

1. 0 不是后继;

2. 后继相同的数彼此相等;

3. 对于所有 m 和 n,有 $m + 0 = m$ 与 $m + s(n) = s(m + n)$(和的归纳定义);

4. 对于所有 m 和 n,有 $m \cdot 0 = 0$ 与 $m \cdot s(n) = m \cdot n + m$(积的归纳定义);

5. 如果集合 X 满足 $0 \in X$ 且 $n \in X$ 蕴含 $s(n) \in X$,那么 X 包含所有自然数(归纳公理)。

归纳公理是**归纳证明**的基础,凭此可以通过证明集合 $\{m : P(m)\}$ 包含所有自然数来证明性质 P 对所有 m 都成立。由于归纳公理,只需要证明:

- P 对 0 成立(**归纳奠基步**);

- 如果 P 对 n 成立,那么它对 $s(n)$ 成立(**归纳推理步**)。

本质上,格拉斯曼(1861)使用了皮亚诺公理给出诸如 $a + b = b + a$ 和 $ab = ba$ 这些算术基本法则的归纳证明。这些证明并不困难,尽管它们形成一个很长的序列,需要小心地把它们按正确的顺序排列。为了解归纳法是如何参与到即使是最简单的性质的，下面给出了证明序列中的前几步（格拉斯曼的命题 20）。

加一个单位：对于任何自然数 m，$m+1 = 1+m$，其中 $1 = s(0)$。

证明：根据和的定义，$m+1 = m+s(0) = s(m+0) = s(m)$。

我们现在施归纳于 m 来证明 $1+m = s(m)$ 也成立。对于 $m=0$，命题是正确的，因为根据和函数的定义，$1+0 = 1 = s(0)$。现在假设命题对 $m=n$ 成立，换句话说，$1+n = s(n)$。我们想证明命题对于 $m = s(n)$ 也成立，也就是说，$1+s(n) = s(s(n))$。

根据和的定义有 $1+s(n) = s(1+n)$，根据我们的归纳假设，有 $1+n = s(n)$。因此，与所期望的一样，$1+s(n) = s(s(n))$。这就完成了归纳推理步，从而完成证明。 □

归纳法常常是学生学习数学的绊脚石，可能是因为复杂的归纳假设经常无中生有，学生会好奇，我怎么能想出这一点？一个相对简单的例子是第 6.6 节中曾出现的公式

$$1+2+3+\cdots+n = \frac{n(n+1)}{2}$$

这个公式可以通过对 n 作归纳来证明，但人们更希望知道表达式 $n(n+1)/2$ 来自何处。先写下和 $1+2+3+\cdots+n$，然后再把同一个和按照倒序写在下面：

$$
\begin{array}{ccccccccccccc}
1 & + & 2 & + & 3 & + & \cdots & + & (n-2) & + & (n-1) & + & n \\
n & + & (n-1) & + & (n-2) & + & \cdots & + & 3 & + & 2 & + & 1
\end{array}
$$

这个新的和可以被看作 n 列，每列之和都为 $n+1$，所以新的和是 $n(n+1)$，原来的和 $1+2+3+\cdots+n$ 是它的一半：$\dfrac{n(n+1)}{2}$。这个证明当然更清楚，它解释了答案的来源。乍一看，这似乎避免了使用归纳法，但事实并非如此！它实际上用一个简单得显而易见的归纳假设取代了一个复杂的归纳假设：对于 $i=1, 2, \cdots, n$，第 i 列的和为 $n+1$。我们相信对每个 i 来说，第 i 列的和都是 $n+1$，这实际上无意识地对 i 应用了归纳法。

因此，这个例子的意义不是说可以避免归纳法，而是说它有时可以被大大简化。

戴德金论归纳法

皮亚诺公理中和与积的运算是"归纳地"定义出来的，这里"归纳"的含义是归纳公理证明了和与积对于所有的自然数 m 和 n 都是唯一定义的。因此，前一分句 $m+0=m$ 对所有 m 和 $k=0$ 唯一地定义了和 $m+k$。接着，后一分句 $m+s(n)=s(m+n)$ 在假设已经对 $k=n$ 唯一定义 $m+k$ 的前提下，对 $k=s(n)$ 唯一地定义了 $m+k$。在预设和的定义后，类似的论证可以应用于积的定义。

戴德金（1888）意识到归纳定义或如今常说的**递归定义**的重要性，并试图以更基本的概念作为其基础。戴德金在 1890 年的一封信中问道："我们如何才能确保皮亚诺公理的任何解释与我们对自然数的直觉概念在本质上是相同的呢？"

当然，任何解释都必须包含由 $0, s(0), s(s(0)), \cdots$ 表示的对象，这些对象由公理 1 和 2 区分。用 0 表示的对象可以是任何东西，用 s 表示的函数可以是任何不取 0 的单射函数，但除此之外，是否存在戴德金所称的"外来闯入者"呢？这些对象不在从 0 出发通过应用有穷多次函数 s 而得的集合中。归纳公理恰好排除了"外来闯入者"："非闯入者"组成的集合 $X=\{0, s(0), s(s(0)), \cdots\}$ 满足归纳公理的假设，因此它包含了一切。

因此，皮亚诺公理的任何模型都必须包含一个用 0 表示的对象，以及用 $s(0), s(s(0)), s(s(s(0))), \cdots$ 表示的不同的非零对象，并且没有其他元素（"外来闯入者"）。这意味着这个模型与 N 本质上相同，正如我们所期望的那样。我们称皮亚诺公理是**范畴**的，这意味着这些公理的所有模型本质上都是相同的。然而，这个结论取决于归纳公理是**二阶**的，即它是关于所有的数集 X 的命题。在这方面，归纳公理与其他公理不同，其他公理是关于所有数的。这样的公理被称为**一阶**的。

出于多种目的，使用只对所有数成立的一阶公理代替皮亚诺的归纳公理是很方便的。为此，我们使用无穷多个公理的聚合（称为**模式**），每一个可以用算术的语言写出的性质 $\Phi(n)$ 对应一个公理。我们跳过语言细节，简单陈述一阶归纳模式的样子：

若 Φ 对 0 成立，并且只要 Φ 对 n 成立，Φ 就对 $s(n)$ 也成立，那么 Φ 对所有数都成立。

数学家们通常更喜欢一阶公理，因为一阶命题的逻辑表现更好，也更好理解。我们将在第 15 章解释其原因。然而，我们将看到一阶归纳模式允许"外来闯入者"重新潜入。幸运的是，这未必是一件坏事，因为"外来闯入者"可以充当"无穷大数"，而它们的倒数可以充当"无穷小"。我们将在本章末尾的附注中对此多做一点说明。

13.2　几何公理

第 3 章描述了从欧几里得到希尔伯特的几何公理的发展历程。希尔伯特的系统（1899）实际上是欧几里得几何和双曲几何二者的传统公理系统的终结版本。通过包含足够多的公理来确保直线与 $\mathbb{R}$ 本质上相同，希尔伯特能证明他的公理是范畴的。特别地，对于欧几里得平面，他的公理的任何模型本质上都与赋有毕达哥拉斯距离函数的 $\mathbb{R}^2$ 相同，正如我们在第 3.5 节中看到的那样。

第 5 章还描述了几何学的线性代数方法，该方法始于格拉斯曼（1844），并且以欧几里得向量空间的皮亚诺（1888）公理的公理化形式出现（第 4.8 节）。这些公理本质上也只有一个模型——赋有毕达哥拉斯距离函数的 $\mathbb{R}^n$——所以它们是范畴的，类似于希尔伯特的公理。然而，它们具有适用于任何维数 n 的优点，而希尔伯特公理只适用于维数为 2 的特殊情形。

向量空间方法的另一个优点是它允许不同类型的内积，这种选择在 20 世纪初就被证明是有价值的。

内积空间

对于 n 维向量 $\boldsymbol{u} = \langle u_1, u_2, \cdots, u_n \rangle$ 和 $\boldsymbol{v} = \langle v_1, v_2, \cdots, v_n \rangle$，格拉斯曼的内积定义为：

$$\boldsymbol{uv} = u_1 v_1 + u_2 v_2 + \cdots + u_n v_n$$

格拉斯曼（1847）指出，对于欧几里得几何来说，这个内积是自然的，因为它给出了毕达哥拉斯长度：

$$|\boldsymbol{u}| = \sqrt{\boldsymbol{u} \cdot \boldsymbol{u}} = \sqrt{u_1^2 + u_2^2 + \cdots + u_n^2}$$

20 世纪初，爱因斯坦的狭义相对论给出了不同的内积，它允许某些长度是负值。闵可夫斯基（1908）注意到在爱因斯坦关于向量 $\langle x, y, z, t \rangle$ 的四维时空中，x, y, z 是空间坐标，t 是时间，其长度很自然地通过如下公式给出：

$$|\langle x, y, z, t \rangle|^2 = x^2 + y^2 + z^2 - t^2$$

它对应的内积定义为

$$\langle x_1, y_1, z_1, t_1 \rangle \cdot \langle x_2, y_2, z_2, t_2 \rangle = x_1 x_2 + y_1 y_2 + z_1 z_2 - t_1 t_2$$

在所谓的**闵可夫斯基空间**中，显然 $|\langle x, y, z, t \rangle|^2$ 可能为负值，此时 $|\langle x, y, z, t \rangle|$ 是虚数。

在向量 $\langle x, y, t \rangle$ 的三维空间中，这同样也是对的，其中

$$\langle x_1, y_1, t_1 \rangle \cdot \langle x_2, y_2, t_2 \rangle = x_1 x_2 + y_1 y_2 - t_1 t_2$$

这个空间与物理学没太大关系，但它与几何学有着不寻常的关系，因为它包含了兰伯特（1766）第一次梦寐以求的一个对象：半径为虚数的球面。兰伯特纯粹通过类比普通球面和球面三角学公式，推测非欧几里得（双曲）几何可能在这样的球面上成立。事实证明这是正确的！

在这个空间中，半径为 $\sqrt{-1}$ 的球面的方程为

$$x^2 + y^2 - t^2 = -1 \text{ 或 } t^2 - x^2 - y^2 = 1$$

这就是我们通常所说的双曲面。将闵可夫斯基距离限制在这个双曲面（就像我们从 $\mathbb{R}^3$ 中的毕达哥拉斯距离函数得到普通球面上的距离的方法一样，使用弧长），那么双曲面成为双曲平面的一个模型。事实上，庞加莱（1881）已经知道这个模型。

德国柏林自由大学的康拉德·波尔蒂尔（Konrad Polthier）绘制的图 13.1 展示了双曲面上的几何与双曲几何的共形圆盘模型之间的关系。它展示了这个圆盘的一个非欧几里得三角形密铺（三角形的三个角为 $\frac{\pi}{2}$、$\frac{\pi}{3}$ 和 $\frac{\pi}{7}$）投影为双曲面的一个

三角形密铺，这些三角形在闵可夫斯基距离函数下是全等的。

图 13.1　曲面模型

13.3　实数的公理

　　格拉斯曼和皮亚诺将几何视为赋有内积的实向量空间，认为实数是给定的。希尔伯特首先意识到实数本身需要一个公理基础。正如我们刚看到的，他借助阿基米德公理和完备公理基于几何学建立了这样一个基础。如我们在第 3.4 节中所见，完备有序域的概念提供了一个等价的、更代数化的基础。

　　然而，希尔伯特也意识到写下 ℝ 的公理并不是故事的终点。ℝ 是一个高度无穷的结构，我们不应该仅仅满足于假设它存在。我们应该尝试通过证明 ℝ 的公理是一致的来保证 ℝ 的存在性。希尔伯特在 1900 年向数学界提出的 20 世纪数学问题清单中，将此列为第二个问题。大体上说，有了 ℝ 的公理似乎成功了一半。我们有一组有穷的公理，每个公理都是有穷的符号串，逻辑规则（我们将在第 15.5 节看到）基本上是有穷符号串的计算。为了证明一致性，我们只需证明这样的计算不会产生诸如符号串 "0 = 1" 这样矛盾的输出。这就是用来证明关于无穷的推理的一致性的**希尔伯特纲领**。

询问一个计算过程是否产生某个输出，听起来比保证不可数结构 $\mathbb{R}$ 的存在性要容易得多。或许是这样，但正如我们将在第 15.5 节看到的那样，没有一般的程序来回答这样的问题。事实上，$\mathbb{R}$ 的公理的一致性仍然没有希尔伯特能接受的证明。

这就引出了一个问题，考虑到 $\mathbb{R}$ 的公理的困难，让 $\mathbb{R}$ 成为几何基础的一部分是个好主意吗？正如在第 11.9 节中已经提到的，欧几里得几何实际上只需要可构造数。基于可构造数的欧几里得几何的详细发展可以参考哈茨霍恩 2000 年的著作。这些数形成一个更易于处理的可数集合，事实上不用阿基米德公理和完备公理就能证明欧几里得几何的一致性。

塔斯基（Tarski 1948）给出了在某种意义下包含传统欧几里得几何的系统中回答问题的一般程序，从而在没有阿基米德公理和完备公理的情况下证明了几何的一致性。他的程序能够判断包含任意多个变元的多项式方程或不等式是否有实数解。因此，它不仅可以回答欧几里得几何所涉及的直线和圆（线性方程和二次方程）的问题，还可以回答任何次的实代数曲线的问题。

塔斯基系统的问题在于不能区分自然数和一般的数，就像希尔伯特系统甚至不能陈述阿基米德公理一样。所以塔斯基系统不能表达一些传统的几何问题，例如：对于哪些 n，能用尺规作出正 n 边形？

我们将在第 15.5 节看到，关于自然数的问题是数学中所有困难的核心。

13.4　集合论的公理

一般来说，集合论的公理类似于算术的皮亚诺公理。皮亚诺公理有一个起始对象 0 和生成新对象的后继函数，以及归纳法。集合论的**策梅洛 – 弗伦克尔公理**有一个起始对象，即空集 {}，加上生成新对象的幂集公理和替换公理，以及一个被称为**良基公理**的归纳公理。集合论公理与皮亚诺算术公理基本上是相同的，关键区别在于**无穷公理**，它断言无穷集存在。

这里我们准确列出策梅洛 – 弗伦克尔公理，即 ZF 公理，以及它们如何捕捉到关于集合的一些非形式化想法的评论。特别地，这些公理形式化了第 12.4 节中关于序数的想法。其中一个公理是无穷多公式的一种模式，每一个公式对应一个可以用 ZF 的语言定义的函数。我们不会详细地介绍这种语言，只说它仅有一种类型的变元，即集合，而集合之间恰有两种关系：相等" = "与属于" $\in$ "。

外延公理：含有相同元素的集合相等。

特别地，这意味着 {1, 2} = {2, 1} = {1, 1, 2}，因为这些集合含有相同的元素：1 和 2。

空集公理：存在不含任何元素的集合 {}。

根据外延公理，空集仅有一个。正如我们在第 12.4 节中看到的，{} 可以充当数 0。

配对公理：对于任意集合 x, y，存在一个以 x 和 y 为元素的集合。

我们把这个集合记为 $\{x, y\}$。如果 $x = y$，那么由外延公理，它是单元素集合 $\{x\}$。由于 $\{x, y\} = \{y, x\}$，再次由外延公理，$\{x, y\}$ 不是有序对。不过，$\{\{x\}, \{x, y\}\}$ 可以被视为 x, y 的有序对 $\langle x, y \rangle$，因为只有当 $x = y$ 时，才有 $\{\{x\}, \{x, y\}\} = \{\{y\}, \{x, y\}\}$。

并集公理：对于任意集合 x，存在一个集合，它恰好由 x 的元素的元素组成。

如果 $x = \{a, b\}$，那么 x 的元素的元素组成了被我们称为 $a \cup b$ 的集合，即" a 和 b 的并集"。两个集合的一个特殊并集就是我们在第 12.4 节中用作有穷序数 n 的后继的集合 $n \cup \{n\}$。更一般地，如果 α 是任意序数，那么 $\alpha + 1 = \alpha \cup \{\alpha\}$。

能够形成无穷多个集合的并集也是有用的。在第 8.4 节，当取戴德金分割下界集 L_i 的并集 L 以创建相应实数的上确界时，我们就这样做了。因为这里将并集公理应用于以 L_i 为元素的集合，因此这个过程是有效的。我们还在第 12.4 节中使用无穷并来得到一组序数的上确界。

还要注意，配对公理和并集公理使我们能够构建具有三个或更多元素的有穷集。例如，要构建集合 $\{a, b, c\}$，我们使用配对公理来构建 $x = \{a, b\}$ 和 $y = \{c\}$，然后使用并集公理来得到 $x \cup y = \{a, b, c\}$。

无穷公理：*存在一个无穷集；具体来说，存在一个集合 x，其元素包含 {}，并且只要包含任何元素 y，就一定包含 s(y)。*

这里的 $s(y)$ 是后继集合 $y \cup \{y\}$，所以这个公理说的是存在一个包含所有自然数的集合。为了得到其元素恰好是所有自然数的集合 $\mathbb{N}$，我们需要一个公理允许我们将具有特定定义性质的集合组成一个集合。由于技术上的原因，在下面的"替换公理"中，这个公理是用函数定义的形式表述的。

幂集公理：*对于任意集合 x，存在一个由 x 的所有子集组成的集合 $\mathscr{P}(x)$。*

正如我们在第 12.3 节中看到的，当 $x = \mathbb{N}$ 时，这个公理创建了一个惊人的大集合 $\mathscr{P}(x)$。事实上，因为 $\mathscr{P}(\mathbb{N})$ 是不可数的，所以在 ZF 的语言中没有足够多的公式来定义它的所有元素。这就是为什么我们需要一个公理来保证 $\mathbb{N}$ 的幂集和其他无穷集的存在性。

替换公理（模式）：*如果 $\varphi(u, v)$ 是一个公式，它将 v 定义为一个函数 f(u)，那么 f(u) 在集合 x 中的值域本身是一个集合。*

替换公理模式是策梅洛（1908）使用的"可定义子集"模式的推广。策梅洛的公理是集合 x 中满足公式 $\varphi(u)$ 的元素 u 形成一个集合。弗伦克尔（1922）指出，需要替换公理模式来得到诸如 $\{\mathbb{N}, \mathscr{P}(\mathbb{N}), \mathscr{P}(\mathscr{P}(\mathbb{N})), \cdots\}$ 的集合。我们还看到它给出了像 $\omega \cdot 2$ 这样的序数。

良基公理[①]：*任何非空集合都有在"属于"（$\in$）关系下极小的元素。*

当应用于集合 $\mathbb{N}$ 时，良基公理给出了通常的归纳法，因为它等价于说 $\mathbb{N}$ 的每个子集都有一个极小元，如第 12.4 节所述，$\in$ 是 $\mathbb{N}$ 上惯常的序关系。

最后两个公理使我们能够通过归纳法将证明从自然数推广到一般的序数，并通过对序数的递归来定义函数。良基公理蕴含任何序数都是良序集，因为"$\in$"关系是有充分根据的，并且序数的定义（第 12.4 节）已经说明序数在"$\in$"下是线序。正如 $\mathbb{N}$ 的良序产生了证明的归纳法，序数的良序产生了更一般的证明方法，被称为**超穷归纳法**。我们将在第 14.5 节详细讨论超穷归纳法。替换公理允许通过递归来定义序数的函数，例如加法和乘法的推广。

---

① 也称基础公理、正则公理、限制公理。——译者注

去掉无穷公理的 ZF

在第 12.6 节中介绍的世传有穷集 V_ω 是去掉无穷公理的 ZF 的模型，我们把它简称为 ZF–无穷。它包括空集，作为其定义的一部分，并且很容易看到它在配对、并集、幂集和替换下是封闭的，这是因为 V_ω 中的所有元素都是有穷的。而且，因为它的所有元素都是有穷的，所以 V_ω 不满足无穷公理。这就证实了无穷公理不能从其他 ZF 公理中推导出来。反之，V_ω 不能被证明存在于 ZF–无穷中。

对于有穷对象的数学来说，V_ω 是一个好模型，因为它包括自然数、自然数组成的有穷集、有穷集组成的有穷集，等等。事实上，正如我们在第 12.4 节和第 12.6 节中所看到的，自然数恰是 V_ω 的序数。它们的后继运算 $s(n) = n \cup \{n\}$ 是在 V_ω 中定义的，因此和与积运算也是通过它们在皮亚诺公理中的归纳定义实现的。

最后，归纳公理在 V_ω 中成立，因为它等价于良基公理。因此，所有的皮亚诺公理在 ZF–无穷中都成立。我们称皮亚诺算术在 ZF–无穷中是**可解释的**。

反之，我们可以证明 ZF–无穷在皮亚诺算术中是可解释的。这需要更多的工作，因为要说明每个世传有穷集都能由一个自然数编码，并且集合上的运算（如并集和幂集）必须由数的运算编码，最终可由加法和乘法定义。这是一个大工程，叫作**句法的算术化**，直到哥德尔 1931 年把它作为他著名的不完全性定理证明的一部分之前，它甚至都没被设想过。我们将在第 15.5 节中更多地讨论这种算术化，它把 19 世纪的算术化项目引向了一个新的方向。

无论如何，哥德尔算术化的结果是 ZF–无穷等价于皮亚诺算术，或者说得更戏剧化一点，集合论等于算术加无穷！

13.5 附注

以下是皮亚诺算术的一阶公理是如何允许戴德金的"外来闯入者"存在的。假设我们引入一个新的常数 N，并在皮亚诺公理的基础上增加无穷多个新公理

$$N > 0,\ N > 1,\ N > 2,\ N > 3,\ \cdots$$

其中 $a > b$ 是 $\exists c[a = b + s(c)]$ 的缩写。这些公理说明 N 是一个无穷大数。然而，假设皮亚诺公理不会导致矛盾，那么新的公理也不会导致矛盾。为什么不会呢？好吧，使用反证法，假设由新的公理和皮亚诺公理可以证出一个矛盾，比如说 $0 = 1$。因为任何证明都是有穷的，所以这个假设的 $0 = 1$ 的证明只使用了有穷多个新公理 $N > k$，但是任何有穷多个这种形式的公理都可以通过将 N 解释成最大数 k 的后继来满足，所以有穷多个这样的公理并不会导致矛盾。

此外，我们将在第 15.4 节看到，如果一阶公理 A 不会导致矛盾，那么 A 有一个模型。这个想法推广后给出了一阶皮亚诺公理加上无穷多个公理 $N > 0$, $N > 1$, $N > 2$, $N > 3$, … 的模型。在这个模型中，解释 N 的对象可以被视为一个"无穷大数"。那么，如果我们把皮亚诺算术扩展到包括除法运算，$1/N$ 就可以被视为一个"无穷小量"。

这些结果表明使用无穷小量而不产生矛盾是可能的。这个想法可以从算术延伸到分析，从而得到各种**非标准分析**系统，莱布尼茨关于无穷小量的讨论为此建立了可靠的基础。非标准分析最初来自鲁滨逊（1966）的逻辑，但有时也被主流数学家们使用，如陶哲轩（2013）。特别有趣的一个例子是，爱德华·尼尔森（Edward Nelson 1987）将无穷大数应用于概率论。

第14章
选择公理

在策梅洛于 1908 年引入后来演变为策梅洛 – 弗伦克尔公理（ZF）的集合论公理之前，他在 1904 年使用了另一个公理——**选择公理**（AC）——来证明康托尔的一个猜想，即人们熟知的**良序定理**。良序定理断言每个集合都有一个良序——这是一个有争议的断言，因为许多集合（如 $\mathbb{R}$）没有明确的良序。由于很容易得到选择公理与良序定理等价，因此使得选择公理受到怀疑。

然而，在数学中禁止使用选择公理是不可行的。事实上，一些反对选择公理的人也在无意识地在应用它，因为选择公理牵涉到一些非常可信的命题，例如任何无穷集都存在一个可数子集。此外，选择公理极大地简化了集合论及代数学和分析学等其他诸多数学领域。

在集合论中，选择公理将每个集合与一个序数相对应，这使我们能够说明任何两个集合要么基数相等，要么其中一个集合的基数严格大于另一个。在代数学中，选择公理使我们能够说明任何向量空间都有一组基，任何域都有一个代数闭包，以及任何非零环都有一个极大理想。

另外，选择公理也有"不受欢迎的"结论，尤其是在测度论中。维塔利（Vitali 1905）首先发现选择公理蕴含不可测集的存在性，他的结果被豪斯多夫（1914）以及巴纳赫（Banach）和塔斯基（1924）后来加强为所谓的**巴纳赫 – 塔斯基悖论**。

这引发了对较弱的选择公理的研究，这些公理强到足以证明选择公理的那些可信结论，但又不足以证明那些"荒谬"的结论。

14.1　选择公理和无穷

我们先给出选择公理的形式化陈述。

选择公理：对于其元素是非空集合 x 的任何集合 X，存在一个函数 f，称为**选择函数**，使得对每一个 $x \in X$，都有 $f(x) \in x$。

仅看这个公理的陈述似乎非常合理，但请记住，只有当没有已知的方法能定义选择函数时才需要使用选择公理。对一些数学家来说，断言一个函数存在却没有定义它的办法是不可接受的，不幸的是，在许多情况下我们都没有办法。一个简单的例子是 X 是由非空实数集组成的集合。

另外，没有选择公理也很棘手，因为无穷集这一概念本身就与它有联系。如果没有某种形式的选择公理，我们就无法证明每个无穷集 S 都具有戴德金用来定义无穷的性质：S 和其真子集 $S' \subset S$ 之间存在双射。

如果存在一个双射 $g : S \to S'$，那么在 S 中存在一个不在 S' 中的元 a，在这种情况下，$a, g(a), g(g(a)), \cdots$ 是 S 中的不同元。因此，根据戴德金的定义，无穷集有可数的无穷子集。反之，如果集合 S 有一个可数无穷子集 $\{a_0, a_1, a_2, a_3, \cdots\}$，那么存在一个从 S 到其真子集 $S' = S - \{a_0\}$ 的双射 g。也就是说，如果 $s \in S$ 但不在 $\{a_0, a_1, a_2, a_3, \cdots\}$ 中，我们令 $g(s) = s$，否则，如果 $s = a_n$，则令 $g(s) = a_{n+1}$，那么 g 显然是 S 映到 S' 的双射。

因此，S 具有戴德金性质，当且仅当 S 具有一个可数的无穷子集。但要彻底证明一个无穷集 S 有一个可数的无穷子集，我们似乎就需要选择公理。这个明显的证明如下所示。选择任意元 $a_0 \in S$，然后再选择

$$a_1 \in S - \{a_0\},$$
$$a_2 \in S - \{a_0, a_1\},$$
$$a_3 \in S - \{a_0, a_1, a_2\},$$
$$\vdots$$

由于 S 是无穷的，从而选出的这个序列是无穷无尽的，因此我们得到了 S 的一个可数的无穷子集 $\{a_0, a_1, a_2, \cdots\}$。

但是，我们正在选出一个无穷序列，事实上，这个定理仅在 ZF 中是不可证的。可数无穷子集的存在性是已知的仅由 ZF 公理不可证的许多定理之一。在此背景下，另外值得一提的两个定理是：可数集的可数并是可数的；以及更令人惊讶的，$\mathbb{R}$ 不是可数集的可数并。我们从保罗·科恩（Paul Cohen）1963 年的研究工作中知道了大部分在 ZF 中关于不可证性的结果，其解释参见科恩 1966 年的著作。科恩构造了 ZF 的模型，选择公理的各种结果在其中不成立。他给出的其中一个模型包含没有可数子集的无穷实数集。费弗曼（Feferman）和莱维（Levy）1963 年构造了 ZF 的一个模型，其中 $\mathbb{R}$ 是可数集的可数并。

鉴于 ZF 的这些弱点，知道哪些重要的命题等价于选择公理是有用的，因为任何等价命题在 ZF 中都是不可证的。我们将在接下来的几节中讨论一些例子，以及选择公理的一些结论，虽然它们并不蕴含选择公理，但在 ZF 中仍是不可证的。后面这些命题被视为更弱的选择原理。

14.2　选择公理和图论

第 10.1 节给出了图、连通性和树的形式定义，我们还证明了在任何连通图中都存在生成树。第 10.1 节中也简要地指出在这个证明中应用了选择公理。本节我们将反过来证明任何连通图中都存在生成树蕴含了选择公理。因此，生成树的存在性是选择公理的一个等价命题，并且大概是最容易陈述和证明的等价命题之一。

生成树的存在性蕴含选择公理：如果每个连通图都有一个生成树，那么选择公理成立。

证明：给定一个由非空集 x 组成的集合 X，我们希望得到 X 的一个选择函数。为便于说明，我们使用记号 x_i 表示 X 中的一般元素，其中 i 是集合 x 的"指标"或名称。（例如，名称可以是集合 $\{x\}$。我们称指标 i 为集合指标，它们只是 X 中元素的单独名称，其数量可能是不可数的。）

接下来，我们定义一个图 $\mathscr{G}$，其顶点满足：

- 对每个集合指标 i，有一个顶点 i；

- 对 x_i 中的每个元素，有一个顶点 x_{ij}，其中 j 是 x_i 中元素的指标。

$\mathscr{G}$ 的边有两种：

- 从每个顶点 i 到每个顶点 x_{ij} 都有一条边，这些边连接了集合指标 i 与集合 x_i 的所有元；

- 当 $i \neq k$ 时，从 x_i 的每个元 x_{ij} 到 x_k 的每个元 x_{kl} 都有一条边，这些边使 $\mathscr{G}$ 成为连通的。

现在，X 的一个选择函数给每一个 i 恰好指定一个 x_{ij}。这种指定可以由 $\mathscr{G}$ 的生成树 $\mathscr{T}$ 实现。过程如下：固定一个顶点 i_0，对任意顶点 $i \neq i_0$，考虑树 $\mathscr{T}$ 中从 i_0 到 i 的唯一简单路径。该路径中的最后一条边一定是连接某个 x_{ij} 和 i，因为从 i 出发的所有边都具有这种形式。这个 x_{ij} 就是选择指定给 i 的那一个。我们仍然需要给 i_0 配上一个 $x_{i_0 j}$，但这可以任选[①]。　　　　　　　　　　　　　　$\square$

14.3　选择公理和分析学

每个无穷集存在一个可数子集是分析学中的一个重要问题。这个问题出现在两个定理中：强波尔查诺－魏尔斯特拉斯定理和序列连续性推出连续性。

强波尔查诺－魏尔斯特拉斯定理：假定选择公理，若 S 是有界无穷实数集，则 S 包含一个可数子集 $\{x_0, x_1, x_2, \cdots\}$，且序列 $x_0, x_1, x_2, \cdots$ 是收敛的。

证明：我们首先证明 S 包含一个**聚点** x，即其任意邻域 $(x-\delta, x+\delta)$ 都含有 S 中除 x 以外的元素。这部分的证明不需要选择公理。然后使用选择公理，我们找到 S 中的元素组成的一个序列 $x_0, x_1, x_2, \cdots$ 收敛到 x。

---

① 选择公理不必只做一次选择。逻辑总是允许我们做有穷多次选择，例如，我们可以"令 A, B, C 是平面内的任意点"。

不失一般性，假设 $S \subset [0, 1] = I_0$。由于 S 是无穷的，分半区间 $[0, 1/2]$ 或 $[1/2, 1]$ 包含 S 中无穷多个点。设这两个区间中包含 S 中无穷多个点的最靠左的区间为 I_1。

类似地定义 I_1 的分半区间 I_2，它包含 S 中无穷多个点，然后同样定义 I_2 的分半区间 I_3，以此类推。于是得到区间套

$$I_1 \supset I_2 \supset I_3 \supset \cdots$$

每个区间的长度都是前一个区间的一半，并且每个区间都包含 S 中无穷多个点。设 x 是这些区间的唯一公共点，由 $\mathbb{R}$ 的完备性可知其存在（第 11.1 节）。这个 x 是 S 的一个聚点，因为 x 的任何邻域都包含某个 I_k。

根据我们的构造，对于任何 n 都存在 S 中的点使其与 x 的距离不超过 2^{-n}，即 I_n 中的点。由选择公理，我们可以为每个 n 都选择这样一个点 x_n，那么序列 $x_0, x_1, x_2, \cdots$ 收敛到 x。 $\qquad\square$

对许多问题来说，知道 S 的聚点存在就足够了，这就是为什么我把其证明从使用选择公理得到 S 的收敛子列的更强结论的证明部分中分离出来。显然，要使得一个收敛子列存在，无穷集 S 必须有一个可数子集。但是，如第 14.1 节所述，科恩发现的一个模型表明对于所有的无穷集 $S \subset \mathbb{R}$，后一结论在 ZF 中是不可证的。同一模型给另一个基本定理也带来了麻烦，其中涉及**序列连续**的概念。

定义：函数 f 在 $x = a$ 处是**序列连续**的，如果对于每一个以 a 为极限的序列 $a_0, a_1, a_2, \cdots$，当 $a_n \to a$ 时，都有 $f(a_n) \to f(a)$。

序列连续性推出连续性：假定选择公理，若 f 在 $x = a$ 处序列连续，则 f 在 $x = a$ 处连续。

证明：设 f 在 $x = a$ 处是序列连续的，使用反证法，假设 f 在 $x = a$ 处不连续。这意味着存在一个 $\varepsilon > 0$，使得对于任何 $\delta > 0$，在 $(a - \delta, a + \delta)$ 中存在一个 x 使得 $|f(x) - f(a)| \geq \varepsilon$。

特别地，由选择公理，我们可以选择 $a_0, a_1, a_2, \cdots$ 使得

$$a_0 \in (a-1,\ a+1) \qquad 且 \quad |f(a_0) - f(a)| \geqslant \varepsilon,$$

$$a_1 \in \left(a-\frac{1}{2},\ a+\frac{1}{2}\right) \qquad 且 \quad |f(a_1) - f(a)| \geqslant \varepsilon,$$

$$a_2 \in \left(a-\frac{1}{2^2},\ a+\frac{1}{2^2}\right) \qquad 且 \quad |f(a_2) - f(a)| \geqslant \varepsilon,$$

$$\vdots$$

那么 $a_n \to a$，但 $f(a_n)$ 不趋于 $f(a)$，所以 f 在 $x = a$ 处不序列连续。这一矛盾表明事实上 f 在 $x = a$ 处是连续的。　　　　　　　　　　　　　　　　　　　　　　　　　□

这个定理中蕴含的内容在 ZF 中不可证，因为上面提到的科恩的模型中存在没有可数无穷子集的无穷实数集。将这个集合映射到 [0, 1] 上，就得到一个没有可数无穷子集的无穷有界集 S，根据波尔查诺 – 魏尔斯特拉斯定理的第一部分可知，S 有一个聚点 a。我们可以用这个集合 S 来定义一个在 a 处序列连续但不连续的函数，如下所示。

不失一般性，假设 $a \notin S$（否则，从 S 中去掉 a，在剩下的集合中，a 仍为聚点）。现在定义 f 为 S 的特征函数，即

$$f(x) = \begin{cases} 1, & x \in S \\ 0, & x \notin S \end{cases}$$

由于 $f(a) = 0$，但对于任意趋近 a 的点 x，有 $f(x) = 1$，从而 f 在 $x = a$ 处当然是不连续的。现在，假设 a_0, a_1, a_2, $\cdots$ 是以 a 为极限的一个序列。由于 S 没有可数的无穷子集，因此只有有穷多个点 a_n 在 S 中。从某项 a_N 开始的 a_n 都不在 S 中，因此 $f(a_n) = 0$。从而可得当 $a_n \to a$ 时，有 $f(a_n) \to 0 = f(a)$，所以 f 在 $x = a$ 处序列连续。

14.4　选择公理和测度论

回想一下第 11.4 节中勒贝格测度 μ 的性质，它隐含地定义了 $\mathbb{R}$ 的勒贝格可测子集。

基本集合的测度：区间 $[a, b]$ 的测度为

$$\mu([a,\ b]) = b - a$$

补集的测度：如果 $S \subseteq T$ 且 $\mu(S)$ 和 $\mu(T)$ 都存在，那么

$$\mu(T - S) = \mu(T) - \mu(S)$$

其中 $T - S = \{x \in \mathbb{R} : x \in T \text{ 且 } x \notin S\}$。

可数可加性：如果 S 是不相交集合 $S_1, S_2, S_3, \cdots$ 的并集，且 $S_1, S_2, S_3, \cdots$ 的测度分别为 $\mu(S_1), \mu(S_2), \mu(S_3), \cdots$，那么

$$\mu(S) = \mu(S_1) + \mu(S_2) + \mu(S_3) + \cdots$$

只要这个和存在。

零测集：测度为零的集合的任何子集的测度为零。

这个定义的一个重要结论为勒贝格测度 μ 是**平移不变的**。也就是说，如果 S 是勒贝格可测的，且

$$S + r = \{x + r : x \in S\}$$

是 S 的平移，那么 $\mu(S + r) = \mu(S)$。这一性质显然对区间成立，并可以从区间推广到任何可测集，因为任何可测集都可以由区间的有穷并来逼近，误差不超过测度 ε。

维塔利（1905）借助平移不变性，使用选择公理给出了第一个不是勒贝格可测的集合。对于维塔利的例子，最自然的看法就是将其视为周长为 1 的圆周的子集，在该圆周上勒贝格测度的定义方式与直线上的相同，只是用角度 θ 代替距离 x。因此，此时的"平移"是旋转，而勒贝格测度是**旋转不变的**。

不可测集：假定选择公理，存在圆周的子集不是勒贝格可测的。

证明：对于周长为 1 的圆周上的每个点 θ，考虑"θ 的有理平移"集合

$$X_\theta = \{\theta + \varphi : \varphi \text{ 是 } [0, 1) \text{ 中的有理数}\}$$

那么任意两个集合 X_θ，$X_{\theta'}$ 或者是相同的（当 $\theta - \theta'$ 是有理数时），或者是不相交的（当 $\theta - \theta'$ 是无理数时）。由选择公理，存在一个集合 X 恰好包含每个 X_θ 中的一个元素。

现在考虑 X 的有理平移

$$X + \varphi = \{\theta + \varphi : \theta \in X, \varphi \text{ 是 } [0,1) \text{ 中的有理数}\}$$

根据 X_θ 和 X 的定义，我们得出以下结论。

1. 对于 $[0,1)$ 中的不同的有理数 φ 和 φ'，集合 $X + \varphi, X + \varphi'$ 是不相交的，因为如果 χ 是 $X + \varphi$ 和 $X + \varphi'$ 的公共元，我们有集合 $X_\theta, X_{\theta'}$ 使得

$$\chi = \theta + \varphi = \theta' + \varphi', \text{ 所以 } \theta - \theta' = \varphi' - \varphi$$

但是如果 $X_\theta \neq X_{\theta'}$，那么 $\theta - \theta'$ 是无理数，所以唯一的可能是 $\theta = \theta'$，因此 $\varphi = \varphi'$。

2. 另一方面，这些不相交集合 $X + \varphi$ 的并集是整个圆周，因为每个 θ 都在某个 X_θ 中。因此某个有理平移 $\theta + \varphi \in X$，那么 $\theta \in X + (-\varphi)$。

3. 最后，存在可数多个集合 $X + \varphi$，因为存在可数多个有理数 φ。

现在，如果 X 是勒贝格可测的，对于可数多个有理数 $\varphi \in [0,1)$ 中的每一个，μ 的旋转不变性蕴含 $\mu(X) = \mu(X + \varphi)$。于是有两种可能：要么 $\mu(X) = 0$，要么 $\mu(X) = m > 0$。在第一种情况下，可数可加性蕴含圆周的测度是 $0 + 0 + 0 + \cdots = 0$。在第二种情况下，可数可加性意味着圆周的测度是 $m + m + m + \cdots$，这是无穷大。由于这两个值都不正确，我们得出 X 不是勒贝格可测的。 □

豪斯多夫（1914）在 $\mathbb{R}^3$ 中球面的子集上发现了一种更差的不可测性，他使用选择公理将球面去掉一个可数集后划分为三个集合 $\mathscr{A}, \mathscr{B}, \mathscr{C}$，它们彼此全等，并且与 $\mathscr{B} \cup \mathscr{C}$ 全等。因此，如果 $\mathscr{A}, \mathscr{B}, \mathscr{C}$ 是可测的，那么其测度分别是球面面积的 $1/3$，同时也是其 $2/3$。这个矛盾说明 $\mathscr{A}, \mathscr{B}, \mathscr{C}$ 是不可测的。事实上，它表明球面上甚至不存在一个有限可加测度，使得全等子集有相等的测度。

巴纳赫和塔斯基（1924）利用豪斯多夫的证明得到关于 $\mathbb{R}^3$ 中的球的一个更加荒谬的结果：存在一个划分将单位球分成五个子集，这些子集可以通过平移和旋转重新组装成两个单位球。选择公理的这个结论被称为**巴纳赫 – 塔斯基悖论**。有两本书是关于这个主题的：瓦普纳（Wapner 2005）及汤姆科维奇和瓦贡（Tomkowicz，Wagon 2016）。毋庸置疑，球的划分不是用小刀能做到的。这五个子集是极其不连通的"点云"，就像维塔利的不可测集。

14.5 选择公理和集合论

正如本章开头提到的，策梅洛（1904）用选择公理证明了每一个集合都有良序。很容易证明良序定理蕴含选择公理，所以我们接下来先证明这个结论。我们接受良序定理，因此可以说对于小于某个序数 β 的所有序数 α，每个非空集合 X 中的元素都可以写成 x_0, x_1, x_2, …, x_α, …（关于序数的复习，参见第 12.4 节）。

良序定理蕴含选择公理：如果每个集合都有良序，那么以非空集 y 为元素的每个集合 Y 都有一个选择函数。

证明：给定集合 Y，设 X 是 Y 中所有集合 y 的并集。设 x_0, x_1, x_2, …, x_α, … 是 X 中元素的一个良序。接下来，对于每一个集合 $y \in Y$，我们定义

$$f(y) = y \bigcap X \text{中的元素} x_\alpha, \text{其中 } \alpha \text{ 是最小的}$$

那么 $f(y)$ 是良定的，因为每个序数集合都有最小元，并且 $f(y) \in y$，所以 f 是 Y 的一个选择函数。 □

选择公理蕴含良序定理的证明想法也很简单，但它涉及一个归纳定义的函数，需要做一些解释。

选择公理蕴含良序定理：如果选择公理成立，那么对于小于某个序数 ν 的所有序数 α，任何非空集合 X 中的元素都可以写为 x_0, x_1, x_2, …, x_α, …。

证明：给定一个非空集合 X，借助选择公理，我们可以如下写出 X 中的元素。设 f 是 X 的非空子集组成的集合的一个选择函数，然后"归纳地"定义一个函数 $g(\alpha) = x_\alpha$ 如下：

$$g(0) = x_0 = f(X),$$
$$g(1) = x_1 = f(X - \{x_0\}),$$
$$\vdots$$
$$g(\alpha) = x_\alpha = f(X - \{x_\gamma : \gamma < \alpha\}),$$
$$\vdots$$

其主要问题在于，这个证明的确定义了一个函数 $g(\alpha) = x_\alpha$。为了证明"归纳定义"的有效性，我们首先考虑部分地实现 g 的目标的函数 g_β，即直到序数 β 都可以。

也就是说，

- 对 $\alpha < \beta$，$g_\beta(\alpha)$ 已经定义，
- $g_\beta(0) = f(X)$，
- 对每个 $\alpha < \beta$，$g_\beta(\alpha) = f(X - \{g_\beta(\gamma) : \gamma < \alpha\})$。　　　（＊）

每个 g_β 的值域都是 X 的一个子集，因此标记这些部分函数的序数 β 对应 $\mathscr{P}(X)$ 的某个子集，由替换公理，这些 β 自身形成一个集合。对于 g_β 存在的情况，取并集可给出 β 的上确界，因此存在一个最小序数 $\nu >$ 所有这些 β。

显然，对于 $g_\beta(\alpha)$ 和 $g_{\beta'}(\alpha)$ 二者都已经定义的任意 α 有 $g_\beta(\alpha) = g_{\beta'}(\alpha)$，如果不是这样，考虑满足 $g_\beta(\alpha) \neq g_{\beta'}(\alpha)$ 的最小的 α，由（＊）立即得出矛盾。

因此，我们可以把 $\beta < \nu$ 的 g_β 并起来得到 g_ν，并且 ν 代替 β 后，g_ν 是满足条件（＊）的函数。并且 g_ν 是定义在整个 X 上的，否则考虑非空集合

$$X - \{g_\nu(\alpha) : \alpha < \nu\}$$

那么我们可以通过令 $g_{\nu+1}(\nu) = f(X - \{g_\nu(\alpha) : \alpha < \nu\})$ 将 g_ν 扩张到 $g_{\nu+1}$，但根据 ν 的定义，不存在这样的扩张。

因此我们取 $g = g_\nu$，对于 $\alpha < \nu$，$g(0), g(1), g(2), \cdots, g(\alpha), \cdots$ 是 X 的一个良序。　　　　　　　　　　　　　　　　　　　　　　　　　　　□

该定理所用的思路，是从满足 g 的定义条件的部分函数出发，构造一个归纳定义的函数 g，这一思想是由戴德金（1888：定理 12.5 和定理 12.6）引入的，用以证明皮亚诺算术中归纳定义的有效性。当然，在戴德金的情况中，不需要选择函数 f，因为总是可以从自然数的集合中选择最小的数。但当选择函数 f 由选择公理给定时，解释"归纳定义"的问题大致相同。

14.6　选择公理和代数学

在代数学中，选择公理的应用往往是关于极大元的存在性。例如，向量空间

的基是一组极大的线性无关向量集 B，极大的含义是任何包含 B 和其他向量的集合都不是线性无关的。环的极大理想的概念是类似的。正因为如此，自 20 世纪 30 年代以来，代数学家们更喜欢使用选择公理的一个等价形式来陈述极大元的存在性。这种形式被称为佐恩（Zorn）引理。

然而，这些定理的一些早期证明都沿着策梅洛证明良序定理的思路，通过超穷归纳法定义一个结构。下面是第一个这样的例子，源于哈默尔（1905）。

哈默尔基：假定选择公理，则 $\mathbb{R}$ 作为 $\mathbb{Q}$ 上的向量空间存在一组基 B。

证明：根据良序定理，令 $x_0, x_1, \cdots, x_\alpha, \cdots$ 是 $\mathbb{R}$ 中非零元素的一个良序，并且令 γ 是这个良序中出现的序数 α 的上确界。接下来施归纳于小于 γ 的序数 β，构造 $\mathbb{R}$ 的如下子集 B。

阶段 $\beta+1$：如果 x_β 在这一阶段不是 B 中元素的有理系数线性组合，那么将 x_β 放入 B 中（因此 x_0 在第 1 阶段进入 B 中，见下文）。

阶段 λ，λ 是一个极限序数：在这一阶段 B 中的元素是在阶段 $\alpha < \lambda$ 时放入 B 中的所有 x_α（注意 x_λ 在阶段 $\lambda+1$ 时被考虑）。

从这个过程可以清楚地看出，B 中有足够多的 x_α 可以确保每个 $x \in \mathbb{R}$ 都是 B 中元素的有理系数线性组合，因为唯一被忽略的 x_α 已经是这样的线性组合了。此外，B 中元素的非零系数线性组合都不为 0，因为在任何这样的（假想的）线性组合中，存在一个指标最大的元 x_α，且所有这样的 x_α 都被忽略了。因此，B 是一组基。 □

注意，同样的良序论证适用于任何向量空间，因为我们对 $\mathbb{R}$ 的良序性没有做任何特殊假设。因此把任何向量空间都有基这个定理归功于哈默尔不是没有道理的。很久之后，布拉斯（Blass 1984）证明了任何向量空间的基的存在性蕴含着选择公理，因此选择公理有一个自然的代数等价形式：任何向量空间都有基。

另一个通过良序得到的重要证明，是克鲁尔（1929）证明的任何非零环都有一个极大理想。克鲁尔的证明出现在佐恩引理成为代数学家利用选择公理的优选方法之前，他的定理实际上更适合用佐恩引理来证明。不过，格罗滕迪克（1957）在一个关键定理中也使用了超穷归纳法，远在佐恩引理变得众所周知之后。

佐恩引理

佐恩引理的常见表述如下。

佐恩引理：如果 P 是偏序集，并且它的每个线序子集均有上界，那么 P 有一个极大元。

在我们了解选择公理如何蕴含佐恩引理之前，先看看佐恩引理是如何影响诸如哈默尔基的存在性这样的代数定理的证明的。通常，偏序集 P 是集合的聚合，其序是"$\subset$"关系，线序子聚合的上界是它的并集。

哈默尔基：佐恩引理蕴含 $\mathbb{R}$ 作为 $\mathbb{Q}$ 上的向量空间存在一组基 B。

证明：考虑 $\mathbb{R}$ 的线性无关子集 B_i 组成的集合 P，其偏序是集合包含关系。因此，每个 B_i 的任何有穷子集都是 $\mathbb{Q}$ 上线性无关的一个实数集。由此得出，B_i 组成的任何线序集合都有一个上界，即它的并集 B。这是因为 B 的任何有穷子集 F 都是某个 B_i 的有穷子集，因此 F 是线性无关的。

因为由"$\subset$"得到的序是偏序，所以 P 满足佐恩引理的前提，因此它有一个极大元 M。换句话说，M 是一个线性无关集，但对任何不属于 M 的实数 r，$M \cup \{r\}$ 不是线性无关的。

这意味着 r 是 M 中元素的系数在 $\mathbb{Q}$ 中的线性组合。当然，这对 M 中的任何元也成立，因此 M 是张成 $\mathbb{R}$ 的一个线性无关集；也就是说，M 是一组基。□

任何非零环 R 都有一个极大理想的克鲁尔定理的证明是类似的，取 P 为 R 的理想组成的集合，序为集合间的包含关系。由佐恩引理更容易证明的定理是连通图 $\mathscr{G}$ 中生成树 $\mathscr{T}$ 的存在性。在这种情况下，我们得到 $\mathscr{T}$ 是 $\mathscr{G}$ 的子树组成的集合中的一个最大元，其序是图的包含关系。

现在我们看看为什么佐恩引理可由选择公理推出。事实上，我们将证明由良序定理可推出佐恩引理。

良序定理蕴含佐恩引理：如果每个集合都可以被良序化，那么每个线序子集都有上界的偏序集有一个极大元。

证明：假设 P 的偏序是"$\prec$"，使得 P 的每一个线序子集都有上界。使用反证法，假设 P 没有极大元。

现在，给定 P 的一个良序，

$$x_0, x_1, x_2, \cdots, x_\alpha, \cdots, \quad \alpha < \gamma$$

我们用超穷归纳法构造一个线序子集 C，

$$y_0 \prec y_1 \prec \cdots \prec y_\beta \prec \cdots$$

阶段 0： 令 $y_0 = x_0$。

阶段 1： 因为 y_0 不是极大值，所以存在 $x_\alpha \succ y_0$。设 y_1 是具有最小指标 α 的那个元。

阶段 β： 假设 $y_0 \prec y_1 \prec \cdots \prec y_\gamma \prec \cdots$ 已经在阶段 β 之前从 P 中选出。根据假设，这个线序集合有上界 y。同样由假设，y 不是极大的。令 y_β 是使得 $x_\alpha \succ y$ 的具有最小指标 α 的 x_α。

现在，类似于良序定理中的论证，可知由此归纳定义的线序子集 $y_0 \prec y_1 \prec \cdots \prec y_\beta \prec \cdots$ 存在。并且，正如在良序定理的证明中一样，在 C 的构造的各阶段中，存在上确界 v。但是 C 在 P 中不能有上界，否则就会出现阶段 v。

这个矛盾表明 P 确实有极大元，因此佐恩引理得证。　　　　□

至此，我们证明了选择公理蕴含良序定理，并且良序定理蕴含佐恩引理。我们再证明佐恩引理蕴含选择公理，正好形成一个循环，从而说明这三者是等价的。

佐恩引理蕴含选择公理： 如果佐恩引理成立，那么由非空集合组成的每个集合 X 都有一个选择函数。

证明：给定一个由非空集合 x 组成的集合 X，我们考虑部分选择函数组成的集合 P，部分函数是指使得 $f(x) \in x$ 的函数 f，其中 x 属于某子集 $S \subseteq X$。P 是非空集，因为 X 有一个元 x_0，而 x_0 有一个元 x_{01}，我们可以取它为 $f(x_0)$。

当每个部分选择函数 f 被视为有序对 $\langle x, f(x) \rangle$ 组成的集合时，在集合包含关系下 P 是偏序集。并且，如果 $f \subseteq f'$，那么 f 和 f' 在任何共同变量 x 上都取相同的值，因此 P 的任何线序子集都有上界：其并集。因此 P 满足佐恩引理的条件，因此 P 有一个极大元 $f_{\max}$。

这个极大函数 $f_{\max}$ 对所有 $x \in X$ 都有定义。否则，假设 $f_{\max}$ 对 $x_0 \in X$ 没有定义，此时我们可以通过添加一个有序对 $\langle x_0, x_{01} \rangle$（取某个 $x_{01} \in x_0$）将 $f_{\max}$ 扩张。这与其极大性矛盾，所以 $f_{\max}$ 实际上是 X 的一个选择函数。 □

14.7 更弱的选择公理

常用的最弱的选择公理大概如下。

可数选择公理（CC）：非空集合 $x_0, x_1, x_2, \cdots$ 组成的任何可数集 X 都有一个选择函数，即存在满足 $f(x_n) \in x_n$ 的函数 f。

一个看起来很明显但实际上依赖于可数选择公理的定理如下。

可数集的可数并：如果 $x_0, x_1, x_2, \cdots$ 是不相交的可数集，那么并集 $x_0 \cup x_1 \cup x_2 \cup \cdots$ 可数。

证明：对每个自然数 n，考虑集合

$$y_n = \{x_n \text{ 的枚举}\}$$

其中可数集 x_n 的**枚举**是一个双射 $f: \mathbb{N} \to x_n$。我们可以记 $f(k) = x_{nk}$，所以一个枚举看起来像 x_n 中的元组成的一列：

$$x_n: \quad x_{n0} \quad x_{n1} \quad x_{n2} \quad \cdots$$

根据可数选择公理，我们可以为每个 x_n 选择一个枚举，由此得到下表

$$
\begin{array}{llllll}
x_0: & x_{00} & x_{01} & x_{02} & x_{03} & \cdots \\
x_1: & x_{10} & x_{11} & x_{12} & \cdots & \cdots \\
x_2: & x_{20} & x_{21} & \cdots & \cdots & \cdots \\
x_3: & x_{30} & \cdots & \cdots & \cdots & \cdots \\
& \vdots
\end{array}
$$

该表给出了 $x_0 \cup x_1 \cup x_2 \cup \cdots$ 的如下枚举，其中每一组列出了从右上到左下的斜对角线上的元：

$$x_{00}; \quad x_{01}, x_{10}; \quad x_{02}, x_{11}, x_{20}; \quad x_{03}, x_{12}, x_{21}, x_{30}; \quad \cdots$$

因此 $x_0 \cup x_1 \cup x_2 \cup \cdots$ 是可数的。 □

我们从这个定理可以得出可数选择公理蕴含了 $\mathbb{R}$ 不是可数集的可数并，因为 $\mathbb{R}$ 是不可数的（这可以在 ZF 中得到证明）。然而，正如第 14.1 节所提到的，费弗曼和莱维（1963）发现了 ZF 的一个模型，其中 $\mathbb{R}$ 是可数集的可数并。由此可知，可数选择公理在 ZF 中不可证。人们也可以找到 ZF 的模型，其中可数选择公理成立，但选择公理不成立。因此，可数选择公理比选择公理更弱。

另一个常用的选择公理如下。

依赖选择公理（DC）[①]：如果 R 是非空集合 X 上的一个关系，使得对于每一个 $x \in X$，存在 $y \in X$ 满足 xRy，那么存在序列 $x_0, x_1, x_2, \cdots \in X$ 满足

$$x_0 R x_1, \ x_1 R x_2, \ x_2 R x_3, \ \cdots$$

直观地讲，我们首先选择 x_1 与 x_0 相关，其次选择 x_2 与 x_1 相关，再次选择 x_3 与 x_2 相关，以此类推。因此，每次选择都依赖于前一次。在第 14.1 节中，当我们证明任何无穷集 X 都有一个可数无穷子集时就使用了依赖选择公理（尽管实际上这个定理可以用可数选择公理证明，只需要稍微多做一点工作），在那里，关系 $x_n R x_{n+1}$ 为 $x_{n+1} \in X - \{x_0, x_1, \cdots, x_n\}$。

序数的一个重要性质取决于依赖选择公理。

无穷递降定理：集合 P 上的线序 $\prec$ 是一个良序，当且仅当不存在无穷递降序列

$$x_0 \succ x_1 \succ x_2 \succ x_3 \succ \cdots$$

证明：一个无穷递降序列没有最小元，所以如果 P 有这样的序列，那么 P 对于 $\prec$ 不是良序的。

反之，如果 P 不是良序的，那么它有一个没有最小元的子集 S。如果 x_0 是 S 中的任意元，由依赖选择公理，我们可以选择 $x_1 \in S$，使得 $x_0 \succ x_1$，然后选择 $x_2 \in S$，使得 $x_1 \succ x_2$，以此类推。于是 $x_0 \succ x_1 \succ x_2 \succ x_3 \succ \cdots$ 是一个无穷递降序列。 □

---

① 也称相关选择原理。——译者注

就像可数选择公理的情况一样，在 ZF 的某些模型中，依赖选择公理成立，但选择公理不成立。一个著名的例子是索洛维模型（Solovay 1970），在其中依赖选择公理成立，但 [0, 1] 的所有子集都是勒贝格可测的。正如我们在第 14.4 节中看到的，只要选择公理成立，就存在非（勒贝格）可测集，因此选择公理在这个索洛维模型中不成立。

索洛维模型的一个重要特点是它是借助不可达集合构造的，而且谢拉赫（Shelah 1984）证明了不可达性是必要的。因此，不可达集合（我们无法证明其存在性，见第 12.7 节）深入影响到实数层面的集合的性状。

图 14.1 是威廉·布莱克（William Blake）的画作，我认为它捕捉到了这一现象。它展示了一个不可达的存在，布莱克称之为乌里森（Urizen）[1]，他向下伸手向世界施加影响。不可达可以到达我们，纵然我们无法到达它们！

图 14.1　不可达者向下伸手

---

[1]　他是英国诗作家和艺术家威廉·布莱克创作的一个代表理性与律法的人物。

14.8　附注

哥德尔（1938）证明选择公理与 ZF 是一致的，所以选择公理不会导致矛盾，除非 ZF 本身有矛盾。哥德尔的证明基于 ZF 的一个模型 L，它由所谓的**可构造集**组成，粗略地说，可构造集是必然存在于包含所有序数的任何模型中的集合。L 是对序数 α 做归纳所定义的集合 L_α 的并集，类似于第 12.7 节中归纳定义的集合 V_α。

有穷集 L_0，L_1，L_2，$\cdots$ 及其并集 L_ω 分别与 V_0，V_1，V_2，$\cdots$ 和 V_ω 恰好相同。但 $L_{\omega+1}$ 由 ZF 的公式连同序数 $<\omega$ 的符号和取遍 L_ω 的量词可定义的 L_ω 的子集组成，这并非 L_ω 的所有子集。事实上，当 $\alpha > \omega+1$ 时，L_ω 的更多子集（特别地，N 的更多子集）将出现在 L_α 中。

对于后继序数 β，更高的 L_β 的定义与 $L_{\omega+1}$ 类似，对于极限序数 λ，我们简单地令 L_λ 是 L_α 前所有集合的并集。事实证明 L 是 ZF 的一个模型。L 也是选择公理的一个模型，本质上这是因为 L 中的每个集合都有一个定义，可以用辅以代表序数的符号的 ZF 的语言来写成。由于每个定义都是有穷的符号串，而序数符号是良序的，由此可以对定义进行良序化，所以 L 中的所有集合都可良序化。进而得出 L 满足良序定理，因此满足选择公理。

因为 L 是 ZF + AC 的一个模型，所以选择公理不会得出矛盾，除非 ZF 本身是矛盾的。特别地，选择公理的"荒谬"结论，如巴纳赫 – 塔尔斯基悖论，实际上并不矛盾，除非 ZF 本身是矛盾的。

另外，由于科恩（1963）发现了 ZF + ¬AC 的模型，所以选择公理的否定也不会导致矛盾。科恩从哥德尔的模型出发，使用被称为**力迫法**的精妙技术允许原始模型有非常灵活的变化。力迫法超出了本书的范围，但本着向大师学习的精神，科恩的著作（1966）仍然值得推荐。

连续统假设

最后不得不提的是，哥德尔的模型 L 也满足**连续统假设**，这可以表述为：$\mathscr{P}(\mathrm{N})$ 与第一个不可数序数 ω_1 等势。

上面对 L 的简要描述表明 $\mathbb{N}$ 作为 L_ω 的一个子集出现。根据 ZF 的语言中它们的定义可知，$\mathbb{N}$ 和它的一些子集都是 $L_{\omega+1}$ 的元素。然而，这样的定义只有可数多个，因此当语言用代表更高序数的常数扩张时，$\mathbb{N}$ 的更多子集就出现在更高的 L_α 中，而且我们可以在更大的域 L_α 上量化。哥德尔发现了一个有趣的现象：对于可数的 α，$\mathbb{N}$ 的所有可构造子集都出现在 L_α 中。

这个技术性事实意味着 L 中的元 $\mathscr{P}(\mathbb{N})$ 的定义都可以用 ZF 的语言以及表示 $<\omega_1$ 的序数的符号写成。同理可知，具有可数多个符号的语言中有可数多个有穷符号串，以及具有 ω_1 个符号的语言中也有 ω_1 个有穷符号串。因此，在哥德尔模型 L 中，有 ω_1 个 $\mathscr{P}(\mathbb{N})$ 的元。

这意味着连续统假设与 ZF + AC 是一致的。而科恩（1963）证明了存在 ZF + AC 的一个模型，其中连续统假设是错误的。因此，就像选择公理一样，连续统假设独立于集合论的常见公理。尽管自 20 世纪 60 年代以来有大量关于连续统的研究，但我们仍然无法找到新的集合论公理来解决连续统问题。1900 年希尔伯特提出的第一个问题至今仍没有一个令人满意的答案。

第15章
逻辑与计算

　　很久以前，13 世纪的柳利（Llull）和 17 世纪的莱布尼茨提出逻辑可以归结为计算。朝着这一目标实质性向前推进的第一步是布尔（Boole 1847）的"逻辑代数"。**布尔代数**涵盖命题逻辑，它等价于用模 2 算术求解多元多项式方程。

　　因此，命题逻辑确实可以归结为一种简单的计算。但命题逻辑并不是逻辑的全部，当然不足以涵盖数学中的大多数证明。对数学来说，足够强的逻辑是弗雷格（Frege 1879）的**谓词逻辑**，但它并未以任何一种直接的方式归约为代数或计算。不过，弗雷格给出了推导有效逻辑公式的**公理**和**推理规则**，后来哥德尔（1930）证明所有的有效式都可以通过这种方式得到。也可以相当容易地证明弗雷格的系统在仅产生有效式的意义下是一致的。

　　然而，由于谓词逻辑强大到足以包含所有数学含义的证明，其复杂性等同于数学本身。这导致希尔伯特在 20 世纪 20 年代提出了判定问题（Entscheidungsproblem）：找到一种算法来判定谓词逻辑公式的有效性问题。在同一时代，波斯特（Post）在怀特海（Whitehead）和罗素（1910）的《数学原理》的强大系统中试图将证明过程机械化，这种尝试使他怀疑求解某些问题的算法是不存在的。

　　当图灵（1936）将算法的概念形式化时，这一结论得到证实，作为推论，图灵证明不存在求解判定问题的算法。

15.1　命题逻辑

命题逻辑是对"真"概念的一种非常朴素的分析，其目的仅仅是计算从**命题** $p, q, r, \cdots$ 出发通过且、或和非这样的**联结词**构造的复合命题的**真值**（1 代表"真"，0 代表"假"）。命题 $p, q, r, \cdots$ 除了只能取值为 0 或 1 外没有其他假设。任何复合命题的真值都可以用**真值表**来计算。

p	q	p 且 q
0	0	0
0	1	0
1	0	0
1	1	1

p	q	p 或 q
0	0	0
0	1	1
1	0	1
1	1	1

p	非 p
0	1
1	0

且、或和非并不是仅有的联结词，另一个重要的联结词是 p 蕴涵 q，但且、或和非很方便，因为任何其他联结词都可以用它们表示。例如，p 蕴涵 q 与（非 p）或 q 相同，因此它的真值表可以计算如下。

p	q	非 p	（非 p）或 q
0	0	1	1
0	1	1	1
1	0	0	0
1	1	0	1

$p, q, r, \cdots$ 的取值为 0 或 1 的任何函数被称为**布尔函数**，它们可以用真值表来表示。下面随便举个例子。

p	q	r	$f(p, q, r)$
0	0	0	0
0	0	1	0
0	1	0	1
0	1	1	0
1	0	0	1
1	0	1	0
1	1	0	0
1	1	1	1

对于这个表，我们看到 $f(p, q, r)$ 为真当且仅当

$$[(非 p) 且 q 且 (非 r)] 为真，$$
$$或 [p 且 (非 q) 且 (非 r)] 为真，$$
$$或 [p 且 q 且 r] 为真，$$

所以 $f(p, q, r)$ 与

$$[(非 p) 且 q 且 (非 r)] 或 [p 且 (非 q) 且 (非 r)] 或 [p 且 q 且 r]$$

是同一个布尔函数。

因此，我们对"且""或"和"非"这些词的日常理解给出了一个不那么显而易见的定理，即任意多个变元的任何布尔函数都是三个布尔函数且、或和非的复合。

模 2 算术

布尔函数得名于乔治·布尔，布尔于 1847 年通过研究布尔函数且、或和非引入了逻辑的一种计算方法。他注意到且和或与普通的和与积有一些共同的性质，他的分析引出了一组公理来定义一类代数结构，现在被称为**布尔代数**。布尔研究的一个重要例子是任意集合 X 的子集的代数，其中"∩"扮演且的角色，"∪"扮演或的角色，（相对于 X 的）补集扮演非的角色。

然而，这里所研究的布尔代数只有 0 和 1 两个元素，它可以简单地被视为**模 2 算术**。当然，被看成 0 和 1 上的函数时，p 且 q 与 pq 相同，但是 p 或 q 不像加法运算"+"，"+"更像异或函数（"p 或 q 有且只有一个为真"），它的真值表如下。

p	q	p 异或 q
0	0	0
0	1	1
1	0	1
1	1	0

异或函数与**模 2 加法**完全相同，它是域 $\mathbb{Z}/2\mathbb{Z}$ 中的和，其定义见第 7.1 节。在

$\mathbb{Z}/2\mathbb{Z}$ 中，普通的或函数 p 或 q 是多项式函数 $p+q+pq$。另外，函数非 p 就是 $p+1$，所以所有的布尔函数都可以用模 2 加法与乘法来表示——这是另一个不那么显而易见的定理。

有效性和可满足性

通过真值表的方法，或等价地，通过模 2 算术，我们现在可以计算任何变元值的任何布尔函数 $f(p, q, r, \cdots)$ 的值。这（原则上）解决了命题逻辑的两个主要问题：有效性和可满足性。

有效性：对于 $p, q, r, \cdots$ 的所有值，判定是否有 $f(p, q, r, \cdots)=1$。如果有，f 被称为**有效式**[①]，因为它对任何命题 $p, q, r, \cdots$ 都是真的。例如，函数 p 或（非 p）是有效式，p 蕴涵（q 蕴涵 p）也是有效式。

可满足性：对于 $p, q, r, \cdots$ 的某些值，判定是否有 $f(p, q, r, \cdots)=1$。

然而，如果 $f(p_1, p_2, \cdots, p_n)$ 是 n 个变元的布尔函数，由于每个 p_i 都可以取两个值，从而 $p_1, p_2, \cdots, p_n$ 有 2^n 个取值序列，那么为了解决上述问题，我们必须对这 2^n 个取值序列计算 $f(p_1, p_2, \cdots, p_n)$ 的值。因此，判定命题有效性或可满足性的计算难度会随着变元个数的增加呈指数增长。

这片笼罩在命题逻辑上的看似很小的乌云从未消散。事实上，它已经成为当今逻辑学和计算理论的主要问题。无论采用何种方法研究命题逻辑——我们下面会看到几种方法——指数增长的问题都会再次出现。

15.2　命题逻辑的公理

命题逻辑的有效性和可满足性问题本就是有穷的，我们不应该指望像真值表这样的有穷过程能够适用于对数学来说足够用的任何逻辑。要了解当我们探索这样的逻辑时会发生什么，我们首先看看命题逻辑的其他方法，并着眼于推广它们。

[①] 也称永真式。——译者注

从公理生成有效式

得到有效式的另一种方法是将它们视为由一些特殊公式推出的定理，我们把这些特殊公式取作公理。正如我们所看到的，自欧几里得以来，这一直是数学的方法。然而，数学上认为逻辑是理所当然的，而我们现在想解释逻辑本身，所以我们需要更准确地说明一个命题从其他命题"推出"意味着什么。一个命题由已经被证明的命题推出的确切含义称为**推理规则**。

现在我们引入一些符号来简化公理的陈述和逻辑的推理规则：

"且"记为"$\wedge$"，"或"记为"$\vee$"，"非"记为"$\neg$"，"蕴涵"记为"$\Rightarrow$"。

（且和或的符号类似于集合的交的符号"$\cap$"和并的符号"$\cup$"。）

命题逻辑的许多公理系统是为人熟知的，通常它们是用 $\{\neg, \vee\}$ 或 $\{\neg, \Rightarrow\}$ 这样一组限定的联结词的形式写成的。在上一节中，我们知道任何联结词都可以用 $\{\wedge, \vee, \neg\}$ 表示，而且可以去掉"$\wedge$"，因为 $p \wedge q$ 等于 $\neg((\neg p) \vee (\neg q))$。而"$\vee$"也可以由"$\Rightarrow$"代替，因为 $p \vee q$ 等于 $(\neg p) \Rightarrow q$。

例如，丘奇（Church 1956）系统使用的联结词是 $\neg$ 和 $\Rightarrow$，其公理是

$$p \Rightarrow (q \Rightarrow p),$$
$$(s \Rightarrow (p \Rightarrow q)) \Rightarrow ((s \Rightarrow p) \Rightarrow (s \Rightarrow q)),$$
$$\neg\neg p \Rightarrow p$$

其推理规则是**代入**（substitution），任何变元在其出现的地方都可以被公式和**假言推理规则**（modus ponens）**或切割规则**（cut rule）[①] 所取代，这允许我们从公式 p 和 $p \Rightarrow q$ 中推出 q。要注意 p 可以被任何公式取代，可以想象一个较短公式 q 的证明可能涉及一个非常长的公式 $p \Rightarrow q$。这确实出现在公式 $p \Rightarrow p$ 的证明中，丘奇（1956：81）对此评论道：

读者……可能会说提出的这个定理不仅是明显的，而且比任何公理都更明显。

然而，假言推理规则是经典的推理规则，可以证明所有的有效式实际上都可

---

① 也常称为分离规则或自然推理法则。——译者注

以根据推理规则从丘奇的公理推导出来。此外，只有有效式是可推导出的，因为可以通过真值表来验证公理是有效的，并且真值表可以验证从有效式出发依据推理规则能得出有效式。

第一个证明命题逻辑的**完备性**和**一致性**性质的是波斯特（1921）。他使用了一个不同的公理系统，选择联结词 ¬、∨ 及相同的推理规则（以 ¬ 和 ∨ 的形式适当重写）。

根岑（Gentzen 1935）对逻辑采取了一种新的方法，其出发点是希望更自然地表达证明。特别是，他希望避免假言推理规则，这样就不需要用长公式来证明短公式，并将证明的形状展示为一棵树，而不是一条线。避免假言推理规则（切割规则）的方式现在被称为**切割消除**。大约在 1955 年，一些逻辑学家似乎注意到一种更简单的方法，其推理规则作为"证伪规则"的逆出现。关于这段发展史参见安内利斯（Annellis 1990）。

无切割证明

在命题逻辑的情况下，切割消除和证明的树结构都能很好地展示出来。为了最大限度地减少记号的复杂性，我们首先做一些简化，它们将在无特殊说明的情况下直接使用。

1. 我们把所有公式都用 ∨ 和 ¬ 表示。例如，

$$p \Rightarrow (q \Rightarrow p) \text{ 写为 } (\neg p) \vee ((\neg q) \vee p)$$

2. 使用"∨"运算的结合律，我们尽可能省略括号。特别地，

$$(\neg p) \vee ((\neg q) \vee p) \text{ 重写为 } (\neg p) \vee (\neg q) \vee p$$

3. 使用"∨"运算的交换律，我们可以改变项的顺序。对于正在考虑的例子，

$$(\neg p) \vee (\neg q) \vee p \text{ 可以重写为 } (\neg p) \vee p \vee (\neg q)$$

现在，我们已经准备好为无切割系统找到公理和推理规则。最容易的发现方法是倒推法，将一个公式分解成更小的部分或者将一个公式缩写后来证伪。这样就创建了一棵**证伪树**，如果其所有分支都以不可证伪公式结束，我们反过来

就会得到一棵**证明树**。由于我们只使用联结词"∨"和"¬"，对于某些子公式 P, Q, R，每个公式的形式都为 $P \vee Q$ 或者 $\neg R$。

　　证伪规则：要证伪公式 $P \vee Q$，我们必须同时证伪 P 和 Q，在这种情况下，我们要看 P 和 Q 的内部，看看它们是否可以分解或缩短。分解或缩短只出现在 $\neg R$ 形式的公式中，在这种情况下，我们有 $R = P \vee Q$ 或者 $R = \neg S$。

　　分解：要证伪公式 $\neg(P \vee Q)$，必须证伪 $\neg P$ 与 $\neg Q$，我们在证伪树中 $\neg(P \vee Q)$ 的下方分支上将其写出来。因此，我们的目的是在如下图所示的证伪树中至少一个分支的末端找到一个可证伪的公式。

$$\neg(P \vee Q)$$
$$\diagup \qquad \diagdown$$
$$\neg P \qquad \qquad \neg Q$$

　　缩短：为了证伪 $\neg\neg S$，必须证伪公式 S，我们在证伪树 $\neg\neg S$ 的下方分支写出 S。

$$\neg\neg S$$
$$|$$
$$S$$

当被分解或缩短的公式由"∨"与另一个公式 T 联结起来时，这些规则仍然有效。因此，**一般分解规则**是

$$\neg(P \vee Q) \vee T$$
$$\diagup \qquad \qquad \diagdown$$
$$(\neg P) \vee T \qquad (\neg Q) \vee T$$

一般缩短规则是

$$\neg\neg S \vee T$$
$$|$$
$$S \vee T$$

　　现在，我们看看将这些规则应用于不可证伪或**有效的**公式时会发生什么，例如 $(p \Rightarrow q) \Rightarrow ((\neg q) \Rightarrow (\neg p))$，它等价于 $\neg((\neg p) \vee q) \vee ((\neg\neg q) \vee (\neg p))$。将 $\neg\neg q$ 缩短

为 q，再省略不必要的括号，得到公式 $\neg((\neg p) \vee q) \vee q \vee (\neg p)$，进而得到如下证伪树。

$$\neg((\neg p) \vee q) \vee q \vee (\neg p)$$

$$(\neg\neg p) \vee q \vee (\neg p) \qquad (\neg q) \vee q \vee (\neg p)$$

$$p \vee q \vee (\neg p)$$

我们发现分支末端的公式是不能被证伪的，其中一个是因为它包含 $p \vee (\neg p)$，另一个是因为它包含 $q \vee (\neg q)$。对任何公式，分解和缩短最终都会产生只包含用 $\vee$ 联结的变元及变元的否定。当这些变元及变元的否定不相同时，我们可以通过将每一个变元赋值为 0 来证伪这个公式。但是一个不可证伪的公式——也就是一个有效式——必然有一棵证伪树，其分支的所有末端的公式都含有关于某个变元 p 的公式 $p \vee (\neg p)$。

现在，反过来看证伪过程，我们得到了产生所有有效式的公理和规则。这些公理是出现在分支末端的不可证伪的公式，这些规则是无切割的，事实上它们总是增加公式的长度。

公理：所有公式都形如 $p \vee (\neg p) \vee T$，其中 p 是变元，T 是任意公式。

推理规则：对任何公式 P, Q, S, T，其推理规则是分解和缩短的逆，即

从 $(\neg P) \vee T$ 和 $(\neg Q) \vee T$ 推出 $\neg(P \vee Q) \vee T$；从 $S \vee T$ 推出 $\neg\neg S \vee T$。

如果你喜欢更简单的公理，可以只取公式 $p \vee (\neg p)$，其中 p 是一个变元。那么，我们需要对任何公式 S 和 T 的另一个规则：从 S 推出 $S \vee T$。在任何情况下，我们都需要 $\vee$ 的交换律和结合律来重排和重组公式。

这个公理系统的另一个方便特点是很容易看出它是**一致**的，因为它证明了没有真值为 0 的公式。这是因为公理显然具有真值 1，并且从真值为 1 的公式出发，由推理规则推出结论，其真值也为 1。

总之，我们现在有一个一致的公理化方法来处理命题逻辑：对任何有效式 T 的证明都可以表示为一棵树，其深度不大于 T 中符号的个数。在接下来的两节中，我们将看到这一思想在多大程度上适用于数学的逻辑。

15.3　谓词逻辑

正如冯·普拉托（von Plato 2017: 94）评论道："弗雷格是当代逻辑的创始人。"他提到弗雷格 1879 年的《概念文字》（*Begriffsschrift*），其副标题为"一种模仿算术语言构造的纯思维的形式语言"。因为它新颖的二维记号，

> 弗雷格的书给许多人留下了相当奇怪的印象，也没有其他人用过它。幸运的是，他的少数读者中有伯特兰·罗素。在《概念文字》出版 25 年后，罗素以朱塞佩·皮亚诺的风格重写了弗雷格的公式语言，后来演变成了我们如今的标准逻辑和数学记号。

> （冯·普拉托 2017: 94）

那么，这种语言的本质和目的是什么呢？命题逻辑和谓词逻辑的主要区别在于谓词逻辑中的语句不仅仅是一个真值，它们具有涉及**谓词**和**个体变元**的内部结构。个体变元 $x, y, z, \cdots$ 取值于数学对象（例如数或点）的某些域 D 上，谓词 $P, Q, R, \cdots$ 表示 D 中对象之间的性质或关系。

因此，$P(x)$ 可以理解为"x 具有性质 P"，而 $R(x, y)$ 可以理解为"x 与 y 有关系 R"。弗雷格和其他众人将相等关系 = 作为这种语言的一部分。这是方便的，但不是绝对必要的，因为我们可以用关系 $E(x, y)$ 代替 $x = y$，并将 E 的这种性质作为公理。同理，承认函数符号很方便，但也不是绝对必要的，因为 $f(x_1, x_2, \cdots, x_n) = y$ 是一个关系 $F(x_1, x_2, \cdots, x_n, y)$，其性质是每个 n 元组 $(x_1, x_2, \cdots, x_n)$ 对应最多一个 y。

在这种语言中，伴随个体变元的重要成分是**量词** $\forall x$ 和 $\exists x$，$\forall x$ 即"对所有 x"，$\exists x$ 即"存在一个 x"。例如，$\forall x \exists y R(x, y)$ 被理解为"对所有 x 存在一个 y 使得 x 与 y 有关系 R"。量词的顺序很重要，从分析学中的一个常见例子就能看出连续性和一致连续性的区别，这首次出现在第 11.6 节。

在那里，我们称函数 f 在定义域 D 上是**一致连续**的，如果对每一个 $\varepsilon > 0$，存在一个 $\delta > 0$，使得对所有的 $a, x \in D$，

$$|x - a| < \delta \text{ 蕴含 } |f(x) - f(a)| < \varepsilon$$

使用量词符号，一致连续性就是如下性质：

$$\forall \varepsilon \exists \delta \forall a \forall x \, (\, | \, x - a \, | < \delta \text{蕴含} | \, f(x) - f(a) \, | < \varepsilon \,)$$

而连续性是：

$$\forall \varepsilon \forall a \exists \delta \forall x \, (\, | \, x - a \, | < \delta \text{蕴含} | \, f(x) - f(a) \, | < \varepsilon \,)$$

在第一种情况下，$\forall \varepsilon \exists \delta$ 指的是 δ 是 ε 的函数，所以 δ 不依赖于 a。在第二种情况下，$\forall \varepsilon \forall a \exists \delta$ 指的是 δ 是 ε 和 a 的函数。

　　谓词逻辑的语言就介绍到此，现在看看逻辑本身。首先，我们注意到 $\forall$ 或 $\exists$ 中的任何一个都可以用另一个定义，因为 $\neg \forall x \neg P(x)$ 等价于 $\exists x P(x)$，而 $\neg \exists x \neg P(x)$ 等价于 $\forall x P(x)$。我们将只使用 $\forall$ 及联结词 $\vee$ 和 $\neg$，我们已经知道对于命题逻辑部分，这两个联结词就足够了。对于 $\vee$ 和 $\neg$ 的推理规则仍然适用，**公理**是 $P \vee (\neg P) \vee T$，而 P, Q, S, T 是谓词逻辑语言中的任意公式。

　　最后，对于 $\forall$ 有两个**推理规则**，同命题逻辑一样，它们来自证伪规则。它们涉及**常元**，但实际上只是"自由变元"，即与量词辖域内的任何变元不同的变元：

- 为了证伪 $\forall x P(x) \vee S$，需要对任意常元 a 证伪 $P(a) \vee S$；
- 为了证伪 $\neg \forall x P(x) \vee S$，需要证伪 $\neg P(a) \vee \neg \forall x P(x) \vee S$。

　　很不幸，第二条规则并没有缩短公式，这是不可避免的，因为我们的第一选择是通过取 $x = a$ 来证伪 $\neg \forall x P(x)$，这可能不是正确的选择，所以我们必须带着 $\neg \forall x P(x)$ 以防需要再次尝试。因此，第二条规则可以导致无穷分支，但前提是不包含形如 $P \vee (\neg P)$ 的公式，因为这样的公式是不可证伪的，并会导致分支终止。

　　在下一节中，我们将看到公式 F 的证伪树中的无穷分支给出证伪 F 的一个**解释**，所以 F 不是**有效**的。因此，一个有效式有一棵证伪树，其中所有分支都终止于不可证伪的公式，这些公式就是**公理**，因此 F 是根据**推理规则**可证明的，这些推理规则恰好是证伪规则的逆。这些就是已经找到的命题逻辑的推理规则和如下的量词规则：

从对任意常元 a 有 $P(a) \vee S$ 推出 $\forall x P(x) \vee S$；

从对任意常元 a 有 $\neg P(a) \vee \neg \forall x P(x) \vee S$ 推出 $\neg \forall x P(x) \vee S$。

15.4　哥德尔完备性定理

弗雷格（1879）首先提出了谓词逻辑的公理和推理规则。他的公理在 20 世纪 30 年代以前是标准公理（甚至后来，对许多逻辑学家来说也是如此），他的规则包括假言推理规则和"从 $P(a)$ 推出 $\forall x P(x)$"。弗雷格显然相信他的规则是完备的，但第一个证明这一点的是**哥德尔**（1930）。对于上一节末尾给出的无切割规则，有一个更简单的证明揭示了一个基本成分：柯尼希（1927）以更一般的形式证明了无穷树的一个性质。斯科伦（Skolem）在 1928 年的文章中已经呈现了一个关于证明完备性的类似想法，尽管它直到后来才被注意到。

弱柯尼希引理：*如果一棵二叉树有无穷多个顶点，那么它就有一条无穷路径。*

证明：正如在第 10.1 节中一样，我们把树看作没有简单闭路径的连通图。一棵树是二叉树，如果其根节点 v 的价至多为 2，而其他顶点的价至多为 3。因此，与顶点 v 最多相隔一条边的顶点最多有两个；对于这两个顶点中的每一个，与顶点 v 最多相隔两条边的顶点最多有两个；以此类推。因此，从 v 出发的路径在每个顶点处最多分出两条路径，因此称为"二叉"的。图 15.1 展示了一棵典型的二叉树。

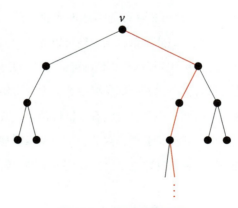

图 15.1　二叉树中的路径

　　无穷路径的论证类似于在波尔查诺－魏尔斯特拉斯定理和海涅－博雷尔定理（分别见第 14.3 节和第 11.7 节）中所做的分析。我们反复把树分成两部分，认为如果整棵树有无穷多个顶点，那么其一半中就有无穷多个顶点。因此，如果这棵树中有无穷多个顶点，则从 v 出发的两棵子树之一（最多有两棵子树）就有无穷多个顶点——左边一棵或右边一棵。取最靠左的无穷子树，重复这个论证。如果这棵树是无穷的，那么这个过程可以无限地继续下去，从而给出一条无穷路径。　□

　　在开始证明完备性定理之前，我们再次回顾第 15.2 节中以图式给出的证伪规则：

1. 为了证伪 $\neg(P \vee Q) \vee S$，需要证伪 $\neg P \vee S$ 与 $\neg Q \vee S$；

2. 为了证伪 $\neg\neg S \vee T$，需要证伪 $S \vee T$；

3. 为了证伪 $\forall x P(x) \vee S$，需要对任意常元 a 证伪 $P(a) \vee S$；

4. 为了证伪 $\neg\forall x P(x) \vee S$，需要证伪 $\neg P(a) \vee \neg\forall x P(x) \vee S$。

谓词逻辑的完备性：谓词逻辑的任何有效式 F 都有一棵证伪树，其中所有分支都以形如 $P \vee (\neg P) \vee S$ 的有效式终止。

　　证明：给定谓词逻辑的一个有效式 F（因此是不可证伪的），我们以这样一种方式应用证伪规则，即任何最终可以应用的规则都被应用。那么，由弱柯尼希引理可知，要么所有分支终止，要么存在一个无穷分支。如果所有分支终止，那么它们末端的不可证伪公式必然形如 $P \vee (\neg P) \vee S$。

　　否则，因为我们没有错过应用规则的机会，所以存在一个具有以下性质的无穷分支：

1. 如果在某个顶点处的公式中出现 $\neg(P \vee Q)$，那么将其在某个较低顶点处分解为 $\neg P$ 和 $\neg Q$，其中一个还在这个分支上；

2. 如果在某个顶点处的公式中出现 $\neg\neg S$，那么将其在这个分支的某个较低顶点处缩短为 S；

3. 如果在某个顶点处的公式中出现 $\forall x P(x)$，那么对某个常元 a_i，$P(a_i)$ 也会在其中出现；

4. 如果在某个顶点处的公式中出现 $\neg\forall x P(x)$，那么对每一个常元 a_i，$\neg P(a_i)$ 也会在其中出现。

另外，因为我们没有错过应用规则 3 和规则 4 的机会，所以沿着无穷分支，每个具有量词变元的谓词项 $R(x, y, \cdots)$ 最终被分解为没有量词的项 $R(a_i, a_j, \cdots)$，其中 $a_i, a_j, \cdots$ 是常元。根据证伪规则 4，这些项可能伴随着量词变元项出现，但仍然是形如 $R(a_i, a_j, \cdots)$ 的项出现，而 $\neg R(a_i, a_j, \cdots)$ 不出现。否则，我们将得到形如 $R(a_i, a_j, \cdots) \vee \neg R(a_i, a_j, \cdots) \vee S$ 的公式，这是不可证伪的，分支将会终止。

因此，我们可以一直为每个项 $R(a_i, a_j, \cdots)$ 赋值为"假"。然后，沿着分支向上，证伪规则使其上的每个公式都为假，包括顶部的公式 F。

所以，由于 F 是不可证伪的，所有分支都以不可证伪公式终止，其形式必然是 $P \vee (\neg P) \vee T$。 □

推论（完备性）：公理 $P \vee (\neg P)$ 通过一定的推理规则产生谓词逻辑的所有有效式。[①]

证明：出现在不可证伪公式 F 的证伪树的分支的端点处的所有公式 $P \vee (\neg P) \vee T$，可以通过规则"S 推出 $S \vee T$"及 $\vee$ 的交换律和结合律，由公理 $P \vee (\neg P)$ 推出。

那么，如果 F 的证伪树的所有分支都终止于公式 $P \vee (\neg P) \vee T$，我们可以通过证伪规则 1～4 的逆，推导出其上的所有公式，包括 F 本身：

$$\text{从 } (\neg P) \vee T \text{ 和 } (\neg Q) \vee T \text{ 推出 } \neg(P \vee Q) \vee T；$$

$$\text{从 } S \vee T \text{ 推出 } \neg\neg S \vee T；$$

$$\text{从 } P(a) \vee S \text{ 推出对任意常元 } a \text{ 有 } \forall x P(x) \vee S；$$

$$\text{从 } \neg P(a) \vee \neg \forall x P(x) \vee S \text{ 推出对任意常元 } a \text{ 有 } \neg \forall x P(x) \vee S。$$

这就给出了任何具有有穷证伪树的**有效**（不可证伪）式 F 的证明。而由上述论证可知，具有无穷证伪树的公式 F 是可证伪的。从而，谓词逻辑的所有有效式都可以根据上述推理规则从公理 $P \vee (\neg P)$ 得到证明。 □

---

① 与第 15.2 节中命题逻辑的情况一样，对于这个谓词逻辑系统的一致性，有一个简单的证明。这个证明"不考虑"个体变元和量词，将 $P(a)$ 和 $\forall x P(x)$ 都视为命题变元 P。那么我们看到公理具有真值 1，推理规则从值 1 的前提得出值 1 的结论，因此值 0 的公式不可证。

当哥德尔在 1967 年反思他的完备性的证明时（给王浩的信，见哥德尔 2003：397），他大胆地认为其成功的原因是他愿意考虑一个非构造性的证明，也就是说，对于给定的公式 F，他不试图判定 F 是否可以证明，而是通过一个过程做出判定（在我们的例子中，就是建立证伪树），这个过程的结果并不总是可以预见的。可以说，公式的可证性只是半可判定性。如果一个公式是可证的，我们将在有穷时间内找到一个证明；如果不可证，这个过程就会永远运行下去，我们可能永远不会知道它不会停止。1930 年，哥德尔不知道这种情况是否不可避免，但在 1936 年，图灵和丘奇证明了这种情况不可避免。我们会在接下来的两节中看到这是为什么。

15.5　逻辑归约为计算

波斯特在 1921 年证明了命题逻辑的公理系统的完备性和一致性，在给出判定有效性的方法后，他瞄准了一个更大的问题：对任何公理系统和任何推理规则都做同样的事。将公理简单地看作符号串，波斯特从他能想到的"推理规则"这个最一般的概念开始：推理规则是取符号串组成的有穷集（"前提"）并用部分前提产生称为"结论"的特定符号串的过程。

一个简单的例子是假言推理规则：

$$\text{两个符号串 } P \text{ 和 } P \Rightarrow Q \text{ 产生符号串 } Q$$

波斯特对此的推广如下：有穷多个前提

$$g_{11} P_{i_{11}} g_{12} P_{i_{12}} \cdots g_{1m_1} P_{i_{1m_1}} g_{1(m_1+1)}$$
$$g_{21} P_{i_{21}} g_{22} P_{i_{22}} \cdots g_{2m_2} P_{i_{2m_2}} g_{2(m_2+1)}$$
$$\cdots$$
$$g_{k1} P_{i_{k1}} g_{k2} P_{i_{k2}} \cdots g_{km_k} P_{i_{km_k}} g_{k(m_k+1)}$$

共同产生一个结论

$$g_1 P_{i_1} g_2 P_{i_2} \cdots g_m P_{i_m} g_{m+1}$$

这里的 g_{ij} 是某些特定的符号或符号串，如假言推理规则中的符号"$\Rightarrow$"，P_{k_l} 是任意的符号串（如假言推理规则中的 P 和 Q）。结论中的每个 P_{k_l} 至少在一个前提中。波斯特曾在怀特海和罗素的《数学原理》（1910）中检验过这个想法——当时，唯一的实质性尝试是在单一的系统中推导出所有的数学——他发现它的定理可由这样的规则生成。这使他有理由相信他的规则将涵盖以确定的方式从前提得出结论的任何其他规则。

波斯特无意中描述的是算法的一般概念。他认为这是生成定理的一种一般方式，但实际上，任何类型的结论都可以由这样的规则组成的有穷集生成，波斯特称其为**产生式规则**。后来，他将这些问题称为**一般组合判定问题**：给定初始符号串（"公理"）组成的一个有穷集和产生式规则（"推理规则"）组成的有穷集，判定是否可以由这些规则从初始符号串产生给定的符号串 X（"定理"）。

由于这个问题潜在地涵盖了所有的数学，它似乎困难得令人绝望，但波斯特能够大大简化这个问题。他证明任何一组产生式规则的结果都可以通过形如

$$gP \ 产生 \ Pg'$$

的规则组成的有穷集从单个初始符号串生成，并称这样的有穷集为**正规系统**[①]。由此，显然，理解所有的数学就约化为理解正规系统。

尽管正规系统表面上很简单，但它们的性状可能很复杂，就像波斯特发现的如下具有 8 条规则的系统。这个系统可以用更简单的规则来描述，如果符号串以 0 开头，那么去掉最左边的三个符号并在右边添加 00；如果符号串以 1 开头，那么去掉最左边的三个符号并在右边添加 1101。对于波斯特尝试的所有初始符号串，这个过程要么以空符号串结束，要么变为循环。

[①] 波斯特的大部分工作当时都没有发表，下面解释原因〔更详细的信息参见厄克特（Urquhart 2009）〕。波斯特自己写了一份关于他早期工作的有趣说明（见波斯特 1941）。正规形式的约化首次出现在波斯特 1943 年的论文中。典型的符号逻辑系统约化为正规系统可以参见罗森布鲁姆（Rosenbloom 1950），其中波斯特的工作在序言中被描述为"创造了与代数和拓扑同等基本重要的数学新分支"。

000*P* 产生 *P*00

001*P* 产生 *P*00

010*P* 产生 *P*00

011*P* 产生 *P*00

100*P* 产生 *P*1101

101*P* 产生 *P*1101

110*P* 产生 *P*1101

111*P* 产生 *P*1101

在这种系统中，符号串最左端的符号每一步向前移动一个常量，就好像试图抓住右端一样，波斯特称这个系统为**泰格系统（tag system）**。对于这里的特殊泰格系统，0 和 1 组成的任意初始符号串的结果是否可以是除了终止或循环以外的其他结果，这一点仍然不清楚[①]。

这个意想不到的困难阻挡了波斯特追寻的步伐，导致他的整个计划突然逆转：不再试图解决一般组合判定问题，转向试图证明这个问题不可解。正如他所相信的，如果正规系统将生成符号串集合的所有可能算法形式化，那么这可以通过简单的对角线论证来完成。我们将在下一节中看到具体做法。

15.6　可计算枚举集

波斯特通过推广生成定理的形式系统的概念，提出生成符号串的正规系统的概念。他还发现用正规系统生成的符号串表示自然数并没有失去一般性，因为在给定的正规系统中使用的有穷多个符号可以被看作某基数下的数字。因此，每个正规系统都与自然数组成的一个集合相关联，他称之为**递归可枚举集**（现在通常称为**可计算枚举集**）。

[①] 2017 年，当发现初始符号串为重复 110 次 100 的运行过程超过 10^{12} 步时，人们兴奋不已。然而，经过更多的计算后，发现终止发生于 43 913 328 040 672 步。斯隆（Sloane 2018）报道了这一消息。

他还发现，如果我们为所有正规系统指定一个固定的字母表，那么就可以枚举出正规系统，因此可计算枚举集 $W_0, W_1, W_2, \cdots$ 也可以枚举出。这为使用类似于康托尔（1891）的对角线论证法创造了机会，很快我们就能看到。

波斯特在 20 世纪 20 年代就知道了这些想法或类似的想法，但它们最早出现在波斯特 1944 年的一篇文章中。那时，对可计算性的关注点已经从可计算生成集转移到可计算函数，因此波斯特定义了一个（非空的）可计算枚举集 W，它是定义在正整数上的可计算函数 f 的值域。这反映了将 W 的元素"列举出来"的想法：

$$\text{第一个元素} = f(1)，\text{第二个元素} = f(2)，\text{第三个元素} = f(3)，\cdots$$

从直观上讲，生成集的原始想法也符合这种描述。为了"列出"由正规系统生成的符号串，将产生式规则系统地应用于初始符号串，首先列出应用一次这个规则可以得到的符号串，然后列出应用两次可以得到的符号串，以此类推。然后将 $f(n)$ 定义为列表中的第 n 个符号串，显然，通过运行刚才描述的过程直至列出 n 个符号串，可以看出 $f(n)$ 是可计算的。

波斯特还引入了自然数的**递归集** S（现在通常称为**可计算集**）的概念，它具有判定隶属关系的一个算法。由此可以得出可计算集和可计算枚举集之间的如下关系：

$$\text{集合 } S \subseteq \mathbb{N} \text{ 是可计算的当且仅当 } S \text{ 及其补集 } \mathbb{N} - S \text{ 是可计算枚举的}$$

如果 S 是可计算的，那么我们可以将隶属算法逐次应用于 0, 1, 2, 3, $\cdots$ 来枚举 S 和 $\mathbb{N} - S$。反之，如果 S 和 $\mathbb{N} - S$ 都是可计算枚举的，那么我们可以同时列出 S 和 $\mathbb{N} - S$ 来判定是否有 $n \in S$。最终，n 会出现在二者之一中，届时我们将知道是否有 $n \in S$。

现在给出关于可计算枚举集的基本定理。

可计算枚举但不可计算的集合：存在可计算枚举集使得其补集不是可计算枚举的。

证明：从可计算枚举集的枚举 $W_0, W_1, W_2, \cdots$ 出发得到集合

$$D = \{n \in \mathbb{N} : n \notin W_n\}$$

则 D 不是可计算枚举的，因为对于数 n，它与每一个可计算枚举集 W_n 都是不同的。然而，其补集

$$\mathbb{N} - D = \{n : n \in W_n\}$$

是可计算枚举的。我们可以通过生成一列正规系统来生成其元素，例如，首先列出一个字的正规系统（如果有的话），然后列出两个字的正规系统，等等。当正规系统生成时，我们运行它们，产生相应集合 W_0，W_1，W_2，$\cdots$ 的元素。如果我们最终观察到 $n \in W_n$ 这一事实，此时就在 $\mathbb{N} - D$ 中列出 n。 □

集合 D 是不存在算法判定隶属关系的集合的第一个例子。换句话说，判定 D 中隶属关系这一问题是**不可解的**。以后我们将看到逻辑和数学中自然出现的一些集合也是如此。但首先，我们需要进一步说明波斯特的假设，即正规系统能捕捉生成符号串的所有可能算法。

15.7 图灵机

20 世纪 20 年代初，波斯特发现的不可解性是数学上的一个潜在转折点，但它并没有立即产生影响。为了确信结果的正确性，波斯特需要知道他的正规系统实现了所有可能的算法，而这一点还不清楚。实际上，在数学意义上，这一说法是不可证的——它更像是一条自然规律，需要不断检验。基于这个原因，波斯特当时并没有发表他的发现（或者关于**不完全性**的推论，我们将在下一章中看到）。

然而，他确实开发了一个不同的算法概念，它等价于正规系统，但更接近于人类计算的直观想法。这最终发表在波斯特 1936 年的一篇文章中，只是被图灵（1936）独立发表的几乎相同的想法抢了风头。因为图灵的论文在结果上比波斯特的要丰富得多——包括证明了判定问题是不可解的——不可解这个概念因此以**图灵机**而为人所知。

正如图灵在他的论文的导言部分所解释的：

我们可以将一个正在进行实数计算的人比作一台机器，此机器只能处理有穷多个情况 $q_1, q_2, \cdots, q_I$，这些情况被称为"m−格局"。该机器配有一条"纸带"（类似纸张），机器在上面运行，纸带被分成段（称为"方格"），每个方格能放置一个"符号"。在任何时刻，只有一个方格，比如第 r 个方格，它里面放置的符号 $\mathfrak{S}(r)$ 是"在机器中"的，我们称此方格为"扫描格"。扫描格里的符号称为"扫描符号"。也就是说，"扫描符号"是机器"直接感知到"的唯一符号。然而，通过改变 m−格局，机器可以有效地记住它之前"见过"（扫描）的符号。机器在任何时刻的可能行为由 m−格局 q_n 和扫描符 $\mathfrak{S}(r)$ 决定。这对 q_n, $\mathfrak{S}(r)$ 被称为"格局"，因此，格局决定了机器的可能行为。在某些格局中，扫描格是空的（没有符号），此时机器就在这个扫描格上写下一个新的符号，在其他格局中则会擦除这个扫描符。机器也可以改变正在被扫描的方格，但只能向左或右移动一个方格。另外，对于任何一个这样的操作，m−格局可能变化。

（图灵 1936: 231）

除了"m−格局"现在被称为状态，符号通常记为 $S_1, S_2, \cdots, S_m$ 外，这几乎就是我们现在描述图灵机的方式。我们也喜欢给机器一个**读取头**（reading head），它一次扫描纸带的一个方格。和状态一样，符号在数量上也是有穷的。图灵在论文后面解释了这样做的理由，以及将计算限制在一维"纸带"上的原因。〔请记住，在 1936 年，"计算者"（computer）是指做计算的人。〕

计算通常可以通过在纸上写某些符号来完成。我们可以假设这张纸就像一本儿童算术书一样，分成一个个小方格。在初等算术中，有时会用到纸的二维特性。但是这种做法总是可以避免的，并且我认为大家会同意纸的二维特性对计算并不重要。因此我假定计算是在一维纸上进行的，即在一条被分成小方格的纸带上。我还假设可以打印的符号数量是有穷的。如果我们允许使用无穷多符号，那么有些符号之间的差异程度就会任意小……如果符号太长的话，就不能一眼识别出来。这与

我们的经验是一致的。我们不能一下子就辨别出 9999999999999999 与
999999999999999 是否是同一个数。

计算者任一时刻的行为都取决于其正在观察的符号及当时的"思维
状态"。我们可以假设计算者某一时刻能观察到的方格或符号的数量有上
限 B。如果想观察到更多，就必须连续观察。我们也假设需要考虑的思
维状态的数量是有穷的。这样做的理由与限制符号数量的理由是相同的。
如果我们允许无穷的思维状态，那么其中的一些将会"任意接近"并将
造成混淆。

（249–250）

我详尽地引用了图灵的话，因为他的讨论使数理逻辑界相信可计算性能够被
精确定义，因此某些问题的不可解性可以被严格证明。进一步的证据表明，随着
越来越多的计算形式化被证明等价于图灵机概念，图灵机捕捉到了在随后几十年
中积累的可计算性概念。图灵自己于 1936 年开创了这一工作，他证明了图灵机的
可计算性与丘奇（1936）提出的可计算性的定义（λ - **可定义性**的概念）是相同
的。鉴于丘奇的贡献，图灵机捕获到可计算性概念的断言现在被称为**丘奇 - 图灵
论题**。

机器描述

图灵的想法是在分成方格的纸带上进行计算，每一步计算都由当前状态和扫
描符号决定，这导致了用五元组来描述机器，有两种类型：

$$q_i S_j S_k R q_l，意味着$$

"当处于状态 q_i 时，扫描符号 S_j，将其替换为 S_k，向右移动一格，进入状态 q_l"；

$$q_i S_j S_k L q_l，意味着$$

"当处于状态 q_i 时，扫描符号 S_j，将其替换为 S_k，向左移动一格，进入状态 q_l"。

因为状态和符号的数量必须是有穷的，所以图灵机由五元组组成的有穷集描

述。再假设机器的"输入"是有穷的，因此机器在纸带上启动，除了有穷多个方格外，其他所有方格都是空白的。这里给出机器的一个例子，用符号 □ 表示空白格：

$$q_1 \square \square R q_2, \quad q_2 1 1 R q_2, \quad q_2 \square 1 R q_3$$

如果我们在一串标有 1 的方格左边的空白格上以状态 q_1 启动此机器，那么图 15.2 中的快照展示了连续计算步骤中的纸带和扫描格（在其下方标有当前状态）。

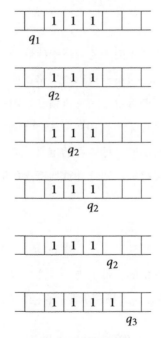

图 15.2　连续计算步骤

最后一个快照显示了一个**停机格局**：因为这个五元组没有说明在状态 q_3 和扫描空白格时要做什么，所以机器只能停机。"输出"是当机器停机时留在纸带上的内容。我们可以看到，当机器在 n 个 1 的"输入"左边的任意位置启动时，在 $n+1$ 个 1 的"输出"时停机。因此，我们可以将其视为一台计算后继函数的机器。

尽管一台图灵机的状态或符号都是有穷的，但我们实际上使用无穷多个符号

$q_1, q_2, \cdots, S_1, S_2, \cdots$ 来描述所有图灵机。然而，我们可以通过将 q_i 替换为含 i 个撇的符号串 $q''^{\cdots'}$，将 S_j 替换为含 j 个撇的 $S''^{\cdots'}$ 来避开这一点。那么每台图灵机的描述都可以写成由字母表 $\{q, S, R, L, '\}$ 中的符号组成的符号串，我们将其称为**标准描述**。标准描述形成一个集合，其元素可以通过以下方式来枚举出：首先列出一个字的描述（虽然不会有这种情况），然后列出两个字的描述，以此类推。这样，每台图灵机在列表中有一个位置 n，所以我们可以称第 n 台图灵机为 T_n。

通过给图灵机编号，我们可以使用对角线论证法。图灵着眼于使用针对实数的经典的对角线论证法，他考虑了计算无穷十进制小数展开式的机器。不过，对可计算函数做对角线论证要容易一些。

定义：一个函数 $f:\mathbb{N}\to\mathbb{N}$ 称为**可计算的**，如果存在一台图灵机 T，当给定任意一串 n 个 1 作为输入时，其纸带以一串 $f(n)$ 个 1 停机。

因此，如果我们知道机器 T 可以计算函数 f，对于任意自然数 m，我们就可以通过给 T 一串 m 个 1 作为输入并在当 T 停机时观察纸带上 1 的数量来计算 $f(m)$。但正如我们在应用对角线论证法时所看到的，这是一个很大的"如果"。

可计算函数不可识别：给定一台图灵机 T 的描述，不存在能够计算 T 是否定义了一个可计算函数的图灵机。

证明：为了简化证明，我们假设丘奇–图灵论题成立。也就是说，我们给出一个直观可计算过程，然后用丘奇–图灵论题来断言这个过程可以用一台图灵机来实现。

假设有一台图灵机 S 可以从图灵机 T 的描述中识别出 T 是否计算了一个函数，我们依次将 S 应用于 $T_1, T_2, T_3, \cdots$ 的描述。如果 T_n 计算了函数 f_n，我们在输入 n 时运行 T_n 以计算 $f_n(n)$。这加上识别 T_n 是否计算了一个函数的能力，使我们能够计算函数

$$g(n)=\begin{cases}0, & f_n \text{ 未定义}\\ f_n(n)+1, & f_n \text{ 已定义}\end{cases}$$

第一种情况确保 g 对所有 n 都有定义，第二种情况确保 g 与每一个可计算函数 f_n 都不同。

因此 g 是可计算的，但又不同于每一个可计算函数。这个矛盾表明，我们假设存在图灵机可以判定对于每个 n，T_n 是否计算了一个函数是错误的。 □

再次诉诸丘奇 – 图灵论题，我们可以说没有算法可以识别哪些图灵机定义了可计算函数。我们也会说识别这种图灵机的问题是**算法不可解的**，或者简单地称**不可解的**（unsolvable）。请注意，不可解性只归属于由无穷多个问题组成的问题。单一问题是未解决的（unsolved），其意义是我们不知道其答案，但如果答案是一个有穷符号串，那么肯定存在一台图灵机能给出正确答案——我们只是不知道是哪一个机器。

当我们试图理解为什么没有图灵机能识别定义可计算函数的 T_n 时，另一个不可解问题出现了。这个问题是对于输入 n，识别出 T_n 何时不能给出值。如果 T_n 停机，那么我们就会看到输出有什么问题。所以难点在于对于给定输入，识别 T_n 何时不停机。判定一个给定机器对于一个给定输入是否停机的问题——即所谓的**停机问题**——一定是不可解的。图灵（1936）也注意到了这个结果。

通用机

图灵 1936 年的另一个发现在丘奇 – 图灵论题的意义下很容易理解：存在一个**通用机** U，它可以在任意输入 I 上模拟任意图灵机 T 的行为。本质上，U 接收 T 的标准描述 des(T) 以及输入 I（用与标准描述相同的字母表编码），然后在 des(T) 和 T 的已编码的纸带内容之间来回移动。使用一些额外的符号在 des(T) 和编码纸带内容中"标记其位置"，U 可以读取当前的五元组，执行所需的更换，然后返回读取下一个五元组，以此类推。

很明显，人类计算者可以执行这个过程。因此，根据丘奇 – 图灵论题，存在图灵机 U，并能做同样的事。事实上，通用机在今天是普遍的 [①]。至少在假设有无限量的外部存储（"纸带"）的情况下，台式计算机或笔记本计算机都是通用图灵机。

从理论上来看，通用机也是有用的，因为它使我们能陈述关于单个机器的不

---

① 英文通用机一词中的"通用"和"普遍"是同一个单词 universal，这里原文用了双关手法。

——译者注

可解问题。例如，我们可以说对于任何通用机 U 来说，停机问题都是不可解的；否则，我们可以通过问有关通用机的相应问题来判定机器 T 在收到输入 I 后是否最终停机。

判定问题

希尔伯特在 20 世纪 20 年代提出判定问题，是因为众所周知谓词逻辑强大到足以表达数学中逻辑推论的概念。判定问题的要点是，它的解决办法将判定任何这种形式的问题：语句 S 是否由公理 $\sum$ 推出？

但是，反过来，如果存在不可解的问题，它们应该可以用谓词逻辑表示——在这种情况下，判定问题也是不可解的。这正是图灵和丘奇在 1936 年所意识到的。特别地，图灵（1936）用谓词逻辑的公式对计算结果进行编码，使得判定问题的解法可以解决一个已经被证明不可解的关于图灵机的问题。

自图灵 1936 年首次将通用计算与逻辑联系起来（他还概述了生成谓词逻辑有效式的构造），他的论文中的这部分非常不流畅、不优美。现在通过波斯特（1947）和马尔可夫（Markoff 1947）独立发现的代数中的一个不可解问题，很容易将图灵机与判定问题联系起来。我们将在下一节中描述这个问题。

15.8　半群的字问题

1947 年，波斯特受到图厄（Thue）于 1914 年提出的一个组合问题的启发。这个问题涉及一些有穷字母表的符号串，我们现在称之为**字**。字可以通过有穷多个等式进行变换，而**字问题**就是基于给定的有穷多个等式找到一种算法来判定字何时相等。

例如，如果字由字母 a 和 b 组成，并且我们有等式 $ab = ba$，那么一个字中相邻的 a 和 b 可以互换，所以任何字都有一个"标准形"，即所有的 a 都在 b 的前面。此外，很明显，两个字相等当且仅当其含有相等数量的 a 和 b。

定义：给定基于字母表 $\{a_1, a_2, \cdots, a_m\}$ 的字 u, v 以及等式

$$u_1 = v_1,\ u_2 = v_2,\ \cdots,\ u_n = v_n$$

如果可以通过有穷多次将形式为 u_i 的字替换为 v_i 来将 u 变换成 v，那么我们称 u 和 v **相等**，反之亦然。对于一个给定的字母表和给定的等式，**字问题**就是找到一个算法来判定对于给定的字 u 和 v 是否有 $u = v$。

这个问题现在被称为半群的字问题，因为相等字组成的类 $[w]$ 在毗连这个"乘积"运算下构成一个**半群**：

$$[w_1][w_2] = [w_1 w_2]$$

半群的定义性质是乘积运算的结合性，即 $u(vw) = (uv)w$，显然这对于字的乘积是成立的。

波斯特（1947）的想法是使用字来表示图灵机的格局，并使用等式来进行反映计算步骤的字变换，希望停机问题可以约化为字问题。但小的困难是显而易见的，计算步骤通常是不可逆的，而等式 $u_i = v_i$ 可以用在任一方向上：用 v_i 替换 u_i 或用 u_i 替换 v_i。因此，最初我们将使用单向变换 $u_i \rightarrow v_i$（将 u_i 替换为 v_i），这能更好地反映计算。稍后，我们将看到允许反向变换也无害，因此双向等式是可行的。[①]

从图灵机到半群

假设我们有一台图灵机 T，状态是 $q_1, q_2, \cdots, q_s$，符号是 $\square = S_0, S_1, \cdots, S_t$。那么我们可以在计算的任一步用基于字母表

$$\{q_1, q_2, \cdots, q_s, S_0, S_1, \cdots, S_t, [,]\}$$

的字对 T 的格局进行编码。纸带的带标记部分的符号串用符号 $S_0, S_1, \cdots, S_t$ 写成，当前状态 q_i 插入扫描符号的左侧。在符号串左右两端的符号 [和] 充当"提示符"，用于当 T 的读取头移动到纸带的带标记部分之外时创建额外的符号 $\square$。图 15.3 显示了机器格局的示例及编码它的**格局字**。

---

① 图厄的名字 Thue 听起来像 "two-way"（双向），这是一个有趣的语言上的巧合。

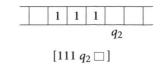

$$[111\ q_2\ \square]$$

图 15.3　一个机器格局及其字

计算的每一步都会改变格局字，但仅发生在状态符号 q_i 和扫描符号 S_j 附近，因此这种改变是通过与以 q_iS_j 开头的 T 的五元组（如果有的话）对应的字替换变换来实现的。下表给出了与两种五元组对应的字变换。

五元组	替换规则
$q_iS_jS_kRq_l$	$q_iS_j \rightarrow S_kq_l$
	$q_i] \rightarrow S_kq_l]$，如果 $S_j = \square$
$q_iS_jS_kLq_l$	对每个符号 S_m，$S_mq_iS_j \rightarrow q_lS_mS_k$
	$[q_iS_j \rightarrow [q_l\square S_k$

为了探寻停机问题的不可解性，我们引入一个新符号 H，该符号由出现停机格局 q_iS_j 而创建。对于任何不是一个五元组的一部分的字 q_iS_j，我们引入变换

$$q_iS_j \rightarrow H$$

以及变换

$$HS_m \rightarrow H, \quad S_mH \rightarrow H, \quad [H \rightarrow H, \quad H] \rightarrow H$$

它们使符号 H 能够"吞噬"格局字中的所有其他符号，只留下一个字母的字 H。我们称这组字变换（替换规则连同符号吞噬）为 Σ_T。

显然，在出现一个停止格局之前，Σ_T 恰好模拟了从给定初始格局开始的 T 的计算。所以，符号 H 出现，当且仅当计算停止。于是，"符号吞噬"变换确保字变换为单个字母 H，当且仅当计算停止。这推出了不可解字变换问题。

不可解字变换问题：在给定图灵机 T 和格局字 w 的情况下，不存在可以判定字变换系统 Σ_T 是否将 w 转换为 H 的算法。

证明：正如我们刚刚看到的，Σ_T 将 w 转换为 H，当且仅当用字 w 编码的 T 的格局导致 T 停机。因此，字变换问题的解给出停机问题的解，这是不可能的。因此，字变换问题也是不可解的。 □

现在我们将字变换系统 Σ_T 转换为一个半群 S_T，方法是对 Σ_T 中的每个变换 $u \to v$ 都加上相反的变换 $v \to u$。这相当于把每个变换 $v \to u$ 变成一个等式 $u = v$。但是这个等式的任何使用方式都是用 v 替换 u 或者反过来，所以我们可以把它看作原始变换 $u \to v$ 或其反向 $v \to u$。这个观点允许我们把前面的定理推广为一个关于半群 S_T 的定理。

停机计算的检测：如果 w 编码机器 T 的一个格局，那么在 S_T 中 $w = H$，当且仅当存在以 w 编码的格局开始的 T 的停机计算。

证明：如果存在一个以状态 w 开始的停机计算，那么通过允许 H "吞噬" 符号，有

$$w \to 包含 H 的字$$

因此 $w = H$。

反之，如果 $w = H$，那么存在一系列等式

$$w = w_1 = w_2 = \cdots = w_n = 包含 H 的字 \quad (*)$$

其中 w_n 是不包含 H 的最后一个字。每个等式 $w_i = w_{i+1}$ 都来自一个变换 $w_i \to w_{i+1}$ 或其反向 $w_i \leftarrow w_{i+1}$，所以我们可以用适当的箭头 "$\to$" 或 "$\leftarrow$" 代替 "$=$" 来重写 $(*)$ 中的每个等式 $w_i = w_{i+1}$ 或 $w_n =$ 包含 H 的字。

当然不会有 $w_n \leftarrow$ 包含 H 的字，因为 w_n 不包含 H，并且没有能消灭 H 的变换。我们也不会有 $w_{n-1} \leftarrow w_n$，因为 w_n 必然包含一个停止格局，并且只有变换 $q_i S_j \to H$ 适用于它。

如果有任何反向箭头，令

$$w_{i-1} \leftarrow w_i \to w_{i+1}$$

是出现在最右端的那一个。这意味着 $w_{i-1} = w_{i+1}$，因为每个机器状态 w_i 最多有一个后继。因此，我们可以从序列中删除 $w_{i-1} \leftarrow w_i \rightarrow$，消去两个相反的箭头。重复这个论证，我们可以消去所有的反向箭头，从而得出结论

$$w \rightarrow 包含 H 的字$$

这意味着 w 会导致停机计算。 □

由于停机问题的不可解性，可以立刻得出：对于给定的 S_T 以及字 u 和 v，不存在算法可以判定在 S_T 中是否有 $u = v$。我们可以选择 T 为一个通用机，从而在一个特定半群上强化这一结果。

字问题的不可解性：如果 U 是通用机，那么半群 S_U 存在一个不可解的字问题。

证明：因为 U 是通用机，所以其停机问题是不可解的。但如果对于 S_U 的字问题是可解的，那么我们可以用这个求解算法来判定在 S_U 中是否有给定的格局字 $w = H$，从而根据上述定理，对于 U 解决了停机问题。因为不存在这样的算法，所以 S_U 的字问题一定是不可解的。 □

直接构造一个通用机，然后把它的五元组转化为等式，当然会产生一个非常复杂的半群。然而，人们发现一些巧妙的简化，使得具有不可解字问题的半群带有非常简单的定义等式。这个半群是由马尔可夫当时一个 19 岁的学生采廷（Cejtin 1956）发现的。它由字母 a, b, c, d, e 生成，其定义等式为

$$ac = ca,\ ad = da,\ bc = cb,\ bd = db,\ ce = eca,\ de = edb,\ cca = ccae$$

在判定问题中的应用

给定有穷多个字的等式

$$u_1 = v_1,\ u_2 = v_2,\ \cdots,\ u_m = v_m$$

从它们推出等式 $u = v$ 本质上是一个逻辑问题，如果我们在语言中允许常量、相等关系和函数，那么这在谓词逻辑中很容易实现。如果用函数 $p(x, y)$ 表示字母 x 和 y

的乘积，我们还需要公理

$$p(x, p(y, z)) = p(p(x, y), z)$$

它表示了结合律 $x(yz) = (xy)z$。我们也需要关于相等的公理，这些公理允许进行一系列的字替换，例如

$$(u = v \wedge v = w) \Rightarrow u = w$$

我们只需要有穷多个这样的公理，并且可以假设它们组合在单个公式 φ 中。我们还假设等式 $u_i = v_i$ 用函数 p 表示。如果判定问题存在一个算法，那么我们就可以通过问语句

$$[\varphi \wedge (u_1 = v_1) \wedge (u_2 = v_2) \wedge \cdots \wedge (u_m = v_m)] \Rightarrow (u = v)$$

是否在逻辑上有效，来判定由等式 $u_i = v_i$ 是否能得出 $u = v$。但如果我们取一个有不可解字问题的半群（如上面的采廷半群），就不存在判定这样的语句是否有效的算法，因此也就不存在解决判定问题的算法。

15.9　附注

在本章中，我们对 20 世纪的数理逻辑和可计算性理论进行了快速游览，几乎没有机会领略由它开启的所有分支。下面是我们在游览过程中忽略的一些风景。

P 与 NP

第 15.1 节谈到了命题逻辑的有效性和可满足性问题，并指出它们的计算难度似乎随变元数量的增加呈指数级增长。对于检验有效性的真值表方法来说，这是显而易见的，这个方法必须检验 n 个变元的所有 2^n 个真值序列。可满足性的情况则不那么清楚，一旦找到符合的真值序列就可以停下来。然而，在最坏的情况下，所有已知的检验可满足性的方法都需要指数级的时间。

在计算复杂性理论中，通常使用图灵机计算中的步数来衡量回答给定问题 Q 的时间，并将这个数表示为 Q 中符号数 $|Q|$ 的函数。如果存在一台图灵机，它能够在最多 $f(|Q|)$ 的时间内正确回答问题集 $\mathscr{P}$ 中的每个问题 Q，其中 f 是一个多项式，那么由问题 Q 组成的问题集 $\mathscr{P}$ 属于**多项式时间可解**问题类 P。这些问题被认为是"可行的"问题。

选择多项式函数而不是线性函数的原因是，除了图灵机之外还有许多其他计算模型，不同的模型可能给出不同次数的多项式计算时间。例如，解一个问题，一个普通图灵机的计算时间可能是二次多项式，而有两个纸带的另一个机器的计算时间是线性的。然而，所有被考虑的现实物理机器都可以由一个普通图灵机模拟，且计算时间最多增加一个多项式级[①]。

下面是属于 P 的一些问题：

1. 将两个（以 10 为基数，或以 2 为基数的）n 位数相加，通常算法所需时间是 n 的线性函数；

2. 将两个 n 位数相乘，通常算法所需时间是二次多项式；

3. 检验给定的对变元的真值赋值是否满足长度为 n 的命题逻辑公式，这需要多项式时间（我猜是 3 次或 4 次——也许读者愿意思考这个问题）。

下面以一种"相反"的方式给出与这些问题相关的问题，我们不知道如何在多项式时间内对其求解：

4. 给定一个由 n 个长度不超过 m 的自然数组成的有穷集 S 和一个自然数 k，找出 S 的一个子集，使其元素之和为 k（这称为**背包问题**）；

5. 给定一个 n 位数 k，求 k 的素因子；

6. 给定一个长度为 n 的命题逻辑公式 φ，找出满足 φ 的真值赋值（这是**可满足性问题**）。

由于问题 4、5、6 分别与问题 1、2、3 相关，很明显，问题 4、5、6 可以在

[①] 如果我们生活在一个双曲空间里，情况就不再是这样了。我们可以从第 9.7 节中对双曲平面的密铺图和第 9.5 节中高斯给出的双曲平面内圆周长的公式看出，距离原点为 r 的密铺单元数量随着 r 呈指数增长。一种使用所有这些单元进行计算的机器称为**元胞自动机**，利用它们的指数增长可以解多项式时间内的可满足性问题，而普通的图灵机显然做不到这一点。

多项式时间内通过"侥幸猜测"的帮助得到解决——为了求解问题 4，猜测正确的子集；为了求解问题 5，猜测因子；为了求解问题 6，猜测真值赋值——之后可以通过多项式时间计算来验证猜测。

后一类问题属于**非确定性多项式时间**问题类 NP，它是通过推广图灵机的概念来定义的，允许在计算的某些步中进行"猜测"。如果一个非确定性图灵机可以在最多 $f(|Q|)$ 步内找到 $\mathscr{P}$ 中问题 Q 的答案，其中 f 是一个多项式，那么称问题 $\mathscr{P}$ 是 NP 问题。

第 15.1 节所说的"当今逻辑学和计算理论的主要问题"就是是否有 NP＝P。这个问题最初由库克（Cook）在 1971 年以这种形式提出，尽管在哥德尔 1956 年给冯·诺伊曼的信中已经有所暗示。哥德尔在信中指出，数学中的证明是很难找到但很容易验证的典型例子。如果证明了 NP＝P，那么数学家可能就不再有用了：

> 换句话说，这显然意味着，尽管判定问题是不可解的，但数学家关心的"是"或"否"问题的脑力劳动完全可以被机器取代。毕竟，人们只需选择一个足够大的自然数 n（所寻求的证明长度），当机器不能输出结果时，对这个问题再做更多思考就没有意义了。

（译自哥德尔 2003：375）

一致性和存在性

第 15.4 节中对谓词逻辑完备性定理的证明产生了一些关于模型和数学存在性的有趣推论。如果我们对任意一个公式 F 重复如第 15.4 节中证伪树的构造，一个无穷分支仍然给出了证伪 F 的解释。有穷分支也可能允许我们证伪 F，更平凡地说，以公式 $P \vee Q \vee R \vee \cdots$ 结束可以证伪它，其中 $P, Q, R, \cdots$ 可以独立地来证伪。

现在假设 F 是一个不会导致矛盾的公式，那么 $\neg F$ 能被证伪，因为如果 $\neg F$ 不能被证伪，我们就可以证明 $\neg F$，这当然与 F 矛盾。由于 $\neg F$ 能被证伪，从而存在一种证伪 $\neg F$ 的解释，因此其满足 F，所以我们有：

无矛盾性蕴含存在性：如果 F 是一个不会导致矛盾的谓词逻辑公式，那么在某些域上，F 中关系符号的一种解释能满足 F。

完备性定理的这个推论证实了希尔伯特（1902：448）关于数学存在性的一个评论：

> 如果给一个概念赋予矛盾属性，我会说从数学上讲这个概念并不存在。例如，平方为 -1 的实数在数学上不存在。但是，如果能证明赋予概念的属性通过应用有穷多个逻辑过程永远不会导致矛盾，我会说这个概念的数学存在性（例如，满足某些条件的数或函数）因此得到了证明。

希尔伯特在 1902 年可能还没有意识到"存在性"的具体意义，但完备性定理的证明给出了一个具体的解释，其中无矛盾公式 F 中的变元取遍某个由常项组成的集合 T，并且 F 中的关系符号表示由 $\neg F$ 的证伪树中一个无穷分支给出的 T 上的关系。

得到一个无矛盾公式的解释的过程可以推广，我们通过这个推广能够找到一个无矛盾公式集的解释，比如皮亚诺算术公理集（假设它是一致的）加上在第 13.5 节中提到的 $N > 0, N > 1, N > 2, \cdots$。因此，我们可以找到"无穷大数"和"无穷小"的具体的（但不一定是自然的）模型。

二叉树

完备性定理的证明是非构造性的，因为在二叉树中找到一条无穷路径没有明显的算法。即使树的顶点集是可计算的，找到无穷路径也依赖于判定给定顶点的哪条边通向一条无穷子树的（显然是不可计算的）能力。克赖泽尔（Kreisel 1953）的一个结果证实了这一直觉，他构造了一个无穷的可计算二叉树，但没有可计算的无穷路径。这意味着用来证明完备性定理的弱柯尼希引理不能被构造性地证出。

人们可能希望完备性定理的证明避开断言无穷路径存在的弱柯尼希引理。但这种想法也失败了，因为可以构造性地证明关于谓词逻辑的完备性定理蕴含弱柯尼希引理。因此，完备性定理构造性地等价于弱柯尼希引理，因此它不能完全构造性地证出。这是我们在第 16.5 节中讨论的**反推数学**的结果。

事实上，弱柯尼希引理在数学中无处不在，几乎出现在所有常见的树论证中。其中包括我们在第 11.7 节看到过的海涅－博雷尔定理和最值定理的"无穷分半"证明，它们也将在第 16.7 节再次出现。反推数学表明，这些定理也构造性地等价于弱柯尼希引理，因此等价于完备性定理——这揭示了分析学和逻辑学之间令人惊讶的共通性。

第16章
不完全性

我们在上一章中了解到，在 20 世纪早期如何将证明的概念变得更加清晰，以至于证明本身可以成为一项数学研究主题。特别地，哥德尔（1930）描述了一种适用于所有数学的逻辑学——**谓词逻辑**，并证明了其完备性。同一时期，波斯特和图灵对计算的概念以及算法可解和不可解问题的概念进行了形式化。

波斯特早在 1921 年就意识到，我们对任何不可解问题 $\mathscr{P}$ 的理解必然是**不完全**的。也就是说，如果 $\mathscr{P}$ 由问题 $Q_1, Q_2, Q_3, \cdots$ 组成，那么不存在能够精确地生成形如"Q_i 有答案 A_i"的真命题的公理系统 $\mathscr{A}$，因为这样就会解出不可解问题 $\mathscr{P}$。然而，波斯特由于对其普遍性的怀疑而犹豫是否要发表这一发现，这种怀疑一直持续到图灵 1936 年确立了计算的概念才被打消。

与此同时，哥德尔在 1931 年证明了《数学原理》这个特定系统的不完全性。他是通过一种非常一般的**算术化**方法来实现的，最终适用于任何产生定理的可计算方法。特别地，算术化意味着任何一致的算术公理系统 $\mathscr{A}$ 都是不完全的。而且，$\mathscr{A}$ 不能证明的一个语句就是断言其自身一致性的语句 $\mathrm{Con}(\mathscr{A})$。

但为什么很难证明算术的一致性呢？根岑 1936 年发现算术的复杂性可以由一个称为 ε_0 的可数序数来衡量，并且 ε_0 – **归纳法**足以证明一阶皮亚诺算术（PA）的一致性。自那以后，人们发现 ε_0 暗藏在多个有趣的算术命题中，而这些命题在 PA 中不可证。

16.1 从不可解性到不可证性

有几种理解不完全性定理的方式，反映了证明理论和可计算性理论从波斯特到哥德尔再到图灵（还有冯·诺伊曼的一些贡献）的演变。本节讨论这一演变的最初的未发表阶段，即 20 世纪 20 年代波斯特的工作。我们主要从波斯特 1941 年的论文中了解到这一阶段，该论文最终刊载于戴维斯编辑的论文集（Davis 2004）中，波斯特在 1943 年和 1944 年的文章中给出了其中一些细节。

正如我们在第 15.5 节中看到的，波斯特的目标是描述从"公理"通过"推理规则"可计算地生成定理的一般过程。实际上，他发现了对这样的过程的一般描述，这种描述等价于随后一个世纪里提出的所有其他定义。但是，由于他的定义是最早的，他不得不等到其他人考虑同样的问题，结果，丘奇和图灵首先发表了相关文章，并且因为给出了可计算性和算法可解性的形式化定义而获得了大部分荣誉。他们也更有理由因发现特定的算法不可解问题（例如判定问题）而获得荣誉。

然而，在 1944 年波斯特发表论文之前，他的从可计算性到不可解性再到不完全性的简单路径没有引起关注。正如第 15.6 节所强调的，从可计算性到不可解性的路径本质上是康托尔（1891）对 $\mathscr{P}(\mathbb{N})$ 不可数的"对角线"论证的可计算版本。

- 枚举可计算枚举集 W_0, W_1, W_2, $\cdots$，例如，通过枚举生成它们的正规系统。
- 注意到集合 $D = \{n : n \notin W_n\}$ 不是可计算枚举的，因为对于 n，它与每个 W_n 都不同。
- 得出结论：对于任何 n，判定 n 是否属于 D 的问题是不可解的。这是因为，一种能够解出这个问题的算法若应用于 0, 1, 2, $\cdots$，会反过来给出对 D 的可计算枚举。

由此很容易得出，生成所有形如 $m \notin W_n$ 的正确定理的可计算过程不存在。如果存在的话，那么选出形如 $n \notin W_n$ 的定理就能可计算地枚举 D，而这是不可能的。因此，任何生成形如 $m \notin W_n$ 的正确定理的可计算过程都是不完全的；也就是说，该过程不能生成形如 $n \notin W_n$ 的一些正确定理。

事实上，对于任何可计算地生成正确定理的系统 $\mathscr{A}$，我们都可以找到一个形式为 $n_0 \notin W_{n_0}$ 的特定真命题，其在 $\mathscr{A}$ 中无法证明。因为 $\mathscr{A}$ 的定理是可计算枚举的，所以集合

$$W_{n_0} = \{n : \mathscr{A} \text{证明语句} \text{"} n \notin W_n \text{"}\}$$

也是可计算枚举的。那么根据 W_{n_0} 的定义，$n_0 \in W_{n_0}$ 意味着 $\mathscr{A}$ 证明了 "$n_0 \notin W_{n_0}$"。如果这样的话，那么根据我们的假设，$n_0 \notin W_{n_0}$ 为真，出现矛盾。因此，$n_0 \notin W_{n_0}$ 实际上是真的，但为了避免得出矛盾 $n_0 \in W_{n_0}$，$\mathscr{A}$ 不能证明它。

由于一个"生成定理的可计算过程"包括任何具有良定推理规则的公理系统，我们刚刚得出的不完全性语句是极其一般的。它从可计算性的定义中获得普遍性和精确性，该定义在 1936 年前后以**丘奇 – 图灵论题**固化下来。在可计算性被认为是一个良定概念之前，不完全性只能对于特定系统（如《数学原理》）证明。当然，这是哥德尔于 1931 年实现的，为此，他必须用《数学原理》本身的语言来描述《数学原理》的定理证明过程。

16.2　句法的算术化

可计算性的概念最自然地适用于符号串，例如《数学原理》或皮亚诺算术等语言中的公式。正如我们在第 15.7 节和第 15.8 节中看到的，我们真正需要考虑的符号串操作只是将子字 w_1 替换为 w_2。这意味着将任何形式为 uw_1v 的符号串转换为 uw_2v。由于给定的语言只有有穷多个符号，而给定的计算由有穷多对 $\langle w_1, w_2 \rangle$ 给出，我们可以将这些符号视为非零数字，将有穷多个变换视为对自然数的变换。

这至少使用算术描述的生成《数学原理》的定理的过程变得合理。这里有很多细节有待解决，所以当哥德尔于 1931 年首先做到这一点时，可谓是一个惊人的壮举，但大多数细节本身并不有趣，我们在这里不去考察它们。重要的是，必要的函数可以在一阶皮亚诺算术 PA 的语言中定义，并且最终可以用加法和乘法

来定义。〔我所知道的关于这种**句法算术化**的最简单方法见于斯穆里安（Smullyan 1961）。〕

从而，上一节中的递归可枚举集 $W_0, W_1, W_2, \cdots$ 能在 PA 中被定义，包括集合

$$W_{n_0} = \{n : \text{PA证明 } "n \notin W_n"\} \tag{$*$}$$

那么，假设 PA 的定理是正确的，我们现在可以得出结论：命题 $n_0 \notin W_{n_0}$ 是真的，但在 PA 中不可证。事实上，只需假设 PA 是一致的就足够了——也就是说，它不会产生矛盾的定理——因为当 $n \in W_n$ 是真的时，PA 可以证明它是真的，这是由于算术化意味着 PA 可以做所有的计算。因此，如果 PA 证明 "$n \notin W_n$"，那么 n 实际上不在 W_n 中；否则 PA 也将证明 "$n \in W_n$"。

因此，算术化给出了更强的定理：如果 PA 是一致的，那么 $n_0 \notin W_{n_0}$ 是真的，但在 PA 中是不可证的。PA 中的真算术语句的不可证性以**哥德尔第一不完全性定理**为人所知。

自我指涉

虽然上述论证依赖于哥德尔的算术化，但它更像是波斯特的对角线论证，后者反过来又基于康托尔（1891）原始的对角线论证法。哥德尔使用了一种基于自我指涉（简称自指，self-reference）的不同类型的对角化。实际上，通过对公式和证明的算术化，他能够构造一个 PA 的语句，这个语句可以被解释为"我是不可证的"。因为这个句子要是可证，就会得到矛盾，因而它是不可证的——从而为真！

与其带领读者从头至尾了解哥德尔对自指语句的构造，我更愿意指出语句 "$n_0 \notin W_{n_0}$" 断言了自身的不可证性。也就是说，根据（$*$）式 W_{n_0} 的定义：

$$n_0 \notin W_{n_0} \Leftrightarrow "n_0 \notin W_{n_0}" \text{ 在 PA 中不可证}$$

现在我们概述一下不完全性论证的要点。

从 "PA 是一致的" 这个假设出发，我们得出结论 "$n_0 \notin W_{n_0}$" 在 PA 中是不可证的，简单来讲，这等价于 $n_0 \notin W_{n_0}$。PA 的一致性可以用多种方式表达，例如，通

过语句

"0＝1"在 PA 中不可证

通过句法的算术化,一致性语句可以重写为 PA 的一个语句 Con(PA)。因此,我们实际上已经证明了

$$\mathrm{Con(PA)} \Rightarrow n_0 \notin W_{n_0}$$

这是 PA 的一个语句。不仅如此,其证明也可以在 PA 中完成!这是一项更加费力的算术化任务,但它是可以完成的,正如哥德尔在 1931 年的论著中作为事后想法所提到的,其想法可能是由冯·诺依曼 1930 年的一封信引发的。

因此,尽管 $n_0 \notin W_{n_0}$ 在 PA 中不可证,但 $\mathrm{Con(PA)} \Rightarrow n_0 \notin W_{n_0}$ 在 PA 中是可证的。由此,$\mathrm{Con(PA)}$ 在 PA 中是不可证的,否则根据假言推理规则就可以得出 $n_0 \notin W_{n_0}$ 是可证的。换句话说,PA 不能证明自己的一致性。这个结果以**哥德尔第二不完全性定理**为人所知,并且与哥德尔第一不完全性定理相比,它更令人震惊——它可能是有史以来逻辑学中最伟大的发现。

希尔伯特纲领

这让我们回到希尔伯特关于对无穷的推理的一致性问题,这个问题在第 9.8 节中提过。给定任何由公理和推理规则组成的系统 $\sum$,生成定理的过程相当清晰且是有穷的。每个语句都是一个有穷的符号串;每个推理规则都是从旧语句产生新语句的有穷过程;证明是一个有穷的公式序列,每个公式都来自由推理规则导出的某些前驱公式;最后,一个定理就是证明的最后一行。一致性问题就是问某个有穷对象是否是定理,例如语句"0＝1"。因此,即使一致性问题涉及关于无穷对象的语句,它也可以约化为关于有穷对象和有穷过程的问题。

正如希尔伯特所意识到的那样,这让一致性问题类似于一个数论问题,即问某个计算过程是否在有穷步骤中得出某个结果。例如,哥德巴赫(Goldbach)猜想任何大于 2 的偶数都是两个素数之和,这个猜想涉及以下计算结果:生成偶数、

素数与两个素数之和，以及寻找不能表示为两个素数之和的一个偶数。我们期望通过对有穷对象和有穷过程进行推理，这样的计算过程的结果有朝一日可能会被了解，尽管哥德巴赫的例子提醒我们这可能会很困难。

无论如何，希尔伯特认为，有理由希望任何一致的公理系统的一致性有朝一日可以通过对有穷对象的推理来证明，并且实际上是在某个固定的推理有穷对象的系统中证明出来，比如 PA。这就是所谓的**希尔伯特纲领**，旨在驳斥那些对关于无穷的推理的反对意见。如果能证明关于无穷的推理没有矛盾，那么它有何危害呢？

在某种程度上，希尔伯特纲领是正确的。正如我们在上一节中看到的，可以"算术化"语句和推理规则使得系统 $\sum$ 的一致性可以由 PA 的一个语句 Con($\sum$) 表示。令人失望的是，Con($\sum$) 可能在 PA 中是不可证的，在这种情况下，它不太可能通过某种关于有穷对象的推理来证明。令人震惊的是，哥德尔第二不完全性定理表明 Con(PA) 在 PA 中是不可证的，因此 Con(PA) 的任何证明都必须诉诸 PA 以外的公理，很难想象任何这样的公理如何比 PA 本身更合理。经验表明，几乎任何可证的算术命题在 PA 中都是可证的，因此 PA 似乎没有"错过"任何显然的算术事实。

16.3　根岑对 PA 一致性的证明

就算必须假设 PA 之外的一些公理 $\mathscr{A}$ 来证明 Con(PA)，我们仍可从 Con(PA) 的证明中学到一些东西。例如，如果我们可以在某个比 PA 更弱的系统中证明 $\mathscr{A} \Rightarrow$ Con(PA)，那么似乎有理由说，$\mathscr{A}$ 在某种意义上概括了 PA 的强度。根岑（1936）做到了这一切，甚至他还把 $\mathscr{A}$ 取作关于可数序数的命题。

在讨论可数序数之前（它比图 12.7 中所示的任何序数都大），看看根岑本人如何解释序数在一致性证明中的作用是有帮助的。下面这段话摘自他在一致性证明发表后不久为普通读者写的一篇文章：

我现在将解释超穷序数的概念和超穷归纳规则是如何进入一致性证

明的。其联系非常自然且简单。在对初等数论进行一致性证明时，我们必须考虑所有可设想的数论证明，并且必须表明在某种意义上，以形式化定义的每个单独的证明都产生一个"正确"的结果，尤其是不会出现矛盾。这个证明的"正确性"取决于其中包含的其他某些更简单的证明的正确性，这些更简单的证明作为其特殊情况或组成部分。这一事实促使把证明按线性序排列，使得后一个证明的正确性依赖于序列中的前一个证明的正确性。这种证明的排列是通过将每个证明对应于一个特定的超穷序数来实现的；先于某个给定证明的那些证明所对应的序数恰好要排在给定的证明所对应的序数之前。……我们需要超穷序数，原因如下：一个证明的正确性可能取决于无穷多个简单证明的正确性。举个例子：假设在证明中，用完全归纳法对所有自然数证明了一个命题。此时，这个证明的正确性显然取决于无穷多个对特定自然数的单独证明中每一个证明的正确性。这里，自然数不足以作为证明的序数，因为在自然顺序中，每个自然数前面只有有穷多个其他数。因此，我们需要超穷序数，以便根据证明的复杂性来表示这些证明的自然顺序。

（译自根岑 1969：231–232）

也许对这个解释唯一需要补充的是，证明的排序必须是一个良序，而不仅仅是线序，以避免无穷回归，即证明 α 依赖于先前的证明 β，后者又依赖于先前的证明 γ，以此类推，直至无穷。证明的良序确保了任何这样的递降序列 $\alpha > \beta > \gamma > \cdots$ 都是有穷的，因此不存在无穷回归。这并不排除依赖于无穷多个先前证明的证明，根岑给出了需要这类证明的理由，例如，它允许证明 $_\omega$ 依赖于证明 $_0$，证明 $_1$，证明 $_2$，$\cdots$。但这确实意味着证明的序必须非常长。

此长序中的序数 ε_0 大于图 12.7 所示的任何一个序数；从某种意义上说，那幅图仅表示了通往 ε_0 的第一梯级。为了更好地解释 ε_0，我们需要引入序数的和、积和指数函数。和自然数一样，这些概念是归纳定义的，不同之处在于，每个定义都有一个用于极限序数的额外条件。

回忆第 12.5 节，后继函数 $s(\alpha) = \alpha \cup \{\alpha\}$ 适用于所有序数，并且序数组成的集合的并集就是该集合的上确界。因此，我们可以按如下方式给出定义：

$$\alpha + 0 = \alpha$$
$$\alpha + s(\beta) = s(\alpha + \beta)$$

对于极限序数 λ，$\quad \alpha + \lambda = \bigcup_{\beta < \lambda}(\alpha + \beta)$ （和）

$$\alpha \cdot 0 = 0$$
$$\alpha \cdot s(\beta) = (\alpha \cdot \beta) + \alpha$$

对于极限序数 λ，$\quad \alpha \cdot \lambda = \bigcup_{\beta < \lambda}(\alpha \cdot \beta)$ （积）

$$\alpha^0 = 1$$
$$\alpha^{s(\beta)} = (\alpha^\beta) \cdot \alpha$$

对于极限序数 λ，$\quad \alpha^\lambda = \bigcup_{\beta < \lambda}(\alpha^\beta)$ （指数）

与自然数的和与积的定义（第 13.1 节）一样，这些定义有一个奠基步，对所有 α 和 $\beta = 0$ 的情况定义了函数，然后是一个归纳步（现在分为后继序数和极限序数两种情况），用先前的值给出 β 取某值时的函数定义。这个扩张后的函数的一些性质与自然数的函数相同，例如，和与积的结合律，但不都如此。例如，和与积的极限步蕴含

$$1 + \omega = \omega \neq \omega + 1 \ , \ 2 \cdot \omega = \omega \neq \omega \cdot 2$$

所以交换律不再成立。

指数函数的定义使我们可以定义序列

$$\omega, \ \omega^\omega, \ \omega^{\omega^\omega}, \ \omega^{\omega^{\omega^\omega}}, \ \cdots$$

中的所有项，我们在图 12.7 中只看到了其中的 ω 和 ω^ω。整个序列 $\alpha_0, \alpha_1, \alpha_2, \cdots$ 归纳地定义为

$$\alpha_0 = \omega \ , \ \alpha_{n+1} = \omega^{\alpha_n}$$

最后，$\varepsilon_0 = \bigcup_{n<\omega} \alpha_n$，有时我们也写为

$$\varepsilon_0 = \omega^{\omega^{\omega^{\cdots}}}$$

虽然 ε_0 远远超出了自然数，但它仍然是一个可数集合，我们可以在 PA 中定义一个关系 $R_{\varepsilon_0}(m, n)$，它是序型为 ε_0 的一个良序。但是 PA 不能证明 $R_{\varepsilon_0}(m, n)$ 是良序。实际上，对于 ε_0，根岑证明的最重要的结论如下。

- $R_{\varepsilon_0}(m, n)$ 是良序的假设蕴含了 Con(PA)（我们通常说"根岑通过 ε_0 – 归纳法证明了 Con(PA)"）。
- 对于 $< \varepsilon_0$ 的所有序数 β，并且只对这些序数，存在序型 β 的一个良序 $R_{\beta}(m, n)$，PA 可以证明它是良序。

由于 PA 中看起来"困难"的部分是归纳模式，根岑对 Con(PA) 的证明有时被嘲笑为"使用 ε_0 – 归纳法来证明普通归纳法的有效性"。然而，这种说法忽略了一点：他的证明

$$\varepsilon_0 - 归纳法 \Rightarrow \text{Con(PA)}$$

可以在被称为**原始递归算术**的系统中完成，该系统比 PA 弱得多，其中的归纳法仅限于无量词公式。因此，根岑的证明通过对单一关系 $R_{\varepsilon_0}(m, n)$ 的归纳来验证 PA 的整个归纳模式。此外，根岑在 1943 年发表的第二定理证明，ε_0 是足以完成这个证明的最小序数。

从某种意义上说，ε_0 在 PA 中扮演的角色，就像集合论中的不可达集合一样（第 12.7 节）。它在这个理论上照耀着"圣光"，正因为如此，其存在性无法在理论内部得到证明。对于不可达的情况，其不可证性是直接的。对于 ε_0 – 归纳的情况，其不可证性是间接的，因为根据哥德尔第二不完全性定理，我们知道 Con(PA) 在 PA 中是不可证的。然而，根岑在 1943 年对其第二定理的证明相对直接，它是"所有可数序数的并集不可数"这一集合论证明的"缩小化"。

16.4 算术中暗含的 ε_0

在本书中，我们不详细讨论根岑如何通过 ε_0 – 归纳法来证明 Con(PA)。我所知道的最容易理解的证明参见门德尔松（Mendelson 1964），还有一个稍简单的定理的证明——通过超穷归纳法证明 Con(PA)，而不是找到确切的序数——参见史迪威（2010）。我更想揭示隐藏在看似与序数或证明无关的一些算术定理中的 ε_0。

古德斯坦定理

试想一个数，比如 20。首先将 20 写为 2 的幂之和，步骤如下：先找出小于 21 的 2 的最大幂，即 2^4，接着找出不大于 $20 - 2^4$ 的 2 的最大幂，以此类推。

$$20 = 2^4 + 2^2$$

接下来将每个指数写成 2 的幂之和，继续上述过程（如有必要），直到最上方的指数为 0 或 1：

$$2^{2^{2^1}} + 2^{2^1}$$

我们称其为 20 的二进制标准形式。现在将每个 2 替换为 3，并从结果数中减去 1，此时得到

$$3^{3^{3^1}} + 3^{3^1} - 1 = 7\,625\,597\,485\,013$$

现在把这个数写成三进制标准形式，首先减去 3 的最大可能幂，然后从差中再减去 3 的最大可能幂，以此类推。此时，某些幂可能会重复出现，最多重复两次，此时就把这个幂乘以 2。对指数执行同样的操作，直到最上方的指数为 0、1 或 2。这样就将 $3^3 - 1$ 重写为 3 的幂之和，得到

$$3^{3^{3^1}} + 3^2 \times 2 + 3^1 \times 2 + 3^0 \times 2$$

接下来，将每个 3 替换为 4，再减去 1，然后将结果数转换为四进制标准形式，这将是一个更大的数

$$4^{4^{4^1}} + 4^2 \times 2 + 4^1 \times 2 + 4^0 \times 2 - 1 = 4^{4^{4^1}} + 4^2 \times 2 + 4^1 \times 2 + 4^0$$
$$= 340\ 282\ 366\ 920\ 938\ 463\ 463\ 374\ 607\ 431\ 768\ 211\ 497$$

我希望你能猜到下一步：将每个 4 替换为 5，再减去 1，将结果数转换为五进制标准形式……我们将这个过程称为数 20 的古德斯坦过程，显然我们可以将其应用于任何自然数 n。

现在的问题是，对于数 n，古德斯坦过程创造的数会无限地递增吗？除了当 $n = 0, 1, 2, 3$ 时，这些数会迅速增长到难以书写的程度，然而令人惊奇的真相是：由古德斯坦过程产生的数最终会减小，直至为 0。古德斯坦（Goodstein 1944）通过一种自然数对序数的模仿发现了这个定理。为了证明它，他使用了小于 ε_0 的序数的良序性质。

如果我们用 ω 替换二进制标准形式中的每个符号 2，可以看到小于 ε_0 的序数隐藏在古德斯坦过程中，如下所示：

$$2^{2^{2^1}} + 2^{2^1} \rightarrow \omega^{\omega^{\omega^1}} + \omega^{\omega^1} = \omega^{\omega^\omega} + \omega^\omega$$

我们称 $\omega^{\omega^\omega} + \omega^\omega$ 为 $n = 20$ 的古德斯坦过程第 1 步的序数。类似地，将第 2 步的三进制标准形式中的每个 3 替换为 ω，得到第 2 步的序数；然后将第 3 步的四进制标准形式中的每个 4 替换为 ω，得到第 3 步的序数；以此类推。以下替换给出了数 20 的古德斯坦过程前三步的序数：

$$2^{2^{2^1}} + 2^{2^1} \rightarrow \omega^{\omega^\omega} + \omega^\omega$$
$$3^{3^{3^1}} + 3^2 \times 2 + 3^1 \times 2 + 3^0 \times 2 \rightarrow \omega^{\omega^\omega} + \omega^2 \cdot 2 + \omega \cdot 2 + 2$$
$$4^{4^{4^1}} + 4^2 \times 2 + 4^1 \times 2 + 4^0 \rightarrow \omega^{\omega^\omega} + \omega^2 \cdot 2 + \omega \cdot 2 + 1$$

现在请注意，每一步减去 1 虽然对这些数字没有明显的影响，对序数来说却有显著的差异：它使得序数递减。这一事实的严格证明涉及序数的和、积和指数函数的一些理论，以及小于 ε_0 的序数的所谓康托尔标准形式，但我认为这种递减已经足够明显。关键在于：因为小于 ε_0 的序数是良序的，所以任何递减的序数序列都会在有穷多步内结束。因此，古德斯坦过程也必然结束，最终必然归零。

古德斯坦定理似乎是为 ε_0 – 归纳法量身定制的，但它能否不借助 ε_0 – 归纳法来证明呢？古德斯坦的证明出现之后的几十年里，人们一直不知道答案，最终柯比（Kirby）和帕里斯（Paris）在 1982 年发现其答案是否定的：古德斯坦定理在 PA 中不可证。

可熔数

可熔数得名于一个关于熔丝的趣味数学问题。假设有不限量的熔丝，每个熔丝在点燃一端后可以燃烧一分钟，或者同时点燃两端后则燃烧半分钟。除了熔丝本身之外，没有其他的计时装置。问题是，只观察燃烧的熔丝，我们可以得出哪些 t 分钟的时间间隔？

例如，是否可以创造 $t = 3/4$ 时的一个事件？答案是肯定的，只需使用两根熔丝进行如下操作：在 $t = 0$ 时，点燃熔丝 $_1$ 的两端和熔丝 $_2$ 的一端，然后熔丝 $_1$ 将在 $t = 1/2$ 时燃尽，此时熔丝 $_2$ 还剩半根，现在再点燃熔丝 $_2$ 的另一端，它将再燃烧 $1/4$ 分钟，我们将看到它在 $t = 3/4$ 时燃尽。

如果我们可以使用有穷数量的熔丝来创造一个在时刻 r 燃尽的事件，这些熔丝可以在时刻 0 或某个熔丝燃尽时在一端或两端点燃，那么这个数 r 就被称为**可熔数**。很明显，可熔数是有理数（实际上是二进制分数），并且大于或等于 $1/2$，但要全面了解它们似乎很难。可熔数的定义虽然简单，但它们的整体出奇地复杂。埃里克森（Erickson）等在 2020 年研究其结构，得出以下两个定理，表明可熔数超出了 PA 的范围。

序型：可熔数在 $<$ 关系下是良序的，其序型为 ε_0。

这个定理在 PA 中是不可证的，因为根岑定理（1943）指出 PA 可证的良序的序型都小于 ε_0。事实上，埃里克森等证明了以下较弱的命题在 PA 中是不可证的。

最小可熔数：对每个自然数 n，存在一个大于 n 的最小可熔数。

考虑到可熔数的概念相当简单，它可以在 PA 中定义，后一个定理或许是目前已知在 PA 中不可证的关于数字的自然命题的最佳例子。然而，主流数学家是否会对它感兴趣还有待观察。

16.5　可构造性

哥德尔第一不完全性定理并没有引起许多数学家的兴趣，因为到目前为止，已知的 PA 中的不可证命题并不包括普通数学家试图证明的任何语句。实际上，有些令人惊讶的是，仅有的例子都是由逻辑学家设计的，如 Con(PA) 和古德斯坦定理，它们与逻辑的联系要么是显而易见的，要么只是稍有隐藏。在数论以外的数学领域，如几何学或集合论中，不可证的语句之所以被发现，是因为数学家无法从给定的公理出发证明它们。这种经验带来了平行公设在中性几何^① 中的不可证性，以及选择公理在策梅洛 – 弗兰克尔公理（ZF）中的不可证性。

近几十年来，出现的另一个领域是分析学，或二阶算术。第 11 章中所描述的分析学的算术化将大部分分析学约化为自然数和自然数组成的集合的理论。那么问题来了，什么公理应该是这种理论的起点？一个不错的选择被证明是**构造性分析学**，其中无穷对象（如自然数组成的集合）只有在它们可计算时才能被断言存在。由于可计算性是一个精确的数学概念，而且确实可以在 PA 中定义，因此构造性分析学是 PA 的近亲，而且事实证明其不完全性既是自然的，也是具有良好结构的。我们不仅可以证明最值定理和波尔查诺 – 魏尔斯特拉斯定理等定理在构造性分析学中是不可证的，而且还可以确定哪些**集合存在公理**适合于证明它们。

布劳威尔的直觉主义

1907 年前后，布劳威尔预见到对角线论证法会破坏数学的公理化方法，并且他认为数学应该被彻底重建，以便让直觉发挥更大的作用。对他来说，这意味着拒绝纯粹的存在性证明，拒绝非构造性的论证，甚至拒绝经典的逻辑原则，如排中律。

与此同时，他意识到他需要成为一名杰出的数学家，才能成为这些激进理念的可靠倡导者，幸运的是，他有足够的数学天赋来实现这个目标。从 1910 年到 1912 年，他证明了我们现在所说的**布劳威尔不动点定理**，以及相关的**区域不变性**

---

① 　Neutral geometry，指不依赖于平行公理的几何学。——译者注

定理和**维数不变性定理**，在拓扑学领域开辟了新的道路。维数不变性定理表明 $\mathbb{R}^m$ 和 $\mathbb{R}^n$ ($m \neq n$) 之间不存在连续双射，从而解决了康托尔给出的直线和平面之间存在双射所引发的危机。

这些证明虽然被其他数学家接受和赞赏，但也使用了非构造性方法，在 1927 年的柏林讲座中，布劳威尔拒绝了他自己的不动点定理，以及用类似方法证明的分析学中的几个标准定理：介值定理和最值定理以及波尔查诺–魏尔斯特拉斯定理。当然，大多数数学家并不坚持布劳威尔的直觉主义，一方面，他们深信非构造性方法是有效的，另一方面，他们不想失去标准定理。然而，搞清哪些定理需要非构造性证明，以及究竟需要哪些非构造性公理来证明它们是很有趣的。这项工作理论上可以通过为分析学分离出一些构造性公理，然后寻找"正确"的非构造性公理来证明像最值定理或波尔查诺–魏尔斯特拉斯定理这样的定理来完成。这就是我们所说的**反推数学**的纲领。

反推数学：基本系统

反推数学起源于弗里德曼（Friedman）1967 年在麻省理工学院（MIT）的博士论文，该论文讨论了二阶算术系统，并在弗里德曼 1975 年的综述中开始成形，他在该文中寻找证明基本定理的"正确"公理，他在其中宣称：

当一个定理从正确的公理中得到证明时，这些公理也可从定理中得到证明。

近年来，反推数学找到了证明分析学、拓扑学、组合学和代数学中的许多基本定理的"正确"公理。所谓公理是"正确的"，其意义正如对于证明三角形内角和是 π 来说平行公设是"正确"的公理，或者选择公理是证明 ZF 中良序定理的"正确"的公理。而且，正如平行公设在中性几何中有许多等价形式，选择公理在 ZF 中有许多等价形式一样，二阶算术中的许多定理在构造性分析学中也可以被证明是等价的。特别是，布劳威尔的三个定理被证明是互相等价的——且都与被称为**弱柯尼希引理**的非构造原理等价。

反推数学成为可能的原因也是哥德尔不完全性定理成为可能的原因：不可计算对象的存在性。特别是，可计算枚举但不可计算的集合使构造性分析学成为一个弱系统，而没有可计算无穷路径的可计算无穷树使得弱柯尼希引理比构造性分析学的公理更强。我们接下来会详细讨论这一点，但首先，这些公理是什么？

我们从一个被称为 RCA_0 的构造性分析学系统开始。该系统有两种类型的变元，自然数用小写，自然数的集合用大写。自然数的公理包括第 13.1 节中的前四条皮亚诺公理。对于数来说，剩下的公理是归纳公理模式，但仅限于可计算枚举性质 Φ（当归纳公理被这般限制时，赋予 RCA 下标 0）：

如果 Φ 对 0 成立，并且 Φ 只要对 n 成立就对 $s(n)$ 成立，则 Φ 对所有数都成立。

这符合仅处理可计算对象的意图，并且与一个方便的事实一致，即可计算枚举性质在 PA 的语言中具有简单的描述。那些性质 $\Phi(m)$ 可以表示为下列形式：

$$\Phi(m) \Leftrightarrow \exists n_1 \exists n_2 \cdots \exists n_k R(n_1, n_2, \cdots, n_k, m)$$

其中 $R(n_1, n_2, \cdots, n_k, m)$ 是不含量词的。因此 R 是一个可计算性质，因为它归结为 $n_1, n_2, \cdots, n_k, m$ 的方程的组合，只用到可计算函数后继、和与积。

字母 RCA 代表**递归概括公理**（recursive comprehension axiom），它指的是 RCA_0 的集合存在公理，断言了可计算集的存在性。（"递归"是"可计算"的旧术语，在 RCA_0 刚建立时常用，今天仍然偶尔使用。）对于每个递归性质 Ψ，它是一个模式，断言存在这样一个集合，其元素是具有性质 Ψ 的自然数：

$$\exists X \forall n[n \in X \Leftrightarrow \Psi(n)] \qquad (\text{RCAx})$$

性质 Ψ 可以包含自由集合变元 $Y, Z, \cdots$，使得计算是相对于给定集合 $Y, Z, \cdots$ 进行的。例如，给定一个集合 Y，RCAx 允许我们断言 Y 的偶数元素组成的集合存在，因为一个数是否为偶数是可计算的。

RCA_0 坚持使用可计算对象，这与布劳威尔的构造性数学理念非常接近。主要区别在于其逻辑，RCA_0 用的是经典的谓词逻辑；特别是排中律是存在的。正如我们将看到的，这并不影响它能识别像布劳威尔不动点定理这样的非构造性定理的能力。

RCA_0 是一个弱系统，但它能够证明两个值得注意的定理：介值定理及其推论——代数基本定理。此外，这也是 RCA_0 成为一个良好的基础系统的原因，它能够证明许多它无法直接证明的命题之间的等价性。而且，这些等价性把大量命题归结为少量的等价类。在接下来的两节中，我们将介绍两个值得关注的等价类。

16.6 算术概括

为了证明语句 σ 在 RCA_0 中是不可证的，就像处理中性几何中的平行公设一样，我们找到一个使得 σ 不成立的 RCA_0 的模型。RCA_0 的一个合适模型由自然数及 $\mathbb{N}$ 的所有可计算子集组成。我们称之为极小模型，因为任何模型都必须包含自然数这样的对象组成的集合以及其子集组成的集合，这些子集包含所有可计算集。

一个在 RCA_0 中不可证的简单语句是**单调收敛定理**：*每个有界递增有理数序列都有极限*。该定理在 RCA_0 的极小模型中不成立，因为我们能构造出一个可计算的有界单调有理数序列 $a_0, a_1, a_2, \cdots$，而其极限是不可计算的。

也就是说，设 W 是一个可计算枚举但不可计算的集合（如第 15.6 节中所述），设 f 是一个可计算函数，其值是 W 的元素，令

$$a_n = \sum_{i=0}^{n} 2^{-f(i)}$$

注意到 $a_0, a_1, a_2, \cdots$ 是一个递增序列，其极限的二进制展开式的第 m 位是 1，当且仅当 $m \in W$。因为 W 是不可计算的，所以这个二进制展开式也是不可计算的。但这个序列是数对 $\langle n, a_n \rangle$ 的集合，它是可计算的：要确定数对 $\langle s, t \rangle$ 是否在这个序列中，只需计算 a_s，看看是否有 $t = a_s$。因此，这个序列（或它的一些编码版本）在 RCA_0 的极小模型中，但它的极限不在其中。因此，单调收敛定理在极小模型中不成立，进而在 RCA_0 中不可证。

单调收敛定理在 RCA_0 的极小模型中不成立，显然是因为极小模型只包含可计算集，这反过来是因为递归概括公理只保证可计算集存在。如果我们有一个**算术概括公理**，那么极小模型就必须包括所有算术上可定义的集合。这将包括任何可计算序列的极限，因为它只需要几个量词就可以在算术语言中定义极限（假设实

数通过集合进行适当编码）：

$$a 是 a_0, a_1, a_2, \cdots 的极限 \Leftrightarrow \forall p \exists n \forall m[m > n \Rightarrow |a_m - a| < 1/p]$$

如果我们采取这样的立场，即在 RCA$_0$ 中不可证的定理不是构造性的，那么单调收敛定理就不是构造性的，因此用来证明它的算术概括公理也不是构造性的。

一个基于算术概括公理的系统被称为 ACA$_0$，其公理是所有的皮亚诺公理加上算术概括公理（模式）：

$$\exists X \forall n[n \in X \Leftrightarrow \Phi(n)] \qquad （ACAx）$$

其中 $\Phi(n)$ 是算术语言中的任意性质，可能包含 X 以外的自由集合变元。使用刚才概述的论证，单调收敛定理在 ACA$_0$ 中是可证的，事实上，ACAx $\Rightarrow$ 单调收敛定理在 RCA$_0$ 中是可证的。令人更为惊讶的是，单调收敛定理在 RCA$_0$ 中等价于 ACAx，分析学中以下著名的基本定理也如此。

序列的波尔查诺 – 魏尔斯特拉斯定理：任何有界无穷实数序列都包含一个收敛子列。

柯西收敛准则：实数序列 $a_0, a_1, a_2, \cdots$ 收敛，当且仅当对任何 $\varepsilon > 0$，存在 n 使得

$$m > n \Rightarrow |a_m - a_n| < \varepsilon$$

ACAx 的另一个有趣的等价形式是无穷图论的如下定理，由柯尼希（1927）给出。

柯尼希无穷引理：如果 $\mathscr{T}$ 是一棵无穷树[①]，其每个顶点都是有穷价的，那么 $\mathscr{T}$ 包含一个无穷简单路径。

柯尼希无穷引理的证明是明显的，但不是构造性的。选择 $\mathscr{T}$ 的任意至少为 2 价的顶点 u_0。因为 $\mathscr{T}$ 是无穷的，所以从 u_0 出发至少有一条边 e_0 能得出 $\mathscr{T}$ 的一棵无穷子树。如果 u_1 是 e_0 另一端的顶点，那么从 u_1 出发至少有一条边 $e_1 \neq e_0$ 能得出 $\mathscr{T}$

---

① 注意，每个顶点都是有穷价的无穷树 $\mathscr{T}$ 必然是可数的。因为 $\mathscr{T}$ 是连通的，所以每个顶点距离某个固定顶点 u_0 都只有有穷多条边；又由于顶点的价是有穷的，因此 u_0 的 n 条边中只有 $\mathscr{T}$ 的有穷多个顶点。正因为如此，该树可以通过自然数的集合来编码，进而可以在 ACA$_0$ 中讨论。

的一棵无穷子树，于是我们可以重复这个论证。这个过程如此继续下去，我们将不会重返任何顶点，因为 $\mathcal{T}$ 不包含简单闭路径，所以我们就能得到 $\mathcal{T}$ 的一个无穷简单路径。

这个证明是非构造性的，因为没有算法来识别哪些边能得出无穷子树，但它在 ACA_0 中是可实施的，因为无穷路径在算术上是可定义的。在 ACA_0 中，上述三个定理的证明基本上就是经典的证明，前提是用自然数集对实数和连续函数进行必要的编码。每个定理的证明都蕴涵着 ACAx 更为复杂，参见辛普森（Simpson 2009）或者史迪威（2018）。

16.7　弱柯尼希引理

在我看来，反推数学的一个成就是突出了树在数学中的作用，尤其是在分析学中的作用。特别是，RCA_0 中的许多关键定理等价于柯尼希无穷引理的以下特殊情况（在第 15.4 节中曾以略有不同的语言提到过）。

弱柯尼希引理：如果 $\mathcal{T}$ 是一棵无穷树，其中每个顶点的价至多为 3，那么 $\mathcal{T}$ 包含一个无穷简单路径。

限制到 3 价足以涵盖许多涉及闭区间重复二分的证明，如第 11.7 节中的海涅 – 博雷尔定理的证明。在这些证明中，$\mathcal{T}$ 是图 16.1 所示的满二叉树（full binary tree）的子树，其顶点是初始区间 $[a, b]$ 及通过二分产生的子区间，从每个顶点到其左右分半区间都有一条边。

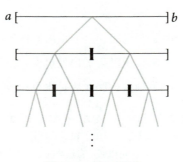

图 16.1　满二叉树

在这种情况下，由该引理保证的无穷路径是一个包含唯一一个点的区间套序列，该点的存在性是此问题的关键。

因此，弱柯尼希引理蕴涵了海涅－博雷尔定理及其著名推论（我们曾在第11.7 节见过）。

一致连续性：闭区间上的任何连续函数在该区间上都是一致连续的。

黎曼可积性：闭区间上的任何连续函数在该区间上都是黎曼可积的。

由弱柯尼希引理可以证明的另一个定理（我们曾在第 15.4 节见过）如下。

谓词逻辑的完备性：谓词逻辑的任何有效式都是可证的。（等价地，任何非有效式都可以用第 15.4 节给出的规则证伪。）

另一组由弱柯尼希引理得出的重要推论是布劳威尔的以下定理。

布劳威尔不动点定理：n 维球 $\mathbb{B}^n = \{\langle x_1, x_2, \cdots, x_n\rangle \in \mathbb{R}^n : x_1^2 + x_2^2 + \cdots + x_n^2 \leqslant 1\}$ 到自身的任何连续映射都有一个不动点。

区域不变性：$\mathbb{R}^n$ 到自身的任何连续单射的像是开集。

维数不变性：当 $m \neq n$ 时，不存在 $\mathbb{R}^m$ 到 $\mathbb{R}^n$ 的连续双射。

在 RCA$_0$ 中，所有这些定理实际上都等价于弱柯尼希引理。前四个定理的证明参见辛普森（2009），布劳威尔的这些定理的等价性最近被木原贵行（Kihara 2020）证明。

弱柯尼希引理在 RCA$_0$ 中不可证，因为克赖泽尔（1953）证明存在没有可计算无穷路径的可计算二叉树。因此，克赖泽尔树属于 RCA$_0$ 的极小模型，但其无穷路径不属于。这意味着 RCA$_0$ + 弱柯尼希引理的理论（被称为 WKL$_0$）比 RCA$_0$ 更强，上述定理与弱柯尼希引理在非构造性方面完全相同。这证实了布劳威尔不动点定理是非构造性的，正如布劳威尔所认为的。但它也证实了布劳威尔不变性定理同样是非构造性的，这可能是布劳威尔不知道的。

同样正确的是，弱柯尼希引理比完整的柯尼希引理要弱，所以 WKL$_0$ 比 ACA$_0$ 更弱。这可以通过找到 WKL$_0$ 的一个模型来证明，该模型的集合不包含 ACA$_0$ 的极小模型中的所有集合。构建这个 WKL$_0$ 的模型需要一些相当复杂的可计算性理论，参见辛普森（2009：318–319）。

16.8 五大子系统

迄今为止研究的三种二阶算术系统——RCA_0、WKL_0 和 ACA_0 都是不完全的，正如包含足够多的 PA 以表示计算的任何系统一样。根据哥德尔不完全性定理，它们必然是不完全的，但（显然不同于 PA）它们的不可证语句包含许多众所周知且自然的语句。在二阶语句中，我们很容易找到这些语句，它们可以表达实数和连续函数的性质，以及其他诸如图之类的无穷结构的性质。

例如，WKL_0 证明了闭区间上的连续函数是黎曼可积的，而 RCA_0 不能证明这一点；ACA_0 证明了完整的柯尼希无穷引理，而 WKL_0 不能证明这一点。

然而，当涉及一阶语句时，这三个系统并没有告诉我们太多。ACA_0 的一阶定理与 PA 的一阶定理完全相同——这是由弗里德曼（1976）证明的一个著名定理，而且据我们所知，PA 的大多数有趣定理在 RCA_0 中可证。我们知道一些在 PA 中不可证的一阶定理，如古德斯坦定理，所以它们在 ACA_0 中也不可证。但 ACA_0 中最自然的不可证语句似乎都是二阶的。

其中两个是康托尔关于闭集和完满集（perfect set）的定理。我们将用一种方式来定义这些概念（等价于通常定义），使得可以清楚地说明它们可以通过自然数的集合进行编码，从而在二阶算术中表达。为简单起见，我们仅考虑 $\mathbb{R}$ 的子集，但相应的定义和定理能够推广到 $\mathbb{R}^n$。

定义：如果 $\mathbb{R}$ 的一个子集是可数多个开区间 (r_i, s_i) 的并集，其中 r_i, s_i 是有理数，则称这个子集为**开集**。如果 $\mathbb{R}$ 的一个子集是开集的补集，则称它为**闭集**。一个闭集 $\mathscr{F}$ 被称为**完满集**，如果包含 $\mathscr{F}$ 中一个点的任意开区间都包含 $\mathscr{F}$ 中的无穷多个点。

上述的两个定理如下。

完满集定理：$\mathbb{R}$ 的每个不可数闭子集都包含一个完满集。

康托尔 – 本迪克松定理：$\mathbb{R}$ 的每个闭子集都是一个可数集和一个完满集的并集。

在 RCA_0 中，完满集定理等价于所谓 ATR_0 系统中的集合存在公理。在 RCA_0 中，康托尔 – 本迪克松（Cantor-Bendixson）定理等价于所谓的 Π_1^1-CA_0 理论中的集合存在公理。RCA_0、WKL_0 和 ACA_0 与这两个新系统一起组成了所谓的**五大子系统**。五大子系统的每一个都严格地比前一个强，它们一起涵盖了分析学中的大部分基本定理。要想了解更多信息，特别是关于 ATR_0 和 $\Pi_1^1\text{-}CA_0$ 的，请参见辛普森（2009）。

ATR_0 的集合存在公理过于技术化，在这里不做解释，ATR 代表"算术超穷递归"（arithmetic transfinite recursion）。如其名称所示，ATR_0 是一个可以表达可数序数的性质并进行超穷归纳的系统。特别地，ATR_0 允许使用 ε_0 - 归纳法，因此它可以证明古德斯坦定理和 Con(PA)。这表明即使在一阶定理中，ATR_0 的能力也超过了 ACA_0 的范围。

$\Pi_1^1\text{-}CA_0$ 的集合存在公理是"Π_1^1 - 概括"，这意味着定义集合的性质可以采用被称为 Π_1^1 的形式，其算术表达式前面有一个全称集合量词：

$$\exists X[n \in X \Leftrightarrow \forall Y \varphi(Y, n)] \qquad (\ \Pi_1^1\text{-}CAx\ )$$

其中 $\varphi(Y, n)$ 可以有 X 以外的自由集合变元。这个公理将我们带入被逻辑学家称为**非直谓性**的领域，其中由自然数组成的集合 X 可以用包含自身的一个整体（"所有集合 Y"）来定义。许多逻辑学家认为 ATR_0 把我们带到了直谓性的极限，所以康托尔 - 本迪克松定理是一个用谓词方法不可证的定理的例子，因为它在 ATR_0 中不可证。有趣的是，第一篇关于反推数学的论文，即弗里德曼 1969 年的论文，实际上是关于一个类似于 $\Pi_1^1\text{-}CA_0$ 的系统。因此，反推数学开始于五大子系统的顶端，分析学在那里逐渐融入集合论，并且直到后来才分离出更简单的系统，这些系统更细致地捕捉了分析学的基本定理。

五大子系统以一种结构良好的方式展现出了不完全性，因为后四个系统的每一个都包含了前一个系统中不可证的自然定理。在这五大子系统之外，还有一个有趣的定理：罗伯逊（Robertson）和西摩（Seymour）在 2004 年得到的**图子式定理**（graph minor theorem），这是一个关于有穷图的无穷序列的长久以来的猜想，对它的证明最终出现在跨越二十年的一系列论文的末尾。弗里德曼等人在 1987 年证明了它在 $\Pi_1^1\text{-}CA_0$ 中不可证。有关图子式定理的更多信息，请参阅迪斯特尔（Diestel 2010）。

16.9　附注

在 20 世纪，数学证明的长度和深度都在增长，把人类的能力延伸到了极限。一些杰出的数学家在发现了自己工作中的错误后，认为是时候做**计算机可验证**的证明了，并且在编写计算机可验证的证明时使用**计算机辅助**。菲尔兹奖获得者弗沃特斯基（Voevodsky）在 2014 年的一篇论文中描述了他的一系列错误，以及这些错误如何改变了他的数学生涯。弗沃特斯基写道：

> 但是，要按照我认为必需的严谨性和精确性来完成这项工作将付出巨大的努力，而且会产生非常难以阅读的文本。而且，如果即使是在更简单的论证中的错误也需要数年才能被发现，那么谁能保证我没有遗漏什么或者没有犯错误呢？

> 我想就是在这一刻，我基本上停止了做所谓的"好奇心驱动的研究"，开始认真思考未来……我很快意识到，要解决我遇到的问题，唯一真正长远的解决办法就是使用计算机来验证数学推理。

虽然看起来某种计算机验证将在未来变得更加普遍，但目前尚不清楚它将采取何种形式。有几个相互竞争的验证系统，但还没有一个被数学家广泛地使用。

因此，在本书中，我没有试图涵盖 20 世纪最前沿的证明，或者迄今为止已开发出来的计算机辅助形式〔不过，我推荐一篇精彩的文章：阿维加德（Avigad 2018）〕。

我关注的是关于证明本身的结果，这些结果相对容易理解，但并不为人所熟知。正如我在序言中所说，关于证明的理论还没有引起许多数学家的注意。我希望本书能说服更多的数学家，特别是年轻一代，让他们相信证明的概念在数学上是有趣的——并且，这也许是理解未来数学的基础。

参考文献

Abel, N. H. (1826). Mémoire sur une propriété générale d'une classe très étendue de fonctions transcendantes. *Mémoire des Savants Étrangers*, 1841, 7, 176–264. *Oeuvres Complètes* 2: 145–211.

Annellis, I. H. (1990). From semantic tableaux to Smullyan trees: A history of the development of the falsification tree method. *Modern Logic 1*, 36–69.

Argand, J. R. (1806). *Essai sur une manière de représenter les quantités imaginaires dans les constructions géométriques*. Paris.

Artin, E. (1957). *Geometric Algebra*. Interscience Publishers Inc., New York–London.

Aubrey, J. (1898). *Brief Lives*. Edited by Andrew Clark. Oxford: Clarendon Press. Set down by John Aubrey between the years 1669 and 1696.

Avigad, J. (2018). The mechanization of mathematics. *Notices Amer. Math. Soc.* 65(6), 681–690.

Baer, R. (1928). Zur Axiomatik der Kardinalarithmetik. *Mathematische Zeitschrift 29*, 381–396.

Banach, S., and A. Tarski (1924). Sur la décomposition des ensembles de points en parties respectivement congruents. *Fundamenta Mathematicae 6*, 244–277.

Beltrami, E. (1865). Risoluzione del problema: Riportare i punti di una superficie sopra un piano in modo che le linee geodetiche vengano rappresentate da linee rette. *Ann. Mat. pura appl., ser.* 1 7, 185–204. In his *Opere Matematiche* 1: 262–280.

Beltrami, E. (1868a). Saggio di interpretazione della geometria non-euclidea. *Giorn. Mat.* 6, 284–312. In his *Opere Matematiche* 1: 262–280. English translation in Stillwell (1996).

Beltrami, E. (1868b). Teoria fondamentale degli spazii di curvatura costante. *Ann. Mat. pura appl., ser. 2* 2, 232–255. In his *Opere Matematiche* 1: 406–429. English translation in Stillwell (1996).

Berkeley, G. (1734). *The Analyst*. London: J. Tonson.

Bernoulli, D. (1753). Réflexions et éclaircissemens sur les nouvelles vibrations des cordes exposées dans les mémoires de l'académie de 1747 & 1748. *Hist. Acad. Sci. Berlin 9*, 147–172.

Bernoulli, J. (1694). Curvatura laminae elasticae. *Acta. Erud. 13*, 262–276.

Bernoulli, J. (1696). Positionum de seriebus infinitis pars tertia. In his *Werke*, 4, 85–106.

Bernoulli, J. (1704). Positionumde seriebus infinitis ... pars quinta. In his *Werke*, 4, 127– 147.

Bézout, E. (1779). *Théorie générale des équations algébriques*. Paris: PhD. Pierres. English translation in *General Theory of Algebraic Equations*, by Eric Feron, Princeton University Press, Princeton, NJ, 2006.

Biggs, N. L., E. K. Lloyd, and R. J. Wilson (1976). *Graph Theory: 1736–1936*. Oxford: Oxford University Press.

Blass, A. (1984). Existence of bases implies the axiom of choice. In *Axiomatic Set Theory (Boulder, Colorado, 1983)*, Volume 31 of *Contemporary Mathematics*, 31–33. American Mathematical Society, Providence, RI.

Bolyai, F. (1832a). *Tentamen juventutem studiosam in elementa matheseos purae, elementaris ac sublimioris, methodo intuitiva, evidentiaque huic propria, introducendi.* Marosvásárhely.

Bolyai, J. (1832b). Scientiam spatii absolute veram exhibens: A veritate aut falsitate Axiomatis XI Euclidei (a priori haud unquam decidanda) independentem. Appendix to Bolyai (1832a). English translation in Bonola (1912).

Bolzano, B. (1817). *Rein analytischer Beweis des Lehrsatzes dass zwischen je zwey Werthen, die ein entgegengesetzes Resultat gewähren, wenigstens eine reelle Wurzel der Gleichung liege.* Ostwald's Klassiker, vol. 153. Engelmann, Leipzig, 1905. English translation in Russ (2004), 251–277.

Bolzano, B. (1851). *Paradoxien der Unendlichen.* Leipzig: Bei C. H. Reclam Sen. English translation in Russ (2004), 591–678.

Bombelli, R. (1572). *L'algebra. Prima edizione integrale. Introduzione di U. Forti. Prefazione di E. Bortolotti.* Reprint by Biblioteca scientifica Feltrinelli. Milano: Giangiacomo Feltrinelli Editore (1966).

Bonola, R. (1912). *Noneuclidean Geometry.* Chicago: Open Court. Reprinted by Dover, New York, 1955.

Boole, G. (1847). *Mathematical Analysis of Logic.* Reprinted by Basil Blackwell, London, 1948.

Borel, É. (1895). Sur quelques points de la théorie des fonctions. *Ann. Sci. École Norm. Sup. 12*, 9–55.

Borel, É. (1898). *Leçons sur la théorie des fonctions.* Paris: Gauthier-Villars.

Bosse, A. (1653).*Moyen Universel de Pratiquer la Perspective sur les Tableaux, ou Surfaces Irrégulières.* Paris: Chez ledit Bosse.

Bourgne, R., and J.-P. Azra (1962). *Ecrits et mémoires mathématiques d'Évariste Galois: Édition critique intégrale de ses manuscrits et publications.* Gauthier-Villars & Cie, Imprimeur-Éditeur-Libraire, Paris. Préface de J. Dieudonné.

Bressoud, D. M. (2019). *Calculus Reordered.* Princeton University Press, Princeton, NJ.

Bring, E. S. (1786). *Meletemata quaedam mathematica circa transformationem aequationum algebraicarum.* Lund University, Promotionschrift.

Brouwer, L. E. J. (1912). Beweis der Invarianz des *n*-dimensionalen Gebiets. *Mathematische Annalen 71*, 305–315.

Byrne,O. (1847).*The First Six Books of the Elements of Euclid.* London:William Pickering.

Cantor, G. (1874). Über eine Eigenschaft des Inbegriffes aller reellen algebraischen Zahlen. *J. reine und angew. Math. 77*, 258–262. In his *Gesammelte Abhandlungen*, 145–148. English translation by W. Ewald in Ewald (1996), vol. 2, 840–843.

Cantor, G. (1878). Ein Beitrag zur Mannigfaltigskeitlehre. *J. reine und angew. Math. 84*, 242–258. In his *Gesammelte Abhandlungen*, 119–133.

Cantor, G. (1883). *Grundlagen einer allgemeinen Mannigfaltigkeitslehre.* Leizig: Teubner. In his *Gesammelte Abhandlungen*, 165–204. English translation by W. Ewald in Ewald (1996), vol. 2, 878–919.

Cantor, G. (1891). Über eine elementare Frage der Mannigfaltigkeitslehre. *Jahresber. deutsch. Math. Verein. 1*, 75–78. English translation by W. Ewald in Ewald (1996), vol. 2, 920–922.

Cardano, G. (1545). *Ars magna*. Translated in *The great art or the rules of algebra* by T. Richard Witmer, with a foreword by Oystein Ore. MIT Press, Cambridge, MA–London, 1968.

Cauchy, A.-L. (1821). *Cours d'Analyse de l'École Royale Polytechnique*. Paris. Annotated English translation by Robert E. Bradley and C. Edward Sandifer, *Cauchy's Cours d'analyse: An Annotated Translation*, Springer, 2009.

Cauchy, A.-L. (1823). *Résumé des leçons données à de l'École Royale Polytechnique sur le Calcul Infinitésimal*. Paris: l'Imprimérie Royale. In his *Oeuvres*, série II, tome IV.

Cayley, A. (1859). A sixth memoir on quantics. *Phil. Trans. Roy. Soc. 149*, 61–90. In his *Collected Mathematical Papers* 2: 561–592.

Cayley, A. (1878). The theory of groups. *Amer. J. Math. 1*, 50–52. In his *Collected Mathematical Papers* 10: 401–403.

Cejtin, G. S. (1956).Associative calculus with insoluble equivalence problem. *Dokl.Akad. Nauk SSSR (n.s.) 107*, 370–371.

Church, A. (1936). An unsolvable problem in elementary number theory. *American Journal of Mathematics 58*, 345–363.

Church, A. (1956). *Introduction to Mathematical Logic. vol. 1*. Princeton University Press, Princeton, NJ.

Clagett, M. (1968). *Nicole Oresme and the Medieval Geometry of Qualities and Motions*. University of Wisconsin Press, Madison,WI.

Clay, M., and D.Margalit (2017).*Office Hours with a Geometric Group Theorist*. Princeton University Press, Princeton, NJ.

Clebsch, A. (1864). Über einen Satz von Steiner und einige Punkte der Theorie der Curven dritter Ordnung. *J. reine und angew. Math. 63*, 94–121.

Cohen, P. (1963). The independence of the continuum hypothesis I, II. *Proc. Nat. Acad. Sci. 50, 51*, 1143–1148, 105–110.

Cohen, P. J. (1966). *Set Theory and the Continuum Hypothesis*. W. A. Benjamin Inc., New York–Amsterdam.

Cook, S. A. (1971). The complexity of theorem-proving procedures. *Proceedings of the 3rd Annual ACM Symposium on the Theory of Computing*, 151–158. Association of Computing Machinery, New York.

Corry, L. (2004). *David Hilbert and the Axiomatization of Physics (1898–1918)*. Vol. 10 of *Archimedes: New Studies in the History and Philosophy of Science and Technology*. Kluwer Academic Publishers, Dordrecht.

Cramer, G. (1750). *Introduction à l'analyse des lignes courbes algébriques*. Geneva.

d'Alembert, J. l. R. (1746). Recherches sur le calcul intégral. *Hist. Acad. Sci. Berlin 2*, 182– 224.

Darboux, G. (1875). Mémoire sur les fonctions discontinues. *Ann. Sci. de l'École Norm. Super., Sér. 2 4*, 57–112.

Davis, M. (Ed.) (2004). *The Undecidable*. Mineola, NY: Dover Publications Inc. Corrected reprint of the 1965 original, Raven Press, Hewlett, NY.

de la Vallée Poussin, C. J. (1896). Recherches analytiques sur la théorie des nombres premiers. *Ann. Soc. Sci. Bruxelles 20*, 183–256.

Dedekind, R. (1871). Supplement X. In Dirichlet's *Vorlesungen über Zahlentheorie*, 2nd ed., Vieweg, 1871.

Dedekind, R. (1872). *Stetigkeit und irrationale Zahlen*. Braunschweig: Vieweg und Sohn. English translation in *Essays on the Theory of Numbers*, Dover, New York, 1963.

Dedekind, R. (1877a). Schreiben an Herrn Borchardt über die Theorie der elliptischen Modulfunctionen. *J. reine und angew. Math. 83*, 265–292.

Dedekind, R. (1877b). *Theory of Algebraic Integers*. Cambridge: Cambridge University Press. Translated from the 1877 French original and with an introduction by John Stillwell.

Dedekind, R. (1888). *Was sind und was sollen die Zahlen?* Braunschweig: Vieweg und Sohn. English translation in *Essays on the Theory of Numbers*, Dover, New York, 1963.

Dedekind, R. (1890). *Letter to Keferstein*. In van Heijenoort, 1967, 98–103.

Dedekind, R. (1894). Supplement 11. In Dirichlet's *Vorlesungen über Zahlentheorie*, 4th ed., Vieweg, 1894.

Dedekind, R., and H.Weber (1882). Theorie der algebraischen Functionen einer Veränderlichen. *Journal für die reine und angewandte Mathematik 92*, 181–291. English translation in Dedekind and Weber (2012).

Dedekind, R., and H.Weber (2012). *Theory of Algebraic Functions of OneVariable*. Vol. 39 of *History of Mathematics*. American Mathematical Society, Providence, RI; London Mathematical Society, London. Translated from the 1882 German original and with an introduction, bibliography, and index by John Stillwell.

Dehn, M. (1900). Über raumgleiche Polyeder. *Gött. Nachr. 1900*, 345–354.

Dehn, M. (1910). Über die Topologie des dreidimensionalen Raumes. *Math. Ann. 69*, 137–168.

Dehn, M. (1912). Über unendliche diskontinuierliche Gruppen. *Mathematische Annalen 71*, 116–144.

Desargues, G. (1639). *Brouillon projet d'une atteinte aux évènements des rencontres du cône avec un plan*. In Taton (1951), 99–180.

Descartes, R. (1637). *The geometry of René Descartes (with a facsimile of the first edition, 1637)*. New York, NY: Dover Publications Inc., 1954. Translated by David Eugene Smith and Marcia L. Latham.

Diestel, R. (2010). *Graph Theory* (4th ed.). Vol. 173 of *Graduate Texts in Mathematics. Springer*, Heidelberg.

Dirichlet, P. G. L. (1829). Sur la convergence des séries trigonométriques qui servent à représenter une fonction arbitraire entre des limites données. *J. reine und angew. Math 4*, 157–169. In his *Werke* 1: 117–132.

Dirichlet, P. G. L. (1863). *Vorlesungen über Zahlentheorie*. Braunschweig: F. Vieweg und Sohn. English translation *Lectures on Number Theory*, with supplements by R. Dedekind. Translated from the German and with an introduction by John Stillwell, American Mathematical Society, Providence, RI, 1999.

Dombrowski, P. (1979). *150 Years after Gauss' "Disquisitiones generales circa superficies curvas."*

Paris: Société Mathématique de France. With the original text of Gauss.

du Bois-Reymond, P. (1875). Über asymptotische Werte, infinitäre Approximationen und infinitäre Auflösung von Gleichungen. *Math. Ann. 8*, 363–414.

Ebbinghaus, H.-D., H. Hermes, F. Hirzebruch, M. Koecher, K. Mainzer, J. Neukirch, A. Prestel, and R. Remmert (1990). *Numbers*. Vol. 123 of *Graduate Texts in Mathematics*. Springer-Verlag, New York. With an introduction by K. Lamotke. Translated from the secondGerman edition by H. L. S.Orde, translation edited andwith a preface by J. H. Ewing.

Edwards, H. M. (1974). *Riemann's Zeta Function*. Pure and AppliedMathematics, vol. 58. Academic Press, New York–London.

Eisenstein, G. (1844). Allgemeine Auflösung der Gleichungen von der ersten vier Graden. *Journal fur die reine und angewandte Mathematik 27*, 81–83.

Erickson, J., G. Nivasch, and J. Xu (2020). Fusible numbers and Peano arithmetic.

Euler, L. (1734). De summis serierum reciprocarum. *Comm. Acad. Sci. Petrop. 7*. In his *Opera Omnia*, ser. 1, 14: 73–86.

Euler, L. (1736). Solution problematis ad geometriamsitus perttinentis. *Comm. Acad. Sci. Petrop. 8*. English translation in Biggs et al. (1976).

Euler, L. (1748). *Introductio in analysin infinitorum, I*. Volume 8 of his *Opera Omnia*, series 1. English translation in *Introduction to the Analysis of the Infinite. Book 1*, Springer-Verlag, 1988.

Euler, L. (1752). Elementa doctrinae solidorum. *Novi Comm. Acad. Sci. Petrop. 4*, 109–140. In his *Opera Omnia*, ser. 1, 26: 71–93.

Euler, L. (1760). Recherches sur la courbure des surfaces. *Mém. Acad. Sci. Berlin 16*, 119–143. In his *Opera Omnia*, ser. 1, 28: 1–22.

Euler, L. (1770). *Elements of Algebra*. Translated from the German by John Hewlett. Reprint of the 1840 edition, with an introduction by C. Truesdell, Springer-Verlag, New York, 1984.

Ewald,W. (1996). *From Kant to Hilbert:A Source Book in the Foundations of Mathematics*. Vols. 1, 2. Clarendon Press, Oxford University Press, New York.

Fagnano, G. C. T. (1718). Metodo per misurare la lemniscata. *Giorn. lett. d'Italia 29*. In his *Opere Matematiche*, 2: 293–313.

Feferman, S., and A. Levy (1963). Independence results in set theory by Cohen's method ii. *Notices Amer. Math. Soc. 10*, 593.

Fermat, P. (1657). Letter to Frenicle, February 1657. In his *Œuvres* 2: 333–334.

Ferreirós, J. (2007). *Labyrinth of Thought* (2nd ed.). Birkhäuser Verlag, Basel.

Fibonacci (1202). *Liber abaci*. In *Scritti di Leonardo Pisano*, edited by Baldassarre Boncompagni, Rome 1857–1862. English translation in *Fibonacci's Liber abaci*, by L.E. Sigler, Springer, New York, 2002.

Fibonacci (1225). *Liber Quadratorum*. English translation in *The Book of Squares*, by L.E. Sigler, Academic Press, 1987.

Fourier, J. (1822). *La théorie analytique de la chaleur*. Paris: Didot. English translation in *The Analytical Theory of Heat*, Dover, New York, 1955.

Fraenkel, A. (1914). Über die Teiler der Null und die Zerlegung von Ringen. J. *Reine und Angew. Math.* *145*, 139–176.

Fraenkel, A. (1922). Zu den Grundlagen der Cantor-Zermeloschen Mengenlehre. *Mathematische Annalen* *86*, 230–237.

Franchella, M. (1997). On the origins of Dénes König's infinity lemma. *Arch. Hist. Exact Sci.* *51*(1), 3–27.

Fréchet, M. R. (1906). Sur quelques points du calcul fonctionnel. *Rendiconti del Circolo Matematico di Palermo 22*, 1–72.

Frege, G. (1879). *Begriffschrift*. English translation in van Heijenoort (1967), 5–82.

Fricke, R., and F. Klein (2017). *Lectures on the Theory of Automorphic Functions*. Vols. 1 and 2. Classical Topics in Mathematics. Higher Education Press, Beijing. Translated from the German originals by Arthur M. DuPre.

Friedman, H. (1967). *Subsystems of Set Theory and Analysis*. PhD thesis, MIT Department of Mathematics, Cambridge MA.

Friedman, H. (1969). Bar induction and Π_1^1 –CA. *J. Symbolic Logic 34*, 353–362.

Friedman, H. (1975). Some systems of second order arithmetic and their use. In *Proceedings of the International Congress of Mathematicians (Vancouver, B. C., 1974)*, vol. 1, 235–242.

Friedman, H. (1976). Systems of second order arithmetic with restricted induction I, II. *Journal of Symbolic Logic 41*, 557–559.

Friedman, H., N. Robertson, and P. Seymour (1987). The metamathematics of the graph minor theorem. In *Logic and Combinatorics*, pp. 229–261. American Mathematical Society, Providence, RI.

Gabbay, D. M., and J. Woods (Eds.) (2009). *Handbook of the History of Logic*, vol. 5. Elsevier, Amsterdam.

Galois, E. (1831). Mémoire sur les conditions de résolubilité des équations par radicaux. In Bourgne and Azra (1962), 43–71.

Gauss, C. F. (1799). Demonstratio nova theorematis omnem functionem algebraicum rationalem integramunius variabilis in factores reales primi vel secundi gradus resolve posse. Helmstedt dissertation, in his *Werke* 3: 1–30.

Gauss, C. F. (1801). *Disquisitiones arithmeticae*. Translated and with a preface by Arthur A. Clarke. Revised by William C. Waterhouse, Cornelius Greither, and A. W. Grootendorst and with a preface by Waterhouse. Springer-Verlag, New York, 1986.

Gauss, C. F. (1816). Demonstratio nova altera theorematis omnem functionem algebraicum rationalem integram unius variabilis in factores reales primi vel secondi gradus resolvi posse. *Comm. Recentiores (Gottingae) 3*, 107–142. In his *Werke* 3: 31–56.

Gauss, C. F. (1819). Die Kugel. *Werke* 8: 351–356.

Gauss, C. F. (1825). Die Seitenkrümmung. *Werke* 8: 386–395.

Gauss, C. F. (1827). *Disquisitiones generales circa superficies curvas*. Göttingen: König. Ges.Wiss. Göttingen. English translation in Dombrowski (1979).

Gauss, C. F. (1831). Letter to Schumacher, July 12, 1831. In his *Werke* 8: 215–218.

Gauss, C. F. (1832). Theoria residuorum biquadraticorum. *Comm. Soc. Reg. Sci. Gött. Rec. 4*. In his *Werke* 2: 67–148.

Gentzen, G. (1935). Untersuchungen über das logische Schliessen. *Mathematische Zeitschrift 19*, 176–210. English translation by M. E. Szabo in Gentzen (1969), 68–131.

Gentzen, G. (1936). Die Widerspruchsfreiheit der reinen Zahlentheorie. *Mathematische Annalen 112*, 493–565. English translation by M. E. Szabo in Gentzen (1969), 132–213.

Gentzen, G. (1943). Beweisbarkeit und Unbeweisbarkeit von Anfangsfällen der transfiniten Induktion in der reinen Zahlentheorie. *Mathematische Annalen 119*, 140–161. English translation by M. E. Szabo in Gentzen (1969), 287–308.

Gentzen, G. (1969). *The Collected Papers of Gerhard Gentzen*. Edited by M. E. Szabo. Amsterdam: North-Holland Publishing Co.

Girard, A. (1629). *Invention nouvelle en l'algèbre*. Chez Guillaume Iansson Blaeuw, Amsterdam.

Gödel, K. (1930). Die Vollständigkeit der Axiome des logischen Funktionenkalküls. *Monatshefte für Mathematik und Physik 37*, 349–360.

Gödel, K. (1931). Über formal unentscheidbare Sätze der Principia Mathematica und verwandter Systeme. I. *Monatshefte für Mathematik und Physik 38*, 173–198.

Gödel, K. (1938). The consistency of the axiom of choice and the generalized continuum hypothesis. *Proceedings of the National Academy of Sciences 25*, 220–224.

Gödel, K. (1956). Letter to von Neumann, 20 March, 1956. In Gödel (2003), p. 375.

Gödel, K. (2003). *Collected Works*. Vol. 5. *Correspondence H.–Z.* Edited by Solomon Feferman, John W. Dawson, Jr., WarrenGoldfarb, Charles Parsons, andWilfried Sieg. The Clarendon Press, Oxford University Press, Oxford.

Gödel, K. (2014). *Collected Works*. Vol. 5. *Correspondence H–Z.* Edited by Solomon Feferman, JohnW. Dawson, Jr., Warren Goldfarb, Charles Parsons, andWilfried Sieg. The Clarendon Press, Oxford University Press, Oxford. Paperback edition of the 2003 original.

Goodstein, R. L. (1944). On the restricted ordinal theorem. *The Journal of Symbolic Logic 9*, 33–41.

Grabiner, J. V. (1981). *The Origins of Cauchy's Rigorous Calculus*. MIT Press, Cambridge, MA–London.

Grassmann, H. (1844). *Die lineale Ausdehnungslehre*. Otto Wigand, Leipzig. English translation in Grassmann (1995), 1–312.

Grassmann, H. (1847). *Geometrische Analyse geknüpft an die von Leibniz gefundene Geometrische Charakteristik*. Weidmann'sche Buchhandlung, Leipzig. English translation in Grassmann (1995), 313–414.

Grassmann, H. (1861). *Lehrbuch der Arithmetic*. Enslin, Berlin.

Grassmann, H. (1862). *Die Ausdehnungslehre*. Enslin, Berlin. English translation of 1896 edition in Grassmann (2000).

Grassmann, H. (1995). *A New Branch of Mathematics*. Open Court Publishing Co., Chicago, IL. Translated from the German and with a note by Lloyd C. Kannenberg. With a foreword by Albert C. Lewis.

Grassmann, H. (2000). *Extension Theory*. American Mathematical Society, Providence, RI; London

Mathematical Society, London. Translated from the 1896 German original and with a foreword, editorial notes, and supplementary notes by Lloyd C. Kannenberg.

Gray, J. (2015). *The Real and the Complex: A History of Analysis in the 19th Century*. Springer Undergraduate Mathematics Series. Springer, Cham.

Gregory, J. (1668) *Geometriae pars Universalis*. Padua: Paolo Frambotto.

Gromov, M. (1981). Hyperbolic manifolds (according to Thurston and Jørgensen). In *Bourbaki Seminar, vol. 1979/80*. Vol. 842 of *Lecture Notes in Math.*, 40–53. Springer, Berlin–New York.

Grothendieck, A. (1957). Sur quelques points d'algèbre homologique. *Tohoku Math. J.(2) 9*, 119–221.

Guggenheimer,H. (1977). The Jordan curve theorem and an unpublished manuscript by Max Dehn. *Arch. Hist. Exact Sci. 17*(2), 193–200.

Hadamard, J. (1896). Sur la distribution des zéros de la fonction $\zeta(s)$ et ses conséquences arithmétiques. *Bull. Soc. Math. France 24*, 199–220.

Hamel, G. (1905). Eine Basis aller Zahlen und die unstetigen Lösungen der Funktionalgleichung $f(x+y)= f(x)+f(y)$. *Mathematische Annalen 60*, 459–462.

Hamilton, W. R. (1837). Theory of Conjugate Functions or Algebraic Couples. *Trans. Roy. Irish Acad. 17*, 393–422.

Harriot, T. (1631). *Artis Analyticae Praxis*. Robert Barker, London. English translation in Seltman and Goulding (2007).

Hartshorne, R. (2000).*Geometry: Euclid and Beyond*. Undergraduate Texts in Mathematics. Springer-Verlag, New York.

Hausdorff, F. (1914). *Grundzüge der Mengenlehre*. Leipzig: Von Veit.

Heath, T. L. (1897). *The Works of Archimedes*. Cambridge University Press, Cambridge. Reprinted by Dover, New York, 1953.

Heath, T. L. (1910). *Diophantus of Alexandria:A Study in the History of Greek Algebra*. 2nd ed. Cambridge University Press. Reprint, Dover Publications Inc., New York, 1964.

Heath, T. L. (1925). *The Thirteen Books of Euclid's Elements*. Cambridge University Press, Cambridge. Reprinted by Dover, New York, 1956.

Heine, E. (1872). Die Elemente der Functionenlehre. *J. reine und angew. Math. 74*, 172– 188.

Hermite, C. (1873). Sur la fonction exponentielle. *C. R. 77*, 18–24, 74–79, 226–233, 285–293. In his *Oeuvres 3*: 150–181.

Hessenberg, G. (1905). Beweis des *Desarguess*chen Satzes aus dem *Pascal*schen. *Mathematische Annalen 61*, 161–172.

Hilbert, D. (1899). *Grundlagen der Geometrie*. Leipzig: Teubner. English translation in *Foundations of Geometry*, Open Court, Chicago, 1971.

Hilbert, D. (1900).Mathematische Probleme. Vortrag, gehalten auf dem internationalen Mathematiker-Congress zu Paris 1900. *Gött. Nachr. 1900*, 253–297.

Hilbert, D. (1901). Über Flächen von constanter Gausscher Krümmung. *Trans. Amer. Math. Soc. 2*, 87–89. In his *Gesammelte Abhandlungen 2*: 437–438.

Hilbert, D. (1902). Mathematical problems. *Bulletin of the American Mathematical Society 8*, 437–479.

Translated by Frances Winston Newson.

Hobbes, T. (1656). Six lessons to the professors of mathematics. *The English Works of Thomas Hobbes*, 7: 181–356. Scientia Aalen, Aalen,West Germany, 1962.

Hobbes, T. (1672). Considerations upon the answer of Doctor Wallis. *The English Works of Thomas Hobbes*, 7: 443–448. Scientia Aalen, Aalen,West Germany, 1962.

Huygens, C. (1693a). Appendix to Huygens (1693b). In his *Oeuvres Complètes* 10: 481–482.

Huygens, C. (1693b). Letter to H. Basnage de Beauval, February 1693. In his *Oeuvres Complètes* 10: 407–417.

Jacobi, C. G. J. (1829). *Fundamenta nova theoriae functionum ellipticarum*. Königsberg: Bornträger. In his *Werke* 1: 49–239.

Jacobi, C. G. J. (1834). De usu theoriae integraliumellipticorumet integralium abelianorum in analysi diophantea. *J. reine und angew. Math. 13*, 353–355. In his *Werke* 2: 53–55.

Jordan, C. (1887). *Cours de Analyse de l'École Polytechnique*. Gauthier-Villars, Paris.

Katz, V. J., and K. H. Parshall (2014). *Taming the Unknown*. Princeton University Press, Princeton, NJ.

Kihara, T. (2020). The Brouwer invariance theorems in reverse mathematics.

Kirby, L., and J. Paris (1982). Accessible independence results for Peano arithmetic. *The Bulletin of the London Mathematical Society 14*(4), 285–293.

Klein, F. (1871). Über die sogenannte Nicht-Euklidische Geometrie. *Math. Ann. 4*, 573– 625. In his *Gesammelte Mathematische Abhandlungen* 1: 254–305. English translation in Stillwell (1996).

Klein, F. (1928). *Vorlesungen über Nicht-Euklidische Geometrie*. Berlin: Springer.

Klein, F., and R. Fricke (1890). *Lectures on the Theory of EllipticModular Functions*. Vol. 1. Volume 1 of *Classical Topics in Mathematics*. Higher Education Press, Beijing, 2017. Translated from the 1890 German original by Arthur M. DuPre.

Klein, F., and R. Fricke (2017). *Lectures on the Theory of Elliptic Modular Functions*. Vols. 1 and 2. *Classical Topics in Mathematics*. Higher Education Press, Beijing, 2017. Translated from the German originals by Arthur M. DuPre.

Kolmogorov, A. N. (1933). *Grundbegriffe der Wahrscheinlichkeitsrechnung*. Berlin: Springer. English translation in *Foundations of the Theory of Probability*, Chelsea, New York, 1956.

König, D. (1927). *Uber eine Schlussweise aus dem Endlichen ins Unendliche*. Acta Litterarum ac Scientiarum 3, 121–130.

König, D. (1936). *Theorie der endlichen und unendlichen Graphen*. Leipzig: Akademische Verlagsgesellschaft. English translation by Richard McCoart, *Theory of Finite and Infinite Graphs*, Birkhäuser, Boston 1990.

Kreisel, G. (1953). A variant to Hilbert's theory of the foundations of arithmetic. *British J. Philos. Sci. 4*, 107–129; errata and corrigenda, 357 (1954).

Krömer, R. (2007). *Tool and object*. Vol. 32 of *Science Networks. Historical Studies*. Birkhäuser Verlag, Basel.

Kronecker, L. (1887). Ein Fundamentalsatz der allgemeinen Arithmetik. *Journal für die reine und angewandte Mathematik 100*, 490–510.

Krull, W. (1929). Idealtheorie in Ringen ohne Endlichkeitsbedingungen. *Mathematischen Annalen 101*, 729–744.

Lagrange, J.-L. (1770). Nouvelle méthode pour résoudre les équations littérales par le moyen des séries. *Histoire de l'Académie Royale des Sciences et Belles-Lettres de Berlin*, 251–326.

Lambert, J. H. (1758). Observationes variae in mathesin puram. *Acta Helveticae physicomathematico-medica 3*, 128–168.

Lambert, J. H. (1766). Die Theorie der Parallellinien. *Magazin für reine und angewandte Mathematik (1786)*, 137–164, 325–358.

Laplace, P.-S. (1795). Lecons de mathématiques donnée à l'école normale en 1795. *Journale de École Polytechnique, VIIe et VIIIe Cahiers, 1812*. In *Oeuvres Complètes de Laplace*, Gauthier-Villars, Paris, 1912.

Lebesgue, H. (1902). Intégrale, longuer, aire. *Annali di matematica pura ed applicata 7*, 231–359.

Leibniz, G. W. (1684). Nova methodus pro maximis et minimis. *Acta Erud. 3*, 467–473. In his *Mathematische Schriften 5*, 220–226. English translation in Struik (1969).

Leibniz, G. W. (1702). Specimen novum analyseos pro scientia infiniti circa summas et quadraturas. *Acta Erud. 21*, 210–219. In his *Mathematische Schriften 5*: 350–361.

Levi ben Gershon (1321). *Maaser Hoshev*. German translation by Gerson Lange in *Sefer Maasei Choscheb*, Frankfurt 1909.

l'Hôpital, G. F. A. d. (1696). *Analyse des infiniment petits*. English translation in *The Method of Fluxions both Direct and Inverse*, William Ynnis, London, 1730.

Liouville, J. (1844). Sur des classes très étendues de quantités dont la valeur n'est ni algébrique, ni même réductible à des irrationnelles algébriques. *C. R. Acad. Sci. Paris 18*, 883–885.

Lobachevsky, N. I. (1829). *On the foundations of geometry*. Kazansky Vestnik (Russian).

Lohne, J. A. (1979). Essays on Thomas Harriot. *Arch. Hist. Exact Sci. 20*(3-4), 189–312.

Markoff, A. (1947). On the impossibility of certain algorithms in the theory of associative systems. *C. R. (Doklady) Acad. Sci. URSS (n.s.) 55*, 583–586.

Marquis, J.-P. (2009). *From a Geometrical Point of View*. Vol. 14 of *Logic, Epistemology, and the Unity of Science*. Springer, Dordrecht.

Mendelson, E. (1964). *Introduction to Mathematical Logic*. D. Van Nostrand Co., Inc., Princeton, NJ.

Mercator, N. (1668). *Logarithmotechnia*. London: William Godbid and Moses Pitt.

Minding, F. (1839). Wie sich entscheiden lässt, ob zwei gegebene krumme Flächen auf einander abwickelbar sind oder nicht; nebst Bemerkungen über die Flächen von unveränderlichem Krümmungsmasse. *J. reine und angew. Math. 19*, 370–387.

Minkowski, H. (1908). Raum und Zeit. *Jahresbericht der Deutschen Mathematiker-Vereinigung 17*, 75–88.

Möbius, A. F. (1863). Theorie der Elementaren Verwandtschaft. In his *Werke* 2: 433–471.

Moufang, R. (1933). Alternativkörper und der Satz der vollständigen Vierseit. *Abh. Math. Sem. Hamburg 9*, 207–222.

Muir, T. (1960). *The Theory of Determinants in the Historical Order of Development*. Dover Publications,

Inc., New York.

Mumford,D., C. Series, and D.Wright (2002). *Indra's Pearls*. Cambridge University Press, New York.

Nash, J. (1956). The imbedding problem for Riemannian manifolds. *Ann. of Math. (2) 63*, 20–63.

Needham, T. (1997). *Visual Complex Analysis*. Clarendon Press, Oxford.

Nelson, E. (1987). *Radically Elementary Probability Theory.* Vol. 117 of *Annals of Mathematics Studies*. Princeton University Press, Princeton, NJ.

Neugebauer, O., and A. Sachs (1945). *Mathematical Cuneiform Texts*. Yale University Press, New Haven, CT.

Newton, I. (1665). The geometrical construction of equations. *Mathematical Papers* 1, 492–516.

Newton, I. (1667). Enumeratio curvarum trium dimensionum. *Mathematical Papers* 12, 10–89.

Newton, I. (1670). De resolutione quaestionum circa numeros. *Mathematical Papers*, 4: 110–115.

Newton, I. (1671). De methodis serierum et fluxionum. *Mathematical Papers*, 3, 32–353.

Newton, I. (1676a). Letter to Oldenburg, June 13, 1676. In Turnbull (1960), 20–47.

Newton, I. (1676b). Letter to Oldenburg, October 24, 1676. In Turnbull (1960), 110–149.

Newton, I. (1687). *Philosophiae naturalis principia mathematica*. William Dawson & Sons, Ltd., London. Facsimile of first edition of 1687.

Newton, I. (1728). *Universal Arithmetick*. J. Senex, London.

Newton, I. (1736). *The Method of Fluxions and Infinite Series*. Henry Woodfall, London. Translation by John Colson of Newton (1671).

Oresme, N. (1350). *Tractatus de configurationibus qualitatum et motuum*. English translation in Clagett (1968).

Pascal, B. (1654). Traité du triangle arithmétique, avec quelques autres petits traités sur la même manière. English translation in *Great Books of the Western World*, Encyclopedia Britannica, London, 1952, 447–473.

Peano, G. (1888). *Calcolo Geometrico secondo l'Ausdehnungslehre di H.Grassmann, preceduto dalle operazioni della logica deduttiva*. Bocca, Turin. English translation in Peano (2000).

Peano, G. (1890). Sur une courbe, qui remplit toute une aire plane. *Math. Ann. 36*, 157– 160.

Peano, G. (2000). *Geometric Calculus*. Birkhäuser Boston Inc., Boston, MA. Translated from the Italian by Lloyd C. Kannenberg.

Playfair, J. (1795). *Elements of Geometry*. Bell and Bradlute, London.

Plofker, K. (2009). *Mathematics in India*. Princeton University Press, Princeton, NJ.

Poincaré, H. (1881). Sur les applications de la géométrie non-euclidienne à la théorie des formes quadratiques. *Association française pour l'avancement des sciences 10*, 132–138. English translation in Stillwell (1996), 139–145.

Poincaré, H. (1882). Théorie des groupes fuchsiens. *Acta Math. 1*, 1–62. English translation in Poincaré (1985), 55–127.

Poincaré, H. (1895). Analysis situs. *J. Éc. Polytech., ser. 2, 1*, 1–121. English translation in Poincaré (2010).

Poincaré, H. (1902). Du rôle de l'intuition et de la logique en mathématiques. *Compte rendu du*

Dieuxième Congrès International des Mathématiciens, Paris.

Poincaré, H. (1904). Cinquième complément à l'analysis situs. *Palermo Rend. 18*, 45–110. English translation in Poincaré (2010).

Poincaré, H. (1985). *Papers on Fuchsian Functions*. NewYork: Springer-Verlag. Translated from the French and with an introduction by John Stillwell.

Poincaré, H. (2010). *Papers on Topology*, Volume 37 of *History of Mathematics*. American Mathematical Society, Providence, RI; London Mathematical Society, London. Translated and with an introduction by John Stillwell.

Post, E. L. (1921). Introduction to a general theory of elementary propositions. *Amer. J. Math. 43*, 163–185.

Post, E. L. (1936). Finite combinatory processes-formulation 1. *Journal of Symbolic Logic 1*, 103–105.

Post, E. L. (1941). Absolutely unsolvable problems and relatively undecidable propositions—an account of an anticipation (1941). In Davis (2004), 338–433.

Post, E. L. (1943). Formal reductions of the general combinatorial decision problem. *Amer. J. Math. 65*, 197–215.

Post, E. L. (1944). Recursively enumerable sets of positive integers and their decision problems. *Bull. Amer. Math. Soc. 50*, 284–316.

Post, E. L. (1947). Recursive unsolvability of a problem of Thue. *J. Symbolic Logic 12*, 1–11.

Reidemeister, K. (1927). Elementare Begründung der Knotentheorie. *Abh. Math. Sem. Univ. Hamburg 5*, 24–32.

Riemann, G. F. B. (1851). Grundlagen für eine allgemeine Theorie der Functionen einer veränderlichen complexen Grösse. In his *Werke*, 2: 3–48.

Riemann, G. F. B. (1854a). Über die Darstellbarkeit einer Function durch eine trigonometrische Reihe. In his *Werke* 2: 227–264.

Riemann, G. F. B. (1854b). Über die Hypothesen, welche der Geometrie zu Grunde liegen. In his *Werke* 2: 272–287.

Riemann, G. F. B. (1857). Theorie der Abel'schen Functionen. *J. reine und angew. Math. 54*, 115–155. In his Werke 2: 82–142.

Riemann, G. F. B. (1859).Über die Anzahl der Primzahlen unter einer gegebenen Grösse. In his *Werke* 2: 145–153. English translation in Edwards (1974), 299–305.

Robertson, N., and P. D. Seymour (2004). Graph minors. XX. Wagner's conjecture. *Journal of Combinatorial Theory Series B 92*(2), 325–357.

Robinson, A. (1966). *Non-standard Analysis*. North-Holland Publishing Co., Amsterdam.

Rosenbloom, P. C. (1950). *The Elements of Mathematical Logic*. Dover Publications Inc., New York.

Rosenfeld, B. A. (1988). *A History of non-Euclidean Geometry*. Vol. 12 of *Studies in the History of Mathematics and Physical Sciences*. Springer-Verlag, New York. Translated from the Russian by Abe Shenitzer.

Russ, S. (2004). *The Mathematical Works of Bernard Bolzano*. Oxford University Press, Oxford.

Russell, B. (1903). *The Principles of Mathematics*. Cambridge University Press, Cambridge.

Saccheri, G. (1733). *Euclid Vindicated from Every Blemish*. Classic Texts in the Sciences. Birkhäuser/ Springer, Cham, 2014. Dual Latin-English text, edited and annotated by Vincenzo De Risi, translated from the Italian by G. B. Halsted and L. Allegri.

Schwarz, H. A. (1872). Über diejenigen Fälle, in welchen die Gaussische hypergeometrische Reihe eine algebraische Function ihres vierten Elementes darstellt. *J. reine und angew. Math.* 75, 292–335. In his *Mathematische Abhandlungen* 2: 211–259.

Seltman, M., and R. Goulding (2007). *Thomas Harriot's "Artis Analyticae Praxis."* Springer, New York.

Shelah, S. (1984). Can you take Solovay's inaccessible away? *Israel J. Math. 48*(1), 1–47.

Simpson, S. G. (2009). *Subsystems of Second Order Arithmetic* (Second ed.). Perspectives in Logic. Cambridge University Press, Cambridge; Association for Symbolic Logic, Poughkeepsie, NY.

Skolem, T. (1928). Über die mathematische Logik. *Norsk matematisk tidsskrifft 10*, 125–142. English translation in van Heijenoort (1967), 508–524.

Sloane, N. J. A. (2018). The on-line encyclopedia of integer sequences. *Notices Amer. Math. Soc. 65*(9), 1062–1074.

Smullyan, R. M. (1961). *Theory of Formal Systems* (rev. ed.). Princeton University Press, Princeton, NJ.

Snapper, E., and R. J. Troyer (1971). *Metric Affine Geometry*. Academic Press, New York–London.

Solovay, R. M. (1970). A model of set-theory in which every set of reals is Lebesgue measurable. *Ann. of Math. (2) 92*, 1–56.

Stevin, S. (1585a). *De Thiende*. Christoffel Plantijn, Leiden. English translation by Robert Norton in *Disme: The Art of Tenths, or Decimall Arithmetike Teaching*, London, 1608.

Stevin, S. (1585b). *L'Arithmetique*. Christoffel Plantijn, Leiden.

Stillwell, J. (1996). *Sources of Hyperbolic Geometry*. American Mathematical Society, Providence, RI.

Stillwell, J. (2010). *Roads to Infinity*. A K Peters Ltd, Natick, MA.

Stillwell, J. (2013). *The Real Numbers*. Undergraduate Texts in Mathematics. Springer, Cham.

Stillwell, J. (2016). *Elements of Mathematics*. Princeton University Press, Princeton, NJ.

Stillwell, J. (2018). *Reverse Mathematics*. Princeton University Press, Princeton, NJ.

Stirling, J. (1717). *Lineae tertii ordinis Neutonianae*. Edward Whistler, Oxford.

Struik, D. (1969). *A Source Book of Mathematics 1200–1800*. Harvard University Press, Cambridge, MA.

Tao, T. (2013). *Compactness and Contradiction*. American Mathematical Society, Providence, RI.

Tarski, A. (1948). *A Decision Method for Elementary Algebra and Geometry*. RAND Corporation, Santa Monica, CA.

Taton, R. (1951). *L'oeuvre mathématique de G.Desargues*. Presses universitaires de France, Paris.

Thim, J. (2003). *Continuous Nowhere Differentiable Functions*. Masters Thesis, Luleå University of Technology, Department of Mathematics.

Thomae, J. (1879). Ein Beispiel einer unendlich oft unstetigen Function. *Zeit. f. Math. und Physik 24*, 64.

Thue, A. (1914). *Probleme über Veränderungen von Zeichenreihen nach gegebenen Regeln*. J. Dybvad, Kristiania.

Tietze, H. (1908). Über die topologische Invarianten mehrdimensionaler Mannigfaltigkeiten. *Monatsh. Math. Phys. 19*, 1–118.

Tomkowicz, G., and S.Wagon (2016). *The Banach-Tarski Paradox* (2nd ed.). Vol. 163 of *Encyclopedia of Mathematics and Its Applications*. Cambridge University Press, New York.With a foreword by Jan Mycielski.

Turing, A. (1936). On computable numbers, with an application to the Entscheidungsproblem. *Proceedings of the London Mathematical Society 42*, 230–265.

Turnbull, H. W. (1960). *The Correspondence of Isaac Newton, Vol. 2: 1676–1687*. Cambridge University Press, New York.

Urquhart, A. (2009). Emil Post. In Gabbay and Woods (2009), 617–666.

Van Brummelen, G. (2009). *The Mathematics of the Heavens and the Earth*. Princeton University Press, Princeton, NJ.

Van Brummelen, G. (2013). *Heavenly Mathematics*. Princeton University Press, Princeton, NJ.

van Heijenoort, J. (1967). *From Frege to Gödel. A Source Book in Mathematical Logic, 1879–1931*. Harvard University Press, Cambridge, MA.

Viète, F. (1591). De aequationum recognitione et emendatione. In his *Opera*, 82–162. English translation in Viète (1983).

Viète, F. (1593). Variorum de rebus mathematicis responsorum libri octo. In his *Opera*, 347–435.

Viète, F. (1983). *The Analytic Art*. Kent, OH: The Kent State University Press. Nine studies in algebra, geometry and trigonometry from the *Opus Restitutae Mathematicae Analyseos, seu Algebra Nova*, translated by T. Richard Witmer.

Vilenkin, N. Y. (1995). *In Search of Infinity*. Boston, MA: Birkhäuser Boston Inc. Translated from the Russian original by Abe Shenitzer with the editorial assistance of Hardy Grant and Stefan Mykytiuk.

Vitali, G. (1905). *Sul problema della misura dei gruppi di punti di una retta*. Bologna.

Voevodsky, V. (2014). The origins and motivations of univalent foundations.

von Koch, H. (1904). Sur une courbe continue sans tangente, obtenue par une construction géométrique élémentaire. *Archiv för Matemat., Astron. och Fys. 1*.

von Neumann, J. (1923). Zur Einführung der transfiniten Zahlen. *Acta lit. acad. sci. Reg. U. Hungar. Fran. Jos. Sec. Sci. 1*, 199–208. English translation in van Heijenoort (1967), 347–354.

von Neumann, J. (1930). Letter to Gödel, November 20, 1930, in Gödel (2014), 337.

von Plato, J. (2017). *The Great Formal Machinery Works*. Princeton University Press, Princeton, NJ.

Wallis, J. (1655). Arithmetica infinitorum. *Opera* 1: 355–478. English translation in Wallis (2004).

Wallis, J. (2004). *The arithmetic of infinitesimals*. Springer-Verlag, New York. Translated from the Latin and with an introduction by Jaqueline A. Stedall.

Wapner, L. M. (2005). *The Pea & the Sun*. A K Peters, Ltd.,Wellesley, MA.

Weber, H. (1893). Die allgemeinen Grundlagen der Galois'schen Gleichungstheorie. *Mathematische Annalen 43*, 521–549.

Weber, H. (1896). *Lehrbuch der Algebra, Zweiter Band*. Vieweg, Braunschweig.

Weil, A. (1950). The future of mathematics. *Amer. Math. Monthly 57*, 295–306.

Weil, A. (1984). *Number Theory. An Approach through History, from Hammurapi to Legendre*. Birkhäuser Boston Inc., Boston, MA.

Whitehead, A. N., and B. Russell (1910). *Principia Mathematica*, vol. 1. Cambridge University Press, Cambridge.

Wiles, A. (1995). Modular elliptic curves and Fermat's last theorem. *Ann. of Math. (2) 141*(3), 443–551.

Zermelo, E. (1904). Beweis dass jede Menge wohlgeordnet werden kann. *Mathematische Annalen 59*, 514–516. English translation in van Heijenoort (1967), 139–141.

Zermelo, E. (1908).Untersuchungen über die Grundlagen der Mengenlehre I. *Mathematische Annalen 65*, 261–281. English translation in van Heijenoort (1967), 200–215.

版 权 声 明